ライブラリ データの収集と解析への招待 1

統計的
データ解析の基本

山田 秀・松浦 峻 共著

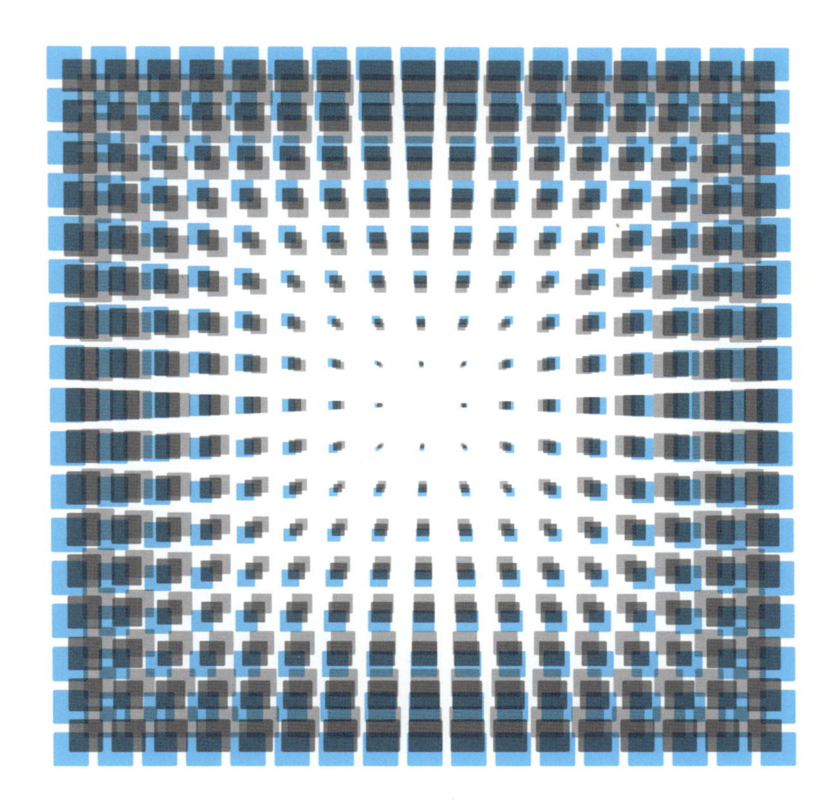

サイエンス社

サイエンス社のホームページのご案内
http://www.saiensu.co.jp
ご意見・ご要望は　rikei@saiensu.co.jp　まで.

まえがき

事実をデータで測定し，統計的手法により分析し，有益な情報を得るという統計的データ解析の重要性は，多くの分野において時代を超えて不変です．例えば，ビジネススクールのMBA（経営管理）コースには，日本では文部科学省の設置基準により，必ず，統計的手法やデータ解析の科目があります．この例のように，理工系学部だけでなく，ほとんどの学部で統計的手法，データ解析の科目があるのは，多くの分野における重要性の現れです．また，製品，サービスは，企画，研究開発，生産・サービス提供，営業，流通というプロセスを経ます．これらのプロセスのすべてで，統計的データ解析が重要です．加えて，昨今の情報機器の発展に鑑みると，この重要性はさらに増してくるでしょう．

統計的データ解析に対する読者のニーズは様々です．まずは使えるようにしたいという読者や，典型的な手順を超えた解析のために方法の原理を学びたいという読者もいます．この多様性は，典型的な手順に従えば解決する状況は多数ある一方で，解析に際して何らかの工夫が必要な場合も多数あることに起因します．このニーズに応えるために，統計的手法の基本的な手順とともに基礎的な理論を記述した上で，原理である数理統計学の入り口のドアを少し開けるところまでを記述した書籍が望まれていると考えていました．この動機を，慶應義塾大学で統計解析の講義をともに担当する松浦 峻と共有したことが，本書のきっかけです．

入門から原理の入り口のドアを少し開けるまでという基本方針に鑑み，本書のねらいを図1に示すとおりとしています．この図の横軸は，入門的か専門的かであり，また縦軸は費やすページ数です．なお，第4章で紹介する確率密度関数を意識して，面積をそろえています．統計的手法に関する入門書として，わかりやすく，要点がまとめられている良書が多数あります．これらでは，平均，分散という記述統計に始まり，確率，期待値などを説明したのち，推定，検定という統計的推測の手順を説明しています．一方，統計的手法の整った理論は，数理統計学の書籍で論じられており，これにも良書が多数あります．これらでは，記述統計に関する基礎知識，確率，分布などに関する基礎知識は十分にあるものとし，統計的手法の正当性，体系

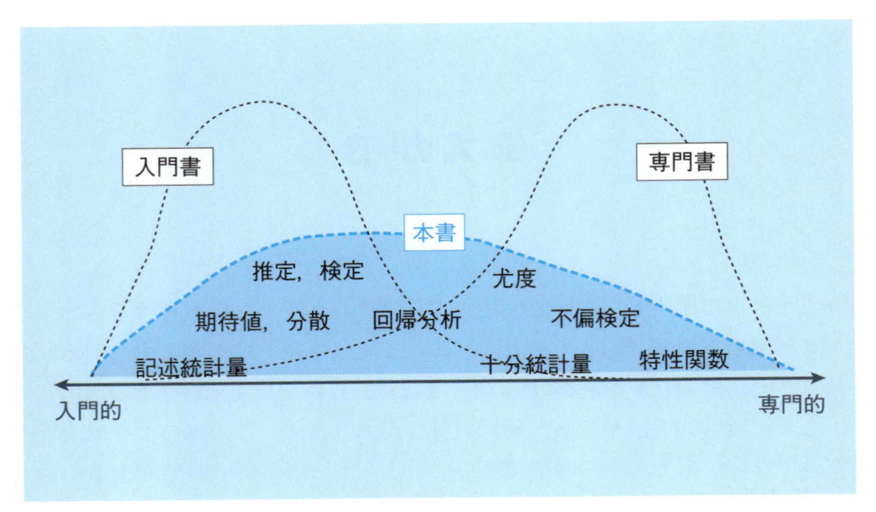

図 1 本書に含まれている・含まれていない内容

を十分に論じています．なお，これらの書籍の一部を巻末の文献案内に記載しています．

このように入門書，専門書の良書がある点に鑑み，本書では統計的データ解析の基本として，予備知識なしに読め，一通りの手順が理解でき，その背後にある考え方の入り口までを含むことを目指しています．言い換えると，原理のすべてを述べてはいませんが，その入り口のドアを開け，内部に何がありそうかまでを記述しています．理論の入り口のドアを開けるという方針は，統計的データ解析の上で，統計的手法について理論をある程度身に身につけると，より深いデータ解析ができるという理由によるものです．また，統計を初めて学ぶ読者にとって，先に何があるのかがわかって学ぶことにより，より効果的に学習できるからです．

この方針が決まると，その執筆分担もおのずと明確になりました．基礎理論から数理統計学への発展，という理論の広がりは共著者の松浦が担当しました．また，統計的データ解析の入り口から回帰モデルまでを私が担当することにしました．具体的には，次のとおりです．

第 1，2，3，7，8，9，11 章：山田 秀

第 4，5，6，10，12 章：松浦 峻

本書の構成は，第 1 章の図 1.3 に要約してあります．この図の縦軸は理論上の深み，横軸は応用上の広がり／問題の複雑性を表しています．この図の縦軸方向を松浦が，横軸方向を私が担当しています．

本書をまとめるにあたり，多くの方々に支えていただきました．まずは，草稿に対して多数の有益なご意見を下さった早稲田大学 永田 靖先生にお礼申し上げます．例えば，第 9.5.4 項の一致性は，私の浅学さにより見落としていました．これをはじめとして，本書の質を向上させる多数の建設的なご意見とともに，温かい励ましの言葉を，草稿をお渡ししてから極めて短期間で下さいました．また，東京理科大学 安井清一先生にもお礼申し上げます．鋭いご意見や建設的な改訂提案とともに，我々の背中を後押ししてくれる草稿への感想も下さいました．さらに，慶應義塾大学で松浦研究室，山田研究室に所属する上田新大氏，川端佑弥氏，河野 直氏，作原友樹氏，渋谷美晴氏，高松 幹氏，土屋大樹氏，西 良樹氏にもお礼申し上げます．例えば，作原氏の草稿全体に対する確認や，渋谷氏の草稿前半に対する読者目線での斬新な意見など，彼らの助けは改訂に有益でした．

本書籍を上梓できたのは，ここには書き尽くせない方々の支えによるものです．私の記憶容量が小さいため，どなたからご教示いただいたかわからず，出典が明記できていない点も多数あるかと存じます．ご容赦ください．最後に，サイエンス社の田島伸彦氏，足立 豊氏にお礼申し上げます．我々の意図を理解し提案を下さるという戦略的なところから，原稿上に描かれた私の象形文字の解読という実務的なところまで，大変お世話になりました．

事実をデータで測定し，統計的手法で分析して有益な情報を導くことの普及に，この書籍が少しでも貢献できれば嬉しく思います．

2019 年 8 月

著者を代表して　**山田 秀**

目　　次

第3章　2変数データの記述統計量と視覚的表現　30

第4章　確率変数と分布　48

第7章　1つの母集団に関する統計的検定　148

第8章　計量値データにおける2つの母集団の比較　173

第11章 回帰分析 235

第12章 推測理論に関する数理統計学の話題 258

1 統計的データ解析のこころ

本章では，統計的データ解析とは何かを説明したのちに，そのねらい，必要性などに触れる．そして，統計的データ解析を適用すると有益な場，実務における役割などを説明する．またデータは，重さのように連続的な値で測定されるもの，順序として測定されるもの，該当，非該当のように0か1で測定されるものなど，様々な形態があり，それらについても説明する．最後に，本書の構成と推奨する読み方などを説明する．

1.1 統計的手法によるデータの解析とは

統計的データ解析（statistical data analysis）とは，現象や状態などのデータを統計的手法により解析し，有益な情報を導くことを指す．表などにより羅列してあるデータを漫然と眺めていても，有益な情報が得られる可能性はほとんどない．そこで，データを様々な視点から要約，解析し，有益な情報を得るために統計的手法を用いる．

統計（statistics）は，古代中国での人口，戸籍などの把握から始まる（竹内（2018））．近年は，情報技術の発達から多くのデータが得られるようになっている．ビッグデータ，データサイエンスという言葉も生まれている．この種のカタカナ用語は，一般に，漠然としていてわかりにくく，これらも同様である．データサイエンスに何が求められるか，また，どのような能力が必要になるのかがわかりにくい．その概要については，図 1.1 のとおり，3つの能力の有機的結合と考えるとよい．

まず1つ目は，データ解析の対象の理解力であり，これは図の上部に位置する．例えば，ある成人男性集団の平均身長が180 cmであれば，多くの人は運動選手集団という推察をする．これは，日本人成人男子の平均がほぼ170 cmであり，運動選手は概して身長が高いという知識があるからである．一方，このような理解や知識がないと180 cmが大きいのか小さいのか判断ができず，平均値は単なる数値となる．また技術開発であれば，対象となる固有技術についての基礎的理解が必要になる．経済データの解析であれば，解析するデータがどの側面をどのように測定しているかなどの理解が必要となる．これは対象の分野に固有なものとなり，深いデータ解析には基礎的な理解力が必要になる．そのためには，分野の専門家と連携し理

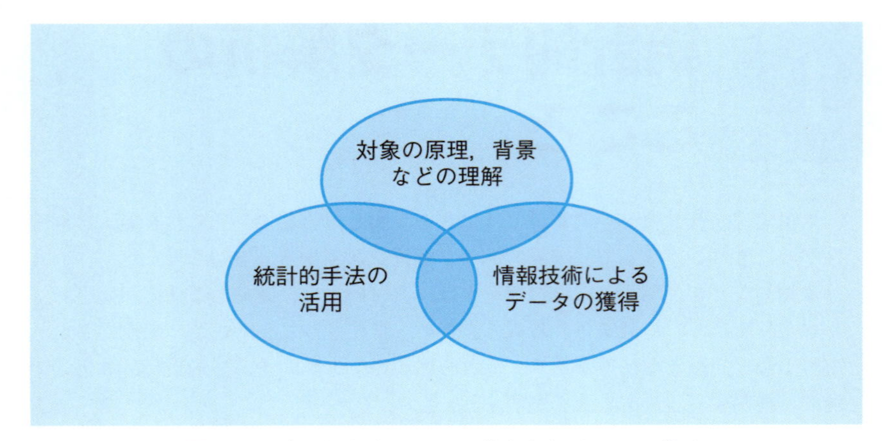

図 1.1　データサイエンスに求められる 3 つの能力

解を深めるのもよい．

2つ目は，図の右下にあるデータの獲得能力である．顧客の製品使用状況や，購入履歴などは様々な形式でデータベースに収集されている．そこで，解析することが有意義なものをデータベースから呼び出す必要がある．また，口コミデータの解析のためには，ウェブに掲載されている情報から必要なものを切り出す必要がある．このように，解析の対象となるデータを引き出すための能力であり，典型的には，プログラミング能力，情報機器の活用能力などである．

そして3つ目が，この図の左下に位置する統計的手法の活用能力である．言語データ，数値データなどをどのような視点で要約し，解析するかという統計的手法の活用能力である．一口にデータといっても様々なものがあり，また，解析の目的も様々である．さらに，技術開発のためのシミュレーションであれば，統計的手法の適用により条件を適切に変える能力も必要となる．

これらの3つの能力が融合することにより，役に立つデータサイエンスとなる．本書の主眼は，特に3つ目の統計的手法について，内容と活用について説明することである．その中では，対象の理解との連携，データの獲得との連携などにも触れる．様々なデータ，目的に応じた統計的手法の活用を，その例と共に説明する．

1.2　データに基づく考察が有効な場

統計的データ解析は，医薬，生物，工業，物理，化学，市場調査，経営，政治など分野を問わず活用される．また，製品企画，研究開発，設計，生産，サービス提供，営業など，企業活動の幅広いプロセスが対象となる．工業の中で，品質管理（quality management）はその中の成功例の１つである．これを中心に，データに基づく考察が有効な場をいくつか挙げる．

(1)　分布を調べて優先度を付ける

例えば，開校直後のビジネススクールの認知度を高めるには，新聞広告，雑誌での紹介，電車の中吊り，ホームページの充実など様々なものが考えられる．その際，オープンキャンパスの来場者が何で情報を得たかのデータを収集，解析すれば，どの広告が効果的なのかの推察ができる．また，製品企画案 A，B，C のどれを採用すべきかを検討する際，それぞれの提案者は経験，思い入れなどをもとに，自身の企画案を推奨するであろう．企画の選定に重要なのは，提案者の思い入れではなく，顧客がどれを望んでいるかであり，この分布を定量的に調べた上で，採用すべき企画案を選定する必要がある．これには，しっかりとした市場調査で顧客の要望を把握し選定するのがよい．事実をデータで把握しないと，担当者の思い込みや声の大きさで選定しかねない．

一般化すると，製品，サービス，対策などの代替案が複数ある場合には，データを収集，解析し，代替案の評価，意見などの分布を定量的に調べ，優先度を決める必要がある．統計的データ解析は，その際に有効な手段となる．

(2)　今までにない新たな着眼点を得る

例えば，工程の結果を好ましい状態に安定化させるには，重要と考えられる要因について取扱いを標準として定め，それを遵守して操業する．結果が好ましい状態で安定しないのは，真に重要な要因を見逃しているからである．ブレーンストーミングや，過去の知見の定性的な整理でこの標準が導かれたのであれば，さらにブレーンストーミングなどを続けたところで，真に重要な要因を見出せないであろう．真に重要な要因を見出すには，新たな着眼点が必要である．新たな着眼点を得るには，手間がかかる可能性もあるが，データを収集，解析するのがよい．データを収集，解析すると，このようなことか，なるほど，気づかなかったなどの声を発するような新たな着眼点が得られる可能性が高まる．さらに，より高度な手法を適用すると，この可能性がさらに高まる．

(3) ばらつきを考慮に入れつつ判断する

例えば，コンビニエンスストアにおける飲料の日毎の売上げのように，データはばらつきを持つのが一般である．このようにばらつきがあるデータから，長期的な売上げの傾向，季節による変動など，系統的な変動を抽出するには，データを収集，解析するとよい．統計的データ解析は，ばらつきの系統的な変動と偶然的による変動への分解に寄与する．この分解ののち，前者の変動に対策をとる．例えば，季節による変動が大きな飲料に対しては，売上げが伸びる季節には品切れがなくなるようにし，売上げが落ちる季節には入庫を抑えて在庫費用を減らす．統計的データ解析により系統的な変動が明確になると，様々な対応が可能となる．

1.3 母集団と標本

データを収集して解析し知見を得ようとする対象が**母集団**（population）であり，その中からデータを収集するために集めたものが**標本**（sample）である．例えば，日本全国で販売する製品 X に対する消費者の嗜好調査を考える．母集団は日本全国における消費者であり，このすべては調査できない．そこで調査可能な消費者を選び，それらについて嗜好データを収集する．嗜好データを収集する消費者が標本であり，この選び出しを**標本抽出**（sampling）と呼ぶ．この概要を図 1.2 に示す．データが収集されたとき，それをいくつかの視点から要約する．一方，母集団について統計的な数学モデルを考える．これに基づき，理論的に性質が保証された推定，検定という**統計的推測**（statistical inference）ができる．

標本抽出の際，若年層のみで収集するというように，ある特定の消費者のみからデータを収集すると，解析結果に偏りが生じる．この偏りの防止には，**無作為標本抽出**（random sampling）が基本となる．例えば，味噌汁を作るとき，鍋の味噌汁

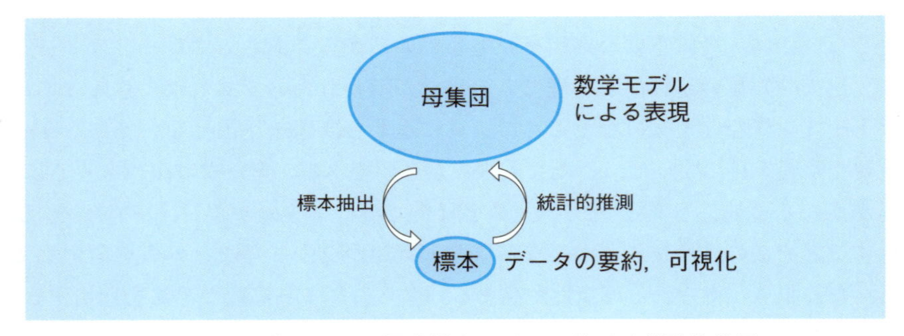

図 1.2　母集団からの標本抽出とそれに基づく統計的推測

が母集団であり，味見のために収集した少量の味噌汁が標本である．この味見のための少量の味噌汁をおたまですくうとき，鍋をかき回して全体がまんべんなく混ざるようにする．これは，無作為標本抽出の例である．標本，無作為標本抽出というと堅苦しい表現であるが，我々の日常的な工夫を統計的データ解析の立場から説明したもので，その原理は受け入れやすい．

1.4　データの種類

データは，その性質に応じて様々に分類され，本書では**計量値**，**順位**，**計数値**を取り上げる．主要なものは，計量値，計数値であり，第3章，第10章の一部で順位を取り扱う．計量値とは，長さ，面積，重さのように，連測的な量を測定したデータである．一方，計数値とは，不良品の数，出席者の数，単位時間あたりの電話件数など，数えて測定するデータである．さらに，順位は100 m 走でゴールした順番，都道府県で人口が少ない順番などのように，特定視点での順番のデータである．

同じ対象であっても測定の仕方によって，計量値，順位，計数値となり得る．例えば，5人の成人男子について身長計で身長を測定すると計量値となる．一方，その5人を大きさの順に並べると順位となる．さらに，170 cm より大きい小さいという比べ方をすると計数値となる．

一般に，データの収集しやすさの点からは計数値，順位，計量値となる．例えば，切断した部品の長さが，与えられている上限，下限の範囲内かどうかを確認するには，上限，下限に等しい2種類の隙間を用意し，切断した部品がその隙間を通るかどうかを調べればよい．切断した部品が，下限を通過する場合にはその長さは下限を下回り，上限を通過しない場合にはその長さは上限を超えている．下限は通過しないが上限は通過する場合，その長さは上限，下限の範囲内となる．このように，下限，上限の範囲内かどうかを調べるだけなら，長さを逐一測定しなくともこの2種類の隙間を用意すればよい．このような隙間を，go-no go ゲージと呼ぶことがある．また，部品の長さの順位データを得るには，横において比較して小さい順に並べればよく，それぞれの部品の長さを測定する必要はない．さらに，計量値データを得るには，ノギスなどの測定器によりそれぞれの部品について逐一長さを測定する．

一方，同一個数のデータを用いた解析結果から得られる情報量の豊かさの点では，一般には，計量値，順位，計数値となる．これらから，解析の目的を踏まえ測定の手間と得られる情報を考えながら，どのような尺度で測定するのが好ましいのかを考えるとよい．

1.5 本書のねらいと構成

本書では，統計的データ解析の理論と応用について，基礎的な事項をまとめている．また，統計的手法の手順を学ぶ，統計的手法の原理を学ぶという2つの立場を考えている．統計的方法の手順を学ぶことにより，データの基本的な集計，解析ができるようになり，また典型的な問題の解決ができるようになる．したがって，まずは手順を学ぶのがよい．これに加え，統計的手法の理論を学ぶと，データ解析で何らかの工夫が必要な場合でも，適切なデータ解析ができるようになる．

これらの手順と理論という点について，両方のすべてを記述するのは不可能であるので，本書では，図1.3のとおり，応用上の広がりや問題の複雑性という軸と，理論上の深みという2つの軸を考えている．簡単な問題，状況の場合には，手順に加えて理論的に深いところまで展開している．応用上で問題が複雑な場合には，理論的なところには深入りせず，前章までとの対応とし，手順を主に記述している．

具体的な構成は次のとおりである．基礎的なものとして第2，3章で記述統計量，データの視覚的表現を取り上げている．これらは，どのような状況においても必要になる．基礎理論として，第4章では，必要となる範囲を絞って確率を論じ，確率

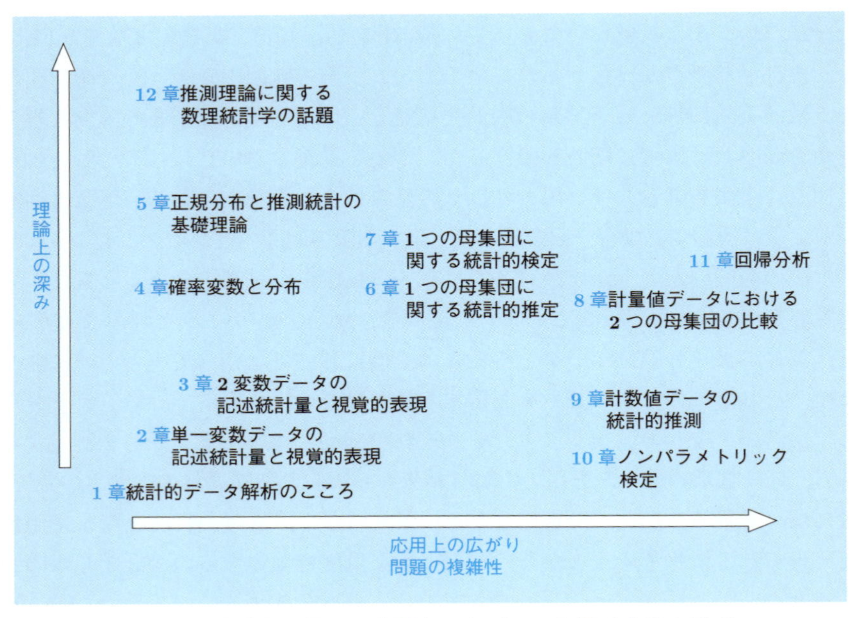

図1.3　理論上の深みと応用上の広がりから見る本書の構成

変数，確率分布の導入を行っている．第 5 章では，よく用いられる正規分布を対象として，統計的推測の基本を説明している．具体的な統計的推測の手続きとして，第 6 章では推定を，第 7 章では検定を取り上げている．

これらの説明ののち，第 8 から 11 章で，2 つの母集団の比較，計数値データによる統計的推測，ノンパラメトリック検定，回帰分析という応用上複雑な問題を取り上げている．第 12 章では，推測理論に関する理論的背景を説明している．理論的背景をすべて記述することは実際的に不可能であるが，その入り口を簡潔にまとめている．

この本の第 1 から 7 章は，すべての読者に読んでいただきたい．統計的データ解析手法の使い方を学びたい読者は，この図の横方向で読み進めるとよい．また，理論を中心に学びたい場合には，この図の縦方向に進めていくとよい．

2 単一変数データの記述統計量と視覚的表現

データ解析の際には，データの中心位置，ばらつきなどの定量的な把握と共に，データの視覚的表現による外れ値の有無，概略の検討が必要になる．本章では単一変数のデータが計量値の場合について，データの要約のための記述統計量を，それらの意図と共に説明する．記述統計量としてよく知られているものは，データの総合計をデータ数で割った平均である．また，データのばらつき具合，歪み度合，尖り度合の表現など，様々な意図を持つ記述統計量がある．次に，計量値のデータの視覚的表現を説明する．代表的なものとして，ヒストグラム，箱ひげ図を取り上げる．

2.1 中心の位置の記述統計量

2.1.1 記述統計量とは

記述統計量（descriptive statistics）とは，データを特定の視点から要約したものである．単に，**統計量**（statistics）と略す場合もある．表 2.1 に，日本の 17 歳男子身長の人工データを示す[1]．このように多数あるデータを漫然と眺めていても，有益な情報はほとんど得られない．得られるとしても，160 cm から 180 cm の間に多くが散らばっている程度の漫然とした情報である．そこでデータを，中心位置，ばらつき具合などのいくつかの視点から要約する．

2.1.2 平均とメジアン

(1) 平均

データの個数を n，それぞれのデータを $x_1, \ldots, x_n$ で表す．中心位置を表す記述統計量である**平均**（mean, average）$\overline{x}$ を次式で定義する．

$$\overline{x} = \frac{1}{n}\sum_{i=1}^{n} x_i \tag{2.1}$$

データの大きさを均したという意味で，x の上部に「$^{-}$（バー）」をつけ，平均を $\overline{x}$ で

---

[1] 文部科学省平成 30 年度 学校保健統計調査では，男子 17 歳の平均身長は 170.6 cm，標準偏差は 5.78 cm である．これをもとに，正規乱数によりデータを生成している．

表 2.1　日本 17 歳男子の身長の人工データ（cm）

No.	a	b	c	d	e	f	g	h
1	169.5	172.8	173.9	175.2	176.0	165.7	168.3	168.4
2	174.4	171.7	178.2	167.8	174.3	171.6	164.4	172.9
3	172.8	175.7	163.4	173.8	170.0	176.9	165.5	173.9
4	176.4	164.3	168.2	173.5	171.4	168.3	179.5	171.0
5	168.5	169.0	164.6	170.6	171.8	168.3	166.1	160.6
6	181.3	169.6	172.1	181.0	160.1	172.2	167.6	160.6
7	171.4	175.3	169.1	164.0	167.7	165.9	162.0	172.2
8	174.9	178.8	163.4	171.4	177.9	163.6	167.4	166.2
9	173.4	161.7	170.9	166.9	172.4	169.2	163.3	170.1
10	173.1	174.6	164.9	165.7	160.6	162.4	170.7	169.2
11	167.5	185.0	177.6	169.8	182.6	170.1	162.2	170.9
12	170.2	178.8	172.3	184.5	164.8	168.1	174.3	168.3
13	172.3	167.1	166.2	164.5	181.1	171.3	174.2	173.1
14	156.3	168.2	170.3	171.7	168.5	169.5	172.2	168.7
15	166.1	172.1	166.2	180.0	177.6	172.6	170.0	179.2
16	174.3	155.8	171.2	166.5	175.8	175.1	165.1	170.4
17	172.6	175.6	165.3	172.5	169.4	172.1	177.5	171.7
18	169.3	163.6	186.3	160.9	168.6	175.0	171.0	170.4
19	181.1	182.5	172.0	167.8	166.3	168.7	170.7	166.4
20	172.9	165.4	162.2	181.0	164.6	178.4	170.5	164.1
21	170.9	171.9	176.4	172.0	171.8	160.8	168.4	160.3
22	172.2	165.2	173.0	182.4	166.2	177.9	165.6	165.7
23	169.7	172.5	174.2	172.8	184.6	185.0	171.3	174.1
24	171.6	172.5	179.5	166.3	165.7	175.8	173.2	173.3
25	167.9	173.9	165.7	168.3	175.9	158.4	182.7	175.4

表す．例えば，5，8，9，7，6 というデータの場合には，$n = 5$ で $x_1 = 5$，$x_2 = 8$，$x_3 = 9$，$x_4 = 7$，$x_5 = 6$ となり，$\overline{x} = \frac{5+8+9+7+6}{5} = 7.0$ となる．

中心位置を表す記述統計量は，他に**幾何平均**（geometric mean）

$$(x_1 \times x_2 \times \cdots \times x_n)^{\frac{1}{n}} \tag{2.2}$$

や，最大値と最小値を取り除いたデータで求めた**刈込平均**（trimmed mean）などがある．先のデータで幾何平均は $(5 \times 8 \times 9 \times 7 \times 6)^{\frac{1}{5}} = 6.85$ となる．刈込平均は，最大値9，最小値5を取り除き，$\frac{8+7+6}{3} = 7.0$ になる．通常，平均とは式(2.1)で定義されるものを指すが，幾何平均や刈込平均と区別する場合には，式(2.1)を**算術平均**（arithmetic mean）と呼ぶ．

(2) メジアン

データ $x_1, \ldots, x_n$ を，小さい順に次のように並べ替える．

$$x_{[1]} \leq x_{[2]} \leq \cdots \leq x_{[n]} \tag{2.3}$$

メジアン，**中央値**（median）$\widetilde{x}$ を次式で定義する．

$$\widetilde{x} = \begin{cases} x_{[\frac{n+1}{2}]} & (n \text{が奇数}) \\ \dfrac{x_{[\frac{n}{2}]} + x_{[\frac{n}{2}+1]}}{2} & (n \text{が偶数}) \end{cases} \tag{2.4}$$

例えばデータが5，8，9，7，6の場合には，$x_{[1]} = 5$，$x_{[2]} = 6$，$x_{[3]} = 7$，$x_{[4]} = 8$，$x_{[5]} = 9$ であり，$n = 5$ は奇数なので，$\widetilde{x} = x_{[\frac{5+1}{2}]} = x_{[3]} = 7$ となる．また，データが5，8，9，7の場合には，$n = 4$ であり，$\widetilde{x} = \frac{x_{[2]}+x_{[3]}}{2} = \frac{7+8}{2} = 7.5$ となる．

2.1.3　平均とメジアンの解釈

(1) 平均，メジアンの特徴づけ

平均は全体のデータの和を均等にしたもの，メジアンは半分の値というわかりやすい解釈に加え，次のように説明できる．平均 $\overline{x}$ は，データ x_i との差の2乗和を最小化する値と等しい．データ $x_1, \ldots, x_n$ と代表値 a の差は $(x_i - a)$ なので，2乗和は $\sum_{i=1}^{n} (x_i - a)^2$ である．先のデータ5，8，9，7，6について，差の2乗和 $\sum_{i=1}^{n} (x_i - a)^2$ を a の関数として表したものを図2.1(a)に示す．この差の2乗和を最小化する a は，

$$\frac{d}{da} \sum_{i=1}^{n} (x_i - a)^2 = -2 \sum_{i=1}^{n} (x_i - a) = 0$$

の解で与えられる．整理すると $\sum_{i=1}^{n} x_i - na = 0$ より，$a = \overline{x}$ となるので，$\overline{x}$ がデータとの差の2乗和を最小化することがわかる．

式(2.4)のメジアン $\widetilde{x}$ は，データ x_i との差の絶対値の和を最小化する．データ数 n が偶数の場合と奇数の場合に分けて考える．データ5，8，9，7，6と a との差の絶対値の和 $\sum_{i=1}^{n} |x_i - a|$ を図2.1(b)に，データ5，8，9，7，6に10を加えた同様の図を図2.1(c)に示す．この絶対値の和 $\sum_{i=1}^{n} |x_i - a|$ を最小化する a は，a について微分不可能な点があり，先のようには求められない．

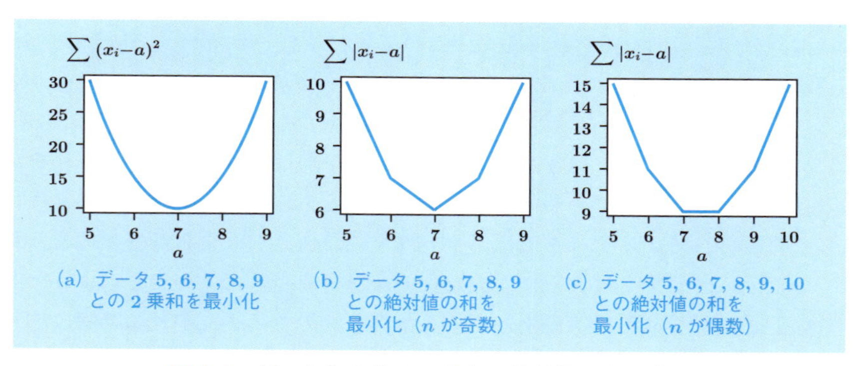

図 2.1　データとの差の 2 乗和，絶対値の和の挙動

最小値 $x_{[1]}$ と最大値 $x_{[n]}$ のみを考えると，a が $x_{[1]} \leq a \leq x_{[n]}$ を満たすとき

$$\left|x_{[1]} - a\right| + \left|x_{[n]} - a\right|$$

は一定の値となる．一方，$a < x_{[1]}$，$x_{[n]} < a$ のときには，$\left|x_{[1]} - a\right| + \left|x_{[n]} - a\right|$ が $x_{[1]} \leq a \leq x_{[n]}$ のときよりも大きくなる．同様に $x_{[2]}$ と $x_{[n-1]}$ について，a が $x_{[2]} \leq a \leq x_{[n-1]}$ を満たすとき

$$\left|x_{[2]} - a\right| + \left|x_{[n-1]} - a\right|$$

は一定の値となる．一方，$a < x_{[2]}$，$x_{[n-2]} < a$ のときには，$\left|x_{[2]} - a\right| + \left|x_{[n-1]} - a\right|$ が $x_{[2]} \leq a \leq x_{[n-1]}$ のときよりも大きくなる．さらに，$x_{[2]} \leq a \leq x_{[n-1]}$ を満たす a は，$x_{[1]}$ と $x_{[n]}$ の間にあり，次式を最小化する．

$$\left|x_{[1]} - a\right| + \left|x_{[2]} - a\right| + \left|x_{[n-1]} - a\right| + \left|x_{[n]} - a\right|$$

これを順次考えると，n が奇数の場合には，メジアン $\tilde{x} = x_{[\frac{n+1}{2}]}$ が $\sum_{i=1}^{n} |x_i - a|$ を最小化する唯一の解となる．

一方，n が偶数の場合には，$x_{[\frac{n}{2}]} \leq a \leq x_{[\frac{n}{2}+1]}$ とすれば，$\sum_{i=1}^{n} |x_i - a|$ を最小化する．また，$x_{[\frac{n}{2}]} = x_{[\frac{n}{2}+1]}$ の場合を除けば，図 2.1(c) のようにメジアン $\tilde{x}$ 以外にも絶対値和を最小化する a が存在する．

(2)　平均，メジアンの性質

平均 $\bar{x}$ は，データの中心 $\bar{x}$ から離れたデータを鋭敏に反映する．例えば，5, 8, 9, 7, 6 の 9 が 29 になった場合には，全体の平均値 $\bar{x}$ は 7.0 から 11.0 になる．鋭敏さは，1 つの母集団からのデータのように等質な状況では，1 つ 1 つのデータに鋭く反応するため感度が良く精度の点で好ましい．一方，異質なデータが含まれている場合には，その値に引っ張られる脆(もろ)さとなって現れる．その点メジアン $\tilde{x}$ は，5，8，9，7，6 の 9 が 29 になっても $\tilde{x}=7$ であり，データの外れに対して**頑健**（robust）である．これは外れに対して頑健であるが，鋭敏さに欠けることの裏返しでもある．

次に，中心位置の把握という意図で考えると，平均はすべてのデータの和をデータ数で割るという直感的にわかりやすい定義である．しかし，所得分布のように一方に長く裾が伸びているデータでは，平均は大きな値に引っ張られ実際的な解釈がしにくい反面，メジアンはデータの非対称性の影響を受けにくい．このように，それぞれの記述統計量に得手不得手とする点が異なるので，それぞれの特徴に応じて使い分けるとよい．

(3)　身長データ，都道府県別人口の平均とメジアン

身長データの表 2.1 の場合には，データ $x_1,\ldots,x_{200}$ について $\sum_{i=1}^{200} x_i = 34161.6$ なので，$\bar{x}=\frac{34161.6}{200}=170.81$ となる．また，データを大きさの順に並べなおすと，$x_{[1]}=155.8$，$x_{[200]}=186.3$ である．また $x_{[100]}=170.9$，$x_{[101]}=170.9$ なので $\tilde{x}=170.9$ であり，$\bar{x}$ と近い値となる．このように，外れたデータがなく，左右対称な場合には，$\bar{x}$ と $\tilde{x}$ は近い値となる．

表 2.2 に，都道府県別人口を少ない順に並べた結果を示す．このデータの場合には，$\bar{x}=2695.9$ なのに対し，$\tilde{x}=x_{[24]}=1626$ であり，大きく違っている．このデータの場合には，東京都，神奈川県，大阪府のように人口が極端に多い都府県が少数あり，人口が相対的に少ない県が多数という，右に裾を引いた分布になっているからである．このように．データが小さい方，あるいは，大きい方に偏っている場合には平均の解釈が難しくなる．日本の都道府県人口の平均が約 270 万人といわれても，東京，神奈川，大阪など極端に多い都府県があるため，なかなか直感的に理解できない．その点メジアンでは，その点よりも上位，下位がそれぞれ 50％ずつという解釈になる．このように，データが非対称な場合には，メジアンの方が理解が容易になる場合が多い．

例題 2.1　下記は，2015 年度の都府県別栽培きのこ類生産量（単位千万円）である．このデータについて，平均 $\bar{x}$，メジアン $\tilde{x}$ を計算しなさい．

都府県	大阪	佐賀	山口	東京	山梨	神奈川	長野
生産量	14	21	22	23	25	39	4955

解答　$n=7$，$\sum_{i=1}^{7} x_i = 5099$，$\bar{x}=728.4$，$\tilde{x}=x_{[4]}=23$ となる．□

表 2.2 日本の都道府県別人口（千人）

No.	都道府県	人口	No.	都道府県	人口	No.	都道府県	人口
1	鳥取県	565	17	青森県	1278	33	新潟県	2267
2	島根県	685	18	奈良県	1348	34	宮城県	2323
3	高知県	714	19	長崎県	1354	35	京都府	2599
4	徳島県	743	20	愛媛県	1364	36	広島県	2829
5	福井県	779	21	山口県	1383	37	茨城県	2892
6	山梨県	823	22	滋賀県	1413	38	静岡県	3675
7	佐賀県	824	23	沖縄県	1443	39	福岡県	5107
8	和歌山県	945	24	鹿児島県	1626	40	北海道	5320
9	香川県	967	25	熊本県	1765	41	兵庫県	5503
10	秋田県	996	26	三重県	1800	42	千葉県	6246
11	富山県	1056	27	福島県	1882	43	埼玉県	7310
12	宮崎県	1089	28	岡山県	1907	44	愛知県	7525
13	山形県	1102	29	栃木県	1957	45	大阪府	8823
14	石川県	1147	30	群馬県	1960	46	神奈川県	9159
15	大分県	1152	31	岐阜県	2008	47	東京都	13724
16	岩手県	1255	32	長野県	2076			

データの出典：総務省統計局 e-Stat, 都道府県別人口推計：2017 年 10 月（2019 年 1 月アクセス）

2.2 ばらつきの記述統計量とその拡張

2.2.1 範囲，偏差平方和，分散，標準偏差など

(1) 範囲，偏差平方和，分散，標準偏差の定義

データのばらつきの尺度として，次式で定義される**範囲**（range）がある．

$$R = \max(x_1, \ldots, x_n) - \min(x_1, \ldots, x_n) \tag{2.5}$$

例えば，5，8，9，7，6 では $\max(5,8,9,7,6) = 9$，$\min(5,8,9,7,6) = 5$ なので $R = 9 - 5 = 4$ となる．範囲 R は，直感的にはわかりやすいが，データ数 n に依存するので，異なるデータ数での比較には不適切である．例えば，$n = 10$ のデータの R と，$n = 1000$ のデータの R では，同一母集団からのデータであっても，特殊な場合を除き後者の方が大きい．

データ数 n に依存しない尺度として，**標準偏差**（standard deviation）がある．これは，平均からの**偏差**（deviation）の標準的な値と捉えるとよい．第 i 番目のデータ x_i の平均 $\bar{x}$ からの偏差は，次式で表される．

$$x_i - \overline{x} \tag{2.6}$$

偏差から，**偏差平方和**（sum of squared deviations）S を次式で定義する．

$$S = \sum_{i=1}^{n} (x_i - \overline{x})^2 \tag{2.7}$$

これを，本項 (3) で述べる理由により $n-1$ で除したものが**分散**（variance）である．

$$s^2 = \frac{S}{n-1} = \frac{\sum_{i=1}^{n}(x_i - \overline{x})^2}{n-1} \tag{2.8}$$

単位をもとに戻すために平方根変換することにより，標準偏差 s は次式となる．

$$s = \sqrt{\frac{S}{n-1}} \tag{2.9}$$

これらの3つの指標をまとめると，次の関係がある．

$$\text{標準偏差} = \sqrt{\text{分散}} = \sqrt{\frac{\text{偏差平方和}}{\text{データ数} - 1}}$$

例えば，データ 5，8，9，7，6 の場合には $\overline{x} = 7.0$ であり，

$$S = (5-7.0)^2 + (8-7.0)^2 + (9-7.0)^2 + (7-7.0)^2 + (6-7.0)^2 = 10$$

なので，$s^2 = \frac{10}{5-1} = 2.5$，$s = \sqrt{\frac{10}{4}} = 1.58$ となる．

(2) 平方和の計算方法

偏差平方和 S は，定義どおり $\sum_{i=1}^{n} (x_i - \overline{x})^2$ で計算してもよいし，

$$S = \sum_{i=1}^{n} x_i^2 - \left(\sum_{i=1}^{n} x_i\right)^2 / n = \sum_{i=1}^{n} x_i^2 - n\overline{x}^2$$

で求めてもよい．これが式 (2.7) と等しいことは，

$$\sum_{i=1}^{n} (x_i - \overline{x})^2 = \sum_{i=1}^{n} \left(x_i^2 - 2\overline{x}x_i + \overline{x}^2\right) = \sum_{i=1}^{n} x_i^2 - 2\overline{x}\sum_{i=1}^{n} x_i + n\overline{x}^2$$

であり，$\overline{x} = \sum_{i=1}^{n} x_i/n$ を代入すると次式となることから確認できる．

$$\sum_{i=1}^{n} x_i^2 - 2\left(\sum_{i=1}^{n} x_i\right)^2 /n + n\left(\sum_{i=1}^{n} x_i/n\right)^2 = \sum_{i=1}^{n} x_i^2 - \left(\sum_{i=1}^{n} x_i\right)^2 /n$$

前述のデータ 5，8，9，7，6 の場合，$\sum_{i=1}^{n} x_i^2 = 255$，$\sum_{i=1}^{n} x_i = 35$，$n = 5$ なので，$S = 255 - \frac{35^2}{5} = 10$ となり一致する．

平方和の定義どおりに計算する場合には，n 個の偏差を求めそれを 2 乗して和をとるのに対し，上記の計算では x_i についての 2 乗和と x_i の和を求めればよいので簡便になる．一方，100005，100003，100004 のように桁数が多いものの最後の 1，2 桁にのみ違いが現れる場合には，上記の簡便な計算では $\sum_{i=1}^{n} x_i^2$ の計算で桁あふれが生じかねないので，意味のある桁のみで計算するのがよい．このような工夫をし，最低限，平均 $\overline{x}$ はデータの単位の 1 桁下まで，標準偏差 s は 2 桁下まで数値を正しく求めて表示する．

(3) 平方和を $n-1$ で割り分散を求める理由

偏差平方和 S は n 個の偏差 $x_i-\overline{x}$ の 2 乗和で，偏差の和 $\sum_{i=1}^{n}(x_i-\overline{x})$ は常に 0 である．したがって，n 個の偏差のうち自由に値が変わり得るのは $n-1$ 個で，残りの 1 個は他のデータから自動的に決まり自由ではない．このように，値が自由に変わり得る個数を**自由度**（degree of freedom）と呼び，偏差平方和 S の自由度は $n-1$ となる．

また，$n-1$ で除すると，第 6 章で詳細を説明するとおり，母数の推定に偏りがないという不偏性が成り立つ．一方，$n-1$ ではなく n で除すると，データに正規分布を仮定すると第 12 章で詳細を論じる最尤（さいゆう）推定量になる．このように，$n-1$ で除するもの，n で除するものそれぞれに意味があるので，書籍によって計算方法が異なる場合がある．本書では，特に断りがない場合には，偏差平方和を $n-1$ で除して分散を求める．

(4) 変動係数

一般に，データの平均が大きいほどばらつきは大きくなる．例えば，1 kg 程度の物体の測定値のばらつきと，1000 kg 程度のときの測定値のばらつきを比較すると，後者の方が大きくなるのが一般的である．そこで，標準偏差を平均で除した**変動係数**（coefficient of variation）を用いる場合もある．

$$\frac{s}{\overline{x}} \tag{2.10}$$

表 2.1 に示す身長データの場合，$\overline{x}=170.81$，$s=5.752$ なので，変動係数は $\frac{s}{\overline{x}}=\frac{5.752}{170.81}=0.034$ となる．これは，平均に対して標準偏差の大きさが 3.4 %程度という意味である．このように変動係数は，平均が異なる 2 つ以上の集団のばらつきの比較に用いる．なお変動係数は，平均値を用いており，データの絶対的な大きさに意味がある場合にのみ適用可能である．

(5) 標準偏差の解釈の例

表 2.1 に示す身長データの場合，標準偏差は 5.752 となる．第 5 章で詳細を説明

するとおり，データに正規分布を仮定すると，平均 $\pm 1 \times$ 標準偏差の区間に母集団の68％，大雑把には約7割が，平均 $\pm 2 \times$ 標準偏差に約95％が含まれる．$\overline{x} = 170.81$，$s = 5.752$ なので，17歳男性の約68％が165.1から176.6に，95％が159.3から182.3に含まれる．このように，標準偏差の大きさをもとに母集団のばらつきに関するおおよその見当がつく．ただし，これは正規分布に基づくものであり，左右非対称な分布では適用に注意を要する．

例題 2.2　次のデータ (a) について，平均 $\overline{x}$，メジアン $\widetilde{x}$，偏差平方和 S，分散 s^2，標準偏差 s を計算しなさい．次にデータ (b) から (d) のそれぞれについて，$\overline{x}$，$\widetilde{x}$，S，s^2，s を求めなさい．その際，(b) のデータは (a) のデータに100を加えている，(c) のデータは平均からの偏差が倍であるなどの特徴に着目して計算しなさい．

(a)	53	55	52	57	51	56	58	59	54
(b)	153	155	152	157	151	156	158	159	154
(c)	51	55	49	59	47	57	61	63	53
(d)	53	55	52	57	51	56	58	149	54

解答　(a)　定義どおりに求めると，$\overline{x} = 55$，$\widetilde{x} = 55$，$S = 60$，$s^2 = 7.5$，$s = 2.74$ となる．

(b)　(a) のデータに100を加えただけなので，平均，メジアンが (a) に100を加えたものとなり $\overline{x} = 155$，$\widetilde{x} = 155$ である．それらの以外の S，s^2，s は (a) に等しい．

(c)　(a) のデータをもとに，平均からの偏差がすべて2倍になっているので，中心位置を表す $\overline{x}$，$\widetilde{x}$ は (a) に等しい．ばらつきを表す S，s^2 は (a) の4倍であり，$S = 240$，$s^2 = 30$，標準偏差は2倍の $s = 5.48$ となる．

(d)　(a) の最大値である8番目のデータが，59から149というように90増加していて，残りは等しい．したがって，$\overline{x} = 65$ となる．一方，元のデータの最大値だけが大きく変わったものであり，メジアンは (a) と等しく $\widetilde{x} = 55$ となる．定義どおりに求めると，$S = 7980$，$s^2 = 997.5$，$s = 31.58$ となる．□

2.2.2　分　位　点

(1)　分位点の考え方

表2.2の人口の場合，標準偏差は2754.78となる．このデータは右に裾を引く偏った分布なので，平均を中心に標準偏差を用いてデータが含まれる割合を考える解釈はなじまない．このように，データの分布に偏りがある場合には，小さい方から4分の1の点，4分の3の点という**四分位点**（quartile）などの**分位点**（quantile）

を用いるのがよい．小さい方から4分の1の点を第1四分位点，4分の3の点を第3四分位点と呼ぶ．また，メジアンはデータを半分に分けている点であるのに対し，四分位点は4分の1と4分の3に分けている．

(2)　四分位点の計算

第1四分位点の計算には，全部のデータのメジアンより小さいデータだけを取り出し，そのメジアンを求めればよい．同様に，全部のデータのメジアンより大きいデータだけを取り出し，そのメジアンを求めれば全体の第3四分位点となる．表2.2の都道府県別人口データをもとに，四分位点の求め方についてその概要を図2.2に示す．この図の縦軸には人口が少ない順に都道府県を並べ，横軸にはそれぞれの人口をとっている．47都道府県なので，24番目の鹿児島県の値がメジアン $\tilde{x} = x_{[24]} = 1626$

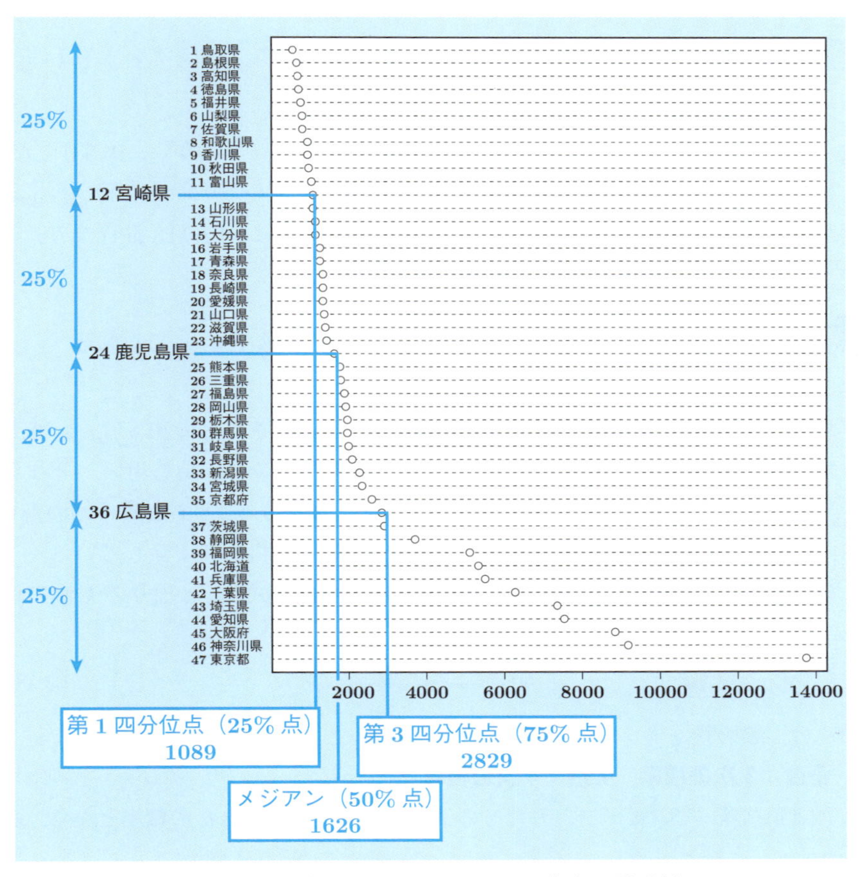

図2.2　都道府県別人口による四分位点の説明例

となる．これよりも小さな値が 23 個あり，この 23 個のメジアンである 12 番目の宮崎県の人口 1089 が第 1 四分位点となる．同様にメジアンよりも大きな 23 個について，この 23 個のメジアンが第 3 四分位点であり，これは 36 番目の広島県の人口 2829 となる．第 3 四分位点は平均 $\overline{x} = 2695.9$ よりも若干大きい程度であり，分布が右に裾を引いていることが推察できる．

前述の例では $n = 47$ と奇数なので，第 1，第 3 四分位点がわかりやすく計算できている．これに対し n が偶数の場合，メジアンが中央の 2 つのデータの平均であり，この中央のデータを小さい方の半分に含めるかどうかなど，いくつかの不明瞭な点が生じる．また，任意の分位点の場合には状況はさらに複雑になる．しかしながら，分位点の目的は分布の全体像の把握であり，そのために大きな影響がないのであれば，定義についてあまり神経質になる必要はない．

例題 2.3 表 2.2 のうち，No.1 から 16 のデータについて，メジアン，第 1 四分位点，第 3 四分位点を求めなさい．

解答 メジアン $\widetilde{x}$ は，8，9 番目のデータの平均値なので，$\frac{945+967}{2} = 956.0$ となる．第 1 四分位点は，$\frac{945+967}{2} = 956.0$ より小さいデータのメジアンであり，4，5 番目の平均値である $\frac{743+779}{2} = 761.0$ となる．第 3 四分位点は，12，13 番目のデータを用いて $\frac{1089+1102}{2} = 1095.5$ となる．□

2.2.3 積　率

(1) 積率の定義

平均 $\overline{x}$ は，データ x_i と原点 0 との差の 1 乗を用い，それらの和 $\sum (x_i - 0)^1$ を n で除している．また，分散 s^2 は，データと平均との差の 2 乗を用い，それらの和 $\sum (x_i - \overline{x})^2$ を自由度で除している．これらは，データ x_i とある値 a との差を k 乗し，これらの和 $\sum (x_i - a)^k$ を求め，データ数または自由度で除している．これを，標準偏差 s により無次元化して高次数に展開した次式を，a 周りの k 次の**積率**（moment）と呼ぶ．

$$\frac{\sum_{i=1}^{n} (x_i - a)^k / n}{s^k} \tag{2.11}$$

なお s は，整合性を考え $\sqrt{\frac{S}{n}}$ で求める場合もある．

(2) 歪度：3 次の積率，尖度：4 次の積率

式 (2.11) で $k = 3$，$a = \overline{x}$ としたものは，次式の $\overline{x}$ 周りの 3 次の積率となり，**歪度**（わいど）（skewness）と呼ばれる．

$$\frac{\sum_{i=1}^{n}(x_i-\overline{x})^3/n}{s^3} \tag{2.12}$$

この統計量は，分布が左右対称か，歪んでいるのかを表す．例えば 表 2.1 の身長データは，平均を中心にほぼ左右対称である．したがって，式 (2.12) の分子において正，負の値がほぼ同数存在するために，相殺されて偏差の 3 乗の和が 0 に近づく．表 2.1 の身長データでは，歪度は 0.221 となる．一方， 表 2.2 の人口データのように，小さい方に多くのデータが存在し，右に裾を引く分布の場合には，式 (2.12) の $\sum_{i=1}^{n}(x_i-\overline{x})^3$ において，$\overline{x}$ から離れているデータの影響が大きくなり正の値となる． 表 2.2 の人口データでは，歪度は 2.075 となる．

分布が正規分布に比べて尖っているどうかを表す統計量として，式 (2.11) で $k=4$, $a=\overline{x}$ としたものがある．これは，次式の $\overline{x}$ 周りの 4 次の積率となり，尖度（せんど）(kurtosis) と呼ばれる．

$$\frac{\sum_{i=1}^{n}(x_i-\overline{x})^4/n}{s^4} \tag{2.13}$$

この統計量は，母集団が正規分布の場合にほぼ 3 となる．これと比較し，大きな場合には正規分布に比して尖っていることを，小さな場合には正規分布に比して丸みを帯びていることを意味する． 表 2.1 の身長データでは歪度は 3.073 となり，正規分布とほぼ等しい尖度を持つ．

2.3 計量値データの視覚化

2.3.1 ヒストグラムによる視覚化

(1) ヒストグラムの概要

計量値データを 1 変数ごとに視覚化するには，**ヒストグラム** (histogram)，箱ひげ図が有効である．この他にも幹葉表示があり，この説明は割愛する．ヒストグラムとは，横軸にデータの区間を設け，縦軸にそれぞれの区間にデータが出現する度数をとり，グラフにまとめたものである． 表 2.1 の身長データについて，作成したヒストグラムを 図 2.3 に示す．この図の横軸は身長であり，150 cm から 190 cm まで 2 cm 刻みとしている．また縦軸は度数であり，それぞれの区間に含まれるデータの個数を表している．このデータの場合，$\overline{x}=170.81$ を中心にほぼ左右対称にデータが分布している．また， 表 2.2 の都道府県別人口データについて，作成したヒストグラムを 図 2.4 に示す．このヒストグラムからは，ほとんどのデータが 0 から 2000 の間に含まれる一方で，12000 を超えるような極端に大きなデータもあり，右に裾を引いていることがわかる．このように，ヒストグラムから分布の概要がわかる．

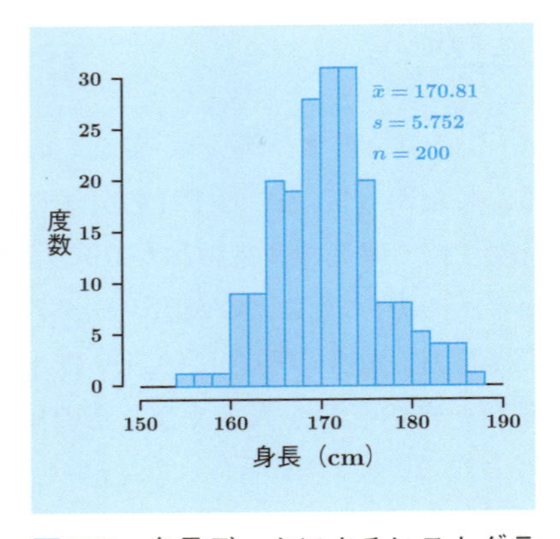

図 2.3　身長データによるヒストグラムの例

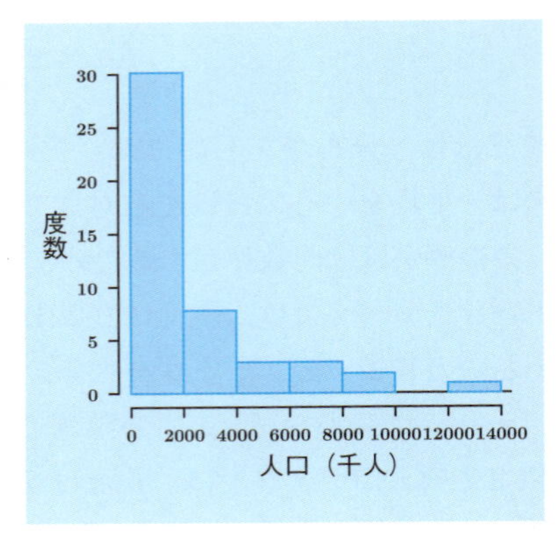

図 2.4　都道府県別人口データによるヒストグラムの例

(2)　ヒストグラムの作成と注意点

ヒストグラムの作成手順は次のとおりである．

① 分布を吟味するデータを収集する．

② ヒストグラムの区間を決める．

③ それぞれの区間に含まれるデータ数を数える．

④ 横軸に区間を縦軸に出現度数をとり，棒グラフにまとめる．

分布形の概略を探るために，①のデータ数は30は少なくとも必要である．これより少ないと，区間に含まれるデータ数が区間の取り方に大きく依存したり，偶然的な変動で分布形が歪んで見えたりするなど，誤った解釈をする可能性が高い．

データの区間を決める②について，必ず，区間幅を測定単位の整数倍とし，それぞれの区間に含まれる可能性があるデータの数が等しくなるようにしなければならない．測定単位とは測定値の刻みである．57 kg，60 kg というように 1 kg 単位まで表示する体重計の測定単位は 1，0.1 cm まで測定できるノギスの測定単位は 0.1 である．測定単位が 2 のとき，区間の幅をその 2.5 倍の 5 とすると，10 以上 15 未満の区間には $\{10, 12, 14\}$ という 3 種類のデータが含まれる可能性があるが，15 以上 20 未満の区間に含まれる可能性があるのは $\{16, 18\}$ という 2 種類のデータとなる．区間に含まれ得るデータの種類数が異なるため，出現度数の正当な比較にはならない．この問題の発生を防ぐために，区間幅は必ず測定単位の整数倍にする．

また区間の数③については，厳格なルールではないがよく用いられる目安として $\sqrt{n}$ がある．区間の数を多くしすぎるとそれぞれの区間に含まれるデータ数が安定しなくなる半面，少なくしすぎると分布形状に対する推察が困難になる．測定単位の整数倍を満たす中で，$\sqrt{n}$ を考慮しながら選ぶとよい．区間の取り方によって分布の形状が大きく変わるのは，区間の数が多いため，それぞれの区間に含まれるデータ数が安定しないからである．

グラフにまとめる④について，分布の概要がわかりやすくなるようにグラフの縦，横を調整するとよい．極端に平たいものや尖ったものは，視覚的に誤った印象を与える．また，2 つのヒストグラムを比較したい場合には，横軸の区間を揃え，縦に並べるなどの工夫をするとよい．

ヒストグラムでは分布の概要を調べることを中心とし，あまり，細かく見ない方がよい．例えば図 2.3 では，中心が 170 程度で左右対称な分布，という程度にとどめる．160 cm 以下で急に減少している，というのは細部を見すぎである．また図 2.4 では，2000 までのデータがほとんどであり，右に裾を引いているという程度にとどめる．10000 から 12000 までのデータがなく，12000 から 14000 に含まれるデータは外れ値とするのは細部を見すぎである．

(3)　ヒストグラムに基づく現状把握と対策の例

電気メッキ法で金メッキ付けをする工程 P において，1 日に 8 個の製品をランダムに選び，メッキ膜厚 y $(\times 10^{-6}\,\mathrm{m})$ を測定した．20 日分の測定結果を表 2.3 に示す．メッキ膜厚には，この値を下回ってはならないという下限規格 $S_L = 70$ と，上回ってはならないという上限規格 $S_U = 80$ が与えられている．このデータについて，作成したヒストグラムを図 2.5 に示す．

メッキ膜厚はひと固まりの分布で，平均 $\overline{y} = 75.1$ を中心にほぼ左右対称に分布している．一般に，設定した標準どおりに作業している状況では，このような分布が現れやすい．これは，次のように説明できる．メッキ膜厚に影響を与える要因は無数にあるものの，影響が大きなものは有限個である．例えば電気メッキ法による金メッキでは，メッキ付けする物質を金の電解液を入れたメッキ浴につけて通電する．これにより金が物質の表面に現れ，金メッキとなるので，通電時間，金の濃度などが重要な要因である．これらの要因による影響は，作業を標準化することで一定になり，金メッキ膜厚にばらつきをもたらさない．一方，他の設備から伝わる振動，湿度などの外乱，安定化電源を用いても生じてしまう電圧変動など，結果に与える影響が小さな要因は無数に存在する．したがってメッキ膜厚のばらつきは，無数に存在する影響の小さな要因によって引き起こされる．これは，無数の小さな影響の和であり，第 5 章で説明する中心極限定理により正規分布に近づく．

このヒストグラムでは，データのばらつきが規格幅に比べて大きいため規格外品

表 2.3　メッキ膜厚データの例（μm）

No.	データ							
1	75	75	74	73	79	75	77	78
2	77	78	70	77	76	75	72	74
3	76	76	79	70	73	75	76	74
4	76	79	79	76	77	80	76	75
5	74	73	77	73	74	76	79	74
6	75	75	80	76	73	72	73	72
7	81	72	75	73	74	74	79	72
8	76	76	74	73	67	75	78	76
9	77	73	74	77	72	70	75	73
10	75	77	78	75	75	74	71	72
11	74	71	78	74	73	72	74	73
12	81	74	78	77	74	74	76	78
13	68	76	77	74	80	73	76	70
14	76	74	83	69	75	77	76	77
15	73	78	82	68	81	74	77	71
16	74	82	77	77	75	71	72	69
17	83	70	80	74	73	72	76	77
18	73	75	72	74	77	79	74	78
19	75	75	78	75	76	77	76	68
20	74	79	77	79	76	75	74	76

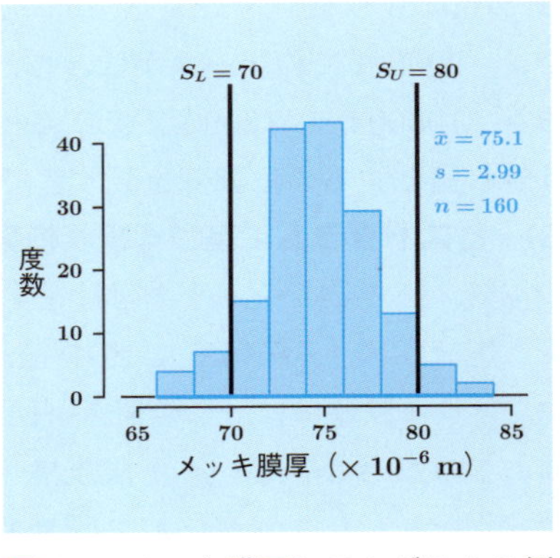

図 2.5　メッキ膜厚ヒストグラムの例

が出現している．この工程では作業標準を用意し，それを遵守しているものの，この標準にいくつかの重要な要因が含まれていないと考えられる．そこで，重要な要因を洗い出し，それらを適切に標準化することでばらつきを低減する必要がある．

2.3.2　箱ひげ図による視覚化

(1)　概要

データの可視化方法として，図 2.6 にその概要を示す**箱ひげ図**（box plot）がある．これは，メジアン，第1，第3四分位点などをもとに，データを箱とひげにより簡略化して表現する．箱はデータの集中を，ひげはデータのひろがりを表している．箱の中心はメジアンであり，箱の下限は第1四分位点，上限は第3四分位点である．この第1四分位点から第3四分位点の長さをもとにひげを作り，データの分布状況を表す．このように箱ひげ図は分位点をもとに作成するものであり，比較的

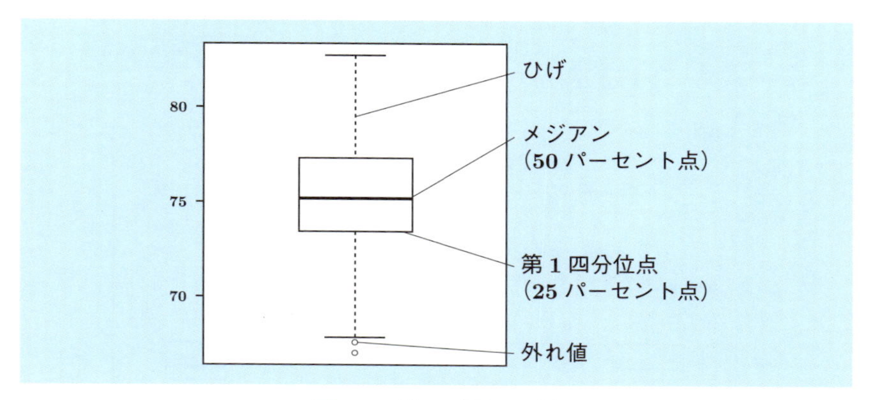

図 2.6　箱ひげ図の概要

少数のデータであっても分布の偏りなどが把握できる．

(2)　箱ひげ図の作成方法

箱ひげ図の書き方にはいくつかの流儀があるものの，その本質に大きな変わりはない．本書では，よく用いられる作成方法を示す．

① **統計量の計算**　データ $x_i\ (i = 1, \ldots, n)$ からメジアン $\widetilde{x}$，第 1 四分位点 $x_{25\,\%}$，第 3 四分位点 $x_{75\,\%}$ を求める．

② **箱の作成**　メジアンを中心に，第 1 四分位点 $x_{25\,\%}$，第 3 四分位点 $x_{75\,\%}$ から箱を作成する．箱の長さ $x_{75\,\%} - x_{25\,\%}$ を**四分位範囲**（interquartile range）と呼ぶ．

③ **ひげの作成**　$x_{25\,\%} - 1.5 \times (x_{75\,\%} - x_{25\,\%})$ より大きなデータの中での最小値まで，下側にひげを伸ばす．同様に $x_{75\,\%} + 1.5 \times (x_{75\,\%} - x_{25\,\%})$ より小さなデータの中での最大値まで上側にひげを伸ばす．すなわち，データのないところまではひげを伸ばさない．下側のひげより小さなデータ，上側のひげより大きなデータは外れ値とみなし，その値を○で打点する．

なお③で外れ値を考慮しない場合には，ひげを最小値，最大値まで伸ばす．

表 2.2 の都道府県別人口データについて，上記の手順に基づき箱ひげ図を作成したものを図 2.7 に示す．この図において (a) では外れ値を考慮する場合を，(b) では外れ値を考慮しない場合を示している．このデータの場合，①メジアン $\widetilde{x} = 1626$，第 1 四分位点 $x_{25\,\%} = 1089$，第 3 四分位点 $x_{75\,\%} = 2829$ となる．また②四分位範囲は $x_{75\,\%} - x_{25\,\%} = 2829 - 1089 = 1740$ となる．③について，$x_{25\,\%} - 1.5 \times (x_{75\,\%} - x_{25\,\%}) = -1521$ であり，すべてのデータがこれよりも大きいのでデータの最小値 565 までひげを伸ばす．一方，$x_{75\,\%} + 1.5 \times (x_{75\,\%} - x_{25\,\%}) = 5439$

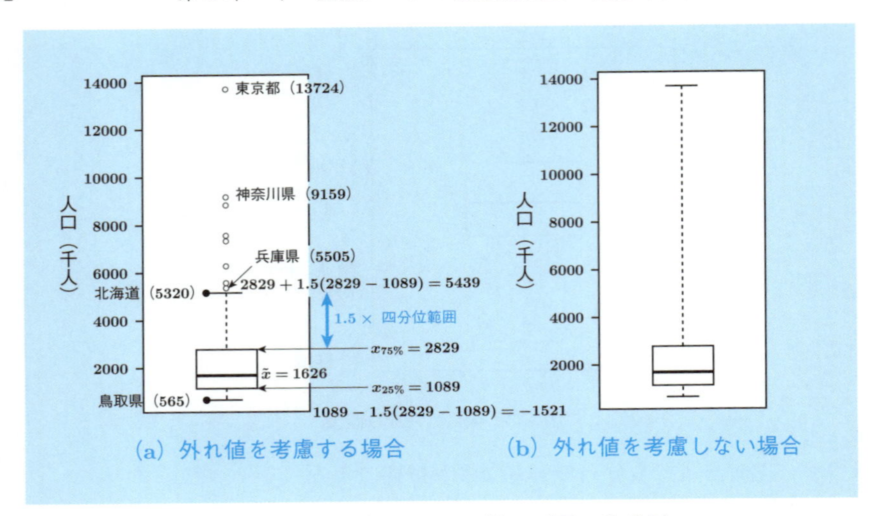

図 2.7　人口データによる箱ひげ図の作成例

であり，これよりも小さいデータでの最大値は北海道の5320であるので，この値までひげを伸ばす．これにより，5505の兵庫県とそれよりも大きなデータは外れ値とみなす．なお **(b)** 外れ値を考慮しない場合には，下側は最小値まで，上側は最大値までひげを伸ばす．

(3) 箱ひげ図の例

表 2.1 の身長データ，表 2.2 の都道府県別人口データについて，作成した箱ひげ図を 図 2.8 に示す．箱ひげ図の箱には，全データのうち50％が含まれており，

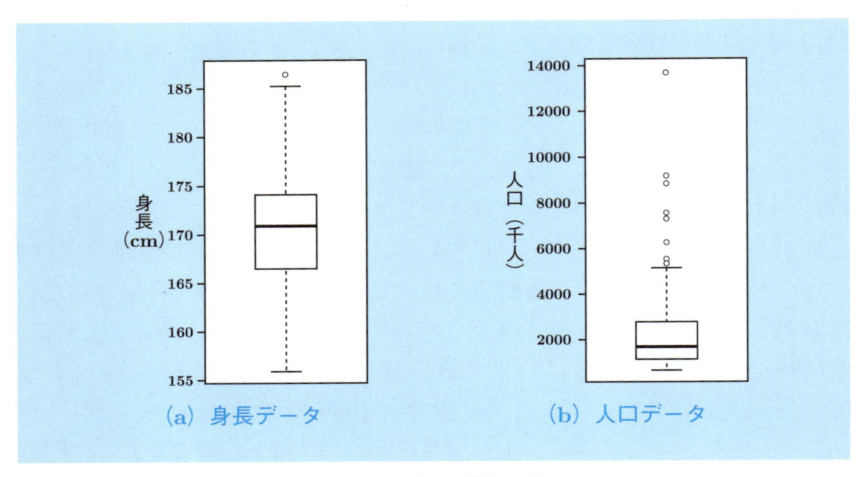

図 2.8　箱ひげ図の例

(a) の身長データの場合には，170 強を中心に 165 強から 175 弱の範囲にデータの 50 %が集中していることになる．またこのデータの集中は，データ全域の中央部である．ひげの長さもほぼ上下で等しく，このデータが左右対称に分布していることわかる．これに対して **(b)** の人口データの場合には，箱が 1000 から 3000 程度であり小さい方に位置するこの範囲に，50 %のデータが集中している．加えて下側のひげは短く上側のひげが長く，さらに外れ値もある．これらから，データが小さい方に集中して分布していて，大きい方に裾を引いていることわかる．このように箱ひげ図を理解するときには，箱の位置，ひげの長さの対称性などを考慮し，分布を推察するとよい．

2.4 変数変換

2.4.1 データの線形変換と標準化

(1) データの線形変換前後の統計量の関係

収集されている n 個のデータ $x_1, \ldots, x_n$ について，**線形変換**（linear transformation）

$$z_i = ax_i + b$$

を施すと，x_i の平均 $\overline{x}$，偏差平方和 S_{xx}，標準偏差 s_{xx} と z_i の平均 $\overline{z}$，偏差平方和 S_{zz}，標準偏差 s_{zz} について，次式が成立する．

$$\overline{z} = a\overline{x} + b, \quad S_{zz} = a^2 S_{xx}, \quad s_{zz} = |a| s_{xx}$$

これらのうち平均は，次のように確認できる．

$$\overline{z} = \frac{\sum_{i=1}^{n} z_i}{n} = \frac{1}{n}\sum_{i=1}^{n}(ax_i + b) = \frac{1}{n}\left(a\sum_{i=1}^{n} x_i + nb\right) = a\overline{x} + b$$

また，偏差平方和，標準偏差もそれぞれ次のように確認できる．

$$S_{zz} = \sum_{i=1}^{n}(ax_i + b - (a\overline{x} + b))^2 = a^2 \sum_{i=1}^{n}(x_i - \overline{x})^2 = a^2 S_{xx}$$

$$s_{zz} = \sqrt{\frac{S_{zz}}{n-1}} = \sqrt{a^2 \frac{S_{xx}}{n-1}} = |a|\sqrt{\frac{S_{xx}}{n-1}} = |a| s_{xx}$$

線形変換の例として，摂氏，華氏による温度表現がある．摂氏で表した温度 x（°C）を華氏で表した温度 z（°F）に変換するには次式を用いる．

$$z = \frac{9}{5}x + 32$$

したがって，夏に測定し摂氏で表した温度について，$\overline{x} = 25$，$S_{xx} = 10000$，$s_{xx} = 10$ のとき，華氏で表した温度 z の $\overline{z}$，S_{zz}，s_{zz} は次のように求められる．

$$\overline{z} = a\overline{x} + b = \frac{9}{5}\overline{x} + 32 = 77$$

$$S_{zz} = a^2 S_{xx} = \frac{9^2}{5^2} S_{xx} = 32400$$

$$s_{zz} = a s_{xx} = \frac{9}{5} s_{xx} = 18$$

(2) データの標準化

線形変換の特殊な例として，変数の**標準化**（standardization）があり，これは基準化とも呼ばれる．変数が複数ある場合には，それらの中心位置，ばらつきなどが異なるため，個々のデータの直接的な比較ができない．そこで，元のデータ $x_1, \ldots, x_n$ に対し，平均が 0，標準偏差が 1 となるように線形変換することで，相互比較ができるようにする．これには前述の線形変換において，$x_1, \ldots, x_n$ の $\overline{x}$，s_{xx} をもとに $a = \frac{1}{s_{xx}}$，$b = -\frac{\overline{x}}{s_{xx}}$ とする，すなわち

$$u_i = \frac{x_i - \overline{x}}{s_{xx}} \tag{2.14}$$

なる変換が標準化であり，変換後の u_i は平均が 0，標準偏差が 1 となる．

2.4.2 分布の対称性の確保

(1) 対数変換，ボックス・コックス変換

解析結果の安定性確保のため，変数変換が用いられる場合がある．図 2.8(b) の人口のように，大きい方に分布が裾を引いている場合には，裾にあるデータの解析結果に与える影響が不当に大きくなる．所得などの経済データの場合には，この傾向が出やすい．これを防ぐために，極端に歪んだ分布の場合には，平均を中心にある程度対称になるように変換してから解析するとよい．

元のデータ x に対して，よく用いられるのが平方根変換 $\sqrt{x}$ や，次の**対数変換**（logarithmic transformation）である．

$$\ln(x)$$

また，これを一般化した，次に示す**ボックス・コックス変換**（Box and Cox transformation）もある．

$$f_\lambda(x) = \begin{cases} \dfrac{x^\lambda - 1}{\lambda} & (\lambda \neq 0) \\ \ln(x) & (\lambda = 0) \end{cases}$$

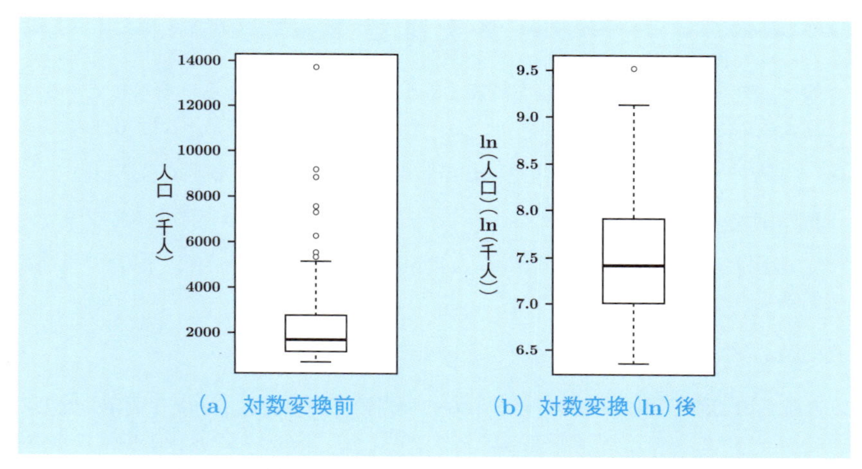

図 2.9 対数変換前後の都道府県別人口の箱ひげ図

図 2.9 に，対数変換前後の都道府県別人口データの箱ひげ図を示す．この図から元データでは，人口が大きい方に裾を引いているものの，対数変換後では対称な分布形に近づいていることがわかる．

2.4.3 0，1 データの変換

不良率，確率などのように，とり得る値が 0 から 1 の間の数値を変換するのが**ロジット変換**（logit transformation）である．例えば，n 個中の不良個数 x をもとに不良率 $\frac{x}{n}$ が求められ，これに対してロジット変換すると次式となる．

$$\ln \frac{x/n}{1 - x/n} \tag{2.15}$$

この応用例を，第 11 章の回帰分析で触れる．

演習問題

1 本問は，データ変換後に統計量を計算すると，計算が容易になる例を示している．5人の高校生の50m走のタイム $x_1, \ldots, x_5$（秒）を6.7，6.1，7.5，7.1，6.3とする．

(a) 5人のタイムから6を引いて10倍した数値 $y_1, \ldots, y_5$ を求めなさい．

(b) 上記の5つの数値について，平均，平方和，分散，標準偏差を求めなさい．

(c) 上記の結果を利用して，この5人の50m走のタイムの平均，平方和，分散，標準偏差を求めなさい．

2 式(2.14)を用いると平均0，分散 1^2 になることを導きなさい．

3 ある部品の切断工程において，$n = 100$ の切断後部品の長さ（cm）を測定したところ，平均 $\overline{x} = 15.2$（cm），標準偏差 $s_{xx} = 1.25$（cm）であった．米国工場にこの情報を伝えるために，これらをインチに変換しなさい．なお，1（cm）$= 0.394$（インチ）である．

4 偏差値 z_i は，元の試験データ x_i（$i = 1, \ldots, n$）を $z_i = ax_i + b$ により線形変換し，$\overline{z} = 50$，$s_{zz} = 10$ になるようにしている．このための a，b を求めなさい．

5 下記は，文部科学省体力・運動能力調査（平成29年度）における18歳男子の握力測定結果（単位：kg）$n = 1042$，$\overline{x} = 40.98$，$s_{xx} = 6.39$ をもとに，人工的に生成したデータである．このデータについて，ヒストグラムを作成しなさい．

No.	握力測定結果									
1	43	44	37	28	42	48	38	35	48	39
2	41	43	47	31	44	40	38	44	48	31
3	38	34	36	48	35	47	41	50	42	52
4	59	40	55	41	41	40	38	39	48	35
5	43	44	45	44	45	43	39	37	36	48
6	43	50	45	44	45	46	42	35	37	43
7	39	57	52	51	38	33	34	50	43	49
8	41	41	36	40	46	46	44	44	37	39
9	45	52	40	37	39	39	30	30	29	46
10	46	38	47	38	47	48	39	38	41	56
11	37	34	42	32	35	41	43	53	43	49
12	40	37	36	45	44	32	49	30	33	49

6 2015年度都道府県別栽培きのこ類生産量（単位：千万円）を，生産量が少ない順に示す．(a) 生産量，(b) 対数変換後の生産量の箱ひげ図を作成しなさい．

No.	都道府県	生産量	No.	都道府県	生産量	No.	都道府県	生産量
1	大阪府	14	17	京都府	105	33	香川県	414
2	佐賀県	21	18	高知県	112	34	宮崎県	425
3	山口県	22	19	埼玉県	127	35	広島県	441
4	東京都	23	20	兵庫県	137	36	群馬県	443
5	山梨県	25	21	石川県	140	37	岩手県	509
6	神奈川県	39	22	愛媛県	156	38	秋田県	509
7	青森県	43	23	島根県	167	39	山形県	509
8	福井県	43	24	富山県	183	40	長崎県	628
9	滋賀県	52	25	鹿児島県	186	41	静岡県	675
10	沖縄県	55	26	三重県	187	42	大分県	747
11	奈良県	58	27	熊本県	245	43	徳島県	839
12	鳥取県	83	28	茨城県	248	44	福岡県	963
13	和歌山県	90	29	岐阜県	262	45	北海道	1088
14	愛知県	91	30	福島県	286	46	新潟県	3860
15	岡山県	104	31	栃木県	322	47	長野県	4955
16	千葉県	105	32	宮城県	360			

データの出典：総務省統計局 e-Stat，林業産出額：2015年（2019年2月アクセス）

3 2変数データの記述統計量と視覚的表現

本章では計量値の 2 変数データについて，記述統計量による要約とグラフによる視覚的表現を取り上げる．この 2 変数データとは，例えば複数の学生に対する英語と数学の試験結果のように，同じ測定対象から異なる変数を測定しているデータである．計量値の場合には，相関係数と散布図の把握が有効である．また計数値の場合には，分割表，層別などを用いるとよい．

3.1 2変数の統計量による要約

3.1.1 対になったデータの例とその取扱いの概要

表 3.1 に 2 変数データの例を示す．これは，Derringer and Suich（1980）に掲載されているタイヤ用ゴム製造データの一部である．製造条件を変えて No. 1 から No. 20 のタイヤ用ゴムを製造し，ゴムの特性を表す摩耗指数，引張強度指数などを測定している．このように，同一の測定対象に対して 2 つの変数を測定している場合，対の 2 変数と呼ぶことがある．対の 2 変数について，よく用いられる記述統計量が相関係数である．また視覚的表現としてよく用いられるのが，それぞれの変数を軸にとりデータを打点した散布図である．

表 3.1　対の 2 変数データの例：タイヤ用ゴム製造データ

No.	x：摩耗指数	y：引張強度指数	No.	x：摩耗指数	y：引張強度指数
1	102	470	11	96	520
2	120	410	12	163	380
3	117	570	13	116	520
4	198	240	14	153	290
5	103	640	15	133	380
6	132	270	16	133	380
7	132	410	17	140	430
8	139	380	18	142	430
9	102	590	19	145	390
10	154	260	20	142	390

3.1.2　相関係数による要約

(1)　相関係数の定義

変数 x，y のデータ (x_i, y_i) $(i = 1, \ldots, n)$ について，直線的な関連の記述統計量として，次式の**相関係数**（correlation coefficient）r が用いられる．

$$r = \frac{S_{xy}}{\sqrt{S_{xx} S_{yy}}} \tag{3.1}$$

提案者の名前や，積率に基づく点に鑑み，ピアソンの積率相関係数と呼ぶ場合もある．相関係数における S_{xx}，S_{yy} はそれぞれ x，y の偏差平方和，S_{xy} は x と y の偏差積和であり，次式で定義される．

$$S_{xx} = \sum_{i=1}^{n} (x_i - \overline{x})^2$$

$$S_{yy} = \sum_{i=1}^{n} (y_i - \overline{y})^2$$

$$S_{xy} = \sum_{i=1}^{n} (x_i - \overline{x})(y_i - \overline{y})$$

これらは，x，y の分散 $s_{xx}^2 = \frac{S_{xx}}{n-1}$，$s_{yy}^2 = \frac{S_{yy}}{n-1}$ と，データから求める x と y の**共分散**（co-variance）

$$\frac{S_{xy}}{n-1} \tag{3.2}$$

を用いて次式で表せる．

$$r = \frac{S_{xy}/(n-1)}{\sqrt{s_{xx}^2 s_{yy}^2}}$$

(2)　相関係数の計算例

表 3.2 に計算過程を示すとおり，(x_i, y_i) のデータ数 $n = 20$，$S_{xx} = 11263.80$，$S_{yy} = 228175.00$，$S_{xy} = -40495.00$ なので，相関係数 r は次のとおりとなる．

$$r = \frac{S_{xy}}{\sqrt{S_{xx} S_{yy}}} = \frac{-40495.00}{\sqrt{11263.80 \times 228175.00}} = -0.799$$

(3)　相関係数の意味

相関係数の符号は，分子 $S_{xy} = \sum_{i=1}^{n} (x_i - \overline{x})(y_i - \overline{y})$ によって決まる．この意味を，図 3.1 で説明する．なお変数 x，y を軸にとり，それぞれのデータを布置した図を散布図と呼ぶ．その詳細は第 3.2 節で述べる．この図の第 1 から 4 象限は，$\overline{x}$，$\overline{y}$ によって区切られている．第 1 象限に布置されるデータ x_i，y_i は，それぞれ $\overline{x}, \overline{y}$ より

表 3.2　相関係数の計算例：タイヤ用ゴム製造データ

No.	x_i	y_i	$x_i - \overline{x}$	$y_i - \overline{y}$	$(x_i - \overline{x})^2$	$(y_i - \overline{y})^2$	$(x_i - \overline{x})(y_i - \overline{y})$
1	102	470	−31.1	52.5	967.21	2756.25	−1632.75
2	120	410	−13.1	−7.5	171.61	56.25	98.25
3	117	570	−16.1	152.5	259.21	23256.25	−2455.25
4	198	240	64.9	−177.5	4212.01	31506.25	−11519.75
5	103	640	−30.1	222.5	906.01	49506.25	−6697.25
6	132	270	−1.1	−147.5	1.21	21756.25	162.25
7	132	410	−1.1	−7.5	1.21	56.25	8.25
8	139	380	5.9	−37.5	34.81	1406.25	−221.25
9	102	590	−31.1	172.5	967.21	29756.25	−5364.75
10	154	260	20.9	−157.5	436.81	24806.25	−3291.75
11	96	520	−37.1	102.5	1376.41	10506.25	−3802.75
12	163	380	29.9	−37.5	894.01	1406.25	−1121.25
13	116	520	−17.1	102.5	292.41	10506.25	−1752.75
14	153	290	19.9	−127.5	396.01	16256.25	−2537.25
15	133	380	−0.1	−37.5	0.01	1406.25	3.75
16	133	380	−0.1	−37.5	0.01	1406.25	3.75
17	140	430	6.9	12.5	47.61	156.25	86.25
18	142	430	8.9	12.5	79.21	156.25	111.25
19	145	390	11.9	−27.5	141.61	756.25	−327.25
20	142	390	8.9	−27.5	79.21	756.25	−244.75
合計	2662	8350	0	0	11263.80	228175.00	−40495.00

も大きいため，$(x_i - \overline{x})(y_i - \overline{y})$ は正の値となる．同様に考えると $(x_i - \overline{x})(y_i - \overline{y})$ は，第 2 象限では負，第 3 象限では正，第 4 象限では負となる．したがって，図 3.2(a) のように，x の値が大きいと y の値が大きく，x の値が小さいと y の値が小さいような場合には，第 1 象限と第 3 象限のデータが多いため，S_{xy} が正の値となる．これとは逆の 図 3.2(b) のように，x の値が大きいと y の値が小さく，また x の値が小さいと y の値が大きいような場合には，S_{xy} が負の値となる．さらに，第 1 象限から第 4 象限にまんべんなく布置される場合には，正負が相殺され S_{xy} が 0 に近い値となる．

一方の変数が大きいと，他方の変数も大きい場合を**正の相関** (positive correlation) と呼ぶ．これとは逆に，一方が大きいと他方が小さくなる場合を**負の相関** (negative

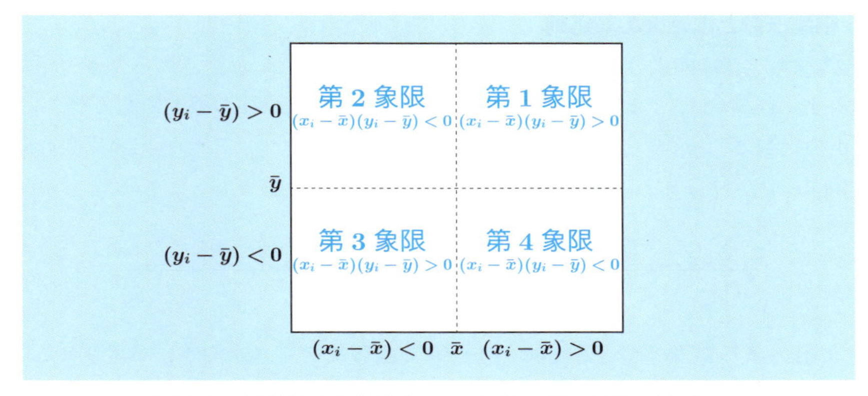

図 3.1　相関係数の考え方――符号は偏差積和で決まる

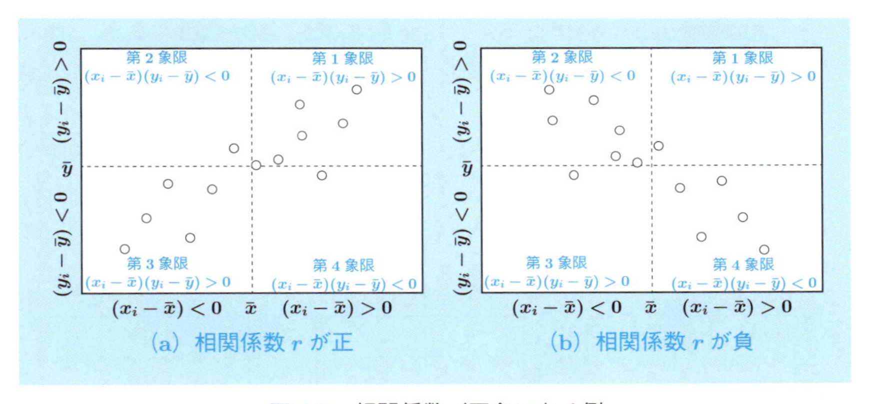

図 3.2　相関係数が正負になる例

correlation）と呼ぶ．さらに，このような関係が全く見られない場合を**無相関**（no correlation）と呼ぶ．

相関の強弱を表す相関係数 r において，分母 $\sqrt{S_{xx}S_{yy}}$ は，r の範囲について次式が成立するための調整項である．

$$-1 \leq r \leq 1 \tag{3.3}$$

これは，ベクトル $(a_1, \ldots, a_n)$，$(b_1, \ldots, b_n)$ に対するシュワルツの不等式

$$\sum_{i=1}^{n} a_i^2 \sum_{i=1}^{n} b_i^2 \geq \left(\sum_{i=1}^{n} a_i b_i \right)^2$$

を用い，a_i に $(x_i - \overline{x})$ を，b_i に $(y_i - \overline{y})$ を対応付けると確認できる．

(4)　相関係数と散布図の対応例

図 3.3(a)，(c) のように，すべてのデータが一直線上に布置されるとき，相関係数は -1，あるいは，1 となる．すべての (x_i, y_i) が右上がりの線上にあるときには，b を正の定数とし $y_i = a + bx_i$ $(i = 1, \ldots, n)$ が成り立つ．これを相関係数の定義式 (3.1) に代入すると，次のようになることから確認できる．

$$r = \frac{\sum (x_i - \overline{x})(y_i - \overline{y})}{\sqrt{\sum (x_i - \overline{x})^2 \sum (y_i - \overline{y})^2}} = \frac{b \sum (x_i - \overline{x})^2}{\sqrt{\sum (x_i - \overline{x})^2 b^2 \sum (x_i - \overline{x})^2}} = 1$$

図 3.3(b) のように，$\overline{x}$，$\overline{y}$ を中心に第 1 から 4 象限にデータが均等に布置される場合には，前述のとおり S_{xy} がほぼ 0 となるので相関係数もほぼ 0 となる．図 3.3(d)，(e) のように，すべてが直線上に布置されないものの，右下がり，右上がりの傾向があるとき，相関係数は負，正となる．さらに図 3.3(e)，(f) を比べると，図 3.3(f) の方が第 1，3 象限のデータの布置が多く，右上がりの直線に近いため，相関係数が大きくなっている．

相関係数 r が 0 付近になるのは，図 3.3(b) のような場合だけでなく，様々である．図 3.4(a) では，$r = 0.02$ であり無相関とみなし得る．しかし，x が 0 のとき y が小さく，x が 0 から離れるにしたがって y が大きくなるという 2 次曲線的な関連

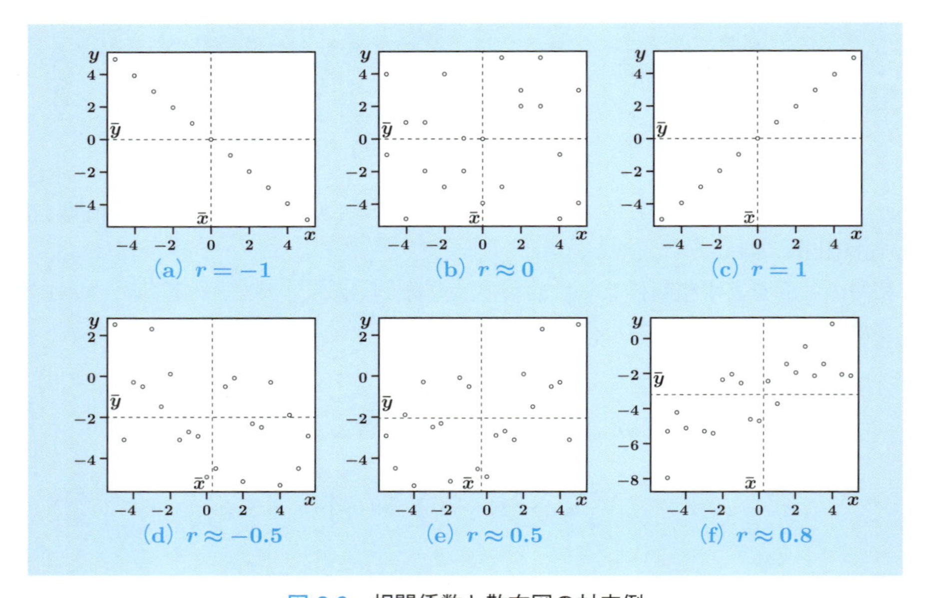

(a) $r = -1$　(b) $r \approx 0$　(c) $r = 1$
(d) $r \approx -0.5$　(e) $r \approx 0.5$　(f) $r \approx 0.8$

図 3.3　相関係数と散布図の対応例

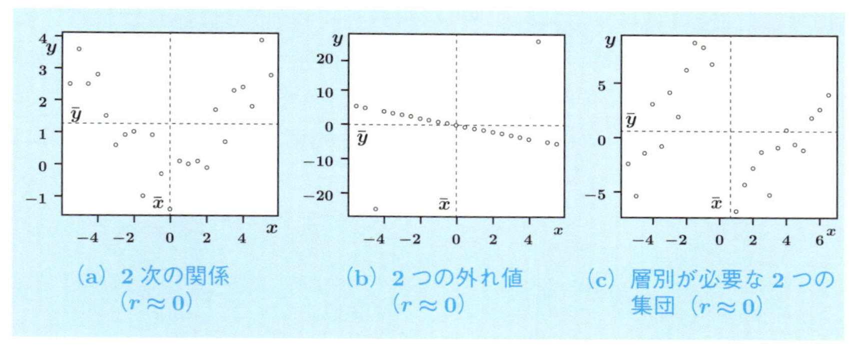

図 3.4　相関係数がほぼ 0 であるが 2 変数には関係がある例

はあるので，2 次曲線に基づく解析が必要になる．また図 3.4(b) では，$r = 0.02$ で無相関とみなし得る．このデータでは，x が正，負のときにそれぞれ 1 つずつ外れ値があり，これらを除くと残りのデータはすべて直線上に布置される．まず，2 つの外れ値の発生理由を検討する必要がある．さらに図 3.4(c) では，$r = -0.05$ である．このデータでは，x が正，負で 2 つの集団があり，それぞれの集団では正の相関がある．集団を 2 つにわける要因を探索し，それぞれの集団について正の相関がある点を考察する必要がある．

これらの例では，図 3.1 の第 1，3 象限のデータの偏差積和の合計と，第 2，4 象限のデータの偏差積和の合計について，絶対値がほぼ等しいので r がほぼ 0 になっている．一方，散布図からわかるように，x と y には何らかの関係がある．相関とは 1 次（直線）の関連である．また，相関係数は 1 次の関連の強弱を示しているので，広い意味での関連の強弱を示していない．したがって，相関係数が 0 に近いという理由で，x と y には関連がないと過大解釈してはならない．

(5)　相関係数の幾何学的解釈

散布図では，x，y を軸とする 2 次元平面上に，n 点を布置している．この軸と点のとり方を変え，n 次元空間上の x，y という 2 つの点を考える．すなわち n 次元空間上における，原点からそれぞれの点へのベクトル $\boldsymbol{x} = (x_1, \ldots, x_n)$，$\boldsymbol{y} = (y_1, \ldots, y_n)$ となる．議論の本質に影響はないので，x，y のそれぞれの平均が 0 になるように変換されているものとする．一般に，n 次元ベクトル $\boldsymbol{x}$ と $\boldsymbol{y}$ の内積 $\boldsymbol{x}^\top \boldsymbol{y} = x_1 y_1 + \cdots + x_n y_n$ について，次式が成立する．

$$\boldsymbol{x}^\top \boldsymbol{y} = |\boldsymbol{x}|\,|\boldsymbol{y}| \cos\theta$$

この内積 $\boldsymbol{x}^\top \boldsymbol{y}$ は，ベクトルの長さ $|\boldsymbol{x}|$，$|\boldsymbol{y}|$ と，ベクトルがなす角度 θ の余弦 $\cos\theta$

の積に等しいことを意味する．それぞれのデータは平均が0になるように変換されているので，内積 $\boldsymbol{x}^\top \boldsymbol{y}$ は x と y の偏差積和 S_{xy} に等しい．また，ベクトルの長さ $|\boldsymbol{x}|$，$|\boldsymbol{y}|$ は要素の2乗和の平方根で表されるので，$\sqrt{S_{xx}}$，$\sqrt{S_{yy}}$ に等しい．したがって，相関係数 $r = \frac{S_{xy}}{\sqrt{S_{xx}S_{yy}}}$ はベクトルのなす角度の余弦 $\cos\theta$ に等しい．このような n 次元空間を考えると，相関係数の幾何学的な解釈が可能となり，意味づけがしやすくなる．

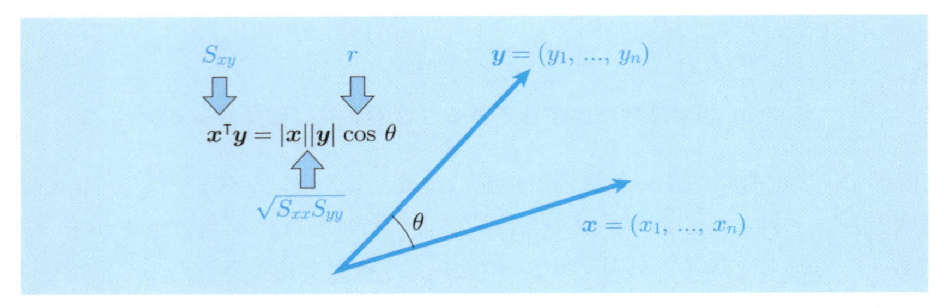

図 3.5　対のベクトルのなす角度の余弦が相関係数に対応

3.2　計量値の2変数の散布図による視覚化

3.2.1　散布図による視覚化とその意図

(1)　散布図の概要

計量値の2変数を視覚的に表現するために，**散布図**（scatter diagram）が用いられる．散布図は，1つの変数を横軸に，残りの変数を縦軸にとり，データを打点している．表 3.1 のタイヤ用ゴムデータの散布図を，図 3.6 に示す．この図から，x が増えると y は減るという負の相関が視覚的にわかる．

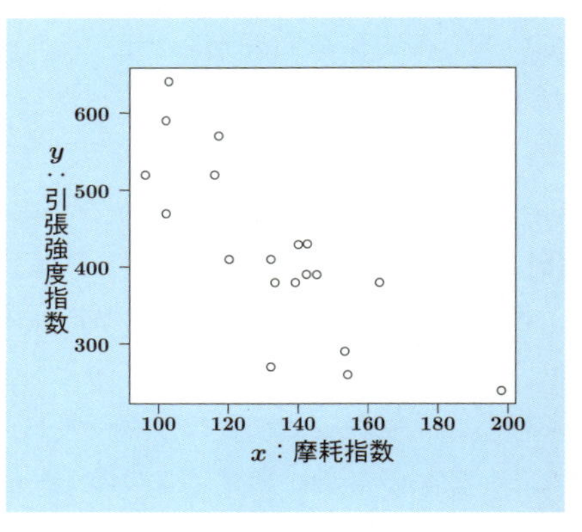

図 3.6　タイヤ用ゴムデータの散布図

(2)　アンスコムのデータ

表 3.3 に示すアンスコムのデータ（Anscombe（1973））は，視覚化の意義を端的に示している．この表のデータ1から4において，x，y の平均は 9.00，7.50，標準偏差は 3.32，2.03，相関係数 x，y は 0.82 であり，すべて等しい．

表 3.3　アンスコムのデータ

No.	データ 1		データ 2		データ 3		データ 4	
	x_1	y_1	x_2	y_2	x_3	y_3	x_4	y_4
1	10.00	8.04	10.00	9.14	10.00	7.46	8.00	6.58
2	8.00	6.95	8.00	8.14	8.00	6.77	8.00	5.76
3	13.00	7.58	13.00	8.74	13.00	12.74	8.00	7.71
4	9.00	8.81	9.00	8.77	9.00	7.11	8.00	8.84
5	11.00	8.33	11.00	9.26	11.00	7.81	8.00	8.47
6	14.00	9.96	14.00	8.10	14.00	8.84	8.00	7.04
7	6.00	7.24	6.00	6.13	6.00	6.08	8.00	5.25
8	4.00	4.26	4.00	3.10	4.00	5.39	8.00	5.56
9	12.00	10.84	12.00	9.13	12.00	8.15	8.00	7.91
10	7.00	4.82	7.00	7.26	7.00	6.42	8.00	6.89
11	5.00	5.68	5.00	4.74	5.00	5.73	19.00	12.50
平均	9.00	7.50	9.00	7.50	9.00	7.50	9.00	7.50
標準偏差	3.32	2.03	3.32	2.03	3.32	2.03	3.32	2.03
相関係数	0.82		0.82		0.82		0.82	

データの出典：Anscombe, F. J. (1973), Graphs in Statistical Analysis, *American Statistician*, **27**, 17–21.

基本統計量は同じであるが，分布は全く異なる．アンスコムのデータについて，散布図を図 3.7 に示す．これから，データ 1，2，3，4 で分布が異なることが即座にわかる．また，相関係数の計算に意味があるのはデータ 1 だけである．データ 2 は，1 次の関係ではなく 2 次曲線を想定するのがよい．データ 3 は，外れ値が生じている理由をデータ収集に立ち返って調べるとよい．データ 4 は，x が 1 つを除いて同一水準であり，この 1 つのデータで相関の正，負が決まるという不安定さがある．このようにデータの視覚化は，統計量を計算して意味があるかという，データの基本的な質を検討するのに不可欠である．

3.2.2　2 変数データの解析で留意すべき点

(1)　グラフで判断することと統計量で判断すること

アンスコムのデータは，統計量は特定の側面からのデータの要約なので，データの質の基本的な吟味にはグラフに対する人間の目による判断が必要なことを示唆している．一方，人間の目による判断は主観的である．図 3.8 の 2 つの散布図 (a)，(b) について，どちらの相関が強いかという質問に対し，大多数が (a) と回答する．し

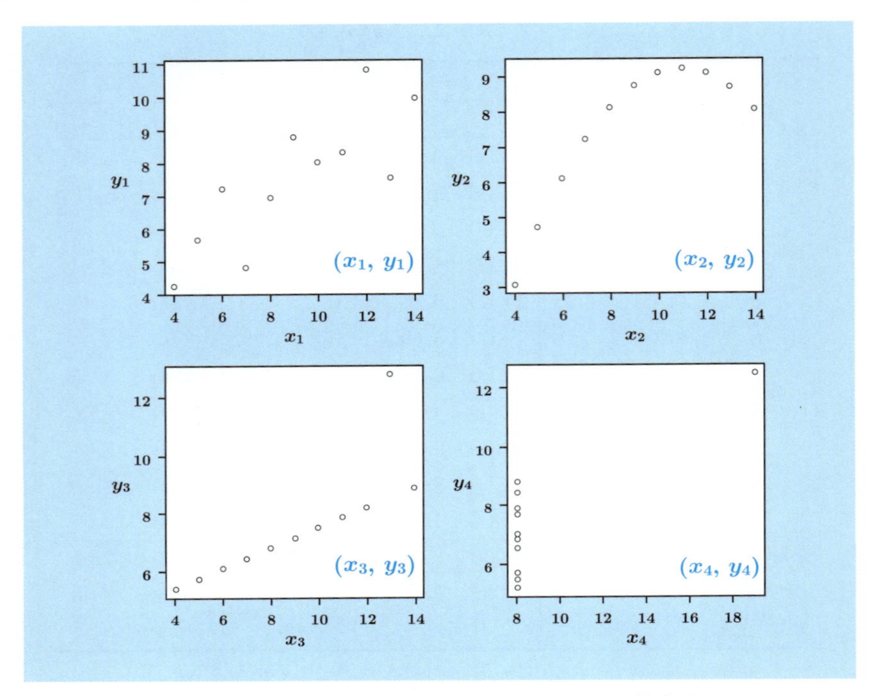

図 3.7　アンスコムのデータにおける 4 つの散布図

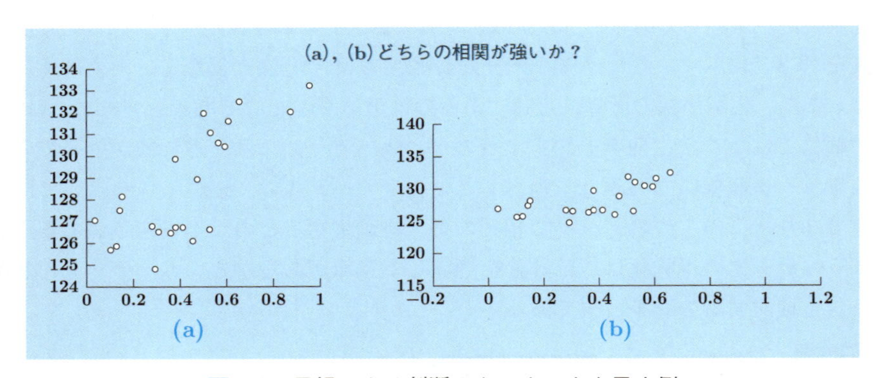

図 3.8　目視による判断のあいまいさを示す例

かし **(a)**，**(b)** では，データは共通で散布図のスケールの取り方が異なる．この例のように，人間の目による判断は厳密な比較には適さない．これらに鑑みると，まず，グラフの人間の目による判断により，統計量を計算して意味があるかというデータの質を検討する．こののち，統計量により厳密な比較をするのがよい．

(2)　因果と相関

因果と相関は，別の概念であり混乱してはならない．相関とは，測定しているデータに現れる，一方が大きいときに他方も大きい，あるいは，小さいという線形関係である．これに対して因果とは，一方の値の変化が他方の値の変化をもたらすことを示す．これらは全く異なる概念であり，因果がなくて相関が現れる場合もあれば，因果があっても相関が現れない場合もある．

例えば，成人の場合には加齢と共に走力が衰えるので，年齢と 50 m 走の速度には因果関係がある．データを収集する際，成人男子について 20 歳から 50 歳まで幅広くデータを収集すれば相関関係は現れるであろうが，40 歳プラスマイナス 1 歳のデータを収集すれば，他の影響が大きいために相関は現れないであろう．

また仕事がある成人男性について，走力と給与所得のデータを 20 歳代から 50 歳代まで測定すると，走力と給与所得に直接的な因果はないものの，走力と給与所得には相関が生じるであろう．これは図 3.9 のように，年齢と走力，年齢と給与所得という因果関係があるために，結果的に走力と給与所得に相関が生じるというものである．なお，このような相関を**偽相関**（pseudo correlation）と呼ぶこともある．

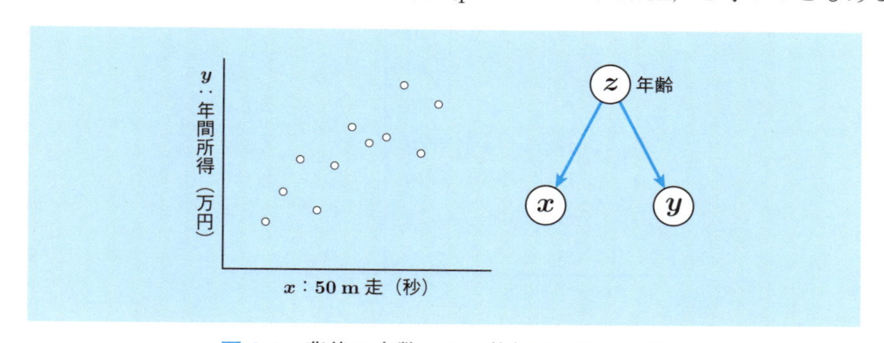

図 3.9　背後の変数により偽相関が生じる例

また，表 3.1 の相関係数が -0.799，散布図が図 3.6 であり，ここでの変数は，製造タイヤ用ゴムの摩耗指数，引張強度指数という結果を測定している変数である．このデータでは，どちらか一方が他方に影響を及ぼしているのではなく，タイヤ製造の際の条件をいくつか変化させ，その結果として摩耗指数，引張強度指数が変化している．これも図 3.9 のように，背後に存在する変数 z の影響で，これらの 2 変数が変化している．これらの例からもわかるとおり，「相関がある ＝ 因果がある」という短絡的な考察をしてはならない．

3.3 計数値データの要約

3.3.1 分割表による要約

(1) 分割表とは

表 3.4 に，50 m 走の練習法 A，B を 1 週間続けたときに，走力が向上したかどうかを測定した結果を示す．このような 2 変数の計数値データは，表 3.5 に示す 2×2 分割表（contingency table）にまとめると，関連状態がわかる．この表から，練習法，結果のそれぞれの組合せにおける出現度数が把握できる．

表 3.4　練習法 A，B と結果の測定結果

No.	練習法	向上	No.	練習法	向上
1	B	あり	12	A	あり
2	A	なし	13	A	なし
3	A	あり	14	A	あり
4	A	なし	15	A	あり
5	A	なし	16	B	なし
6	A	なし	17	A	あり
7	A	なし	18	A	あり
8	B	あり	19	A	なし
9	B	あり	20	A	あり
10	B	なし	21	A	あり
11	B	あり			

表 3.5　計数値データをまとめる 2 × 2 分割表の例

練習法	向上		合計
	あり	なし	
練習法 A	$n_{11} = 8$	$n_{12} = 7$	15
練習法 B	$n_{21} = 4$	$n_{22} = 2$	6
合計	12	9	21

分割表は，水準数が 2 よりも大きくても適用できる．変数 A が水準 $A_1, \ldots, A_a$，変数 B が水準 $B_1, \ldots, B_b$ の場合には，表 3.6 に示すとおり，$a \times b$ の組合せからなる $(a \times b)$ 分割表となる．

表 3.6　$(a \times b)$ 分割表の例

	B_1	B_2	$\cdots$	B_j	$\cdots$	B_b	行和
A_1	n_{11}	n_{12}	$\cdots$	n_{1j}	$\cdots$	n_{1b}	
A_2	n_{21}	n_{22}	$\cdots$	n_{2j}	$\cdots$	n_{2b}	
$\vdots$	$\vdots$					$\vdots$	$n_{i\cdot} = \sum_{j=1}^{b} n_{ij}$
A_i	n_{i1}	n_{i2}	$\cdots$	n_{ij}	$\cdots$	n_{ib}	
$\vdots$	$\vdots$					$\vdots$	
A_a	n_{a1}	n_{a2}	$\cdots$	n_{aj}	$\cdots$	n_{ab}	
列和				$n_{\cdot j} = \sum_{i=1}^{a} n_{ij}$			$n = \sum_{i=1}^{a} \sum_{j=1}^{b} n_{ij}$

(2)　アンケート調査の調査例

表 3.7 に，内閣府による企業行動に関する調査結果[1)]に基づく分割表を示す．調査対象は 1 部上場製造業であり，A_1：素材型製造業，A_2：加工型製造業，A_3：その他製造業である．これらに，海外に生産拠点を置く主な理由として，B_1：現地・進出先近隣国の需要が旺盛または今後の拡大が見込まれる，B_2：労働力コストが低い，B_3：現地の顧客ニーズに応じた対応が可能，B_4：親会社，取引先等の進出に伴って進出，B_5：その他，からの選択を依頼している．

A_1，A_2，A_3 の行和に着目すると，A_2 が全 365 社中約半分であり，A_1，A_3 の倍程度ある．一方，海外に生産拠点を置く理由に着目すると，B_1 の回答数が全体的に多い．A_1，A_3 ではそれぞれの行和の約半数がこの理由を挙げているのに対し，A_2 では 3 分の 1 以下の企業しか理由として挙げていない．すなわち，A_1，A_3 では需要を見込んで海外拠点を置く企業が多いのに対し，A_2 ではその割合が少ないことがわかる．このように 2 元表に整理すると，データの特徴がつかみやすくなる．

表 3.7　海外に生産拠点を置く理由の調査結果による (3×5) 分割表

	B_1 需要旺盛	B_2 低コスト	B_3 ニーズ対応	B_4 親会社	B_5 その他	行和
A_1：素材型製造	57	14	10	13	9	103
A_2：加工型製造	57	39	30	22	32	180
A_3：その他製造	40	15	12	5	10	82
列和	154	68	52	40	51	365

[1)] 平成 29 年度の実施結果を集約し，この分割表にまとめている．

なお，分割表を集約する統計量として，χ^2 統計量がある．この定義や，χ^2 統計量に基づく解析については，第9.5節で説明する．

3.3.2 オッズ比と連関係数

オッズ比と連関係数の定義

(2×2) 分割表に基づく代表的な記述統計量として，オッズ比がある．表 3.5 における $\frac{n_{11}}{n_{12}}$ は，練習法Aにおける向上ありと向上なしの比率を表していて，練習法Aにおいてどちらが多いかの指標である．このような出現度数の比を**オッズ**（odds）と呼ぶ．Aにおけるオッズ $\frac{n_{11}}{n_{12}}$ は $\frac{8}{7}$ であり，Aでは若干向上ありの出現が多い．これに対し，Bにおけるオッズ $\frac{n_{21}}{n_{22}}$ は $\frac{4}{2}$ であり向上ありの出現が向上なしの倍になっている．このように求めたオッズの比

$$\frac{n_{11}/n_{12}}{n_{21}/n_{22}} \tag{3.4}$$

を，**オッズ比**（odds ratio）と呼ぶ．練習法Aにおけるオッズである $\frac{n_{11}}{n_{12}}$ と，練習法Bにおけるオッズである $\frac{n_{21}}{n_{22}}$ の比は $\frac{8/7}{4/2} = 0.57$ である．オッズ比は，1に近いほど2変数に関連がないことを意味する．また逆に，1から離れ0に近づく，あるいは，1より大きな値になるほど，2変数に関連があることを示している．このデータの場合，オッズ比は0.57であり，練習法A，Bにおいて結果に違いがあるという，2変数の関連を示している．

オッズ比の定義はわかりやすいが，関連がない状態が1で，関連があると0または $+\infty$ に近づくという，1を中心とする非対称な指標でわかりにくい．これを克服するのがユールの連関係数であり，次式で定義される．

$$\frac{n_{11}n_{22} - n_{12}n_{21}}{n_{11}n_{22} + n_{12}n_{21}} \tag{3.5}$$

連関係数は，0が関連がない状態を表す．また，-1 以上，1以下となり，-1，あるいは1に近づくほど関連がある状態を表す．このように，定義はわかりにくいが解釈はしやすい．連関係数とオッズ比には次の関係があり，本質的には同じことを表している．

$$\text{連関係数} = \frac{\text{オッズ比} - 1}{\text{オッズ比} + 1}$$

3.3.3 層　別

該当する，しないのように0，1データとして測定される変数は，計量値データ

の**層別**（stratification）に活用すると有益が情報が得られる場合が多い．層別とは，データをいくつかに分け比較することである．表 3.8 に，芳賀，橋本（1980）にある男子生徒を対象にしたスポーツテストデータの一部に，運動部に所属しているかどうかの仮想的な変数を追加したものを示す．その際，運動部の所属の有無を，0：なし，1：所属で表現している．

表 3.8　質的変数があるデータの例

No.	x_1：50 m 走 (m/s)	x_2：幅跳び (cm)	運動部所属 0：なし，1：所属
1	7.1	480	1
2	6.8	490	0
3	6.1	410	0
4	7.1	580	1
5	6.8	520	1
6	7.1	520	1
7	6.9	460	0
8	7.0	535	1
9	6.8	480	1
10	6.7	420	0
11	6.6	430	0
12	6.2	430	0
13	6.6	445	0
14	6.6	480	1
15	6.4	440	1

データの出典：芳賀，橋本（1980），回帰分析と主成分分析，日科技連出版社

このデータについて，x_1：50 m 走を運動部所属で層別した箱ひげ図，x_1：50 m 走，x_2：幅跳びを，運動部所属で層別した散布図を図 3.10 に示す．この層別した結果から，運動部に所属している生徒の方が，走力が高いこと，また，走力と幅跳びの能力が高いことが視覚的にわかる．

3.3.4　順位データに基づく要約

(1)　順位データの例

順位データの例を表 3.9 に示す．この表において，各都道府県の x：林業順位，y：農業順位データは，下記の X，Y のデータから求めている．

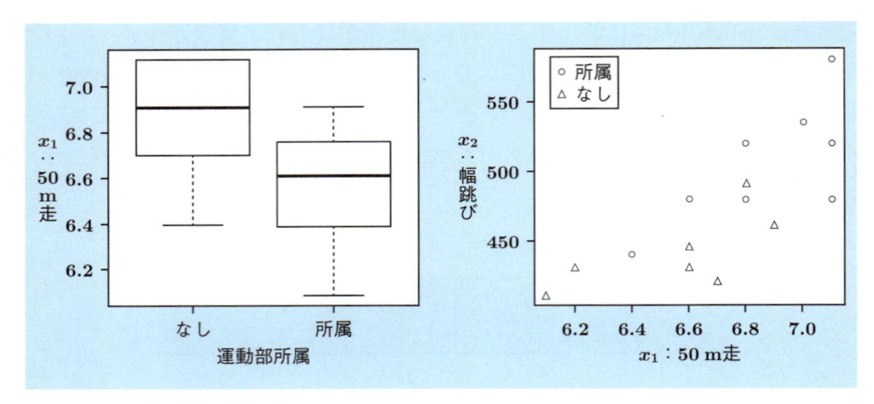

図 3.10　層別した箱ひげ図，散布図の例

X：　2016年林業産出額（単位 千万円）

Y：　2016年農業産出額（単位 億円）

この例のように，実際のデータ X，Y が測定されている場合には，それらを解析するのがよい．一方，x：林業順位，y：農業順位のように，順位データのみ与えられている場合もある．順位データの代表的な記述統計量がスピアマンの順位相関係数，ケンドールの順位相関係数である．

(2)　スピアマンの順位相関係数

スピアマンの**順位相関係数**（rank correlation coefficient）r_S は，順位データ (x_i, y_i) に，次式のピアソンの積率相関係数を計算するものである．

$$r_S = \frac{\sum_{i=1}^{n}(x_i - \overline{x})(y_i - \overline{y})}{\sqrt{\sum_{i=1}^{n}(x_i - \overline{x})^2 \sum_{i=1}^{n}(y_i - \overline{y})^2}} \tag{3.6}$$

これから，$-1 \leq r_S \leq 1$ が成り立つ．また，$r_S = 0.70$ なら順位の散布図は右肩上がりの布置になるというように，ピアソンの積率相関係数と同様に解釈すればよい．都道府県別データで x：林業順位，y：農業順位をもとに相関係数を求めると，$r_S = 0.656$ となる．

スピアマンの順位相関係数 r_S は，順位の差の2乗和 $\sum_{i=1}^{n}(x_i - y_i)^2$ をもとに，次式でも求められる．

$$r_S = 1 - \frac{6\sum_{i=1}^{n}(x_i - y_i)^2}{n^3 - n} \tag{3.7}$$

例えば，都道府県別データにおける北海道の順位の差は $x_1 - y_1 = 1$ となり，また

表 3.9　順位データの例：農業，林業産出額とその順位

No.	地域	x 林業順位	y 農業順位	X 林業産出額	Y 農業産出額
1	北海道	2	1	4567	12115
2	青森県	20	7	765	3221
3	岩手県	5	11	2015	2609
4	宮城県	18	19	810	1843
5	秋田県	7	20	1620	1745
6	山形県	17	14	835	2391
7	福島県	12	17	920	2077
8	茨城県	22	2	738	4903
9	栃木県	14	9	885	2863
10	群馬県	24	10	687	2632
11	埼玉県	38	18	205	2046
12	千葉県	40	4	163	4711
13	東京都	46	47	47	286
14	神奈川県	45	36	55	846
15	新潟県	3	12	4092	2583
16	富山県	36	40	244	666
17	石川県	34	43	277	548
18	福井県	42	44	121	470
19	山梨県	41	34	138	899
20	長野県	1	13	6001	2465
21	岐阜県	15	28	874	1164
22	静岡県	10	15	1138	2266
23	愛知県	31	8	293	3154
24	三重県	27	31	531	1107
25	滋賀県	43	41	107	636
26	京都府	37	38	231	740
27	大阪府	47	46	23	353
28	兵庫県	29	21	380	1690
29	奈良県	33	45	288	436
30	和歌山県	30	30	313	1116
31	鳥取県	32	37	290	764
32	島根県	26	42	536	629
33	岡山県	25	23	621	1446
34	広島県	23	27	721	1238
35	山口県	35	39	252	681
36	徳島県	11	32	1086	1101
37	香川県	28	35	456	898
38	愛媛県	19	24	773	1341
39	高知県	16	29	843	1144
40	福岡県	9	16	1221	2196
41	佐賀県	39	26	169	1315
42	長崎県	21	22	739	1582
43	熊本県	8	6	1517	3475
44	大分県	6	25	1876	1339
45	宮崎県	4	5	2627	3562
46	鹿児島県	13	3	894	4736
47	沖縄県	44	33	61	1025

データの出典：総務省統計局 e-Stat，林業産出額：2016 年（2019 年 2 月アクセス）

$\sum_{i=1}^{n}(x_i - y_i)^2 = 5944$ となる．これと $n = 47$ をもとに，式 (3.7) により r_S を求めると $1 - \frac{6 \times 5944}{47^3 - 47} = 0.656$ となり，順位データから求めたピアソンの積率相関係数と一致することが確認できる．式 (3.7) は計算が容易であるが，意図がわかりにくい．スピアマンの順位相関係数は，順位データをそのままピアソンの積率相関係数を求めていると理解するとよい．

(3) ケンドールの順位相関係数

データ数 n の順位データから2つ (x_i, y_i)，(x_j, y_j) を選んだときに，$(x_i - x_j) > 0$ かつ $(y_i - y_j) > 0$ の場合には，i，j について，x の順序と y の順序が一致している．一方，$(x_i - x_j) > 0$ かつ $(y_i - y_j) < 0$ の場合には，x の順序と y の順序が逆になっている．データ数 n から2つを抜き出す組合せは，$\binom{n}{2} = \frac{n(n-1)}{2}$ である．これらの組合せのうち，順序が一致している数，順序が逆の数に基づき，ケンドールの順位相関係数が定義される．

順序が一致か逆かは，$(x_i - x_j)(y_i - y_j)$ が正か負かでわかる．$\frac{n(n-1)}{2}$ の組合せのうち，$(x_i - x_j)(y_i - y_j) > 0$ である数を P，$(x_i - x_j)(y_i - y_j) < 0$ である数を N とし，ケンドールの順位相関係数 r_K を次式で定義する．

$$r_K = \frac{P - N}{n(n-1)/2} \tag{3.8}$$

例えば，北海道 $x_1 = 2$，$y_1 = 1$ と青森 $x_2 = 20$，$y_2 = 7$ では順位が一致し $(x_1 - x_2)(y_1 - y_2) > 0$ なのに対し，青森 $x_2 = 20$，$y_2 = 7$ と岩手 $x_3 = 5$，$y_3 = 11$ では順位が逆で $(x_2 - x_3)(y_2 - y_3) < 0$ となる．全体では $(x_i - x_j)(y_i - y_j)$ が，正となる個数は $P = 797$ であり，負となる個数は $N = 284$ である．これを式 (3.8) に代入すると $\frac{797-284}{47(47-1)/2} = 0.475$ となる．

ケンドールの順位相関係数 r_K も $-1 \leq r_K \leq 1$ であり，すべてについて順序が一致していると $r_K = 1$ となり，また，すべてについて順序関係が逆の場合には $r_K = -1$ となる．加えて，P と N が同じときに $r_K = 0$ となる．

なお，元のデータ X_i，Y_i をもとに，その順序の一致，逆を調べるべく，$(X_i - X_j)(Y_i - Y_j)$ が正の数 P と負の数 N を求め，式 (3.8) で r_K を求めても，順位データをもとに求めた結果と一致する．

(4) 適用上の注意点

本項 (3) では同順位がない場合を説明をしているが，同順位がある場合，一方に同順位があり他方に同順位がない場合など，様々なものがあり得る．これによりいくつかのやり方が存在するものの，極端なデータの場合を除き，その計算結果に大きな違いはないので過度に神経質になる必要はない．

また，ピアソンの積率相関係数 r，スピアマンの順位相関係数 r_S，ケンドールの順位相関係数 r_K のすべてについて，-1 から 1 の間の値をとる．さらに，-1 の場合はすべてのデータが負の関係，$+1$ の場合はすべてのデータ正の関係になっている．このように -1，1 の値が意味するところに共通点はあるものの，その定義が異なるので，異なる種類の相関係数の値を比較することに意味はない．

演 習 問 題

1 次のデータについて，散布図を作成しなさい．また，$\overline{x} = \overline{y} = 0$ であることを利用して，相関係数を計算しなさい．

No.	1	2	3	4	5	6	7	8	9	10	11
x	-5	-4	-3	-2	-1	0	1	2	3	4	5
y	4	-5	1	-3	-2	0	5	3	2	-1	-4

2 データ (x_i, y_i) $(i = 1, \ldots, n)$ について，$u_i = ax_i + b$ $(a \neq 0)$，$v_i = cy_i + d$ $(c \neq 0)$ なる線形変換をする．x と y の相関係数と，u と v の相関係数の絶対値が等しいことを導きなさい．

3 下記は，50 m 走の練習法 A，B を 1 週間続けたときに，走力が向上したかどうかまとめたものである．これを (2×2) 分割表にまとめ，オッズ比，連関係数を求めなさい．

No.	1	2	3	4	5	6	7	8	9	10	11
練習法	B	A	A	A	A	A	A	B	B	B	B
向上	あり	なし	あり	なし	なし	なし	なし	あり	あり	なし	あり

4 下記は，2015 年の木材生産量ときのこ類生産量の順位である．スピアマンの順位相関係数，ケンドールの順位相関係数を求めなさい．

都道府県	北海道	宮城県	東京都	長野県	広島県	佐賀県
木材	1	3	6	2	4	5
きのこ	2	4	5	1	3	6

4 確率変数と分布

本章では，推測統計を学ぶ上での基礎になる確率変数・確率分布について説明を行う．標本データを要約・可視化する「記述統計」だけにとどまらず，これを確率的に変動する変数と捉え，標本データからその母集団の性質を推測する「推測統計」に進むためには，確率の概念を取り入れた確率変数・確率分布の導入が必要になる．確率論を 1 から議論しようとすると，確率空間・べき集合などの概念が必要になってくるが，本書は確率論の教科書ではなく，統計学の基本を学ぶ上で必要となる範囲に絞って，確率変数・確率分布の導入を行う．

4.1 確率変数と確率分布

4.1.1 確率変数・確率分布とは

(1) 導入

確率的に変動する変数を**確率変数**（random variable）と呼び，確率変数が様々な値をとる確率を記述したものを**確率分布**（probability distribution），または単に**分布**（distribution）と呼ぶ．主に，離散型確率変数（離散分布）と連続型確率変数（連続分布）がある．離散分布は飛び飛びの値をとる分布のことであり，図 4.1 はその一例を示している．一方，連続分布は切れ目なく連続的な値をとり得る分布のことであり，図 4.2 はその一例である．

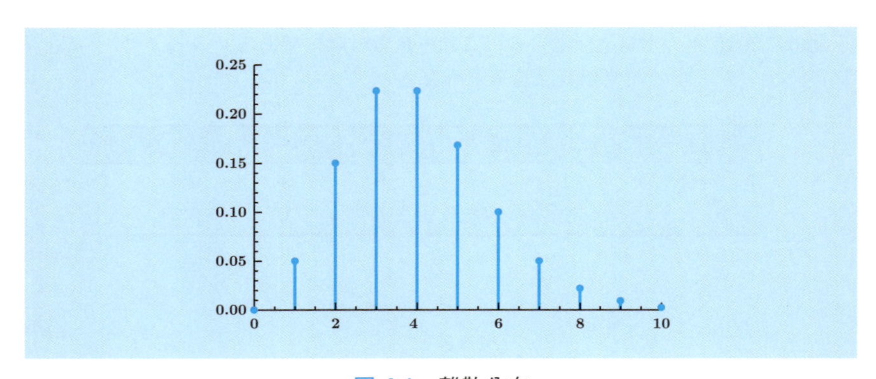

図 4.1　離散分布

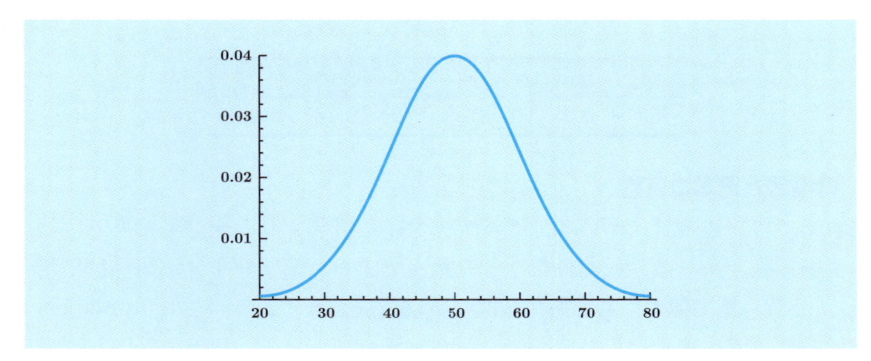

図 4.2　連続分布

簡単な例として，1〜5 の数字がそれぞれ書いてあるカード計 5 枚が入っている袋から，カードを無作為に 1 枚取り出すとき，カードに書かれている数字を x とおくと，x は確率変数であり，その確率分布は表 4.1 のように表される．

表 4.1　カードの数字 x の確率分布

x	1	2	3	4	5
確率	0.2	0.2	0.2	0.2	0.2

例えば，x が 1 の値をとる確率は 0.2 であり，これを $P(x=1)=0.2$ と表す．この確率変数 x の場合，

$$P(x=a)=0.2 \quad (a=1,2,3,4,5)$$

となる．すべての確率を加えると必ず 1 になる．実際，ここでは

$$\begin{aligned}&P(x=1)+P(x=2)+P(x=3)+P(x=4)+P(x=5)\\&\qquad=0.2+0.2+0.2+0.2+0.2=1\end{aligned}$$

が成り立つ．

別の例として，1 のカードが 4 枚，2 のカードが 3 枚，3 のカードが 2 枚，4 のカードが 3 枚，5 のカードが 4 枚入っている袋から，カードを無作為に 1 枚取り出すとき，カードの数字を x とおく．すると，x の確率分布は表 4.2 のようになる．例えば，x が 3 の値をとる確率は $P(x=3)=0.125$ である．また，x が 2 以上 4 以下の値をとる確率は次のようになる．

$$\begin{aligned}P(2\leq x\leq 4)&=P(x=2)+P(x=3)+P(x=4)\\&=0.1875+0.125+0.1875=0.5\end{aligned}$$

表 4.2　カードの数字 x の確率分布

x	1	2	3	4	5
確率	0.25	0.1875	0.125	0.1875	0.25

(2)　母集団と標本の区別

前章までの記述統計において，標本データから計算される統計量である平均，分散，標準偏差，共分散，相関係数などを扱ってきた．確率分布にも同様に平均（期待値），分散，標準偏差，共分散，相関係数が定義されており，こちらは本章および次章で紹介する．両者は異なる式で計算されるものであり，両者を区別して理解する必要がある．同じ言葉が用いられているのには意味がある．例えば，標本データの平均，分散の計算式と，確率分布の平均，分散の計算式には強いつながりがあり，そのことは本章でも説明していく．ただし，統計学，特に推測統計を理解していく上では，まずは両者を別物と思って学んでいくことが大切である．そのため，本章以降では，原則，標本データの平均，分散，標準偏差，共分散，相関係数を特に**標本平均**（sample mean），**標本分散**（sample variance），**標本標準偏差**（sample standard deviation），**標本共分散**（sample covariance），**標本相関係数**（sample correlation coefficient）と呼んで，確率分布の平均，分散，標準偏差，共分散，相関係数とは区別する．

第5.4節以降で学習する推測統計では，母集団全体の分布を母集団分布と呼び，これが確率分布であると想定する．そして，母集団から抽出された標本データは，その母集団分布に従う確率変数と見なすことができる．観測された標本データから，母集団分布の性質（例えば，母集団分布の平均や分散）について，情報を適切に引き出すのが推測統計の理論である．

確率分布として母集団分布を扱うとき，その平均，分散，標準偏差などを特に母平均，母分散，母標準偏差と呼ぶ（標本データから計算される標本平均，標本分散，標本標準偏差とはしっかり区別する）．したがって，母集団分布の平均，分散，標準偏差である母平均，母分散，母標準偏差について，標本データからの標本平均，標本分散，標本標準偏差を用いて推測を行う，といった議論が出てくる．一方，本章から第5.3節までは，まだ母集団分布の話には入らず，一般に確率分布について取り扱うため，単に平均，分散，標準偏差と呼んでいくことになる．

4.1.2 離散分布と確率関数

(1) 離散分布と確率関数とは

確率的に変動する離散型の変数を**離散型確率変数**（discrete random variable）と呼び，その確率分布を**離散分布**（discrete distribution）と呼ぶ．それは，表 4.3 のように記述できる．この表では例として，確率変数 x のとり得る値を $0, 1, 2, \ldots, m$ としているが，一般には負の値や，（離散的であれば）小数点の値をとり得るような確率変数を考えても問題ないし，また，とり得る値が $0, 1, 2, \ldots$ と無限まで続く確率変数を考えることもできる．

表 4.3 離散分布

x	0	1	2	$\cdots$	m
$p(x)$	$p(0)$	$p(1)$	$p(2)$	$\cdots$	$p(m)$

表 4.3 における $p(x)$ は**確率関数**あるいは**確率質量関数**（probability mass function）と呼ばれ，x の値が実現する確率を表す関数である．確率関数 $p(x)$ は以下の性質を満たす．

$$p(x) \geq 0 \qquad \text{（どの値も確率は非負）}$$
$$\sum_x p(x) = 1 \quad \text{（すべての値の確率の合計は 1）}$$

例えば，表 4.1 で与えられた確率分布の場合，その確率関数は

$$p(x) = 0.2 \quad (x = 1, 2, 3, 4, 5)$$

と表すことができる．また，表 4.2 で与えられた確率分布の場合，その確率関数は

$$p(x) = \frac{2 + |x - 3|}{16} \quad (x = 1, 2, 3, 4, 5)$$

と表すことができる．これらの例のように確率関数 $p(x)$ が x の関数として数式で表すことができる場合は，確率関数 $p(x)$ の式を示せば十分で，表 4.1 や表 4.2 のような確率分布の表は必ずしも示す必要がない．また，第 4.1.3 項で導入する連続分布の場合はそもそも表で示すことはできない．

(2) とり得る値が無限まで続く例

とり得る値が無限まで続く確率変数の一例を示しておこう．ある特殊なコインを投げたとき，表が出る確率は p であるとする（$0 < p < 1$）．このコインを初めて表が出るまで何回も投げるとき，表が出るまでにコインを投げる回数を x とおくと，x

は確率変数であると考えることができる．この x の確率関数を求めてみよう．x 回目に表が出る確率は，$x=1$ の場合から順に，

$$
\begin{aligned}
&p(1) = p && \text{（1 回目にすぐに表が出る確率）}\\
&p(2) = (1-p)p && \text{（1 回目は裏が出て 2 回目に表が出る確率）}\\
&p(3) = (1-p)^2 p && \text{（2 回目までは裏が出て 3 回目に表が出る確率）}\\
&p(4) = (1-p)^3 p && \text{（3 回目までは裏が出て 4 回目に表が出る確率）}\\
&\cdots
\end{aligned}
$$

のように続くことになり，これを一般化すれば，確率変数 x の確率関数は，$x=1,2,3,\ldots$ で

$$
p(x) = (1-p)^{x-1} p \quad \text{（$x-1$ 回目までは裏が出て x 回目に表が出る確率）}
$$

となる（この確率分布は第 4.3 節で紹介するように幾何分布と呼ばれる）．なお，2 つの異なる意味を持つ p が出てきて紛らわしいが，左辺の $p(x)$ は関数であり，右辺の p は $0<p<1$ を満たす 1 つの数値である．仮に表が出る確率が 0.6（$p=0.6$）であるとすると，確率変数 x の確率関数は

$$
p(x) = 0.6 \times 0.4^{x-1} \quad (x = 1, 2, 3, \ldots)
$$

となり，例えば，$P(x \leq 4)$ の値（4 回目までに表が出る確率）は次のようになる．

$$
\begin{aligned}
p(1)+p(2)+p(3)+p(4) &= 0.6 + 0.6\times 0.4 + 0.6\times 0.4^2 + 0.6\times 0.4^3\\
&= 0.6 + 0.24 + 0.096 + 0.0384 = 0.9744
\end{aligned}
$$

4.1.3　連続分布と確率密度関数

(1)　連続分布と確率密度関数とは

連続的な値をとる確率変数を考える．例えば，ルーレットを回したとき，止まった針が指している方向と，ある基準の方向との（右回りの）なす角度を x とおく．このとき，この x は $0 \leq x < 360$ の範囲の値をとる確率変数であると考えることができる．とり得る値が連続値であることから，このような確率変数を**連続型確率変数**（continuous random variable）と呼ぶ．また，連続型確率変数 x の確率分布を**連続分布**（continuous distribution）と呼ぶ．

さて，連続分布はどのように記述したら良いであろうか？ とり得る値が連続で

あるから，表を用いて示すことはできないし，同様に確率関数のようにいくつかの値をとる確率の和が1になるというような記述はできない．そこで，**確率密度関数**（probability density function）（あるいは単に密度関数）と呼ばれる関数 $f(x)$ を導入する．確率密度関数 $f(x)$ は以下の性質を満たす．

$$f(x) \geq 0 \qquad \text{（どの値も確率密度は非負）}$$
$$\int_{-\infty}^{\infty} f(x)dx = 1 \qquad \text{（すべての値の確率密度の積分は 1）}$$

連続分布の場合，確率は確率密度関数を積分することで計算される．例えば，$P(a < x < b)$ の値（確率変数 x の値が a と b の間になる確率）は以下のように表される．確率は積分で与えられるから，ある1点をとる確率は0になることに注意する．

$$P(a < x < b) = \int_a^b f(x)dx$$

(2)　ルーレットの例

ルーレットの例の場合，十分に強く針を回したとすると，$[0, 360)$ 上でとる値の確率密度は一定であると考えることができる．したがって，このとき，確率変数 x の確率密度関数 $f(x)$ は次のように表される（このような確率密度関数を持つ確率分布は第4.3節で紹介するように一様分布と呼ばれる）．

$$f(x) = \begin{cases} \dfrac{1}{360} & (0 \leq x < 360) \\ 0 & (\text{その他}) \end{cases} \tag{4.1}$$

ここで，$x = 0$ と $x = 360$ の確率密度を $\frac{1}{360}$ と0のどちらにするか（確率密度が $\frac{1}{360}$ になる区間を $0 < x < 360$，$0 \leq x < 360$，$0 < x \leq 360$，$0 \leq x \leq 360$ のどれにす

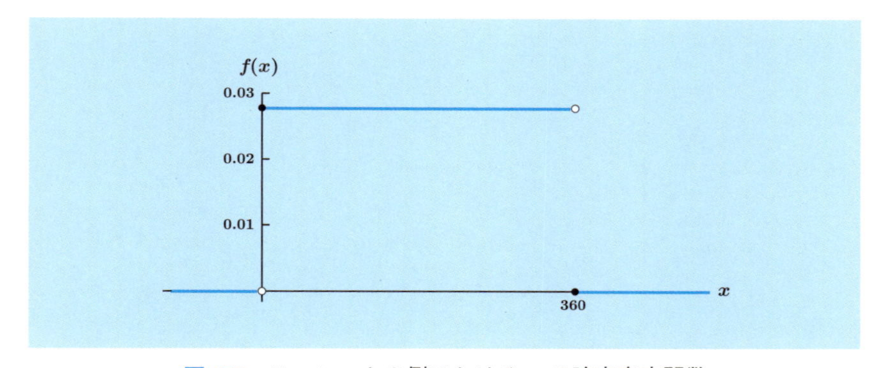

図 4.3　ルーレットの例における x の確率密度関数

るか）は本質的な問題ではない．確率密度関数における計算は積分で行われるので，1 点での確率密度をどのように決めても，計算には違いが生じないからである．

これをもとに，例えば，$P(210 < x < 270)$ の値は，次のように計算できる．

$$\int_{210}^{270} f(x)dx = \int_{210}^{270} \frac{1}{360}dx = \left[\frac{x}{360}\right]_{210}^{270} = \frac{270}{360} - \frac{210}{360} = \frac{1}{6}$$

4.1.4　累積分布関数と確率関数・確率密度関数との関係

確率変数 x がある値以下をとる確率を表す関数を**累積分布関数**（cumulative distribution function）（あるいは単に分布関数）と呼ぶ．累積分布関数 $F(x)$ と，確率関数 $p(x)$（離散分布の場合）および確率密度関数 $f(x)$（連続分布の場合）との関係は以下のようになる．

$$\text{離散型：}\quad F(x) = \sum_{t \leq x} p(t) \qquad (p(x) = F(x) - F(x-1))$$

$$\text{連続型：}\quad F(x) = \int_{-\infty}^{x} f(t)dt \quad \left(f(x) = \frac{dF(x)}{dx}\right)$$

ただし，上記の $p(x) = F(x) - F(x-1)$ は，x のとり得る値が 1 刻みの場合を記しており，とり得る値以外の x では $p(x) = 0$ となる．もし，とり得る値が（例えば）0.1 刻みであれば，とり得る値の x について

$$p(x) = F(x) - F(x - 0.1)$$

となる．とり得る値の刻みが様々な場合を含めて一般的に表すと，次式となる．

$$p(x) = F(x) - \lim_{t \to +0} F(x - t)$$

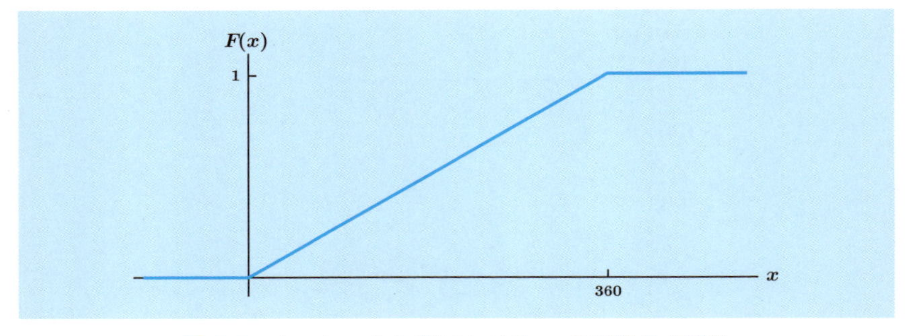

図 4.4　ルーレットの例における x の累積分布関数

前項の確率密度関数が式 (4.1) で表される例を考えると，その累積分布関数は

$$F(x) = \begin{cases} 0 & (x < 0) \\ \dfrac{x}{360} & (0 \leq x < 360) \\ 1 & (360 \leq x) \end{cases}$$

と表される．

離散分布の場合，累積分布関数は各値においてジャンプする関数になる．例えば，確率関数が図 4.5 のようなとき，累積分布関数は図 4.6 のようになる．また，連続分布において，（第 5 章で紹介する正規分布のように）確率密度関数が連続関数のとき（図 4.7），累積分布関数は滑らかな関数となる（図 4.8）．なお，累積分布関数は，必ず右連続となる．すなわち，任意の x に対して $F(x) = \lim_{t\to+0} F(x+t)$ が成立する．一方，必ずしも左連続ではない．実際，図 4.6 のような離散分布の場合は，ジャンプするところでは $F(x) \neq \lim_{t\to+0} F(x-t)$ となる．

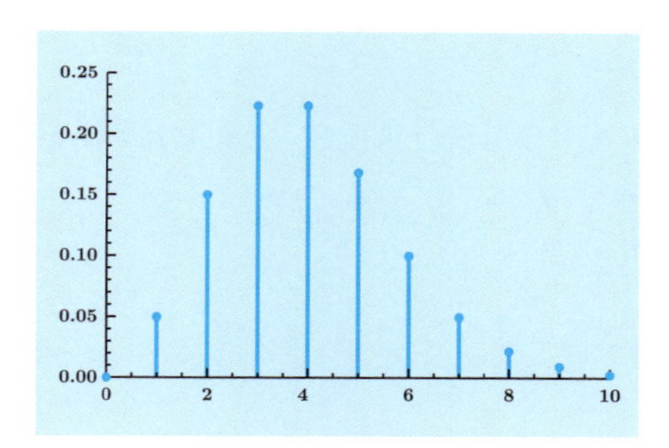

図 4.5　離散分布の確率関数の例

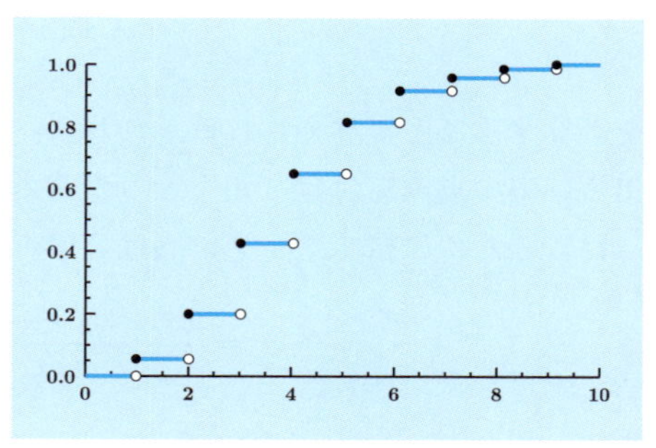

図 4.6　離散分布の累積分布関数の例

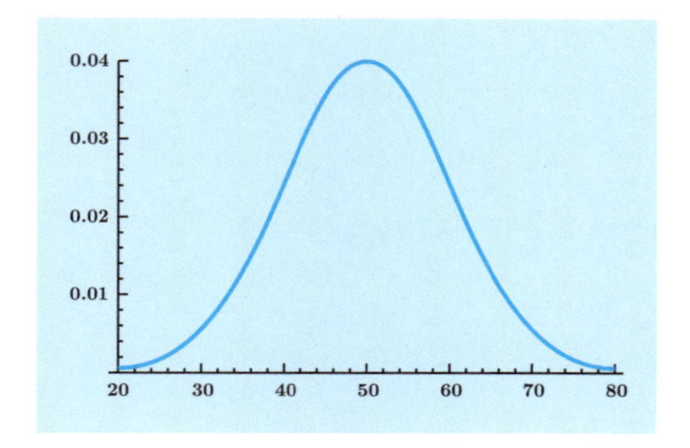

図 4.7　連続分布の確率密度関数の例

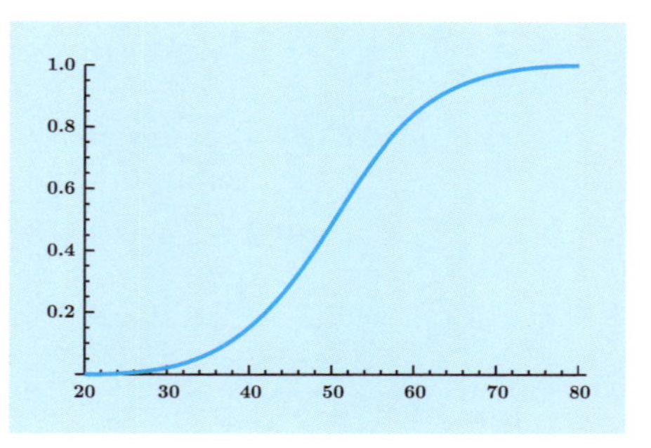

図 4.8　連続分布の累積分布関数の例

4.2 確率分布の平均，分散，標準偏差

4.2.1 離散分布の平均，分散，標準偏差

本節では，確率変数 x の**平均**（mean），**分散**（variance），**標準偏差**（standard deviation）を導入する．第 4.2.1 項で離散分布の場合，第 4.2.2 項で連続分布の場合を取り扱う．

(1) 離散分布の平均（期待値）

確率変数 x の平均を $E(x)$ と表記する．確率変数 x の**期待値**（expectation）と呼ぶこともあり，また，$E(x)$ の $E(\cdot)$ を期待値記号と呼ぶことがある．確率変数の平均は，慣例的にしばしば μ と表記される．

まずは，離散分布の場合から始めよう．表 4.3 のような離散型確率変数 x を想定する．このとき，x の平均は，

$$\mu = E(x) = \sum_x xp(x) \tag{4.2}$$

を計算することで与えられる．これは，x がとり得る値に関して，それぞれの値が出る確率の重みを付けて和をとった重み付き平均となっている．

比較のために標本データにおける標本平均

$$\overline{x} = \frac{x_1 + x_2 + \cdots + x_n}{n} = \frac{1}{n}\sum_{i=1}^{n} x_i$$

を思い出すと，標本平均では，各データをそれぞれ $\frac{1}{n}$ の重みを付けて和をとったものになっているが，離散分布の平均では，その重みが確率になっていることがわかる．

例えば，表 4.1 で表される確率分布の平均を計算すると，

$$\begin{aligned}\mu = E(x) &= \sum_{x=1}^{5} xp(x) \\ &= 1 \times 0.2 + 2 \times 0.2 + 3 \times 0.2 + 4 \times 0.2 + 5 \times 0.2 = 3\end{aligned}$$

となる．また，表 4.2 で表される確率分布の平均は次のようになる．

$$\begin{aligned}\mu = E(x) &= \sum_{x=1}^{5} xp(x) \\ &= 1 \times 0.25 + 2 \times 0.1875 + 3 \times 0.125 + 4 \times 0.1875 + 5 \times 0.25 = 3\end{aligned}$$

期待値の概念は一般化することができる．離散型確率変数 x のある関数による変換 $g(x)$ の期待値 $E(g(x))$ は，次式によって計算される．

$$E(g(x)) = \sum_x g(x)p(x) \tag{4.3}$$

例えば，表 4.1 の確率変数 x の 2 乗の期待値を計算すると，以下のようになる．

$$\begin{aligned} E(x^2) &= \sum_{x=1}^{5} x^2 p(x) \\ &= 1^2 \times 0.2 + 2^2 \times 0.2 + 3^2 \times 0.2 + 4^2 \times 0.2 + 5^2 \times 0.2 = 11 \end{aligned}$$

(2) 離散分布の分散，標準偏差

続いて，離散型確率変数 x の分散を導入しよう．確率変数 x の分散は $V(x)$ と表記され，慣例的にしばしば σ^2 と表記される．離散型確率変数 x の分散は次のように計算される．

$$\begin{aligned} \sigma^2 = V(x) &= E((x-\mu)^2) \\ &= \sum_x (x-\mu)^2 p(x) \end{aligned} \tag{4.4}$$

これは，確率変数 x とその平均 μ とのずれの 2 乗の期待値となっている．一方，標本データにおける標本分散は

$$s^2 = \frac{\sum_{i=1}^{n}(x_i - \overline{x})^2}{n-1}$$

であったから，こちらは各データ x_i とその標本平均 $\overline{x}$ とのずれの 2 乗の平均に近いもの（n ではなく $n-1$ で割っているため）となっている．

確率変数の標準偏差は，標本データにおける標本標準偏差と同様に，分散の平方根となる．すなわち，以下のように定義される．

$$\sigma = \sqrt{\sigma^2} = \sqrt{V(x)}$$

ここで，標本分散において，次の式が成り立っていたことを思い出そう．

$$s^2 = \frac{\sum_{i=1}^{n}(x_i - \overline{x})^2}{n-1} = \frac{\sum_{i=1}^{n} x_i^2 - n\overline{x}^2}{n-1}$$

これと似たような関係が，確率変数の分散の計算においても成り立つ．具体的には，以下のような分散の式の別表現が得られる．

$$E((x-\mu)^2) = E(x^2) - \mu^2 = \sum_x x^2 p(x) - \mu^2 \tag{4.5}$$

これについては次のように確認することができる．

$$E((x-\mu)^2) = \sum_x (x-\mu)^2 p(x) = \sum_x (x^2 - 2\mu x + \mu^2) p(x)$$
$$= \sum_x x^2 p(x) - \sum_x 2\mu x p(x) + \sum_x \mu^2 p(x)$$
$$= \sum_x x^2 p(x) - 2\mu \sum_x x p(x) + \mu^2 \sum_x p(x) \qquad (4.6)$$

であり，ここで，

$$\mu = \sum_x x p(x) \text{ （平均の定義） および } \sum_x p(x) = 1 \text{ （確率関数の総和は1）}$$

に注意すれば，

$$\text{式 (4.6)} = \sum_x x^2 p(x) - 2\mu^2 + \mu^2 = \sum_x x^2 p(x) - \mu^2 = E(x^2) - \mu^2$$

となることがわかる．

分散，標準偏差の計算例として，例えば，表 4.1 で表される確率分布の分散と標準偏差を求めると，分散は

$$\sigma^2 = V(x) = E((x-\mu)^2) = E(x^2) - \mu^2 = \sum_{x=1}^{5} x^2 p(x) - \mu^2$$
$$= (1^2 \times 0.2 + 2^2 \times 0.2 + 3^2 \times 0.2 + 4^2 \times 0.2 + 5^2 \times 0.2) - 3^2$$
$$= 11 - 9 = 2$$

となり（ここでは分散の式の別表現を用いて計算した），したがって標準偏差は

$$\sigma = \sqrt{\sigma^2} = \sqrt{2} \cong 1.4142$$

となる．また，表 4.2 で表される確率分布の分散と標準偏差を計算すると，分散は

$$\sigma^2 = V(x) = E((x-\mu)^2) = \sum_{x=1}^{5} (x-\mu)^2 p(x)$$
$$= (1-3)^2 \times 0.25 + (2-3)^2 \times 0.1875 + (3-3)^2 \times 0.125$$
$$+ (4-3)^2 \times 0.1875 + (5-3)^2 \times 0.25$$
$$= 2.375$$

となり（ここでは分散のもともとの定義式に従って計算した），したがって標準偏差は以下のようになる．

$$\sigma = \sqrt{\sigma^2} = \sqrt{2.375} \cong 1.5411$$

例題 4.1（コイン投げへの適用） 表が出る確率が 0.5 であるコインを 2 回投げるとする．このとき，表が出た回数を確率変数 x とおく．
(a)　確率変数 x の確率分布の表を作成しなさい．
(b)　確率変数 x の平均，分散，標準偏差を求めなさい．

解答 (a)　x のとり得る範囲は 0，1，2 であり，それぞれの確率は

$$P(x=0)=(1-0.5)^2=0.25 \quad \text{（連続で裏が出る確率）}$$

$$P(x=1)=2\times 0.5\times(1-0.5)=0.5$$

（1 回目は表で 2 回目は裏，または 1 回目は裏で 2 回目は表が出る確率）

$$P(x=2)=0.5^2=0.25 \quad \text{（連続で表が出る確率）}$$

となる．以上より，確率分布の表は次のようになる．

x	0	1	2
$p(x)$	0.25	0.5	0.25

(b)　確率分布の表に基づき，確率変数 x の平均 μ，分散 σ^2，標準偏差 σ は以下のように求められる．

$$\mu=E(x)=\sum_{x=0}^{2}xp(x)=0\times 0.25+1\times 0.5+2\times 0.25=1$$

$$\begin{aligned}\sigma^2=V(x)=E((x-\mu)^2)&=\sum_{x=0}^{2}(x-\mu)^2p(x)\\&=(0-1)^2\times 0.25+(1-1)^2\times 0.5+(2-1)^2\times 0.25=0.5\end{aligned}$$

$$\sigma=\sqrt{\sigma^2}=\sqrt{0.5}\cong 0.7071$$

□

4.2.2　連続分布の平均，分散，標準偏差

(1)　連続分布の平均，分散，標準偏差の式

連続分布における平均（期待値），分散，標準偏差を導入する．連続型確率変数 x の確率密度関数を $f(x)$ とおく．このとき，x の平均（期待値）は，

$$\mu=E(x)=\int_{-\infty}^{\infty}xf(x)dx \tag{4.7}$$

と表される．離散分布の場合はとり得る値にその確率の重みを付けて和をとったものであったのに対し，連続分布ではとり得る値にその確率密度の重みを付けて積分

を求めたものになっている．期待値の概念の一般化も離散分布の場合と同様に行うことができる．連続型確率変数 x のある関数による変換 $g(x)$ の期待値 $E(g(x))$ は，

$$E(g(x)) = \int_{-\infty}^{\infty} g(x)f(x)dx \tag{4.8}$$

となる．また，連続型確率変数 x の分散は

$$\sigma^2 = V(x) = E((x-\mu)^2) = \int_{-\infty}^{\infty} (x-\mu)^2 f(x)dx \tag{4.9}$$

と表される．標準偏差は次のようになる．

$$\sigma = \sqrt{\sigma^2} = \sqrt{V(x)}$$

離散分布と全く同様に，以下のような分散の式の別表現が成立する．

$$E((x-\mu)^2) = E(x^2) - \mu^2 = \int_{-\infty}^{\infty} x^2 f(x)dx - \mu^2 \tag{4.10}$$

上記の式の確認も離散分布の場合とほとんど同様であるが，以下に記しておく．

$$\begin{aligned}
E((x-\mu)^2) &= \int_{-\infty}^{\infty} (x-\mu)^2 f(x)dx = \int_{-\infty}^{\infty} (x^2 - 2\mu x + \mu^2) f(x)dx \\
&= \int_{-\infty}^{\infty} x^2 f(x)dx - \int_{-\infty}^{\infty} 2\mu x f(x)dx + \int_{-\infty}^{\infty} \mu^2 f(x)dx \\
&= \int_{-\infty}^{\infty} x^2 f(x)dx - 2\mu \int_{-\infty}^{\infty} x f(x)dx + \mu^2 \int_{-\infty}^{\infty} f(x)dx \\
&= \int_{-\infty}^{\infty} x^2 f(x)dx - 2\mu^2 + \mu^2 = \int_{-\infty}^{\infty} x^2 f(x)dx - \mu^2 = E(x^2) - \mu^2
\end{aligned}$$

(2)　連続分布における平均，分散，標準偏差の計算例（一様分布の例）

計算例として，$[0,10)$ 上の一様分布に従う確率変数 x の平均，分散，標準偏差を求めてみよう．x の確率密度関数は次のように表される．

$$f(x) = \begin{cases} 0.1 & (0 \leq x < 10) \\ 0 & (\text{その他}) \end{cases}$$

まず，平均は，

$$\mu = E(x) = \int_0^{10} x \frac{1}{10} dx = \left[\frac{1}{20} x^2 \right]_0^{10} = 5$$

となる．続いて分散を求める．準備として

$$E(x^2) = \int_0^{10} x^2 \frac{1}{10} dx = \left[\frac{1}{30} x^3 \right]_0^{10} = \frac{1000}{30} = \frac{100}{3}$$

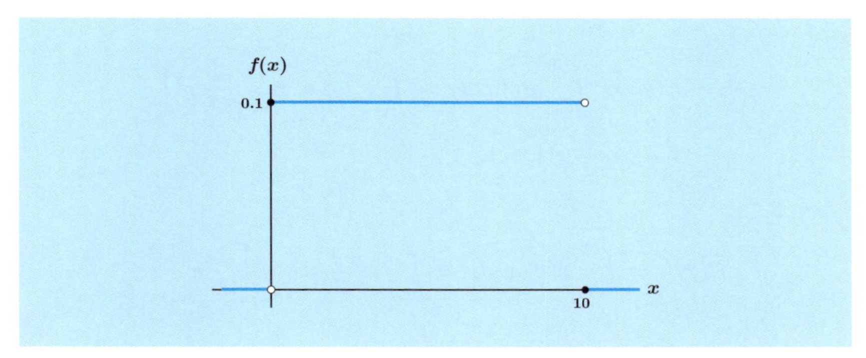

図 4.9 **[0, 10) 上の一様分布の確率密度関数**

より，以下のように計算できる．

$$\sigma^2 = V(x) = E(x^2) - \mu^2 = \frac{100}{3} - 5^2 = \frac{25}{3} \cong 8.3333$$

ここでは，分散の式の別表現を用いて計算した．標準偏差は次のようになる．

$$\sigma = \sqrt{\sigma^2} = \frac{5}{\sqrt{3}} \cong 2.8868$$

例題 4.2 ある 30 点満点のスコア（連続値をとるとする）が出るゲームがあり，A 君がこれに挑むとする．得られるスコアを x とおく．

(a) A 君はこのゲームの初心者であり，x は $[0, 30]$ 上の一様分布に従うとする．このとき，x の平均，分散，標準偏差を求めなさい．

(b) A 君は練習を重ねた結果，良いスコアが出る確率が高くなった．この確率分布を表す確率密度関数として，

$$f(x) = \begin{cases} kx & (0 \leq x \leq 30) \\ 0 & (\text{その他}) \end{cases}$$

を想定する．ただし，k は定数である．このとき，確率密度関数の全積分は必ず 1 であることを用いて，定数 k の値を求めなさい．また，x の平均，分散，標準偏差を求めなさい．

解答 (a) $[0, 30]$ 上の一様分布の確率密度関数は

$$f(x) = \begin{cases} \dfrac{1}{30} & (0 \leq x \leq 30) \\ 0 & (\text{その他}) \end{cases}$$

と表されることから，平均は

$$\mu = E(x) = \int_0^{30} xf(x)dx = \int_0^{30} x\frac{1}{30}dx = \left[\frac{1}{60}x^2\right]_0^{30}$$
$$= \frac{1}{60}(30^2 - 0^2) = 15$$

となる．また，

$$E(x^2) = \int_0^{30} x^2 f(x)dx = \int_0^{30} x^2\frac{1}{30}dx = \left[\frac{1}{90}x^3\right]_0^{30}$$
$$= \frac{1}{90}(30^3 - 0^3) = 300$$

より，分散は

$$\sigma^2 = V(x) = E(x^2) - \mu^2 = 300 - 15^2 = 75$$

となり，標準偏差は次のように求められる．

$$\sigma = \sqrt{\sigma^2} = \sqrt{75} \cong 8.6603$$

(b) 確率密度関数の全積分を計算すると，

$$\int_0^{30} f(x)dx = \int_0^{30} kx\,dx = \left[\frac{1}{2}kx^2\right]_0^{30} = \frac{1}{2}k(30^2 - 0^2) = 450k$$

となることから，$450k = 1$ より，

$$k = \frac{1}{450}$$

となる．平均は

$$\mu = E(x) = \int_0^{30} xf(x)dx = \int_0^{30} \frac{1}{450}x^2\,dx = \left[\frac{1}{1350}x^3\right]_0^{30}$$
$$= \frac{1}{1350}(30^3 - 0^3) = 20$$

となる．また，

$$E(x^2) = \int_0^{30} x^2 f(x)dx = \int_0^{30} \frac{1}{450}x^3\,dx = \left[\frac{1}{1800}x^4\right]_0^{30}$$
$$= \frac{1}{1800}(30^4 - 0^4) = 450$$

より，分散は

$$\sigma^2 = V(x) = E(x^2) - \mu^2 = 450 - 20^2 = 50$$

となり，標準偏差は次のようになる．

$$\sigma = \sqrt{\sigma^2} = \sqrt{50} \cong 7.0711$$

□

4.2.3　確率変数を線形変換したときの平均，分散，標準偏差

(1)　確率変数を線形変換したときの平均：期待値の線形性

確率変数 x を線形変換した $z = ax + b$ の平均，分散，標準偏差において，以下の関係が成り立つ．

$$\text{平均：}\quad E(z) = E(ax+b) = aE(x) + b \quad \text{（期待値の線形性）} \tag{4.11}$$

$$\text{分散：}\quad V(z) = V(ax+b) = a^2V(x) \tag{4.12}$$

$$\text{標準偏差：}\quad \sqrt{V(z)} = |a|\sqrt{V(x)} \tag{4.13}$$

なお，これに対応する事実として，第 2 章で扱ったように，標本データ $x_1, x_2, \ldots, x_n$ を $z_i = ax_i + b$（$i = 1, 2, \ldots, n$）と変換したとき，標本平均，標本分散，標本標準偏差について次の関係が成り立っていたことを思い出しておこう．

$$\overline{z} = a\overline{x} + b, \quad s_{zz}^2 = a^2 s_{xx}^2, \quad s_{zz} = |a|s_{xx}$$

以下で，まず期待値の線形性について確認しておく．離散分布の場合，

$$\begin{aligned} E(z) = E(ax+b) &= \sum_x (ax+b)p(x) \\ &= a\sum_x xp(x) + b\sum_x p(x) = aE(x) + b \end{aligned}$$

と示すことができる．また，連続分布の場合も同様に以下のように示される．

$$\begin{aligned} E(z) = E(ax+b) &= \int_{-\infty}^{\infty} (ax+b)f(x)dx \\ &= a\int_{-\infty}^{\infty} xf(x)dx + b\int_{-\infty}^{\infty} f(x)dx = aE(x) + b \end{aligned}$$

(2)　確率変数を線形変換したときの分散，標準偏差

この期待値の線形性の性質を用いると，分散の関係式

$$V(z) = V(ax+b) = a^2V(x)$$

について，離散分布か連続分布かを意識せず，次のように示すことができる．

$$\begin{aligned} V(z) &= E((z - E(z))^2) = E((ax + b - aE(x) - b)^2) \\ &= E(a^2(x - E(x))^2) = a^2E((x - E(x))^2) = a^2V(x) \end{aligned}$$

標準偏差の関係式 $\sqrt{V(z)} = |a|\sqrt{V(x)}$ については，上の式の平方根をとればよい．

なお，$E((x-\mu)^2) = E(x^2) - \mu^2$（分散の式の別表現）についても，期待値の線形性によって，離散分布か連続分布かを意識せず，次のように示すことができる．

$$\begin{aligned} E((x-\mu)^2) &= E(x^2 - 2x\mu + \mu^2) = E(x^2) - 2\mu E(x) + \mu^2 \\ &= E(x^2) - 2\mu^2 + \mu^2 = E(x^2) - \mu^2 \end{aligned}$$

さて，線形変換について，特に，確率変数 x から，平均 $\mu = E(x)$ を引き算し，標準偏差 $\sigma = \sqrt{V(x)}$ で割った量

$$u = \frac{x-\mu}{\sigma} \tag{4.14}$$

を考えると，確率変数 u の平均は 0，分散は 1 となる．実際，以下のように確かめることができる．

$$\begin{aligned} E(u) &= E\left(\frac{x-\mu}{\sigma}\right) = E\left(\frac{1}{\sigma}x - \frac{\mu}{\sigma}\right) = \frac{1}{\sigma}E(x) - \frac{\mu}{\sigma} = \frac{\mu}{\sigma} - \frac{\mu}{\sigma} = 0 \\ V(u) &= V\left(\frac{x-\mu}{\sigma}\right) = V\left(\frac{1}{\sigma}x - \frac{\mu}{\sigma}\right) = \frac{1}{\sigma^2}V(x) = \frac{\sigma^2}{\sigma^2} = 1 \end{aligned}$$

この $u = \frac{x-\mu}{\sigma}$ の変換を確率変数の**標準化**（standardization）と呼ぶ．なお，標本データの標準化（第2章）は次式であったから，両者の対応がとれていることがわかる．

$$u_i = \frac{x_i - \overline{x}}{s} = \frac{\text{各データ} - \text{標本平均}}{\text{標本標準偏差}} \quad (i = 1, 2, \ldots, n)$$

例題 4.3 ある商品の 1 日の売上個数 x の平均は 250，標準偏差は 20 である．この商品の値段は 100 円で，仕入れを含めて毎日かかる固定費用の支出が 20000 円であるとする．このとき，1 日の利益額 z の平均，分散，標準偏差を求めなさい．

解答 1 日の利益額は $z = 100x - 20000$ と表されるから，平均は

$$E(z) = E(100x - 20000) = 100E(x) - 20000 = 25000 - 20000 = 5000$$

と求められる．また，分散は

$$V(z) = V(100x - 20000) = 100^2 V(x) = 100^2 \times 20^2 = 4000000$$

であり，さらに，標準偏差は以下のように求められる．

$$\sqrt{V(z)} = \sqrt{100^2 V(x)} = 100\sqrt{V(x)} = 100 \times 20 = 2000$$

□

4.3 主な確率分布

4.3.1 取り上げる確率分布

主な確率分布として，

- 離散分布：　2 項分布，幾何分布，ポアソン分布
- 連続分布：　正規分布，一様分布，指数分布

などがよく知られており，これらの確率分布について説明を行う．特に，正規分布は統計学において非常に重要な分布として知られており，推測統計の議論において中核的な役割を果たすため，章を改めて第 5 章で特に重点的に解説する．

4.3.2 2 項 分 布

(1) 2 項分布の確率関数とその性質

例えば，A 君と B 君がある競技で 2 回対戦を行うとする．ただし，A 君の B 君に対する勝率は，常に 0.7 であるとする．このとき，2 回対戦を行ったときの A 君の勝数 x の確率分布はどうなるかを考えてみよう．まず，A 君から見た勝敗の各組合せとその確率は表 4.4 のようになる．

表 4.4　A 君から見た勝敗の各組合せと確率

結果	××	○×	×○	○○
確率	0.3×0.3 $=0.09$	0.7×0.3 $=0.21$	0.3×0.7 $=0.21$	0.7×0.7 $=0.49$

表 4.5　A 君の勝数 x の確率分布

x	0	1	2
$p(x)$	0.09	0.42	0.49

このような連続した成功・不成功あるいは ◯ か × かの現象を表したと見なせるものを**ベルヌーイ試行列**あるいは**ベルヌーイ過程**（Bernoulli process）と呼ぶ．また，1 回の ◯ か × かの試行を**ベルヌーイ試行**（Bernoulli trial）と呼ぶ．ここでは，◯ が出る確率が 0.7 のときの 2 回のベルヌーイ試行列になる．

表 4.4 をもとに計算すると，A 君の勝数 x の確率分布は表 4.5 のようになる．

表 4.5 に表された確率分布を一般化する．◯ が出る確率が p のときの n 回のベルヌーイ試行列において，表が出る回数を表す確率変数を x とおくと，x の確率関数は

$$\begin{aligned} p(x) &= \binom{n}{x} p^x (1-p)^{n-x} \\ &= \frac{n!}{x!(n-x)!} p^x (1-p)^{n-x} \quad (x = 0, 1, 2, \ldots, n) \end{aligned} \tag{4.15}$$

と表される（$\binom{n}{x} = \frac{n!}{x!(n-x)!}$ は ${}_n\mathrm{C}_x$ と表記されることもあり，n 個のものから x 個

を選ぶ場合の組合せの数を表している）．これを **2項分布** (binomial distribution) と呼び，$B(n,p)$ で表す．そして，確率変数 x は2項分布 $B(n,p)$ に従う，または同じ意味で，$x \sim B(n,p)$ のように表現する．

先の例の場合，A君の勝数 x は2項分布 $B(2,0.7)$ に従い（$x \sim B(2,0.7)$），その確率関数は次式となる．

$$p(x) = \binom{2}{x} 0.7^x 0.3^{2-x} \quad (x = 0, 1, 2)$$

もう1つの例として，ある加工工程から無作為に n 個の部品を選び，一つ一つが規格外れかどうかを調べるとする．加工工程で作られる部品全体を母集団とし，（実質的に）無限個の集団と見なすと，これは n 回のベルヌーイ試行列と見ることができる．したがって，部品全体における規格外れの比率を p とおくと，n 個の部品における規格外れの数 x の確率分布は2項分布 $B(n,p)$ になる．

2項分布 $B(n,p)$ の確率関数の全確率の和は，当然1となる．すなわち，

$$\sum_{x=0}^{n} p(x) = \sum_{x=0}^{n} \binom{n}{x} p^x (1-p)^{n-x} = 1$$

が成立する．このことは，以下の2項展開の式

$$\begin{aligned}(a+b)^n &= \binom{n}{0} b^n + \binom{n}{1} a^1 b^{n-1} + \binom{n}{2} a^2 b^{n-2} \\ &\quad + \cdots + \binom{n}{n-2} a^{n-2} b^2 + \binom{n}{n-1} a^{n-1} b^1 + \binom{n}{n} a^n \\ &= \sum_{x=0}^{n} \binom{n}{x} a^x b^{n-x}\end{aligned}$$

を用いれば，次のように示すことができる．

$$\sum_{x=0}^{n} p(x) = \sum_{x=0}^{n} \binom{n}{x} p^x (1-p)^{n-x} = \{p + (1-p)\}^n = 1^n = 1$$

(2) 2項分布の例

2項分布 $B(n,p)$ の確率関数 $p(x)$ は単峰で，np の値が整数の場合，$x = np$ の値が最も確率が高くなる．整数ではない場合はその前後のどちらかが最も確率が高くなる．いくつか2項分布の確率関数の値とそのグラフを例示する．例えば，$x \sim B(5, 0.4)$ の確率関数の値は表4.6となり，図示すると図4.10のようになる．

表 4.6　$\boldsymbol{B(5, 0.4)}$ の確率関数の値

x	0	1	2	3	4	5
$p(x)$	$1 \times 0.4^0 \times 0.6^5$ $=0.07776$	$5 \times 0.4^1 \times 0.6^4$ $=0.25920$	$10 \times 0.4^2 \times 0.6^3$ $=0.34560$	$10 \times 0.4^3 \times 0.6^2$ $=0.23040$	$5 \times 0.4^4 \times 0.6^1$ $=0.07680$	$1 \times 0.4^5 \times 0.6^0$ $=0.01024$

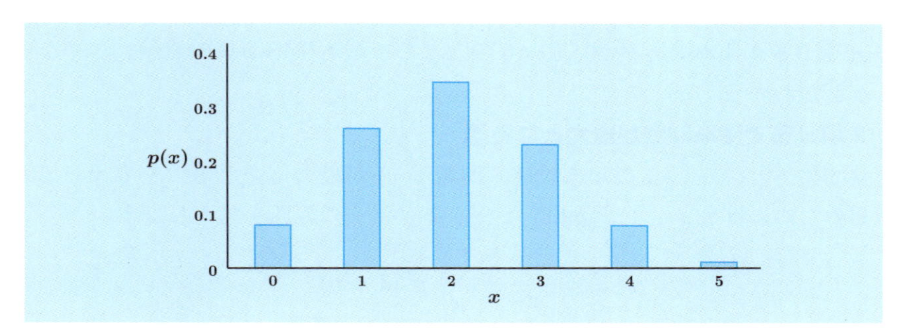

図 4.10　$\boldsymbol{B(5, 0.4)}$ の確率関数

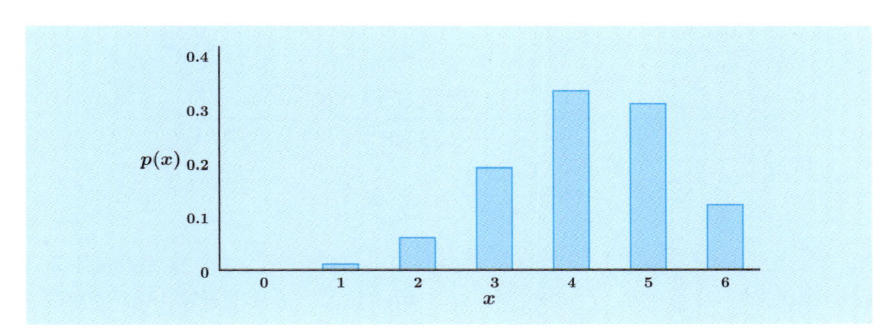

図 4.11　$\boldsymbol{B(6, 0.7)}$ の確率関数

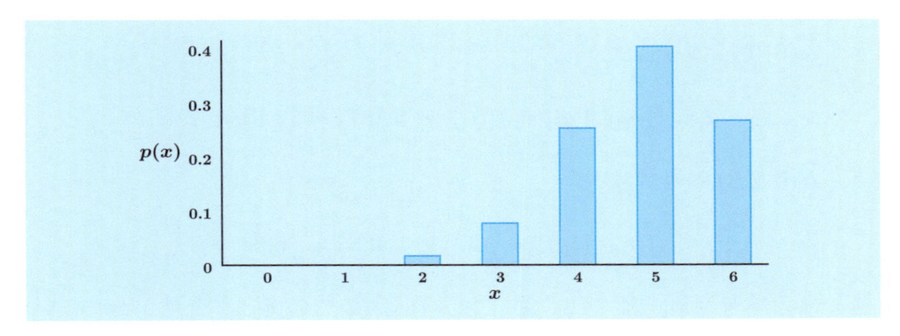

図 4.12　$\boldsymbol{B(6, 0.8)}$ の確率関数

表 4.6，図 4.10 からわかるとおり，この場合，$x = np = 5 \times 0.4 = 2$ のところで最も確率関数 $p(x)$ の値が大きくなっている．他の例として，$B(6, 0.7)$ と $B(6, 0.8)$ の確率関数を 図 4.11，図 4.12 に示す．

図 4.11 より $B(6, 0.7)$ の場合は $np = 6 \times 0.7 = 4.2$ であるが，$x = 4$ のところで最も確率関数の値が大きくなっており，図 4.12 より $B(6, 0.8)$ の場合は $np = 6 \times 0.8 = 4.8$ であるが，$x = 5$ のところで最も確率関数の値が大きくなっていることがわかる．

(3) 2項分布で確率関数が最大となる値

理論的に，どの x の値のときに確率関数 $p(x)$ が最大値をとるかを導出しておこう．そのためには $p(x-1) \leq p(x)$ となるような x の範囲を調べればよい．

$$p(x) = \frac{n!}{x!(n-x)!} p^x (1-p)^{n-x}$$

および

$$p(x-1) = \frac{n!}{(x-1)!(n-x+1)!} p^{x-1} (1-p)^{n-x+1}$$

より，

$$\begin{aligned} \frac{p(x)}{p(x-1)} &= \frac{\frac{n!}{x!(n-x)!} p^x (1-p)^{n-x}}{\frac{n!}{(x-1)!(n-x+1)!} p^{x-1} (1-p)^{n-x+1}} \\ &= \frac{n-x+1}{x} \frac{p}{1-p} \geq 1 \end{aligned}$$

を解くと，$x \leq (n+1)p$ という条件が得られる．したがって，$x \leq (n+1)p$ が成り立つ最大の整数，すなわちガウス記号 $\lfloor \cdot \rfloor$ を用いれば，$x = \lfloor (n+1)p \rfloor$ で確率関数 $p(x)$ が最大値をとることがわかる．実際，$B(5, 0.4)$ の場合は

$$x = \lfloor (n+1)p \rfloor = \lfloor (5+1) \times 0.4 \rfloor = \lfloor 2.4 \rfloor = 2$$

のとき，$B(6, 0.7)$ の場合は

$$x = \lfloor (n+1)p \rfloor = \lfloor (6+1) \times 0.7 \rfloor = \lfloor 4.9 \rfloor = 4$$

のとき，$B(6, 0.8)$ の場合は

$$x = \lfloor (n+1)p \rfloor = \lfloor (6+1) \times 0.8 \rfloor = \lfloor 5.6 \rfloor = 5$$

のときに最大値をとり，図 4.10，図 4.11，図 4.12 での例と整合性がとれている．

(4) 2 項分布の平均，分散，標準偏差

2 項分布 $x \sim B(n,p)$ の平均，分散，標準偏差はそれぞれ次のようになる．

$$\mu = E(x) = np, \quad \sigma^2 = V(x) = np(1-p), \quad \sigma = \sqrt{\sigma^2} = \sqrt{np(1-p)} \quad (4.16)$$

平均が np になることについては，コイン投げでイメージすると，表が出る確率が p であるような特殊なコインを n 回投げたとき，表が出る回数の平均は np（投げる回数 × 表が出る確率）であるということを言っており，直感的に納得できるのではないかと思われる．しかし，以下で理論的にも確認しておこう．まず，

$$\mu = E(x) = \sum_{x=0}^{n} xp(x) = \sum_{x=0}^{n} x\frac{n!}{x!(n-x)!}p^x(1-p)^{n-x}$$
$$= \sum_{x=1}^{n} x\frac{n!}{x!(n-x)!}p^x(1-p)^{n-x} = \sum_{x=1}^{n} \frac{n!}{(x-1)!(n-x)!}p^x(1-p)^{n-x}$$

となり，ここで，$x-1$ を z とおくと（$z = x-1$ の変数変換），

$$\sum_{z=0}^{n-1} \frac{n!}{z!(n-1-z)!}p^{1+z}(1-p)^{n-1-z} = \sum_{z=0}^{n-1} np\frac{(n-1)!}{z!(n-1-z)!}p^z(1-p)^{n-1-z}$$
$$= np\sum_{z=0}^{n-1}\binom{n-1}{z}p^z(1-p)^{n-1-z} = np\{p+(1-p)\}^{n-1} = np$$

となる．また，分散が $np(1-p)$ となることについても，以下のように示すことができる．

$$\sigma^2 = V(x) = E((x-\mu)^2) = E(x^2)-\mu^2 = E(x(x-1)+x)-\mu^2$$
$$= E(x(x-1)) + E(x) - \mu^2 = E(x(x-1)) + \mu - \mu^2$$
$$= \sum_{x=0}^{n} x(x-1)p(x) + \mu - \mu^2 = \sum_{x=0}^{n} x(x-1)\frac{n!}{x!(n-x)!}p^x(1-p)^{n-x} + np - n^2p^2$$
$$= \sum_{x=2}^{n} x(x-1)\frac{n!}{x!(n-x)!}p^x(1-p)^{n-x} + np - n^2p^2$$
$$= \sum_{x=2}^{n} \frac{n!}{(x-2)!(n-x)!}p^x(1-p)^{n-x} + np - n^2p^2$$
$$= \sum_{z=0}^{n-2} \frac{n!}{z!(n-2-z)!}p^{2+z}(1-p)^{n-2-z} + np - n^2p^2 \quad (z=x-2\ \text{の変数変換})$$
$$= \sum_{z=0}^{n-2} n(n-1)p^2\frac{(n-2)!}{z!(n-2-z)!}p^z(1-p)^{n-2-z} + np - n^2p^2$$

$$
\begin{aligned}
&= n(n-1)p^2 \sum_{z=0}^{n-2} \binom{n-2}{z} p^z (1-p)^{n-2-z} + np - n^2p^2 \\
&= n(n-1)p^2 \{p + (1-p)\}^{n-2} + np - n^2p^2 \\
&= n(n-1)p^2 + np - n^2p^2 = -np^2 + np = np(1-p)
\end{aligned}
$$

そして，標準偏差は分散の平方根で与えられるため，$\sqrt{np(1-p)}$ となる．

なお，第4.2.1項の例題4.1で出てきた確率変数 x は2項分布 $B(2, 0.5)$ に従っていることがわかる．その平均，分散，標準偏差は

$$
\begin{aligned}
&E(x) = np = 2 \times 0.5 = 1 \\
&V(x) = np(1-p) = 2 \times 0.5 \times (1-0.5) = 0.5 \quad \left(\sqrt{V(x)} = \sqrt{0.5} \cong 0.7071\right)
\end{aligned}
$$

となり，確かに例題の (b) と答えが一致する．

例題 4.4 表が出る確率が0.7であるコインを3枚（独立に）投げるとする．このとき，表の枚数を確率変数 x とおく．x の平均，分散，標準偏差を求めなさい．

解答 x は2項分布 $B(3, 0.7)$ に従うことから，その平均，分散，標準偏差は

$$
\begin{aligned}
&E(x) = np = 3 \times 0.7 = 2.1 \\
&V(x) = np(1-p) = 3 \times 0.7 \times 0.3 = 0.63 \quad \left(\sqrt{V(x)} \cong 0.7937\right)
\end{aligned}
$$

と求めることができる．□

4.3.3 幾何分布

(1) 幾何分布とその平均，分散，標準偏差

表が出る確率 p のベルヌーイ試行を繰り返すときに初めて表が出るまでの試行回数を表す離散分布を**幾何分布**（geometric distribution）と呼び，しばしば $Ge(p)$ と表記する．$x \sim Ge(p)$ のとき，その確率関数は

$$
p(x) = p(1-p)^{x-1} \quad (x = 1, 2, 3, \ldots) \tag{4.17}
$$

で与えられる．幾何分布 $x \sim Ge(p)$ の平均，分散，標準偏差はそれぞれ

$$
\mu = E(x) = \frac{1}{p}, \quad \sigma^2 = V(x) = \frac{1-p}{p^2}, \quad \sigma = \sqrt{\sigma^2} = \sqrt{\frac{1-p}{p^2}} \tag{4.18}
$$

となる．平均については，

$$\mu = E(x) = \sum_{x=1}^{\infty} xp(1-p)^{x-1} = \left(\frac{1}{p} - \frac{1-p}{p}\right)\sum_{x=1}^{\infty} xp(1-p)^{x-1}$$
$$= \sum_{x=1}^{\infty} x(1-p)^{x-1} - \sum_{x=1}^{\infty} x(1-p)^{x} = \sum_{x=1}^{\infty} x(1-p)^{x-1} - \sum_{z=2}^{\infty} (z-1)(1-p)^{z-1}$$
$$= \sum_{x=1}^{\infty} x(1-p)^{x-1} - \sum_{x=2}^{\infty} (x-1)(1-p)^{x-1}$$
$$= \sum_{x=1}^{\infty} x(1-p)^{x-1} - \sum_{x=2}^{\infty} x(1-p)^{x-1} + \sum_{x=2}^{\infty} (1-p)^{x-1}$$
$$= 1 + \frac{1-p}{1-(1-p)} = 1 + \frac{1-p}{p} = \frac{1}{p}$$

と確かめることができる．分散が $\sigma^2 = \frac{1-p}{p^2}$ になることについては，2 項分布の場合と同様，

$$\sigma^2 = V(x) = E((x-\mu)^2) = E(x^2) - \mu^2 = E(x(x-1)) + \mu - \mu^2$$

の式から計算できるが，本書では省略する．

(2)　幾何分布の無記憶性

幾何分布の特徴として，無記憶性を持つ（途中までに裏が出た回数がその後に表が出るまでの確率分布に影響しない）ことが知られている．具体的には，既に t 回連続で裏が出た後，その時点から表が出るまでの回数の確率分布が，任意の t に対して変わらない．実際，$x > t$ という条件付きの $z = x - t$ の確率分布を求めると，

$$P(x = t + z | x > t) = \frac{P(x = t + z)}{P(x > t)} = \frac{p(1-p)^{t+z-1}}{(1-p)^t} = p(1-p)^{z-1}$$

となり，t の値に依存しない式となっていることがわかる．

なお，このような，何らかの条件を付けたときの確率分布を条件付確率分布（あるいは単に条件付分布），また，その条件付分布の確率関数を条件付確率関数などと呼ぶ．条件付分布は，確率論や統計学において重要な概念ではあるが，本書では第 5.2 節で少し触れるのみとする．

例題 4.5　当たる確率が $\frac{1}{1000}$ のくじがあり，毎回の当落は独立であるとする．当たるまでくじを買い続けるとき，くじが当たるまでの回数を x とおく．

(a)　確率変数 x はどのような確率分布に従うか，記しなさい．

(b)　x の平均，分散，標準偏差を求めなさい．

(c)　既に 500 回連続でくじを外しているとき，その時点からくじに当たるまでの平均回数を答えなさい（幾何分布の無記憶性の項を参照）．

解答 (a) x は幾何分布 $Ge(0.001)$ に従う．

(b) $x \sim Ge(0.001)$ の平均，分散，標準偏差はそれぞれ以下のように求められる．

$$\mu = E(x) = \frac{1}{p} = \frac{1}{0.001} = 1000$$

$$\sigma^2 = V(x) = \frac{1-p}{p^2} = \frac{1-0.001}{0.001^2} = \frac{0.999}{0.001^2} = 999000$$

$$\sigma = \sqrt{\sigma^2} = \sqrt{999000} \cong 999.4999$$

(c) 既に t 回くじを外しているとき，その時点からくじに当たるまでの回数の確率分布は，任意の t に対して同じである（幾何分布の無記憶性）から，$t=0$ と考えても分布は同じであり，$Ge(0.001)$ になる．したがって，既に 500 回くじを外しているとき，その時点からくじに当たるまでの平均回数は変わらず 1000 回となる（くじはこちらがこれまで何回外したかを知らないと考えれば当然である）．□

4.3.4 ポアソン分布

(1) ポアソン分布の確率関数とその性質

ポアソン分布（Poisson distribution）は，稀（まれ）に起こる現象の一定時間あたりの発生回数を表す離散分布として知られており，電気製品の故障回数，客の到着人数，事故の発生回数などの確率モデルに用いられている．その確率関数は

$$p(x) = \frac{\lambda^x}{x!}e^{-\lambda} \quad (x = 0, 1, 2, 3, \ldots) \tag{4.19}$$

で与えられる．ただし，$\lambda > 0$ であり，e は自然対数の底（$e = 2.7182818\ldots$）である．ポアソン分布はしばしば $Po(\lambda)$ と表す．(4) 項で見るように，ポアソン分布の平均は λ（ラムダ）になる．そのため，λ は平均生起回数や平均到着率などと呼ばれることもある．

ポアソン分布の確率関数の全確率の和が 1，すなわち，

$$\sum_{x=0}^{\infty} p(x) = 1$$

になっていることは，指数関数 e^z のマクローリン展開が

$$e^z = 1 + z + \frac{z^2}{2!} + \frac{z^3}{3!} + \frac{z^4}{4!} + \cdots = \sum_{x=0}^{\infty} \frac{z^x}{x!}$$

となることから，以下のように確認できる．

$$\sum_{x=0}^{\infty} p(x) = \sum_{x=0}^{\infty} \frac{\lambda^x}{x!} e^{-\lambda} = e^{-\lambda} \sum_{x=0}^{\infty} \frac{\lambda^x}{x!} = e^{-\lambda} e^{\lambda} = 1$$

(2)　ポアソン分布の例

例として，$\lambda = 1$ および $\lambda = 2.5$ の場合（すなわち，$Po(1)$ および $Po(2.5)$）の確率関数は図 4.13，図 4.14 のようになる．また，例えば，$x \sim Po(2.5)$ のとき，$P(x \leq 2)$ の値を求めると，x の確率関数は

$$p(x) = \frac{2.5^x}{x!} e^{-2.5} \quad (x = 0, 1, 2, 3, \ldots)$$

であることから，以下のように求められる．

$$P(x \leq 2) = p(0) + p(1) + p(2) = \frac{2.5^0}{0!} e^{-2.5} + \frac{2.5^1}{1!} e^{-2.5} + \frac{2.5^2}{2!} e^{-2.5}$$
$$= \frac{1 + 2.5 + 3.125}{e^{2.5}} \cong 0.5438$$

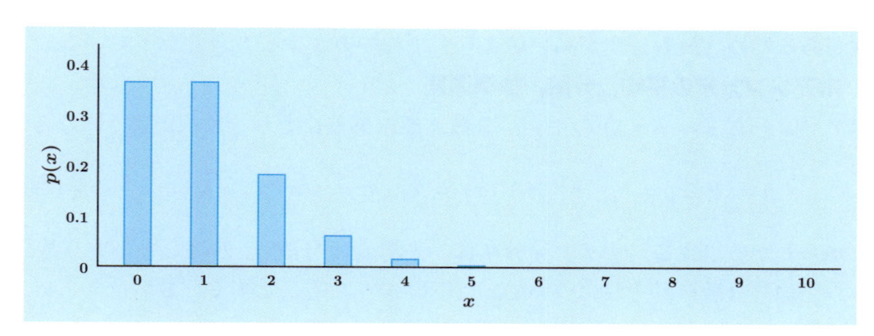

図 4.13　$Po(1)$ の確率関数

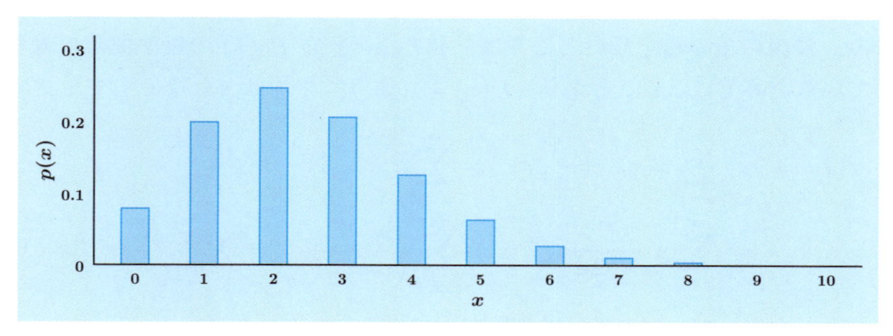

図 4.14　$Po(2.5)$ の確率関数

(3) ポアソン分布で確率関数が最大となる値

ポアソン分布において，確率関数 $p(x)$ が最大値をとるときの x の値を導出する．2項分布のときと同様に，$p(x-1) \leq p(x)$ となるような x の範囲を調べればよい．

$$p(x) = \frac{\lambda^x}{x!}e^{-\lambda} \quad \text{および} \quad p(x-1) = \frac{\lambda^{x-1}}{(x-1)!}e^{-\lambda}$$

より，

$$\frac{p(x)}{p(x-1)} = \frac{\frac{\lambda^x}{x!}e^{-\lambda}}{\frac{\lambda^{x-1}}{(x-1)!}e^{-\lambda}} = \frac{\frac{\lambda}{x}\frac{\lambda^{x-1}}{(x-1)!}e^{-\lambda}}{\frac{\lambda^{x-1}}{(x-1)!}e^{-\lambda}} = \frac{\lambda}{x} \geq 1$$

を解くと，$x \leq \lambda$ という条件が得られる．したがって，$x = \lfloor \lambda \rfloor$ で確率関数 $p(x)$ が最大値をとることがわかる．また，仮に λ が整数の場合は，$p(\lambda-1) = p(\lambda)$ となり，$x = \lambda - 1, \lambda$ のどちらも最大の確率になることがわかる．(4) 項で述べるように λ はポアソン分布の平均であるが，図 4.13 や図 4.14 から見て取れるように右に裾を引いた分布になっており，小さい確率であっても x は非常に大きい値をとる可能性があるため，最も確率が高い値よりも平均の方が少し大きくなっている．

(4) ポアソン分布の平均，分散，標準偏差

ポアソン分布 $x \sim Po(\lambda)$ の平均，分散，標準偏差はそれぞれ次のようになる．

$$\mu = E(x) = \lambda, \quad \sigma^2 = V(x) = \lambda, \quad \sigma = \sqrt{\sigma^2} = \sqrt{\lambda} \tag{4.20}$$

ここからわかるように，ポアソン分布は，平均 μ と分散 σ^2 が等しいという特徴がある．平均，分散それぞれについて，以下のように確認できる．まず，

$$E(x) = \sum_{x=0}^{\infty} x\frac{\lambda^x}{x!}e^{-\lambda} = \sum_{x=1}^{\infty} x\frac{\lambda^x}{x!}e^{-\lambda} = \lambda\sum_{x=1}^{\infty}\frac{\lambda^{x-1}}{(x-1)!}e^{-\lambda} = \lambda\sum_{z=0}^{\infty}\frac{\lambda^z}{z!}e^{-\lambda}$$

となり，最後の項の和記号のところは，ポアソン分布 $Po(\lambda)$ の確率関数の総和になっているため1になることから，$E(x) = \lambda$ より，平均は λ となる．また，

$$\begin{aligned} E(x(x-1)) &= \sum_{x=0}^{\infty} x(x-1)\frac{\lambda^x}{x!}e^{-\lambda} = \sum_{x=2}^{\infty} x(x-1)\frac{\lambda^x}{x!}e^{-\lambda} \\ &= \sum_{x=2}^{\infty}\frac{\lambda^x}{(x-2)!}e^{-\lambda} = \lambda^2\sum_{x=2}^{\infty}\frac{\lambda^{x-2}}{(x-2)!}e^{-\lambda} = \lambda^2\sum_{z=0}^{\infty}\frac{\lambda^z}{z!}e^{-\lambda} = \lambda^2 \end{aligned}$$

であり，したがって，次のように分散も λ になることが確認できる．

$$V(x) = E(x^2) - (E(x))^2 = E(x(x-1)) + E(x) - (E(x))^2 = \lambda^2 + \lambda - \lambda^2 = \lambda$$

(5)　2 項分布とポアソン分布の関係

2 項分布とポアソン分布は密接な関係があり，2 項分布 $B(n,p)$ は，n が大きく，p が小さいとき，平均到着率 $\lambda = np$（平均 μ の値が等しくなるようにしている）のポアソン分布 $Po(\lambda)$ に近似することができる．

例えば，当選率 $\frac{1}{500}$ のくじに 1000 回挑戦したとき，当選回数が 2 回以下である確率を求めることを考えてみよう．ただし，1 回 1 回の当落は独立で当選率は変化しないとする．このとき，正確に計算するのであれば，$x \sim B(1000, 0.002)$ と考えて，$P(x \leq 2)$ を求めることになる．x の確率関数は

$$p(x) = \binom{1000}{x} \times 0.002^x \times 0.998^{1000-x} \quad (x = 0, 1, \ldots, 1000)$$

となることから，

$$\begin{aligned} P(x \leq 2) &= p(0) + p(1) + p(2) \\ &= 0.135064522 + 0.270670386 + 0.270941598 \\ &= 0.676676507 \cong 67.6677\,\% \end{aligned}$$

と求められる．一方，近似として，同じ平均になる $\lambda = 1000 \times 0.002 = 2$ のポアソン分布を仮定し，$x \sim Po(2)$ として $P(x \leq 2)$ を求めてみよう．x の確率関数は

$$p(x) = \frac{2^x}{x!} e^{-2} \quad (x = 0, 1, 2, 3, \ldots)$$

であるから，次のようになる．

$$\begin{aligned} P(x \leq 2) &= p(0) + p(1) + p(2) \\ &= 0.135335283 + 0.270670566 + 0.270670566 \\ &= 0.676676416 \cong 67.6676\,\% \end{aligned}$$

この場合では 2 項分布をポアソン分布で近似してもほとんど同じ値が得られており，計算自体は後者の方が容易である．実際，以下で示すように，n が非常に大きく，かつ，p が非常に小さいときはこのような近似が可能である．

2 項分布 $B(n,p)$ の確率関数

$$p(x) = \binom{n}{x} p^x (1-p)^{n-x}$$

において，$\lambda = np$ とおくと，

$$
\begin{aligned}
p(x) &= \binom{n}{x} p^x (1-p)^{n-x} = \frac{n!}{x!(n-x)!} p^x (1-p)^{n-x} \\
&= \frac{n!}{x!(n-x)!} \left(\frac{\lambda}{n}\right)^x \left(1-\frac{\lambda}{n}\right)^{n-x} \\
&= \frac{n(n-1)\cdots(n-x+1)}{x!} \frac{1}{n^x} \lambda^x \left(1-\frac{\lambda}{n}\right)^n \frac{1}{\left(1-\frac{\lambda}{n}\right)^x}
\end{aligned}
$$

となる．ここで，λ を固定した上で $n \to \infty$（$p \to 0$）とすると（平均 μ の値は変化しない）

$$
\frac{n(n-1)\cdots(n-x+1)}{n^x} \to 1, \quad \left(1-\frac{\lambda}{n}\right)^n \to e^{-\lambda}, \quad \left(1-\frac{\lambda}{n}\right)^x \to 1
$$

より，

$$
p(x) = \binom{n}{x} p^x (1-p)^{n-x} \quad \to \quad \frac{\lambda^x}{x!} e^{-\lambda}
$$

となり，ポアソン分布 $Po(\lambda)$ の確率関数に近似できることがわかる．

例題 4.6　ある電気製品があり，稼働を始めてから 1 日あたり 0.01 の確率で故障が生じるとする．ある日に故障が起きた場合，すぐに取り変えて翌日から稼働させる．50 日間で故障が起きる回数を x とおく．

(a)　x は 2 項分布 $B(n,p)$ に従うと考えることができる．n と p の値を記し，x の平均を求めなさい．

(b)　x の分布をポアソン分布 $Po(\lambda)$ で近似するとき，λ の値を記しなさい．

以下は，(b) のポアソン近似を用いるものとする．

(c)　50 日間で 1 回以上故障が生じる確率 $P(x \geq 1)$ を求めなさい．

(d)　50 日間でスペアが 2 個あれば足りる確率 $P(x \leq 2)$ を求めなさい．

解答　(a)　確率変数 x は，$n = 50$，$p = 0.01$ の 2 項分布 $B(50, 0.01)$ に従うと考えることができ，その平均は次のように求められる．

$$
E(x) = np = 50 \times 0.01 = 0.5
$$

(b)　x の分布は，同じ平均 $\lambda = 0.5$ のポアソン分布 $Po(0.5)$ で近似することができる．

(c)　$x \sim Po(0.5)$ の確率関数は

$$
p(x) = \frac{0.5^x}{x!} e^{-0.5} \quad (x = 0, 1, 2, 3, \ldots)
$$

で与えられるから，$P(x \geq 1)$ の値は以下のようになる．

$$P(x \geq 1) = 1 - p(0) = 1 - \frac{0.5^0}{0!}e^{-0.5} = 1 - e^{-0.5} \cong 0.3935$$

(d) (c) と同様に，$P(x \leq 2)$ の値は次式で求められる．

$$\begin{aligned} P(x \leq 2) &= p(0) + p(1) + p(2) = \frac{0.5^0}{0!}e^{-0.5} + \frac{0.5^1}{1!}e^{-0.5} + \frac{0.5^2}{2!}e^{-0.5} \\ &= e^{-0.5} + 0.5e^{-0.5} + 0.125e^{-0.5} = 1.625e^{-0.5} \cong 0.9856 \end{aligned}$$

□

4.3.5 一様分布

図 4.3（ルーレットの例）や図 4.9 で例示したような，ある範囲において確率密度が一定の連続分布を**一様分布**（uniform distribution）と呼ぶ．離散分布でも同様に定義できる（表 4.1 の例など）．

区間 (a, b) 上の連続な一様分布を $U(a, b)$ と表記し，その確率密度関数は

$$f(x) = \frac{1}{b-a} \quad (a < x < b) \tag{4.21}$$

と表される．一様分布 $x \sim U(a, b)$ の平均，分散，標準偏差はそれぞれ

$$\mu = E(x) = \frac{a+b}{2}, \quad \sigma^2 = V(x) = \frac{(b-a)^2}{12}, \quad \sigma = \sqrt{\sigma^2} = \frac{b-a}{2\sqrt{3}} \tag{4.22}$$

となる．平均については，

$$E(x) = \int_a^b x\frac{1}{b-a}dx = \left[\frac{1}{2(b-a)}x^2\right]_a^b = \frac{1}{2(b-a)}(b^2 - a^2) = \frac{a+b}{2}$$

と確認できる．また，分散については，

$$E(x^2) = \int_a^b x^2\frac{1}{b-a}dx = \left[\frac{1}{3(b-a)}x^3\right]_a^b = \frac{1}{3(b-a)}(b^3 - a^3) = \frac{a^2+ab+b^2}{3}$$

より，次のように確認することができる．

$$\begin{aligned} V(x) &= E(x^2) - (E(x))^2 = \frac{a^2+ab+b^2}{3} - \frac{a^2+2ab+b^2}{4} \\ &= \frac{a^2-2ab+b^2}{12} = \frac{(b-a)^2}{12} \end{aligned}$$

4.3.6 指数分布

(1) 指数分布の確率密度関数とその性質

指数分布（exponential distribution）は，一定の確率で発生する事象が最初に発生するまでの時間を表す連続分布であり，しばしば $Ex(\lambda)$ のように表記される．故障率一定のときの寿命分布や客の到着間隔の分布などに用いられている．その確率密度関数は

$$f(x) = \lambda e^{-\lambda x} \quad (x \geq 0) \tag{4.23}$$

で与えられる（ただし，$\lambda > 0$）．しばしば λ は平均到着率などと呼ばれる．また，累積分布関数は

$$F(x) = \begin{cases} 1 - e^{-\lambda x} & (x \geq 0) \\ 0 & (x < 0) \end{cases} \tag{4.24}$$

と表される．例として，$\lambda = 0.5$，$\lambda = 1$，$\lambda = 1.5$ の場合の確率密度関数と累積分布関数は **図 4.15**〜**図 4.20** のようになる．

(2) 指数分布の平均，分散，標準偏差

指数分布 $x \sim Ex(\lambda)$ の平均，分散，標準偏差はそれぞれ次のようになる．

$$\mu = E(x) = \frac{1}{\lambda}, \quad \sigma^2 = V(x) = \frac{1}{\lambda^2}, \quad \sigma = \sqrt{\sigma^2} = \frac{1}{\lambda} \tag{4.25}$$

ポアソン分布は平均 μ と分散 σ^2 が等しかったが，指数分布は平均 μ と標準偏差 σ が等しいという特徴を持つ．平均，分散それぞれについて，以下のように確認できる．まず，$\lim_{x\to\infty} xe^{-\lambda x} = \lim_{x\to\infty} \frac{x}{e^{\lambda x}} = \lim_{x\to\infty} \frac{1}{\lambda e^{\lambda x}} = 0$（ロピタルの定理を用いた）に注意すると，

$$\begin{aligned} E(x) &= \int_0^\infty x\lambda e^{-\lambda x} dx = [-xe^{-\lambda x}]_0^\infty - \int_0^\infty (-e^{-\lambda x}) dx \quad （部分積分） \\ &= \int_0^\infty e^{-\lambda x} dx = \left[-\frac{1}{\lambda} e^{-\lambda x}\right]_0^\infty = \frac{1}{\lambda} \end{aligned}$$

となるから，平均は $\frac{1}{\lambda}$ となる．また，

$$\begin{aligned} E(x^2) &= \int_0^\infty x^2 \lambda e^{-\lambda x} dx = [-x^2 e^{-\lambda x}]_0^\infty - \int_0^\infty (-2xe^{-\lambda x}) dx = \int_0^\infty 2xe^{-\lambda x} dx \\ &= \frac{2}{\lambda} \int_0^\infty x\lambda e^{-\lambda x} dx = \frac{2}{\lambda} E(x) = \frac{2}{\lambda^2} \end{aligned}$$

より，以下のように分散は $\frac{1}{\lambda^2}$ となることが確かめられる．

$$V(x) = E(x^2) - (E(x))^2 = \frac{2}{\lambda^2} - \frac{1}{\lambda^2} = \frac{1}{\lambda^2}$$

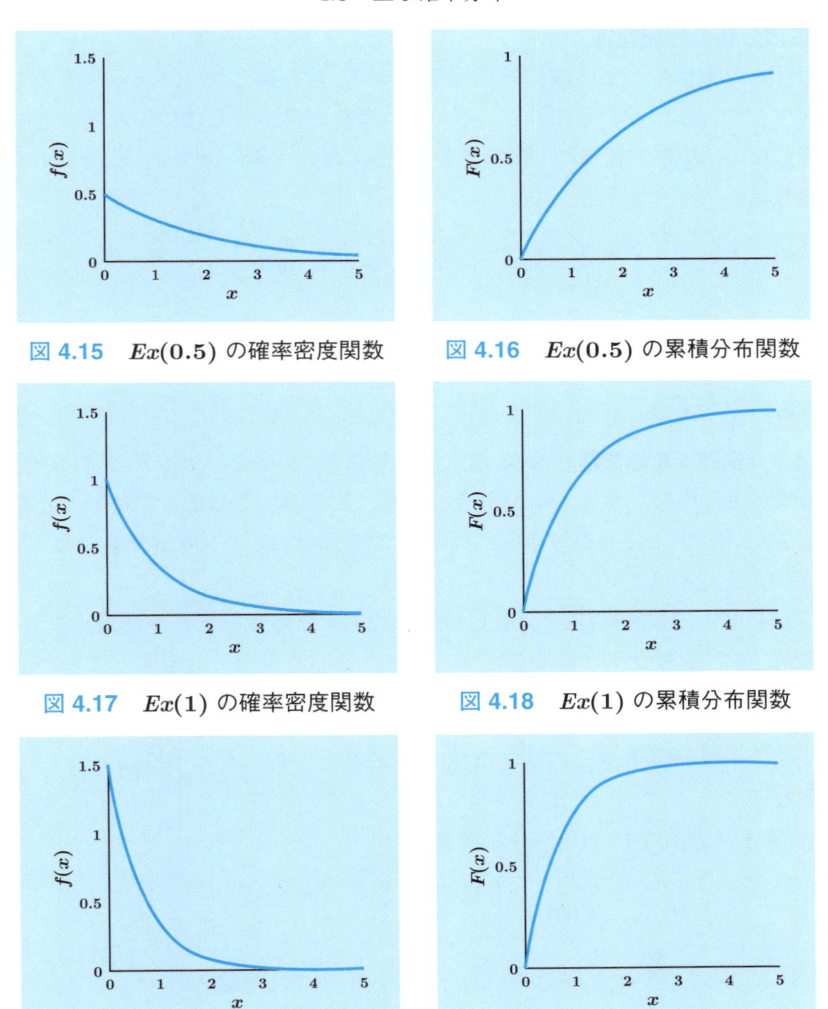

図 4.15　$Ex(0.5)$ の確率密度関数

図 4.16　$Ex(0.5)$ の累積分布関数

図 4.17　$Ex(1)$ の確率密度関数

図 4.18　$Ex(1)$ の累積分布関数

図 4.19　$Ex(1.5)$ の確率密度関数

図 4.20　$Ex(1.5)$ の累積分布関数

(3)　ポアソン分布と指数分布の関係

指数分布 $Ex(\lambda)$ の λ とポアソン分布 $Po(\lambda)$ の λ では平均到着率といった共通の呼び方が用いられていることから予想が付くように，両者は密接な関連がある．実際，ある一定の到着率 λ で客がランダムに来るような確率モデル（ポアソン過程などと呼ばれる）を想定したとき，ある単位時間に到着する客の人数の分布がポアソン分布であり，客の到着間隔の時間の分布が指数分布となる．

(4) 指数分布の無記憶性

指数分布は幾何分布と同様に無記憶性を持つ．言い換えれば，ある時間までに事象が発生していないという条件が，その後，事象が発生するまでの時間の確率分布に影響しない．実際，任意の t に対して，$x > t$ という条件付きの $z = x - t$ の確率密度関数は，

$$\frac{f(t+z)}{P(x>t)} = \frac{\lambda e^{-\lambda(t+z)}}{e^{-\lambda t}} = \lambda e^{-\lambda z}$$

となり，t の値に依存しない式となっている．このような，条件付分布の確率密度関数を条件付確率密度関数などと呼ぶが，本書では第 5.2 節において補足として少し紹介するのみとする．

例題 4.7（例題 4.6 の類題） ある電気製品があり，稼働を始めてから常に一定の頻度で故障が生じ得るとする．このようなとき，故障が起こるまでの時間の分布は指数分布 $Ex(\lambda)$ で表すことができる．故障までの平均時間は 100 日であるとする．

(a)　λ の値を求めなさい．

(b)　50 日以内，100 日以内，200 日以内に故障する確率をそれぞれ求めなさい．

(c)　既に 50 日故障せずに稼働しているとき，その時点から故障するまでの平均時間を答えなさい（指数分布の無記憶性の項を参照）．

解答 (a)　指数分布 $Ex(\lambda)$ の平均は $\frac{1}{\lambda}$ であることから，$\frac{1}{\lambda} = 100$ より $\lambda = \frac{1}{100} = 0.01$ となる．

(b)　指数分布 $Ex(0.01)$ の累積分布関数は

$$F(x) = \begin{cases} 1 - e^{-0.01x} & (x \geq 0) \\ 0 & (x < 0) \end{cases}$$

と表されることを用いて，それぞれ以下のように計算できる．

$$P(x \leq 50) = F(50) = 1 - e^{-0.01\times 50} = 1 - e^{-0.5} \cong 0.3935$$
$$P(x \leq 100) = F(100) = 1 - e^{-0.01\times 100} = 1 - e^{-1} \cong 0.6321$$
$$P(x \leq 200) = F(200) = 1 - e^{-0.01\times 200} = 1 - e^{-2} \cong 0.8647$$

(c)　既に t 日故障せずに稼働しているとき，その時点から故障するまでの時間の確率分布は，任意の t に対して同じである（指数分布の無記憶性）から，$t = 0$ と考えても分布は同じであり，$Ex(0.01)$ になる．したがって，既に 50 日故障せずに稼働していても，その時点から故障するまでの平均時間は変わらず 100 日となる．□

演習問題

1 表が出る確率が 0.4 であるコインを独立に 3 枚投げるとする．このとき，表が出る枚数を確率変数 x とおく．

(a) 確率変数 x の確率分布の表を作成しなさい．

(b) 確率分布の表を基に，確率変数 x の平均，分散，標準偏差を求めなさい．

(c) 確率変数 x は 2 項分布 $B(3, 0.4)$ に従う．2 項分布 $B(n, p)$ の平均，分散，標準偏差に関する式を用いて，確率変数 x の平均，分散，標準偏差を求め，(b) の結果と一致することを確認しなさい．

2 あるチェーン店の 1 支店における前年度比の売上高を確率変数 x とおくと，x の確率密度関数は次のように表されるとする．ただし，k は定数である．

$$f(x) = \begin{cases} kx(2-x) & (0 \leq x \leq 2) \\ 0 & (x < 0, x > 2) \end{cases}$$

(a) $f(x)$ は確率密度関数であることを用いて，定数 k の値を求めなさい．

(b) 確率変数 x の平均 $E(x)$ と分散 $V(x)$ を求めなさい．

3 半径 1 m の円盤に向けてダーツを投げるゲームがある．円盤に当たるまでダーツを投げ，ダーツが当たった位置の円の中心からの距離を r m とおくと，$1 - r$ の得点が手に入る．目をつぶって円盤に当たるまでダーツを投げるものとし，円盤のどこに当たるかの確率は一様であるとする．このとき，ゲームでの得点を x とおく．

(a) 円盤の面積は π であり，円の中心から半径 $1 - x$ までの範囲（得点が x 点以上になる範囲）の面積は $\pi(1-x)^2$ であることを用いて，確率変数 x の累積分布関数 $F(x)$ を求めなさい．

(b) $F(x)$ を微分することで，確率変数 x の確率密度関数 $f(x)$ を求めなさい．

(c) 確率変数 x の平均 $E(x)$ と分散 $V(x)$ を求めなさい．

5 正規分布と推測統計の基礎理論

第 4 章において，確率変数・確率分布に関する基本的な知識を説明した．本章では，まず，最重要な確率分布である正規分布を詳説する．さらに確率変数が複数ある場合の取扱いの説明を経て，推測統計の議論への導入をはかり，推測統計におけるいくつかの用語の紹介と基礎的性質の説明を行う．

5.1 正規分布

5.1.1 正規分布の確率密度関数とその性質

(1) 正規分布とは

正規分布（normal distribution）は統計学において特に重要な立ち位置にある分布であり，分野によってはガウス分布と呼ばれることもある．幅広い現象を記述する連続分布として正規分布は用いられてきており，(一見，その確率密度関数の式自体はとっつきづらく思えるかもしれないが）数学的な観点でも重要で特別な性質を持つ分布であることが示される．正規分布をもとにした統計学の理論は統計学全体の中でも中核的な存在になっている．

連続型確率変数 x が平均 μ，分散 σ^2 の正規分布（$N(\mu,\sigma^2)$ と表される）に従うとき，x の確率密度関数は

$$
\begin{aligned}
f(x) &= \frac{1}{\sqrt{2\pi}\sigma}e^{-\frac{1}{2\sigma^2}(x-\mu)^2} \\
&= \frac{1}{\sqrt{2\pi}\sigma}\exp\left\{-\frac{1}{2\sigma^2}(x-\mu)^2\right\} \quad (-\infty < x < \infty) \qquad (5.1)
\end{aligned}
$$

と表される（ただし，$-\infty < \mu < \infty$，$\sigma > 0$）.[1] ここで，μ と σ^2 が実際にそれぞれ平均と分散になっていることの確認は第 5.1.2 項で行う．累積分布関数は積分を伴った式でしか書けないが，次のようになる．

---

[1] なお，本章以降において自然対数の底 e の指数部分が込み入っているものは $\exp\{\cdot\}$ で表す．

$$F(x) = \int_{-\infty}^{x} \frac{1}{\sqrt{2\pi}\sigma} e^{-\frac{1}{2\sigma^2}(t-\mu)^2} dt \tag{5.2}$$

確率密度関数の概形は図 5.1 のようになる．図からわかるように，確率密度関数は，単峰，左右対称で，平均 μ で最も高くなり，μ から離れるに従って低くなるという形状をしている．すなわち，平均 μ 付近の値が最も出やすく，μ から離れた値ほど出にくいという（非常にわかりやすい）性質を持つ確率分布である．標準偏差 σ は分布のばらつき具合を表している．σ が小さいとき，μ から離れると確率密度は急に 0 に近づく（μ から離れた値は出にくい）．一方，σ が大きいとき，μ から離れると確率密度はなだらかに 0 に近づいていく（μ から離れた値もそれなりに出やすい）．

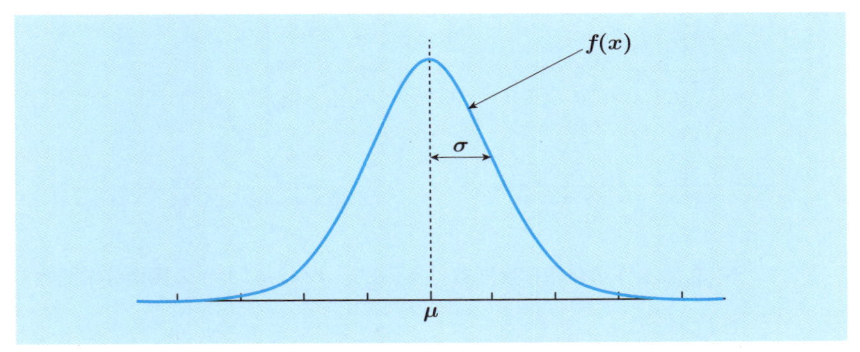

図 5.1 正規分布 $N(\mu, \sigma^2)$ の確率密度関数の概形

なお，後で述べるが，図 5.1 において，$\mu \pm \sigma$ の内側の範囲の確率が 68％程度になる．また，$\mu \pm \sigma$ の点はちょうど変曲点になっており，$\mu \pm \sigma$ の内側は上に凸，$\mu \pm \sigma$ の外側は下に凸の曲線になっている．

(2) いくつかの正規分布における確率密度関数，累積分布関数

いくつかの例として，$N(0, 1^2)$，$N(1.5, 1^2)$，$N(0, 2^2)$ の場合の確率密度関数と累積分布関数を図 5.2〜図 5.7 に示す．$N(0, 1^2)$ と $N(1.5, 1^2)$ の確率密度関数のグラフを比較すると，σ の値は同じであるため分布のばらつきは変わらないが，平均の位置 μ が変わっている．一方，$N(0, 1^2)$ と $N(0, 2^2)$ の確率密度関数のグラフを比較すると，μ の値は同じであるため分布の中心の位置は変わらないが，σ が後者の方が 2 倍であるため，分布のばらつきは後者の方が大きい．

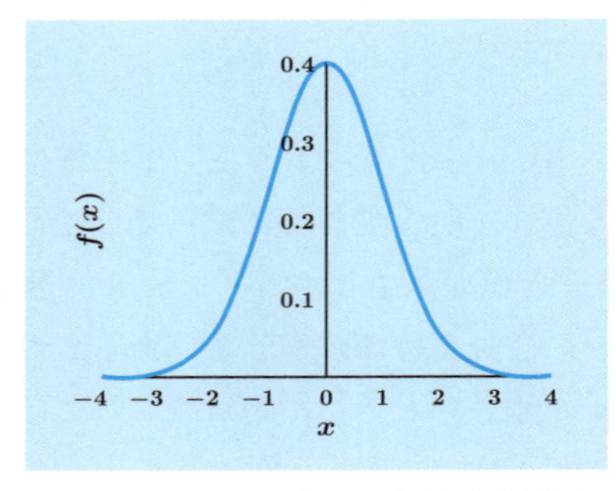

図 5.2　$N(0, 1^2)$ の確率密度関数

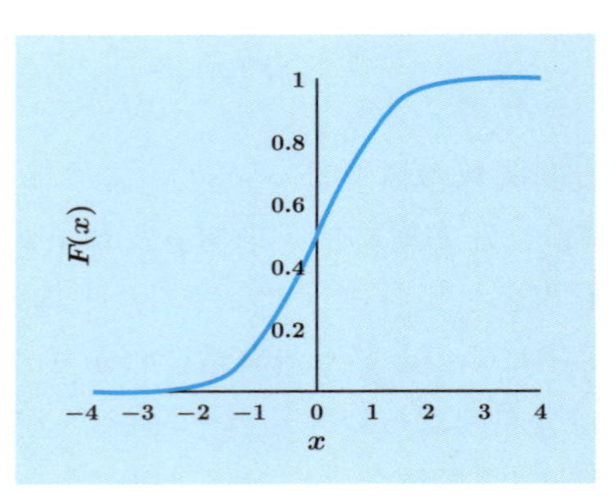

図 5.3　$N(0, 1^2)$ の累積分布関数

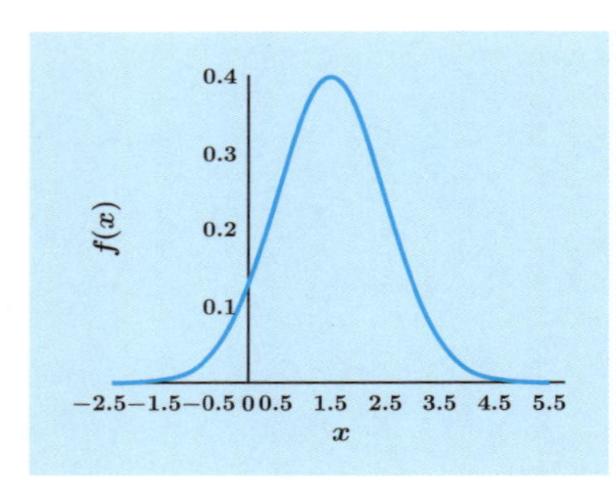

図 5.4　$N(1.5, 1^2)$ の確率密度関数

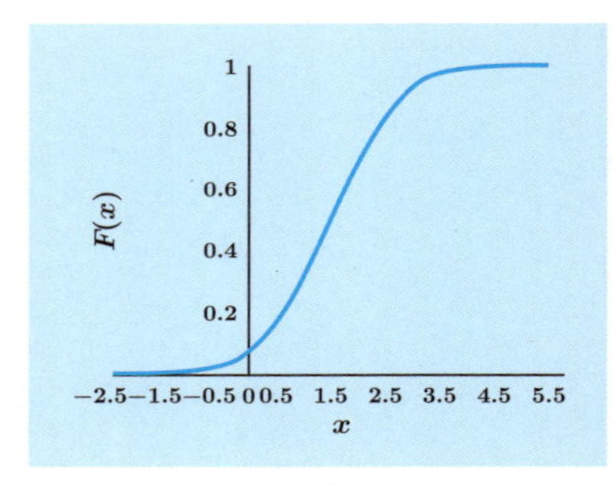

図 5.5　$N(1.5, 1^2)$ の累積分布関数

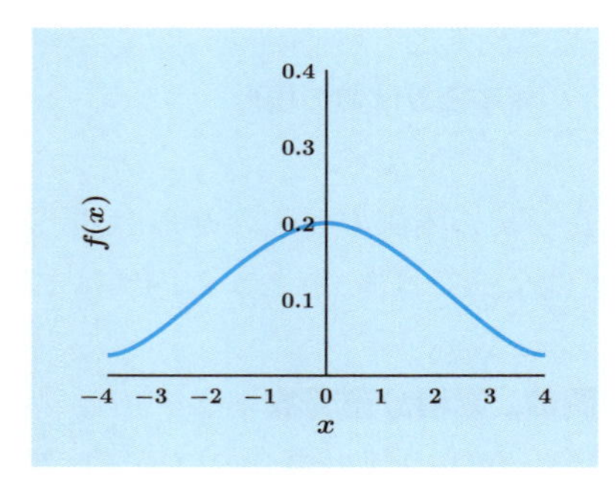

図 5.6　$N(0, 2^2)$ の確率密度関数

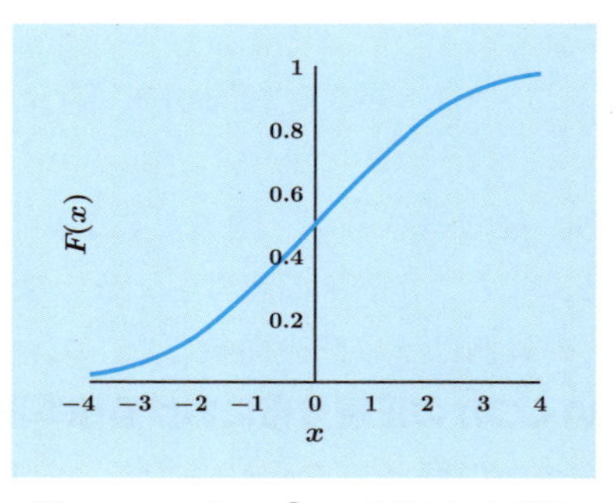

図 5.7　$N(0, 2^2)$ の累積分布関数

(3)　確率密度関数の全積分が 1 であることの確認

以下で正規分布の確率密度関数の全積分が 1 になることを確認するが，途中で極座標変換を用いているので，初学者は読み飛ばしてもよい．まず，

$$\int_{-\infty}^{\infty} f(x)dx = \int_{-\infty}^{\infty} \frac{1}{\sqrt{2\pi}\sigma} e^{-\frac{1}{2\sigma^2}(x-\mu)^2} dx = \int_{-\infty}^{\infty} \frac{1}{\sqrt{2\pi}} e^{-\frac{1}{2}z^2} dz$$

（$x = \sigma z + \mu$ と変数変換をしている）であるから，

$$\int_{-\infty}^{\infty} \frac{1}{\sqrt{2\pi}} e^{-\frac{1}{2}x^2} dx = 1$$

を示せばよい．さらに，そのためには，

$$\left(\int_{-\infty}^{\infty} \frac{1}{\sqrt{2\pi}} e^{-\frac{1}{2}x^2} dx\right)\left(\int_{-\infty}^{\infty} \frac{1}{\sqrt{2\pi}} e^{-\frac{1}{2}y^2} dy\right) = 1$$

を示せばよい．$x = r\cos\theta$，$y = r\sin\theta$ の極座標変換を行うと，

$$\begin{aligned}
&\left(\int_{-\infty}^{\infty} \frac{1}{\sqrt{2\pi}} e^{-\frac{1}{2}x^2} dx\right)\left(\int_{-\infty}^{\infty} \frac{1}{\sqrt{2\pi}} e^{-\frac{1}{2}y^2} dy\right) \\
&= \int_{-\infty}^{\infty}\int_{-\infty}^{\infty} \frac{1}{2\pi} e^{-\frac{1}{2}(x^2+y^2)} dx\, dy \\
&= \int_{0}^{\infty}\int_{0}^{2\pi} \frac{1}{2\pi} e^{-\frac{1}{2}\{(r\cos\theta)^2+(r\sin\theta)^2\}} \left|\det\begin{pmatrix}\cos\theta & -r\sin\theta \\ \sin\theta & r\cos\theta\end{pmatrix}\right| d\theta\, dr \\
&= \int_{0}^{\infty}\int_{0}^{2\pi} r\frac{1}{2\pi} e^{-\frac{1}{2}r^2} d\theta\, dr = \int_{0}^{\infty} re^{-\frac{1}{2}r^2} dr = \left[-e^{-\frac{1}{2}r^2}\right]_0^{\infty} = 1
\end{aligned}$$

となり，全積分が1になることが確かめられる（$\det(\cdot)$ は行列式を表す）．

5.1.2 正規分布の平均，分散，標準偏差と標準正規分布

(1) 正規分布の平均，分散

正規分布 $N(\mu, \sigma^2)$ の平均，分散がそれぞれ μ，σ^2 になることは前項で既に述べているが，そのことを確率密度関数をもとに確認してみよう．まず，平均は

$$\begin{aligned}
E(x) &= \int_{-\infty}^{\infty} xf(x)dx = \int_{-\infty}^{\infty} x\frac{1}{\sqrt{2\pi}\sigma} e^{-\frac{1}{2\sigma^2}(x-\mu)^2} dx = \int_{-\infty}^{\infty} (\sigma z+\mu)\frac{1}{\sqrt{2\pi}} e^{-\frac{1}{2}z^2} dz \\
&= \sigma\int_{-\infty}^{\infty} z\frac{1}{\sqrt{2\pi}} e^{-\frac{1}{2}z^2} dz + \int_{-\infty}^{\infty} \mu\frac{1}{\sqrt{2\pi}} e^{-\frac{1}{2}z^2} dz = 0+\mu = \mu
\end{aligned}$$

となる．上記の計算では，途中で $x = \sigma z + \mu$ の変数変換を行っている．また，

$$\int_{-\infty}^{\infty} z\frac{1}{\sqrt{2\pi}} e^{-\frac{1}{2}z^2} dz = 0$$

になることは，

$$\int_{-\infty}^{\infty} z\frac{1}{\sqrt{2\pi}} e^{-\frac{1}{2}z^2} dz = \left[-\frac{1}{\sqrt{2\pi}} e^{-\frac{1}{2}z^2}\right]_{-\infty}^{\infty} = 0$$

と確認することができる．さらに，分散は次のように求めることができる．

$$V(x)=E((x-\mu)^2)=\int_{-\infty}^{\infty}(x-\mu)^2 f(x)dx=\int_{-\infty}^{\infty}(x-\mu)^2\frac{1}{\sqrt{2\pi}\sigma}e^{-\frac{1}{2\sigma^2}(x-\mu)^2}dx$$
$$=\int_{-\infty}^{\infty}\sigma^2 z^2\frac{1}{\sqrt{2\pi}}e^{-\frac{1}{2}z^2}dz=\sigma^2\int_{-\infty}^{\infty}(-z)\frac{1}{\sqrt{2\pi}}(-z)e^{-\frac{1}{2}z^2}dz$$
$$=\sigma^2\left[(-z)\frac{1}{\sqrt{2\pi}}e^{-\frac{1}{2}z^2}\right]_{-\infty}^{\infty}-\sigma^2\int_{-\infty}^{\infty}(-1)\frac{1}{\sqrt{2\pi}}e^{-\frac{1}{2}z^2}dz \quad \text{(部分積分)}$$
$$=\sigma^2\int_{-\infty}^{\infty}\frac{1}{\sqrt{2\pi}}e^{-\frac{1}{2}z^2}dz=\sigma^2$$

(2) 正規分布の標準化

この平均 μ，分散 σ^2（すなわち標準偏差は σ）をもとに標準化することを考えよう．その前の準備として，正規分布に従う確率変数を1次変換した確率変数に関する重要な性質を紹介する．

確率変数 x が正規分布 $N(\mu,\sigma^2)$ に従うとする．また，a，b を定数とする（ただし，$a\neq 0$ とする）．このとき，$z=ax+b$ とおくと，z は正規分布 $N(a\mu+b, a^2\sigma^2)$ に従う．証明は，以下の (3) 項に記す．これをもとに，

$$u=\frac{x-\mu}{\sigma} \tag{5.3}$$

と標準化すると，u は正規分布 $N(0,1^2)$ に従う．この平均が0，分散が1の正規分布 $N(0,1^2)$ を**標準正規分布**（standard normal distribution）と呼び，その確率密度関数は次のようになる．

$$f(u)=\frac{1}{\sqrt{2\pi}}e^{-\frac{1}{2}u^2} \quad (-\infty<u<\infty) \tag{5.4}$$

(3) 正規分布の1次変換の分布

まず，$z=ax+b$ の累積分布関数から考えてみると，累積分布関数の定義より，

$$F_z(z)=P(ax+b\leq z)$$

と表される．したがって，$a>0$ の場合は

$$F_z(z)=P(ax+b\leq z)=P\left(x\leq\frac{z-b}{a}\right)=F_x\left(\frac{z-b}{a}\right)$$

となり（$F_x(\cdot)$ は x の累積分布関数），また，$a<0$ の場合は

$$F_z(z)=P(ax+b\leq z)=P\left(x\geq\frac{z-b}{a}\right)=1-P\left(x\leq\frac{z-b}{a}\right)$$
$$=1-F_x\left(\frac{z-b}{a}\right)$$

となる．累積分布関数を微分すれば確率密度関数になることから，両辺を z で微分すると，$a>0$ の場合は

$$f_z(z)=\frac{1}{a}f_x\left(\frac{z-b}{a}\right)$$

となり（$f_z(\cdot)$ は z の確率密度関数，$f_x(\cdot)$ は x の確率密度関数），$a<0$ の場合は

$$f_z(z)=-\frac{1}{a}f_x\left(\frac{z-b}{a}\right)$$

となる．これより，$a>0$ と $a<0$ の場合を合わせて記せば，

$$f_z(z)=\frac{1}{|a|}f_x\left(\frac{z-b}{a}\right)$$

となる．ここで，$x\sim N(\mu,\sigma^2)$ の確率密度関数は

$$f_x(x)=\frac{1}{\sqrt{2\pi}\sigma}e^{-\frac{1}{2\sigma^2}(x-\mu)^2}$$

と表されるから，

$$\begin{aligned}f_z(z)&=\frac{1}{|a|}f_x\left(\frac{z-b}{a}\right)=\frac{1}{|a|}\frac{1}{\sqrt{2\pi}\sigma}e^{-\frac{1}{2\sigma^2}\left(\frac{z-b}{a}-\mu\right)^2}\\&=\frac{1}{\sqrt{2\pi}\,|a|\sigma}e^{-\frac{1}{2a^2\sigma^2}(z-(a\mu+b))^2}\end{aligned}$$

となり，$f_z(z)$ は $N(a\mu+b,a^2\sigma^2)$ の確率密度関数になっていることがわかる．したがって，$z=ax+b\sim N(a\mu+b,a^2\sigma^2)$ が成り立つ．

5.1.3 正規分布の確率の計算

(1) 正規分布における確率と正規分布表の概要

正規分布を実際に活用していく上で，その確率を計算することは当然必要になってくる．まずは，標準正規分布 $N(0,1^2)$ の場合から考えよう．$x\sim N(0,1^2)$ とおいて，確率 $P(a<x<b)$ を計算したいとする．そのためには，図 5.8 に青色で示されるような区間の積分，すなわち，

$$P(a<x<b)=\int_a^b\frac{1}{\sqrt{2\pi}}e^{-\frac{1}{2}x^2}dx \tag{5.5}$$

を計算することになる．ただし，これは手計算や通常の電卓を用いた演算では求めることはできない．

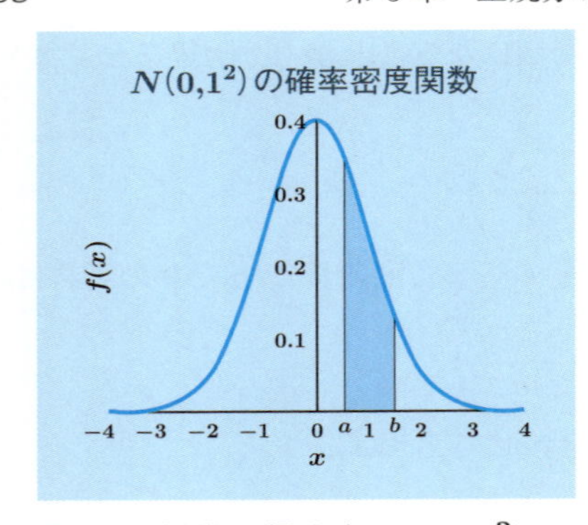

図 5.8 標準正規分布 $N(0,1^2)$ の確率

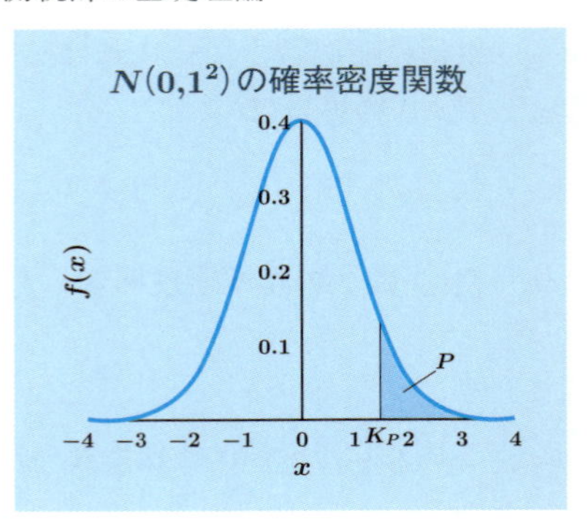

図 5.9 正規分布表における K_P と P の関係

コンピュータを利用すれば計算することができるが，その結果をまとめた**正規分布表**と呼ばれる表が用意されており，巻末 p.302〜303 に載せている．これは，標準正規分布 $N(0,1^2)$ における様々な値と，その値よりも大きな値が出る確率を示したもので，以下の式

$$\int_{K_P}^{\infty} \frac{1}{\sqrt{2\pi}} e^{-\frac{1}{2}x^2} dx = P \tag{5.6}$$

における K_P と P の関係を表にしたものである．図で表せば，**図 5.9** のような関係となる．

正規分布表には，K_P から P への変換の表と，逆に P から K_P への変換の表が与えられている．例えば，$K_P \to P$ の表において，$K_P = 1.96$ のところを見ると，$P = 0.025$ となっていることがわかる．すなわち，

$$K_{0.025} = 1.96$$

である．これは，標準正規分布 $N(0,1^2)$ において，1.96 以上の値になる確率は 0.025 であることを表しており，言い換えれば，x を $N(0,1^2)$ に従う確率変数とおくとき，

$$P(x > 1.96) = 0.025$$

であることを示している．

なお，ある K_P の値よりも大きな値が出る確率 P を K_P の上側確率と呼ぶことがあり，逆に，上側確率が P になるような K_P の値をしばしば上側 $100P$ % 点（パーセント点）と呼ぶ．この例では，標準正規分布 $N(0,1^2)$ における 1.96 の上側確率が 0.025 であり，逆に，上側 2.5 % 点が 1.96 であるということになる．

もう 1 つの例として，$P \to K_P$ の表において，$P = 0.05$ のところを見ると，$K_P = 1.645$ であることがわかる．すなわち，

$$K_{0.05} = 1.645$$

である．これは，標準正規分布 $N(0, 1^2)$ において，上側確率が 0.05 になるような値は 1.645 であることを表しており，言い換えれば，x を $N(0, 1^2)$ に従う確率変数とおくとき，

$$P(x > 1.645) = 0.05$$

であることを示している．

$K_P \to P$ と $P \to K_P$ の両者の表は同じ情報を有している部分もあるが（例えば，$P(x > 0.44) = 0.33$ であることは，$K_P \to P$ の表で $K_P = 0.44$ のところを見ても，$P \to K_P$ の表で $P = 0.33$ のところを見てもわかる），K_P と P のどちらの値が先にわかっているかに応じて相補的に用いることができる．

また，本書ではあまり用いないが，正規分布表の最後には標準正規分布 $N(0, 1^2)$ の確率密度関数の値そのものをまとめた表も載っている．

なお，このような表は必ず必要なものではなく，コンピュータが手元にあれば，様々なソフトウエアにおいて，正規分布表に相当する値を簡単に（より細かい小数点以下まで）得ることができる．

(2) 正規分布表による確率計算の方法

標準正規分布 $N(0, 1^2)$ の確率の表があれば，一般の正規分布 $N(\mu, \sigma^2)$ においても標準化を用いることで求めることができる．すなわち，$x \sim N(\mu, \sigma^2)$ のとき，もし $P(x > a)$ の値を知りたければ，

$$x > a \quad \Leftrightarrow \quad \frac{x-\mu}{\sigma} > \frac{a-\mu}{\sigma}$$

であり，かつ $\frac{x-\mu}{\sigma} \sim N(0, 1^2)$ であることから，$K_P \to P$ の表で $K_P = \frac{a-\mu}{\sigma}$ のところを見ればよいのである．

例題 5.1　$x \sim N(150, 10^2)$ とおく．このとき，以下の (a)，(b) の値を正規分布表を利用して求めなさい．

(a)　$P(x > 155)$　　(b)　$P(144 < x < 159)$

解答　準備として，$u = \frac{x-150}{10}$ とおくと，$u \sim N(0, 1^2)$ である．

(a)　まず，$P(x > 155) = P\left(\frac{x-150}{10} > \frac{155-150}{10}\right) = P(u > 0.5)$ と表すことができ，$P(u > 0.5)$ の値は正規分布表の $K_P = 0.50$ のところを見ればよいから，0.3085 で

あることがわかる.

(b)　まず，$P(144 < x < 159) = P\left(\frac{144-150}{10} < \frac{x-150}{10} < \frac{159-150}{10}\right) = P(-0.6 < u < 0.9) = 1 - P(u < -0.6) - P(u > 0.9)$ となる．$P(u > 0.9)$ の値は正規分布表の $K_P = 0.90$ のところを見ればよいから，0.1841 であることがわかる．一方，$P(u < -0.6)$ については，$P(u < -0.6) = P(u > 0.6)$ より，$K_P = 0.60$ のところを見れば，0.2743 であることがわかる．したがって，$1 - 0.2743 - 0.1841 = 0.5416$ と求められる．□

さて，$u \sim N(0, 1^2)$ のとき，$P(-1 < u < 1)$，$P(-2 < u < 2)$，$P(-3 < u < 3)$ の値をそれぞれ求めると，

$$P(-1 < u < 1) = 1 - \{P(u < -1) + P(u > 1)\} = 1 - 2 \times 0.1587 = 0.6826$$
$$P(-2 < u < 2) = 1 - \{P(u < -2) + P(u > 2)\} = 1 - 2 \times 0.0228 = 0.9544$$
$$P(-3 < u < 3) = 1 - \{P(u < -3) + P(u > 3)\} = 1 - 2 \times 0.0013 = 0.9974$$

となる．したがって，平均が μ，分散が σ^2 の正規分布 $N(\mu, \sigma^2)$ において，区間 $\mu \pm \sigma$，$\mu \pm 2\sigma$，$\mu \pm 3\sigma$ 内の確率をそれぞれ求めると，$x \sim N(\mu, \sigma^2)$ のとき，$u = \frac{x-\mu}{\sigma}$ とおくと $u \sim N(0, 1^2)$ であることを用いれば，

$$P(\mu - \sigma < x < \mu + \sigma) = P(-1 < u < 1) = 0.6826$$
$$P(\mu - 2\sigma < x < \mu + 2\sigma) = P(-2 < u < 2) = 0.9544$$
$$P(\mu - 3\sigma < x < \mu + 3\sigma) = P(-3 < u < 3) = 0.9974$$

となることがわかる．これは，第2章で述べたように，データの分布具合が正規分布に近い場合に，その標本平均 $\overline{x}$ から標本標準偏差 s の1倍，2倍，3倍の範囲（1シグマ区間，2シグマ区間，3シグマ区間）にどの程度の割合のデータが入っているかの目安として，よく用いられている．例えば，1シグマ区間には68％程度，2シグマ区間には95％程度のデータが入り，3シグマ区間を外れるデータは1000個に3個程度であり，“千三つ”と言われたりすることがある．

例題 5.2　$x \sim N(160, 20^2)$ とする．このとき，以下の(a)，(b)について正規分布表を利用して答えなさい．

(a)　$P(x > a) = 0.1$ となるような a の値

(b)　$P(x > a) = 0.95$ となるような a の値

解答　準備として，$u = \frac{x-160}{20}$ とおくと，$u \sim N(0, 1^2)$ である．

(a) まず，$P(x > a) = P\left(\frac{x-160}{20} > \frac{a-160}{20}\right) = P\left(u > \frac{a-160}{20}\right) = 0.1$ であり，正規分布表より，$K_{0.1} = 1.282$ であるから，$\frac{a-160}{20} = 1.282$ を解けばよい．したがって，$a = 160 + 20 \times 1.282 = 185.64$ となる．

(b) $P(x < a) = 1 - 0.95 = 0.05$ となる a の値を求めればよい．$P(x < a) = P\left(\frac{x-160}{20} < \frac{a-160}{20}\right) = P\left(u < \frac{a-160}{20}\right) = 0.05$ であり，正規分布表より，$K_{0.05} = 1.645$ であるから，$\frac{a-160}{20} = -1.645$ を解けばよい．したがって，$a = 160 - 20 \times 1.645 = 127.1$ となる．□

5.2 多変量の確率分布

5.2.1 2 変量の確率分布

(1) 多変量の確率分布を考える理由

ここまでは，1 つの確率変数が従う確率分布について紹介してきたが，続いて複数の確率変数が同時に観測される場合を考える．その際，状況としては大きく分けて 2 通りある．

- 複数の確率変数が互いに独立である場合
- 複数の確率変数が互いに関連があり，複数の確率変数の（同時）確率分布（多次元確率分布）を考える必要がある場合

前者は，母集団から複数のデータ（標本）を抽出して解析する（統計的推測を行う）状況を考えるために必修の部分であり，こちらを重点的に説明する．一方，後者は，統計学の中でも多変量解析の議論に進むためには必須の概念であるが，本書では 2 変量の確率分布の場合を中心に簡潔に取り扱う．

(2) 同時分布と周辺分布

x，y という 2 つの確率変数を取り上げる．2 つの確率変数を同時に考えたときの確率分布を**同時（確率）分布**（joint distribution）と呼ぶ．同時（確率）分布において，どちらか一方の確率変数の確率分布を，**周辺（確率）分布**（marginal distribution）と呼ぶことがある．

表 5.1 2 つの離散型確率変数 $\boldsymbol{x}$ と $\boldsymbol{y}$ の同時確率分布の例

$x \backslash y$	1	2	3	4
1	0.08	0.07	0.04	0.01
2	0.05	0.20	0.19	0.06
3	0.02	0.08	0.12	0.08

表 5.2 x の周辺確率分布

x	1	2	3
確率	0.20	0.50	0.30

表 5.3 y の周辺確率分布

y	1	2	3	4
確率	0.15	0.35	0.35	0.15

表 5.1 は，2つの離散型確率変数 x と y の同時確率分布の一例である．当然のことであるが，すべての確率の和は1になっている．この表の同時確率分布から確率変数 x と y それぞれの周辺確率分布を求めると，表 5.2，表 5.3 のようになる．確率変数 x の周辺確率分布は表 5.1 の同時確率分布の各行和をとったものになり，確率変数 y の周辺確率分布は各列和をとったものになる．

すなわち，一般に2つの離散型確率変数 x と y の各値の組合せが生じる確率を $p(x,y)$ とおくと，$p(x,y)$ は2変数関数であり，これを x と y の**同時確率関数**（joint probability mass function）と呼ぶ．$p(x,y)$ の値は非負であり，全確率の和は1になる．すなわち，

$$p(x,y) \geq 0, \qquad \sum_x \sum_y p(x,y) = 1$$

が成立する．このとき，x と y それぞれの**周辺確率関数**（marginal probability mass function）は次のように表される．

$$p_x(x) = \sum_y p(x,y), \qquad p_y(y) = \sum_x p(x,y) \tag{5.7}$$

なお，同時確率分布が与えられれば任意の周辺確率分布を求めることができるが，各確率変数の周辺確率分布のみが与えられても，その同時確率分布を求めることができるとは限らない．周辺確率分布が全く同じでも，同時確率分布は異なる場合がある．これについては，第5.2.2項の表 5.4 と表 5.5 の例を参照されたい．

(3) 2つの連続型確率変数の同時確率分布と周辺確率分布

2つの連続型確率変数 x と y の**同時確率密度関数**（joint probability density function）は，次の2つの性質を持つ2変数関数となる．

$$f(x,y) \geq 0, \qquad \int_{-\infty}^{\infty} \int_{-\infty}^{\infty} f(x,y)dx\,dy = 1$$

このとき，x と y それぞれの**周辺確率密度関数**（marginal probability density function）は以下のように表される．

$$f_x(x) = \int_{-\infty}^{\infty} f(x,y)dy, \qquad f_y(y) = \int_{-\infty}^{\infty} f(x,y)dx \tag{5.8}$$

5.2.2 確率変数の独立性

(1) 独立性とは

2つの離散型確率変数 x と y の同時確率関数 $p(x,y)$，x の周辺確率関数 $p_x(x)$，y の周辺確率関数 $p_y(y)$ において，任意の x，y の値の組合せに対して

$$p(x,y) = p_x(x) \times p_y(y) \tag{5.9}$$

が成立するとき，x と y は独立であると言う．これを**確率変数の独立性**と言う．

表 5.1 の例は明らかに独立性は成り立たない．表 5.4 は表 5.1 にその周辺確率分布も含めたものである．例えば，$x=3$ となる確率は 0.30（$p_x(3)=0.30$）であり，$y=4$ となる確率は 0.15（$p_y(4)=0.15$）であるが，$x=3$，$y=4$ の同時確率は 0.08（$p(3,4)=0.08$）であるから，

$$p_x(3) \times p_y(4) = 0.30 \times 0.15 = 0.045 \neq 0.08 = p(3,4)$$

となり，x と y が独立ではないことがわかる．

一方，表 5.5 は x と y が独立であるような同時確率分布の例になっている．任意の x と y の値について，$p(x,y)=p_x(x)\times p_y(y)$ が成り立っていることを確認されたい．表 5.4 と表 5.5 では，どちらも周辺確率分布は同じであるが，同時確率分布は異なっている．したがって，周辺確率分布が全く同じでも，同時確率分布は異なる場合がある．

表 5.4 $\boldsymbol{x}$ と $\boldsymbol{y}$ の独立性が成り立たない場合

$x\backslash y$	1	2	3	4	合計
1	0.08	0.07	0.04	0.01	0.20
2	0.05	0.20	0.19	0.06	0.50
3	0.02	0.08	0.12	0.08	0.30
合計	0.15	0.35	0.35	0.15	1.00

表 5.5 $\boldsymbol{x}$ と $\boldsymbol{y}$ の独立性が成り立つ場合

$x\backslash y$	1	2	3	4	合計
1	0.030	0.070	0.070	0.030	0.200
2	0.075	0.175	0.175	0.075	0.500
3	0.045	0.105	0.105	0.045	0.300
合計	0.150	0.350	0.350	0.150	1.000

(2) 条件付分布

確率変数の独立性の意味を理解する上では，**条件付（確率）分布**（conditional distribution）の概念を導入するとわかりやすい．

まず，表 5.4 の同時確率分布において，y の値が与えられたときの x の条件付確率分布を考えてみよう．例えば，$y = 4$ であるという条件の下で x の確率分布を考えると，x が 1，2，3 それぞれの値をとる確率の比は $0.01 : 0.06 : 0.08 = 1 : 6 : 8$ であるから，それぞれの条件付確率は

$$P(x = 1 \mid y = 4) = \frac{1}{15} \cong 0.067$$
$$P(x = 2 \mid y = 4) = \frac{6}{15} = 0.400$$
$$P(x = 3 \mid y = 4) = \frac{8}{15} \cong 0.533$$

となる．同様の計算を $y = 1, 2, 3$ の条件それぞれについて行った結果を表 5.6 に示す．また，逆に，x の値が与えられたときの y の条件付確率分布を計算したものを表 5.7 に示す．

表 5.6　表 5.4 の同時確率分布における y が与えられたときの x の条件付確率分布

x	$y=1$	$y=2$	$y=3$	$y=4$
1	0.533	0.200	0.114	0.067
2	0.333	0.571	0.543	0.400
3	0.133	0.229	0.343	0.533
合計	1.000	1.000	1.000	1.000

表 5.7　表 5.4 の同時確率分布における x が与えられたときの y の条件付確率分布

y	1	2	3	4	合計
$x=1$	0.400	0.350	0.200	0.050	1.000
$x=2$	0.100	0.400	0.380	0.120	1.000
$x=3$	0.067	0.267	0.400	0.267	1.000

ここで，表 5.6 より，y の値によって x の条件付分布は変わることがわかる．また，表 5.7 より，x の値によって y の条件付分布は変わることもわかる．

一方，確率変数の独立性が成り立っている表 5.5 の同時確率分布からそれぞれの

表 5.8　表 **5.5** の同時確率分布における
$\boldsymbol{y}$ が与えられたときの $\boldsymbol{x}$ の条件付確率分布

x	$y=1$	$y=2$	$y=3$	$y=4$
1	0.20	0.20	0.20	0.20
2	0.50	0.50	0.50	0.50
3	0.30	0.30	0.30	0.30
合計	1.00	1.00	1.00	1.00

表 5.9　表 **5.5** の同時確率分布における
$\boldsymbol{x}$ が与えられたときの $\boldsymbol{y}$ の条件付確率分布

y	1	2	3	4	合計
$x=1$	0.15	0.35	0.35	0.15	1.00
$x=2$	0.15	0.35	0.35	0.15	1.00
$x=3$	0.15	0.35	0.35	0.15	1.00

条件付分布を同様に計算すると，表 5.8，表 5.9 のようになる．

表 5.8，表 5.9 からわかるように，x と y の片方の値が何であっても，もう一方の条件付分布は全く変化しないことがわかる．このことを数式を用いて説明すると次のようになる．

まず，y が与えられたときの x の条件付確率関数は

$$p_{x|y}(x \mid y) = \frac{p(x, y)}{p_y(y)}$$

で定義され，また，x が与えられたときの y の条件付確率関数は

$$p_{y|x}(y \mid x) = \frac{p(x, y)}{p_x(x)}$$

で定義される．ここで，x と y が独立である，すなわち，

$$p(x, y) = p_x(x) \times p_y(y)$$

が成り立つ場合を考える．すると，

$$p_{x|y}(x \mid y) = \frac{p_x(x) \times p_y(y)}{p_y(y)} = p_x(x)$$

となり，x の条件付確率関数 $p_{x|y}(x \mid y)$ が任意の y の値に対して同じになり，周辺確率関数 $p_x(x)$ に一致する．同様に，

$$p_{y|x}(y \mid x) = \frac{p_x(x) \times p_y(y)}{p_x(x)} = p_y(y)$$

となり，y の条件付確率関数 $p_{y|x}(y \mid x)$ が任意の x の値に対して同じになり，周辺確率関数 $p_y(y)$ に一致する．

(3)　連続型確率変数の独立性

2つの連続型確率変数 x と y の同時確率密度関数 $f(x, y)$，x の周辺確率密度関数 $f_x(x)$，y の周辺確率密度関数 $f_y(y)$ において，任意の x，y の値に対して

$$f(x, y) = f_x(x) \times f_y(y) \tag{5.10}$$

が成立するとき，x と y は独立であると言う．y が与えられたときの x の条件付確率密度関数 $f_{x|y}(x \mid y)$，および x が与えられたときの y の条件付確率密度関数 $f_{y|x}(y \mid x)$ は，

$$f_{x|y}(x \mid y) = \frac{f(x, y)}{f_y(y)}, \qquad f_{y|x}(y \mid x) = \frac{f(x, y)}{f_x(x)}$$

で与えられ，独立性が成り立つとき，

$$f_{x|y}(x \mid y) = \frac{f(x, y)}{f_y(y)} = f_x(x), \qquad f_{y|x}(y \mid x) = \frac{f(x, y)}{f_x(x)} = f_y(y)$$

となり，$f_{x|y}(x \mid y)$ が任意の y の値に対して同じになり，また，$f_{y|x}(y \mid x)$ が任意の x の値に対して同じになる．

(4)　3つ以上の確率変数の独立性

3つの離散型確率変数 x，y，z において，

$$p(x, y, z) = p_x(x) \times p_y(y) \times p_z(z)$$

が成立するとき，x，y，z は独立であると言う．連続型確率変数の場合や4つ以上の確率変数の場合も同様に独立性の概念を扱うことができる．なお，x，y，z が独立であるとき「x，y は独立，かつ x，z は独立，かつ y，z は独立」は成り立つが，逆に，「x，y は独立，かつ x，z は独立，かつ y，z は独立」だからといって，x，y，z が独立であるとは限らない．これについては，詳細な議論は本書では省略することにする．

5.2.3　2つの確率変数の共分散と相関係数

(1)　共分散と相関係数の定義

2つの確率変数が独立ではなく，関連があるとき，両者の関連性を測りたい場合がある．第3章において，2変数の標本データにおける共分散（標本共分散）と相

関係数（標本相関係数）について説明したが，2 つの確率変数においても同様に共分散と相関係数が定義されている．

2 つの確率変数 x と y の共分散は以下で定義される．

$$\sigma_{xy} = Cov(x, y) = E((x - \mu_x)(y - \mu_y)) = E((x - E(x))(y - E(y))) \quad (5.11)$$

なお，

$$E((x - \mu_x)(y - \mu_y)) = E(xy) - \mu_y E(x) - \mu_x E(y) + \mu_x \mu_y = E(xy) - \mu_x \mu_y$$

となるから，次のように計算することもできる．

$$\sigma_{xy} = Cov(x, y) = E(xy) - E(x)E(y) \quad (5.12)$$

具体的には，離散型確率変数の場合，同時確率関数 $p(x, y)$ を用いて

$$\begin{aligned} E((x - \mu_x)(y - \mu_y)) &= \sum_x \sum_y (x - \mu_x)(y - \mu_y) p(x, y) \\ &= \sum_x \sum_y xyp(x, y) - \mu_x \mu_y \end{aligned}$$

のように計算することができ，また，連続型確率変数の場合，同時確率密度関数 $f(x, y)$ を用いて

$$\begin{aligned} E((x - \mu_x)(y - \mu_y)) &= \int_{-\infty}^{\infty} \int_{-\infty}^{\infty} (x - \mu_x)(y - \mu_y) f(x, y) dx\, dy \\ &= \int_{-\infty}^{\infty} \int_{-\infty}^{\infty} xyf(x, y) dx\, dy - \mu_x \mu_y \end{aligned}$$

のように計算することができる．

さらに，2 つの確率変数 x と y の相関係数は以下で定義される．

$$\rho_{xy} = \frac{\sigma_{xy}}{\sigma_x \sigma_y} = \frac{Cov(x, y)}{\sqrt{V(x)V(y)}} = \frac{E((x - \mu_x)(y - \mu_y))}{\sqrt{E((x - \mu_x)^2)E((y - \mu_y)^2)}}$$

標本相関係数 r_{xy} と同様に，確率変数の相関係数 ρ_{xy} においても，$-1 \leq \rho_{xy} \leq 1$ が成立する（(4) 項を参照）．

(2) 計算例

例として，表 5.4 の同時確率分布における共分散と相関係数を計算してみよう．まず，準備として，x，y それぞれの平均と分散を計算しておく．

$$E(x) = 1 \times 0.20 + 2 \times 0.50 + 3 \times 0.30 = 2.1$$

$$E(y) = 1 \times 0.15 + 2 \times 0.35 + 3 \times 0.35 + 4 \times 0.15 = 2.5$$

$$V(x) = E(x^2) - (E(x))^2 = 1^2 \times 0.20 + 2^2 \times 0.50 + 3^2 \times 0.30 - 2.1^2$$
$$= 4.9 - 4.41 = 0.49$$
$$V(y) = E(y^2) - (E(y))^2$$
$$= 1^2 \times 0.15 + 2^2 \times 0.35 + 3^2 \times 0.35 + 4^2 \times 0.15 - 2.5^2$$
$$= 7.1 - 6.25 = 0.85$$

これらより，x と y の共分散と相関係数は以下のように計算できる．

$$Cov(x, y) = E(xy) - E(x)E(y)$$
$$= 1 \times 1 \times 0.08 + 1 \times 2 \times 0.07 + 1 \times 3 \times 0.04$$
$$+ \cdots + 3 \times 3 \times 0.12 + 3 \times 4 \times 0.08 - 2.1 \times 2.5$$
$$= 5.48 - 5.25 = 0.23$$
$$\rho_{xy} = \frac{Cov(x, y)}{\sqrt{V(x)V(y)}} = \frac{0.23}{\sqrt{0.49 \times 0.85}} \cong 0.3564$$

したがって，x と y には（弱い）正の相関があることがわかる．実際，表 5.4 や条件付分布を示した表 5.6 や表 5.7 からも，x の値が大きいと y も大きい値をとりやすく，また，x の値が小さいと y も小さい値をとりやすいことが読み取れる．

(3)　独立と無相関

表 5.5 の同時確率分布における共分散と相関係数を計算すると次のようになる（周辺確率分布は表 5.4 と同じであるから，$E(x)$，$E(y)$，$V(x)$，$V(y)$ の値は (2) 項の計算結果と同じになる）．

$$Cov(x, y) = E(xy) - E(x)E(y)$$
$$= 1 \times 1 \times 0.03 + 1 \times 2 \times 0.07 + 1 \times 3 \times 0.07$$
$$+ \cdots + 3 \times 3 \times 0.105 + 3 \times 4 \times 0.045 - 2.1 \times 2.5$$
$$= 5.25 - 5.25 = 0$$
$$\rho_{xy} = \frac{Cov(x, y)}{\sqrt{V(x)V(y)}} = 0$$

したがって，表 5.5 の同時確率分布の場合は，x と y は無相関であることがわかる．ここでは，x と y は独立であったから，無相関になるという結果は予想できたことであろう．実は，独立性と無相関性について，以下のことが言える．

離散型確率変数でも連続型確率変数でも，2 つの確率変数 x と y が独立のとき，必ず無相関になる（共分散と相関係数は 0 になる）．具体的には，2 つの確率変数 x と y が独立のとき，

$$E(xy) = E(x)E(y)$$

が成立し，したがって，次式が成り立つ．

$$Cov(x, y) = E((x - E(x))(y - E(y))) = E(xy) - E(x)E(y) = 0$$

x と y が独立のとき，$E(xy) = E(x)E(y)$ となることは，以下のように確認できる．離散型確率変数の場合：

$$\begin{aligned} E(xy) &= \sum_x \sum_y xyp(x, y) = \sum_x \sum_y xyp_x(x)p_y(y) \\ &= \sum_x xp_x(x) \sum_y yp_y(y) = E(x)E(y) \end{aligned}$$

連続型確率変数の場合：

$$\begin{aligned} E(xy) &= \int_{-\infty}^{\infty} \int_{-\infty}^{\infty} xyf(x, y)dx\,dy = \int_{-\infty}^{\infty} \int_{-\infty}^{\infty} xyf_x(x)f_y(y)dx\,dy \\ &= \int_{-\infty}^{\infty} xf_x(x)dx \int_{-\infty}^{\infty} yf_y(y)dy = E(x)E(y) \end{aligned}$$

1 つの重要な注意点として，2 つの確率変数 x と y が独立であれば必ず無相関であるが，逆は一般には成立しない．無相関であっても独立ではない場合は多くある．以下に一例を挙げよう．

表 5.10　x と y が無相関であるが独立ではない場合の同時確率分布の例

$x \backslash y$	1	2	3	合計
1	0.25	0	0.25	0.50
2	0	0.50	0	0.50
合計	0.25	0.50	0.25	1.00

この例の場合，x，y は明らかに独立ではないが，共分散は

$$\begin{aligned} Cov(x, y) &= E\left((x - \mu_x)(y - \mu_y)\right) \\ &= (1 - 1.5)(1 - 2) \times 0.25 + (2 - 1.5)(2 - 2) \times 0.5 + (1 - 1.5)(3 - 2) \times 0.25 \\ &= 0.125 + 0 - 0.125 = 0 \end{aligned}$$

であり，無相関にはなっている．

(4) 相関係数 ρ_{xy} のとり得る範囲が $-1 \le \rho_{xy} \le 1$ であることの証明

任意の a に対して $ax+y$ の分散 $V(ax+y)$ を考えると，

$$V(ax+y) = E(\{(ax+y)-(a\mu_x+\mu_y)\}^2) \ge 0$$

となる（分散は必ず非負である）．一方，

$$\begin{aligned} E(\{(ax+y)-(a\mu_x+\mu_y)\}^2) &= E(a^2(x-\mu_x)^2+2a(x-\mu_x)(y-\mu_y)+(y-\mu_y)^2) \\ &= a^2V(x)+2a\,Cov(x,y)+V(y) \end{aligned}$$

となるから，

$$a^2V(x)+2a\,Cov(x,y)+V(y) \ge 0$$

が成立する．これを a の 2 次関数

$$g(a) = V(x)a^2 + 2\,Cov(x,y)a + V(y)$$

として見ると，横軸（$g(a)=0$ の軸）との交点の数（2 次方程式 $V(x)a^2+2Cov(x,y)a+V(y)=0$ の解の個数）は 1 つ以下なので，判別式は

$$4(Cov(x,y))^2 - 4V(x)V(y) \le 0$$

となる．これより，次式が得られる．

$$\rho_{xy}^2 = \frac{(Cov(x,y))^2}{V(x)V(y)} \le 1$$

5.2.4　複数の確率変数の和の平均と分散

(1) 確率変数の和の平均と分散

まず，2 つの確率変数の和の平均と分散がどのように表せるかを考えよう．和については，第 4.2.3 項で紹介した期待値の線形性と同様に，2 つの確率変数 x と y について期待値の加法性が成り立つ．すなわち，次のようになる．

$$E(x+y) = E(x)+E(y) = \mu_x+\mu_y \tag{5.13}$$

一方，$x+y$ の分散は以下のように展開することができる．

$$\begin{aligned} V(x+y) &= E(\{(x+y)-(\mu_x+\mu_y)\}^2) = E(\{(x-\mu_x)+(y-\mu_y)\}^2) \\ &= E((x-\mu_x)^2)+E((y-\mu_y)^2)+2E((x-\mu_x)(y-\mu_y)) \\ &= V(x)+V(y)+2Cov(x,y) \end{aligned} \tag{5.14}$$

したがって，平均とは異なり，分散では一般には加法性が成り立たず，$x+y$ の分

散には x と y の共分散（の 2 倍）が含まれる．ただし，x と y が独立であれば，

$$V(x+y)=V(x)+V(y)$$

が成り立つ．これをしばしば，独立な確率変数における分散の加法性と呼ぶ．なお，独立ではなくても x と y が無相関であれば分散の加法性は成り立つ．

これを踏まえて，複数の確率変数の和の平均と分散について考える．n 個の確率変数 $x_1, x_2, \ldots, x_n$ の和について，以下の式が成り立つ．

$$\begin{aligned} E\left(\sum_{i=1}^{n} x_i\right) &= E(x_1+x_2+\cdots+x_n)=E(x_1)+E(x_2)+\cdots+E(x_n) \\ &= \sum_{i=1}^{n} E(x_i) \quad \text{（期待値の加法性）} \end{aligned} \tag{5.15}$$

$$\begin{aligned} V\left(\sum_{i=1}^{n} x_i\right) &= V(x_1+x_2+\cdots+x_n) \\ &= V(x_1)+V(x_2)+\cdots+V(x_n) \\ &\quad +2Cov(x_1,x_2)+2Cov(x_1,x_3)+\cdots+2Cov(x_{n-1},x_n) \\ &= \sum_{i=1}^{n} V(x_i)+2\sum_{i=1}^{n-1}\sum_{j=i+1}^{n} Cov(x_i,x_j) \end{aligned} \tag{5.16}$$

特に，$x_1, x_2, \ldots, x_n$ が独立であるとき，次式が成り立つ．

$$V\left(\sum_{i=1}^{n} x_i\right)=\sum_{i=1}^{n} V(x_i) \quad \text{（独立な確率変数における分散の加法性）}$$

(2) $V\left(\sum_{i=1}^{n} x_i\right)=\sum_{i=1}^{n} V(x_i)+2\sum_{i=1}^{n-1}\sum_{j=i+1}^{n} Cov(x_i,x_j)$ となることの確認

$\mu_i=E(x_i)$（$i=1,2,\ldots,n$）とおくと，

$$\begin{aligned} &V\left(\sum_{i=1}^{n} x_i\right)=V(x_1+x_2+\cdots+x_n) \\ &=E(\{(x_1+x_2+\cdots+x_n)-(\mu_1+\mu_2+\cdots+\mu_n)\}^2) \\ &=E(\{(x_1-\mu_1)+(x_2-\mu_2)+\cdots+(x_n-\mu_n)\}^2) \\ &=E((x_1-\mu_1)^2+(x_2-\mu_2)^2+\cdots+(x_n-\mu_n)^2+2(x_1-\mu_1)(x_2-\mu_2) \\ &\qquad +2(x_1-\mu_1)(x_3-\mu_3)+\cdots.+2(x_{n-1}-\mu_{n-1})(x_n-\mu_n)) \\ &=E((x_1-\mu_1)^2)+E((x_2-\mu_2)^2)+\cdots+E((x_n-\mu_n)^2)+2E((x_1-\mu_1)(x_2-\mu_2)) \end{aligned}$$

$$+2E((x_1-\mu_1)(x_3-\mu_3))+\cdots+2E((x_{n-1}-\mu_{n-1})(x_n-\mu_n))$$
$$=V(x_1)+V(x_2)+\cdots+V(x_n)+2Cov(x_1,x_2)+2Cov(x_1,x_3)+\cdots+2Cov(x_{n-1},x_n)$$
$$=\sum_{i=1}^{n}V(x_i)+2\sum_{i=1}^{n-1}\sum_{j=i+1}^{n}Cov(x_i,x_j)$$

のように確かめることができる．

例題 5.3　業種の異なる株A，株B，株Cがあり，株Aの1か月後の株価は平均1000円，標準偏差200円の確率変数，株Bの1か月後の株価は平均2500円，標準偏差600円の確率変数，株Cの1か月後の株価は平均1000円，標準偏差300円の確率変数であると見なせるとし，これらの確率変数は互いに独立であるとする．このとき，株A，株B，株Cの1か月後の株価の合計の平均，分散，標準偏差の値を求めなさい．

解答　株Aの1か月後の株価をx，株Bの1か月後の株価をy，株Cの1か月後の株価をzとおくと，株A，株B，株Cの1か月後の株価の合計は$x+y+z$と表すことができる．まず，期待値の加法性より，

$$E(x+y+z)=E(x)+E(y)+E(z)$$
$$=1000+2500+1000=4500$$

と求められる．次に，x，y，zは互いに独立であることから，分散の加法性を利用することができ，

$$V(x+y+z)=V(x)+V(y)+V(z)=200^2+600^2+300^2$$
$$=40000+360000+90000=490000$$

となる．したがって，標準偏差は以下のように求められる．

$$\sqrt{V(x+y+z)}=\sqrt{490000}=700$$ □

5.2.5　独立に正規分布に従う複数の確率変数の和の分布

(1)　正規分布の再生性

2つの確率変数x，yが独立で，xが正規分布$N(\mu_x,\sigma_x^2)$，yが正規分布$N(\mu_y,\sigma_y^2)$に従うとする．このとき，$x+y$は正規分布$N(\mu_x+\mu_y,\sigma_x^2+\sigma_y^2)$に従う．すなわち，

$$x+y\sim N(\mu_x+\mu_y,\sigma_x^2+\sigma_y^2) \tag{5.17}$$

が成立する．これを正規分布の**再生性**（reproductive property）と言い，正規分布が持つ非常に良い性質の1つを示している．

この正規分布の再生性は以下のように確認することができる．まず，$x \sim N(\mu_x, \sigma_x^2)$ の確率密度関数は

$$f_x(x) = \frac{1}{\sqrt{2\pi}\sigma_x} e^{-\frac{1}{2\sigma_x^2}(x-\mu_x)^2}$$

と表され，$y \sim N(\mu_y, \sigma_y^2)$ の確率密度関数は

$$f_y(y) = \frac{1}{\sqrt{2\pi}\sigma_y} e^{-\frac{1}{2\sigma_y^2}(y-\mu_y)^2}$$

と表される．$z = x + y$ とおくと，z の確率密度関数は，x の確率密度 $f_x(x)$ と，y が $y = z - x$ になるときの確率密度 $f_y(z-x)$ を掛け算して，すべての x の値について積分することで得られる（このような計算をしばしば畳み込みという）．したがって，z の確率密度関数は

$$\begin{aligned}
f_z(z) &= \int_{-\infty}^{\infty} f_x(x) f_y(z-x) dx \\
&= \int_{-\infty}^{\infty} \frac{1}{\sqrt{2\pi}\sigma_x} \exp\left\{-\frac{1}{2\sigma_x^2}(x-\mu_x)^2\right\} \frac{1}{\sqrt{2\pi}\sigma_y} \exp\left\{-\frac{1}{2\sigma_y^2}(z-x-\mu_y)^2\right\} dx \\
&= \frac{1}{\sqrt{2\pi}\sqrt{\sigma_x^2+\sigma_y^2}} \exp\left\{-\frac{1}{2(\sigma_x^2+\sigma_y^2)}\{z-(\mu_x+\mu_y)\}^2\right\} \\
&\quad \times \int_{-\infty}^{\infty} \frac{1}{\sqrt{2\pi}\sqrt{\frac{\sigma_x^2\sigma_y^2}{\sigma_x^2+\sigma_y^2}}} \exp\left\{-\frac{1}{2\frac{\sigma_x^2\sigma_y^2}{\sigma_x^2+\sigma_y^2}}\left\{x-\frac{\sigma_x^2}{\sigma_x^2+\sigma_y^2}z-\frac{\sigma_y^2}{\sigma_x^2+\sigma_y^2}\mu_x+\frac{\sigma_x^2}{\sigma_x^2+\sigma_y^2}\mu_y\right\}^2\right\} dx
\end{aligned}$$

となる．ここで，最後の被積分関数のところをよく見ると，これは

$$N\left(\frac{\sigma_x^2}{\sigma_x^2+\sigma_y^2}z + \frac{\sigma_y^2}{\sigma_x^2+\sigma_y^2}\mu_x - \frac{\sigma_x^2}{\sigma_x^2+\sigma_y^2}\mu_y, \quad \frac{\sigma_x^2\sigma_y^2}{\sigma_x^2+\sigma_y^2}\right)$$

の確率密度関数になっていることがわかる．確率密度関数の全積分は1であるから，

$$\int_{-\infty}^{\infty} \frac{1}{\sqrt{2\pi}\sqrt{\frac{\sigma_x^2\sigma_y^2}{\sigma_x^2+\sigma_y^2}}} \exp\left\{-\frac{1}{2\frac{\sigma_x^2\sigma_y^2}{\sigma_x^2+\sigma_y^2}}\left\{x-\frac{\sigma_x^2}{\sigma_x^2+\sigma_y^2}z-\frac{\sigma_y^2}{\sigma_x^2+\sigma_y^2}\mu_x+\frac{\sigma_x^2}{\sigma_x^2+\sigma_y^2}\mu_y\right\}^2\right\} dx = 1$$

となる．したがって，

$$f_z(z) = \frac{1}{\sqrt{2\pi}\sqrt{\sigma_x^2+\sigma_y^2}} \exp\left\{-\frac{1}{2(\sigma_x^2+\sigma_y^2)}\{z-(\mu_x+\mu_y)\}^2\right\}$$

となり，これは $N(\mu_x+\mu_y, \sigma_x^2+\sigma_y^2)$ の確率密度関数に他ならないことから，

$$z \sim N(\mu_x + \mu_y, \sigma_x^2 + \sigma_y^2)$$

が示された.

この正規分布の再生性は2つの確率変数の差をとったときも成り立つことに注意しよう. $x \sim N(\mu_x, \sigma_x^2)$, $y \sim N(\mu_y, \sigma_y^2)$ のとき, $x - y$ が従う分布を考える. まず, $-y$ の分布は平均は -1 倍, 分散は $(-1)^2 = 1$ 倍になることから, $-y \sim N(-\mu_y, \sigma_y^2)$ となり, したがって, $x - y$ は $x + (-y)$ と見れば, 次のようになることがわかる.

$$x - y = x + (-y) \sim N(\mu_x - \mu_y, \sigma_x^2 + \sigma_y^2)$$

さらに, 確率変数が複数の場合を考えると, n 個の確率変数 $x_1, x_2, \ldots, x_n$ が互いに独立にそれぞれ正規分布 $N(\mu_1, \sigma_1^2), N(\mu_2, \sigma_2^2), \ldots, N(\mu_n, \sigma_n^2)$ に従うとき, $x_1 + x_2 + \cdots + x_n$ は正規分布 $N(\mu_1 + \mu_2 + \cdots + \mu_n, \sigma_1^2 + \sigma_2^2 + \cdots + \sigma_n^2)$ に従う. すなわち, 以下が成り立つ.

$$\sum_{i=1}^{n} x_i \sim N\left(\sum_{i=1}^{n} \mu_i, \sum_{i=1}^{n} \sigma_i^2\right) \tag{5.18}$$

例題 5.4 例題 5.3 と同じ状況で, 株 A, 株 B, 株 C の 1 か月後の株価はいずれも正規分布であると見なせるとする.

(a) 株 A, 株 B, 株 C の 1 か月後の株価の合計が 3100 円以下である確率を求めなさい.

(b) 株 A と株 C の 1 か月後の株価の合計が, 株 B の 1 か月後の株価より 200 円以上高い確率を求めなさい.

解答 株 A の 1 か月後の株価を x, 株 B の 1 か月後の株価を y, 株 C の 1 か月後の株価を z とおくと, $x \sim N(1000, 200^2)$, $y \sim N(2500, 600^2)$, $z \sim N(1000, 300^2)$ である.

(a) $E(x + y + z) = 4500$, $V(x + y + z) = 490000$, $\sqrt{V(x + y + z)} = 700$ であるから, 正規分布の再生性より, $x + y + z \sim N(4500, 700^2)$ である. したがって,

$$\begin{aligned} P(x + y + z < 3100) &= P\left(\frac{x + y + z - 4500}{700} < \frac{3100 - 4500}{700}\right) \\ &= P\left(\frac{x + y + z - 4500}{700} < -2\right) = 0.0228 \end{aligned}$$

と求められる.

(b) $P(x + z - y > 200)$ を求めればよい.

$$E(x+z-y) = 1000 + 1000 - 2500 = -500$$
$$V(x+z-y) = 200^2 + 300^2 + (-1)^2 \times 600^2$$
$$= 40000 + 90000 + 360000 = 490000$$
$$\sqrt{V(x+z-y)} = 700$$

であるから，正規分布の再生性より，$x+z-y \sim N(-500, 700^2)$ である．したがって，以下のように求められる．

$$P(x+z-y > 200) = P\left(\frac{x+z-y-(-500)}{700} > \frac{200-(-500)}{700}\right)$$
$$= P\left(\frac{x+z-y-(-500)}{700} > 1\right) = 0.1587 \qquad \square$$

5.3 特性関数

5.3.1 特性関数とは

(1) 特性関数の定義

確率分布の理論における重要な概念として，**特性関数**（characteristic function）と呼ばれるものがある．第 5.4.4 項で紹介する推測統計における基本的定理である中心極限定理でもその証明に特性関数が用いられる．ただし，本節の内容は数学的に込み入ったところがあるため，読み飛ばしてもよい．

x をある確率変数とする．このとき，

$$\psi(t) = E(e^{itx}) \tag{5.19}$$

を確率変数 x の特性関数と呼ぶ．ここで，i は虚数である．特性関数は，x の確率密度関数（あるいは確率関数）$f(x)$ のフーリエ変換

$$\psi(t) = E(e^{itx}) = \int_{-\infty}^{\infty} e^{itx} f(x)dx$$

になっており，確率分布と特性関数は 1 対 1 対応するという性質を持つ．

(2) 積率母関数と特性関数

虚数 i を除いた

$$M(t) = E(e^{tx}) \tag{5.20}$$

を**積率母関数**（あるいは**モーメント母関数**）（moment-generating function）と呼び，こちらもしばしば用いられるが，$E(e^{tx})$ が計算できない（発散するなど）よう

な確率分布があり，積率母関数が必ず存在するとは限らないため，特性関数の方がより一般的である．

特性関数 $\psi(t) = E(e^{itx})$ は，x の確率分布のあらゆる性質に関する情報を含んでいる．例えば，1 階微分は $\psi'(t) = E(ixe^{itx})$ より，$\psi'(0) = E(ix) = iE(x)$ であり，また，2 階微分は $\psi''(t) = E(-x^2e^{itx})$ より，$\psi''(0) = E(-x^2) = -E(x^2)$ であるから，x の平均 $E(x)$ および分散 $V(x) = E(x^2) - (E(x))^2$ は，

$$E(x) = -i\psi'(0), \qquad V(x) = -\psi''(0) + (\psi'(0))^2$$

のように特性関数から求めることができる．さらに，$\psi(t)$ の 3 階微分以降を用いることで，$E(x^3)$ や $E(x^4)$（それぞれ 3 次モーメント，4 次モーメントと呼ばれることがある）など，あらゆる次数のモーメントの値を復元することができる．

なお，虚数 i を除いた積率母関数 $M(t) = E(e^{tx})$ も確率分布の様々なモーメントに関する情報を含んでいる．例えば，$M'(t) = E(xe^{tx})$ より，$M'(0) = E(x)$ であり，また，$M''(t) = E(x^2e^{tx})$ より，$M''(0) = E(x^2)$ であるから，x の平均 $E(x)$ および分散 $V(x) = E(x^2) - (E(x))^2$ は，

$$E(x) = M'(0), \qquad V(x) = M''(0) - (M'(0))^2$$

のように積率母関数からも求めることができる．また，3 次モーメント以降も同様に求めることができる．虚数 i が出てこない分，特性関数よりも直感的にわかりやすい面があるが，積率母関数を求めることができない確率分布が存在するなど，厳密な議論展開には少し向かない部分もある．

(3)　正規分布の特性関数

基本的な例として，正規分布の特性関数を求めてみよう．$x \sim N(\mu, \sigma^2)$ のとき，その特性関数は，

$$\begin{aligned}
\psi(t) = E(e^{itx}) &= \int_{-\infty}^{\infty} e^{itx} f(x)dx = \int_{-\infty}^{\infty} e^{itx} \frac{1}{\sqrt{2\pi}\sigma} e^{-\frac{1}{2\sigma^2}(x-\mu)^2} dx \\
&= \int_{-\infty}^{\infty} \frac{1}{\sqrt{2\pi}\sigma} e^{-\frac{1}{2\sigma^2}(x^2-2\mu x+\mu^2-2\sigma^2 itx)} dx \\
&= \int_{-\infty}^{\infty} \frac{1}{\sqrt{2\pi}\sigma} e^{-\frac{1}{2\sigma^2}\{(x-\mu-\sigma^2 it)^2-2\mu\sigma^2 it+\sigma^4 t^2\}} dx \\
&= e^{i\mu t-\frac{1}{2}\sigma^2t^2} \int_{-\infty}^{\infty} \frac{1}{\sqrt{2\pi}\sigma} e^{-\frac{1}{2\sigma^2}(x-\mu-\sigma^2 it)^2} dx = e^{i\mu t-\frac{1}{2}\sigma^2t^2} \qquad (5.21)
\end{aligned}$$

となる（最後，被積分関数が $N(\mu + \sigma^2 it, \sigma^2)$ の確率密度関数になっており，した

がって全積分が1になることに注意).

なお，$\psi(t) = e^{i\mu t - \frac{1}{2}\sigma^2 t^2}$ より，

$$\psi'(t) = (i\mu - \sigma^2 t)e^{i\mu t - \frac{1}{2}\sigma^2 t^2}, \quad \psi''(t) = -\sigma^2 e^{i\mu t - \frac{1}{2}\sigma^2 t^2} + (i\mu - \sigma^2 t)^2 e^{i\mu t - \frac{1}{2}\sigma^2 t^2}$$

となるから，$\psi'(0) = i\mu$，$\psi''(0) = -\sigma^2 - \mu^2$ となり，確かに

$$E(x) = -i\psi'(0) = \mu$$
$$V(x) = -\psi''(0) + (\psi'(0))^2 = -(-\sigma^2 - \mu^2) + (i\mu)^2 = \sigma^2 + \mu^2 - \mu^2 = \sigma^2$$

となることが確かめられる.

(4) 特性関数による正規分布の再生性の証明

確率分布と特性関数は1対1対応していると述べたが，これは言い換えれば，確率分布がわかれば特性関数がわかるだけでなく，特性関数がわかれば確率分布が特定できるということを表している．この性質を用いると，正規分布に従う確率変数の1次変換が従う分布や，2つの正規分布に従う確率変数の和が従う分布（正規分布の再生性）について，特性関数によって証明することもできる.

まず，正規分布に従う確率変数の1次変換が従う分布に関しては，確率変数 x が正規分布 $N(\mu, \sigma^2)$ に従うとすると，x の特性関数は $\psi_x(t) = E(e^{itx}) = e^{i\mu t - \frac{1}{2}\sigma^2 t^2}$ となる．ここで，a，b を定数とし，$z = ax + b$ の特性関数を求めると，

$$\begin{aligned}\psi_z(t) &= E(e^{itz}) = E(e^{iatx+ibt}) = e^{ibt}E(e^{iatx}) = e^{ibt}\psi_x(at) = e^{ibt}e^{i\mu at - \frac{1}{2}\sigma^2 a^2 t^2} \\ &= e^{i(a\mu+b)t - \frac{1}{2}(a\sigma)^2 t^2}\end{aligned}$$

となり，これは $N(a\mu + b, (a\sigma)^2)$ の特性関数になっているので，$z \sim N(a\mu + b, (a\sigma)^2)$ であることが示される.

また，正規分布の再生性に関しては，2つの確率変数 x，y が独立で，x が正規分布 $N(\mu_x, \sigma_x^2)$，y が正規分布 $N(\mu_y, \sigma_y^2)$ に従うとすると，x の特性関数は $\psi_x(t) = E(e^{itx}) = e^{i\mu_x t - \frac{1}{2}\sigma_x^2 t^2}$ であり，y の特性関数は $\psi_y(t) = E(e^{ity}) = e^{i\mu_y t - \frac{1}{2}\sigma_y^2 t^2}$ である．ここで，$z = x + y$ の特性関数を求めると，

$$\begin{aligned}\psi_z(t) &= E(e^{itz}) = E(e^{it(x+y)}) = E(e^{itx}e^{ity}) = E(e^{itx})E(e^{ity}) = \psi_x(t)\psi_y(t) \\ &= e^{i\mu_x t - \frac{1}{2}\sigma_x^2 t^2}e^{i\mu_y t - \frac{1}{2}\sigma_y^2 t^2} = e^{i(\mu_x+\mu_y)t - \frac{1}{2}(\sigma_x^2+\sigma_y^2)t^2}\end{aligned}$$

となり，これは $N(\mu_x + \mu_y, \sigma_x^2 + \sigma_y^2)$ の特性関数になっていることから，$z = x+y \sim N(\mu_x + \mu_y, \sigma_x^2 + \sigma_y^2)$ が示される.

(5) 種々の確率分布の特性関数

最後に，参考までに，導出は省略するが，他の確率分布の特性関数の例を載せておこう（再生性の有無についても参考までに記した）.

2 項分布 $B(n, p)$　確率関数：　$p(x) = \frac{n!}{x!(n-x)!} p^x (1-p)^{n-x}$，$x = 0, 1, \ldots, n$

特性関数：　$\psi(t) = (1 - p + pe^{it})^n$

再生性あり（ただし p が共通の場合）

幾何分布 $Ge(p)$　確率関数：　$p(x) = p(1-p)^{x-1}$，$x = 1, 2, \ldots$

特性関数：　$\psi(t) = \frac{pe^{it}}{1-(1-p)e^{it}}$

再生性なし（幾何分布の和は負の 2 項分布と呼ばれるものになる）

ポアソン分布 $Po(\lambda)$　確率関数：　$p(x) = \frac{\lambda^x}{x!} e^{-\lambda}$，$x = 0, 1, 2, \ldots$

特性関数：　$\psi(t) = e^{\lambda(e^{it}-1)}$

再生性あり

一様分布 $U(a, b)$　確率密度関数：　$f(x) = \frac{1}{b-a}$，$a < x < b$

特性関数：　$\psi(t) = \frac{e^{ibt} - e^{iat}}{i(b-a)t}$

再生性なし（2 つの一様分布の和は三角分布と呼ばれるものになる）

指数分布 $Ex(\lambda)$　確率密度関数：　$f(x) = \lambda e^{-\lambda x}$，$x > 0$

特性関数：　$\psi(t) = \frac{\lambda}{\lambda - it}$

再生性なし（指数分布の和はアーラン分布と呼ばれるものになる）

5.4 推測統計の導入と基礎理論

5.4.1 母集団分布と標本データ

(1) 母集団と標本

母集団（population）は調査対象の全体であり，そこから抜き出されて（標本抽出されて）実際に観測されるのが**標本**（sample，**サンプル**）データである．母集団全体でのデータの分布を**母集団分布**と呼び，標本データは母集団分布に従う確率変数とみなすことができる．特に，データ一つ一つが独立に観測されたと想定できるとき，**無作為標本**（random sample）と呼ぶ．具体的には，n 個の確率変数 $x_1, x_2, \ldots, x_n$ が互いに独立で，同じ母集団分布に従うとき，（大きさ n の）無作為標本であるという．同じ意味で，「$x_1, x_2, \ldots, x_n$ は独立同一分布に従う」と表現することがある．また，データ数 n のことをしばしば**標本の大きさ**や**サンプルサイズ**（sample size）と呼ぶ．

母集団分布の平均 μ，分散 σ^2，標準偏差 σ などをパラメータや**母数**（parameter）と呼び，それぞれ**母平均**（population mean），**母分散**（population variance），**母標準偏差**（population standard deviation）などと呼ぶ．

母集団分布の母平均，母分散，母標準偏差などはしばしば未知であり，未知な母数を未知母数や未知パラメータなどと呼ぶ．標本データ $x_1, x_2, \ldots, x_n$ に基づいて，母集団の未知母数（母平均や母分散など）について適切に情報を引き出すのが**統計的推測**（statistical inference）であり，点推定，区間推定，仮説検定といった推測方式がある．具体的には第 6 章以降で説明していくが，点推定は標本データをもとに母数をある 1 つの値で推定する方法，区間推定は標本データをもとに母数をある精度を保証する区間で推定する方法，仮説検定は母数の値について仮説を立て，標本データをもとにその仮説の真偽について判断する方法である．

議論を適切に行うためには，標本データ $x_1, x_2, \ldots, x_n$ から計算される標本平均 $\overline{x} = \frac{1}{n}\sum_{i=1}^{n} x_i$，標本分散 $s^2 = \frac{\sum_{i=1}^{n}(x_i - \overline{x})^2}{n-1}$ などの統計量がどのような確率分布に従うかを調べる必要がある．統計量が従う確率分布を特に**標本分布**と呼ぶ．統計的推測では，母集団分布の母平均 μ，母分散 σ^2 などの未知母数を，標本データ $x_1, x_2, \ldots, x_n$ から計算された標本平均 $\overline{x}$，標本分散 s^2 などの統計量を用いて，標本分布に基づいて点推定，区間推定，仮説検定といった推測を行う．

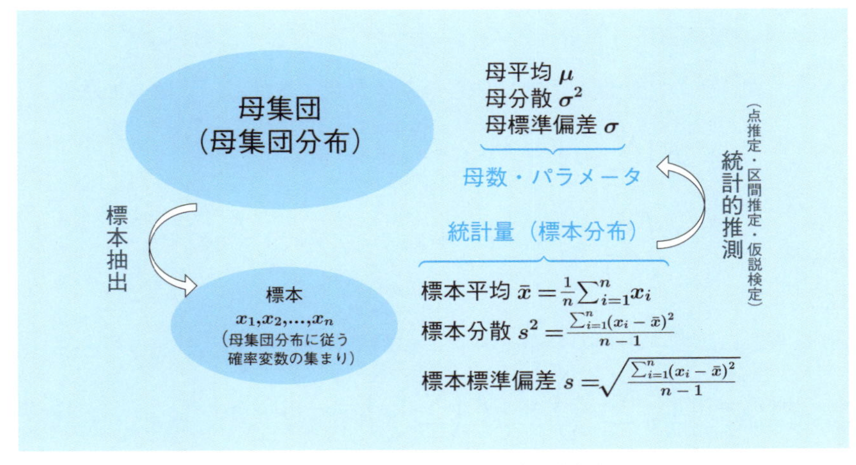

図 5.10　母集団，標本と統計的推測

(2) パラメトリック，ノンパラメトリックな推測

なお，対象となる母集団について何らかの確率分布を仮定し，その母数を標本データから推測することで，その母集団の特性を明らかにすることを**パラメトリック**（parametric）な統計的推測という．例えば，母集団分布として正規分布 $N(\mu, \sigma^2)$ を仮定した場合，母平均 μ と母分散 σ^2（母数は2つ）の両方（あるいは片方）が推測の対象となる．また，ポアソン分布 $Po(\lambda)$ であれば，λ（母数は1つ）が推測の対象となる．

第6章以降で統計的推測について具体的に学んでいくが，大部分はパラメトリックな統計的推測を扱っている．パラメトリックな統計的推測とは異なり，母集団に特定の確率分布を仮定しないで統計的推測を行う場合を**ノンパラメトリック**（non-parametric）な統計的推測という．こちらは本書では扱う分量は少ないが，第10章でいくつかの手法の説明を行う．

5.4.2 標本平均の分布

(1) 標本平均が従う分布

基本的な統計量の標本分布として，標本平均 $\overline{x} = \frac{1}{n}\sum_{i=1}^{n} x_i$ が従う分布を導出してみよう．

まずは，標本データの和の分布から考える．$x_1, x_2, \ldots, x_n$ を母平均 μ，母分散 σ^2 の母集団からの大きさ n の無作為標本とする．すなわち，$x_1, x_2, \ldots, x_n$ は独立な確率変数で，次式が成り立つ．

$$E(x_i) = \mu, \quad V(x_i) = \sigma^2 \quad (i = 1, 2, \ldots, n)$$

このとき，期待値の加法性および（独立な確率変数における）分散の加法性より，

$$E\left(\sum_{i=1}^{n} x_i\right) = E(x_1 + x_2 + \cdots + x_n) = n\mu$$

$$V\left(\sum_{i=1}^{n} x_i\right) = V(x_1 + x_2 + \cdots + x_n) = n\sigma^2$$

となる．

これをもとに，標本平均の分布を導くことができる．

$$E(\overline{x}) = E\left(\frac{1}{n}\sum_{i=1}^{n} x_i\right) = \frac{1}{n}E\left(\sum_{i=1}^{n} x_i\right) = \frac{1}{n}n\mu = \mu \tag{5.22}$$

$$V(\overline{x}) = V\left(\frac{1}{n}\sum_{i=1}^{n} x_i\right) = \frac{1}{n^2}V\left(\sum_{i=1}^{n} x_i\right) = \frac{1}{n^2}n\sigma^2 = \frac{\sigma^2}{n} \tag{5.23}$$

したがって，標本平均 $\overline{x}$ の分散はデータ1つの分散の $\frac{1}{n}$ 倍になることがわかる．

さらに，標本データが正規分布の母集団（これをしばしば正規母集団と呼ぶ）からの無作為標本である場合を考える．すなわち，$x_1, x_2, \ldots, x_n$ が正規分布 $N(\mu, \sigma^2)$ の母集団からの大きさ n の無作為標本であるとする．このとき，標本データの和

$$\sum_{i=1}^{n} x_i = x_1 + x_2 + \cdots + x_n$$

は，正規分布の再生性より，正規分布 $N(n\mu, n\sigma^2)$ に従う．さらに，$\overline{x} = \frac{1}{n}\sum_{i=1}^{n} x_i$（標本平均）とおくと，$\overline{x}$ は正規分布 $N\left(\mu, \frac{\sigma^2}{n}\right)$ に従う．すなわち，

$$\overline{x} \sim N\left(\mu, \quad \left(\frac{\sigma}{\sqrt{n}}\right)^2\right) \tag{5.24}$$

となる．なお，これを標準化すると，次のように表すことができる．

$$\frac{\sqrt{n}(\overline{x} - \mu)}{\sigma} \sim N(0, 1^2) \tag{5.25}$$

例題 5.5 商品1個の重量（単位は g）の分布は正規分布 $N(30, 2^2)$ と見なせるものとする．この商品25個を1箱に入れて販売するとき，1箱の重量が 740 g 以下である確率はいくらか（箱の重さは考慮しないとする）．また，1箱における商品1個あたりの平均重量が 31 g 以上である確率はいくらか．ただし，商品1個1個の重量は互いに独立であるとする．

解答 1箱に入っている25個の商品の重量を $x_1, x_2, \ldots, x_{25}$ とおくと，これは $N(30, 2^2)$ からの大きさ $n = 25$ の無作為標本と考えることができ，$x_i \sim N(30, 2^2)$ $(i = 1, 2, \ldots, 25)$ である．したがって，合計重量 $\sum_{i=1}^{25} x_i$ は，平均が $n\mu = 25 \times 30 = 750$，分散が $n\sigma^2 = 25 \times 2^2 = 100 = 10^2$ の正規分布 $N(750, 10^2)$ に従うことから，合計重量が 740 g 以下である確率は

$$\begin{aligned}
P\left(\sum_{i=1}^{n} x_i \leq 740\right) &= P\left(\frac{\sum_{i=1}^{n} x_i - 750}{10} \leq \frac{740 - 750}{10}\right) \\
&= P\left(\frac{\sum_{i=1}^{n} x_i - 750}{10} \leq -1\right) \\
&= 0.1587
\end{aligned}$$

と求められる．また，平均重量 $\overline{x} = \frac{1}{25}\sum_{i=1}^{25} x_i$ は，平均が $\mu = 30$，分散が

$$\frac{\sigma^2}{n} = \frac{2^2}{25} = \left(\frac{2}{5}\right)^2 = 0.4^2$$

の正規分布 $N(30, 0.4^2)$ に従うことから，平均重量が 31 g 以上である確率は

$$P(\overline{x} \geq 31) = P\left(\frac{\overline{x} - 30}{0.4} \geq \frac{31 - 30}{0.4}\right) = P\left(\frac{\overline{x} - 30}{0.4} \geq 2.5\right) = 0.0062$$

と求められる．□

注意　25 個の商品の重量は同じ分布 $N(30, 2^2)$ に従うが，それぞれは独立に値をとるのであるから，合計重量は $25x$，のように考えないことに注意しよう．$25x$ と考えてしまうと，$x \sim N(30, 2^2)$ より，$25x \sim N(25 \times 30, 25^2 \times 2^2)$，すなわち，$N(750, 50^2)$ となるから，異なった計算になる．□

5.4.3　大数の法則

(1)　大数の法則とは

$x_1, x_2, \ldots, x_n$ を母平均 μ，母分散 σ^2 の母集団からの大きさ n の無作為標本とする．このとき，前項で見たように，標本平均 $\overline{x} = \frac{1}{n}\sum_{i=1}^{n} x_i$ において，

$$E(\overline{x}) = \mu, \qquad V(\overline{x}) = \frac{\sigma^2}{n} \tag{5.26}$$

が成立する．したがって，データ数 n が非常に大きくなると，標本平均 $\overline{x}$ は分散がほぼ 0 になり，母平均 μ にほぼ一致すると予想される．言い換えれば，$\overline{x} \to \mu$（$n \to \infty$）が成り立つのではないかと予想される．具体的には，以下の**大数の法則**（law of large numbers）が成り立つ．厳密には，「大数の弱法則」と「大数の強法則」と呼ばれるものがあり，以下は大数の弱法則を示している．

- $x_1, x_2, \ldots, x_n$ を母平均 μ，母分散 σ^2 の母集団からの大きさ n の無作為標本とする．このとき，$\overline{x} = \frac{1}{n}\sum_{i=1}^{n} x_i$ とおくと，任意の $\varepsilon > 0$ に対し，次式が成立する．

$$\lim_{n \to \infty} P(|\overline{x} - \mu| \geq \varepsilon) = 0 \tag{5.27}$$

(2)　大数の弱法則の証明

大数の弱法則の証明を以下に示す．証明のためには，その前に 1 つ準備が必要になる．x をある確率変数とし，$\mu = E(x)$ とする．また，x の確率密度関数を $f(x)$ とおく．このとき，任意の $\varepsilon > 0$ に対し，

$$
\begin{aligned}
V(x) &= \int_{-\infty}^{\infty} (x-\mu)^2 f(x)dx \\
&= \int_{\mu+\varepsilon}^{\infty} (x-\mu)^2 f(x)dx + \int_{\mu-\varepsilon}^{\mu+\varepsilon} (x-\mu)^2 f(x)dx + \int_{-\infty}^{\mu-\varepsilon} (x-\mu)^2 f(x)dx \\
&\geq \int_{\mu+\varepsilon}^{\infty} \varepsilon^2 f(x)dx + \int_{-\infty}^{\mu-\varepsilon} \varepsilon^2 f(x)dx = \varepsilon^2 \left(\int_{\mu+\varepsilon}^{\infty} f(x)dx + \int_{-\infty}^{\mu-\varepsilon} f(x)dx \right) \\
&= \varepsilon^2 \{P(x \geq \mu+\varepsilon) + P(x \leq \mu-\varepsilon)\} = \varepsilon^2 P(|x-\mu| \geq \varepsilon)
\end{aligned}
$$

となることから，

$$P(|x-\mu| \geq \varepsilon) \leq \frac{V(x)}{\varepsilon^2} \tag{5.28}$$

が成立する．これを**チェビシェフの不等式**と呼ぶ（チェビシェフの不等式は離散分布でも同様に成り立つ）．

このチェビシェフの不等式より，任意の $\varepsilon > 0$ に対し，

$$P(|\overline{x}-\mu| \geq \varepsilon) \leq \frac{V(\overline{x})}{\varepsilon^2} = \frac{\sigma^2}{\varepsilon^2 n}$$

となり，$\lim_{n\to\infty} \frac{\sigma^2}{\varepsilon^2 n} = 0$ より，$\lim_{n\to\infty} P(|\overline{x}-\mu| \geq \varepsilon) = 0$ が成立する．

5.4.4　中心極限定理

(1)　中心極限定理とは

一般に正規分布ではない母集団分布からの大きさ n の無作為標本 $x_1, x_2, \ldots, x_n$ の標本平均 $\overline{x} = \frac{1}{n}\sum_{i=1}^{n} x_i$ の確率分布は正規分布にはならない．ところが，データ数 n が大きくなるとその分布は正規分布に近づくことが知られている．すなわち，

$$\overline{x} \sim N\left(\mu, \left(\frac{\sigma}{\sqrt{n}}\right)^2\right)$$

と近似することができる．具体的には，以下の**中心極限定理**（central limit theorem）が成り立つ．

- $x_1, x_2, \ldots, x_n$ を母平均 μ，母分散 σ^2 の母集団からの大きさ n の無作為標本とする．このとき，$\overline{x} = \frac{1}{n}\sum_{i=1}^{n} x_i$ とおくと，これを標準化した

$$\frac{\sqrt{n}(\overline{x}-\mu)}{\sigma}$$

  が従う分布は，$n \to \infty$ のとき，標準正規分布 $N(0, 1^2)$ に分布収束する．

この中心極限定理は，大数の法則と並んで標本平均 $\overline{x}$ の確率分布に関する非常に

重要な定理になっている．また，この定理は統計学における正規分布の重要性，特殊性を表している．

図 5.11〜図 5.14 は，一例として，指数分布 $Ex(0.5)$ から大きさ n の無作為標本 $x_1, x_2, \ldots, x_n$ が得られたときの標本平均 $\overline{x}$ が従う確率分布を $n = 1, 5, 10, 25$ それぞれの場合について示したものである．$n = 1$ の場合は指数分布 $Ex(0.5)$ そのものであり，大きく歪んだ分布になっているが，$n = 5$，$n = 10$ とデータ数が多くなるにつれ，$\overline{x}$ の分布は左右対称に近づいていき，$n = 25$ の場合はほとんど正規分布になっているように見える．

どの程度のデータ数（サンプルサイズ）から正規近似が可能かは，元の母集団分布によるため（また，どの程度で近似可能と見なすかの基準にもよるため），一概には言えないが，だいたいの目安として，$n \geq 25 \sim 30$ であれば母集団分布が歪んでいても（正規母集団以外の場合でも），標本平均の分布を正規近似することができると言われることが多い（例えば，篠崎，竹内（2009））．もし母集団分布が，もともと正規分布に近い分布であれば（単峰で，かつ左右対称に近い分布であれば），$n = 10$ 前後でも正規近似可能となる．

なお，中心極限定理が適用できるぐらい，データ数 n が十分に大きい場合（$n \geq 25 \sim 30$ 程度とされることが多い）をしばしば**大標本**（large sample）と呼ぶ．これに対し，中心極限定理が適用できない程度のデータ数の標本をしばしば**小標本**（small sample）と呼ぶ．

(2) 中心極限定理の証明

中心極限定理を，第 5.3 節で導入した特性関数を用いて証明する．$x_1, x_2, \ldots, x_n$ を母平均 μ，母分散 σ^2 の母集団からの大きさ n の無作為標本とする．ここで，

$$y_i = x_i - \mu \quad (i = 1, 2, \ldots, n)$$

と置き換えると，

$$\overline{x} - \mu = \frac{\sum_{i=1}^n x_i}{n} - \mu = \frac{\sum_{i=1}^n x_i - n\mu}{n} = \frac{\sum_{i=1}^n (x_i - \mu)}{n} = \frac{\sum_{i=1}^n y_i}{n} = \overline{y}$$

が成り立つことに注意すれば，中心極限定理は次のように書き換えることができる．

- $y_1, y_2, \ldots, y_n$ を母平均 $\mu = 0$，母分散 σ^2 の母集団からの大きさ n の無作為標本とする．このとき，$\overline{y} = \frac{1}{n}\sum_{i=1}^n y_i$ とおくと，これを標準化した

$$\frac{\sqrt{n}}{\sigma}\overline{y}$$

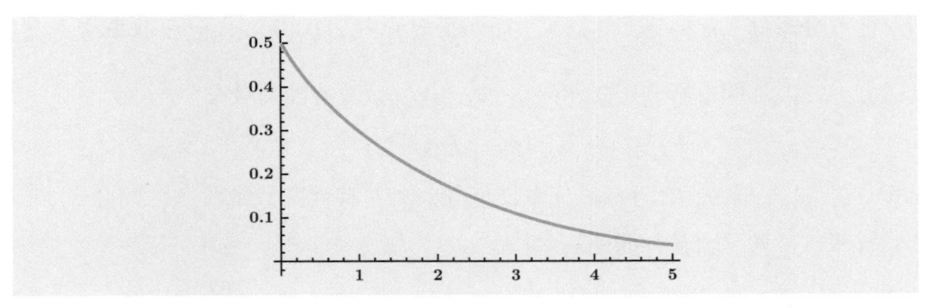

図 5.11　$\boldsymbol{n = 1}$ のときの $\overline{x}$ の確率分布

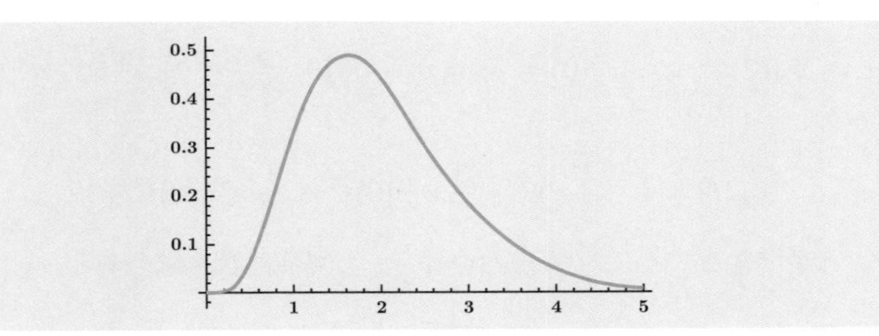

図 5.12　$\boldsymbol{n = 5}$ のときの $\overline{x}$ の確率分布

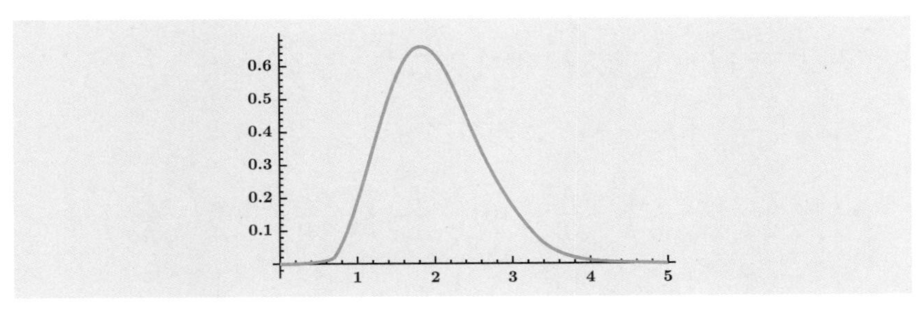

図 5.13　$\boldsymbol{n = 10}$ のときの $\overline{x}$ の確率分布

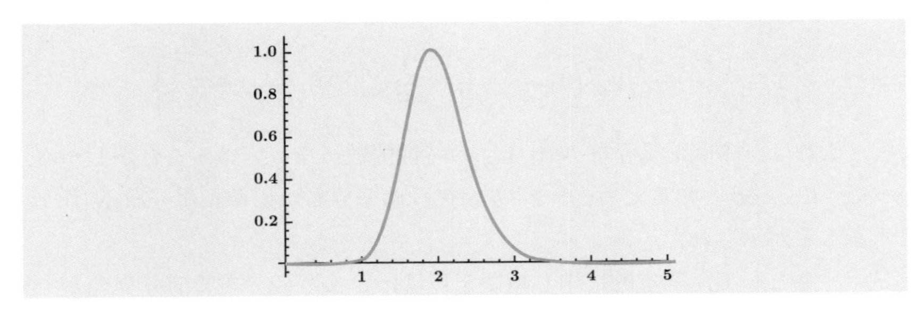

図 5.14　$\boldsymbol{n = 25}$ のときの $\overline{x}$ の確率分布

が従う分布は，$n \to \infty$ のとき，標準正規分布 $N(0,1^2)$ に分布収束する．

以下で，この証明を行う．まず，$y_1, y_2, \ldots, y_n$ の特性関数を

$$\psi_y(t) = E(e^{ity_i})$$

とおき（$y_1, y_2, \ldots, y_n$ は同一の分布に従うため，特性関数はすべて同じ），そのテイラー展開（マクローリン展開）を

$$\psi_y(t) = \psi_y(0) + \psi_y'(0)t + \frac{1}{2!}\psi_y''(0)t^2 + \frac{1}{3!}\psi_y'''(0)t^3 + \frac{1}{4!}\psi_y''''(0)t^4 + \cdots$$

とおく．

$$\psi_y(0) = 1, \quad \psi_y'(0) = i\mu = 0, \quad \psi_y''(0) = -\sigma^2 - \mu^2 = -\sigma^2$$

であるから，

$$\psi_y(t) = 1 - \frac{1}{2}\sigma^2 t^2 + \frac{1}{3!}\psi_y'''(0)t^3 + \frac{1}{4!}\psi_y''''(0)t^4 + \cdots$$

と表すことができる．$z = \frac{\sqrt{n}}{\sigma}\overline{y}$ とおいて，z の特性関数を求めると，

$$\begin{aligned}
\psi_z(t) &= E(e^{itz}) = E(e^{it\frac{\sqrt{n}}{\sigma}\overline{y}}) = E(e^{i\frac{t}{\sqrt{n}\sigma}(y_1+y_2+\cdots+y_n)}) \\
&= E(e^{i\frac{t}{\sqrt{n}\sigma}y_1})E(e^{i\frac{t}{\sqrt{n}\sigma}y_2})\cdots E(e^{i\frac{t}{\sqrt{n}\sigma}y_n}) \\
&= \psi_y\left(\frac{t}{\sqrt{n}\sigma}\right)\psi_y\left(\frac{t}{\sqrt{n}\sigma}\right)\cdots\psi_y\left(\frac{t}{\sqrt{n}\sigma}\right) \\
&= \left\{\psi_y\left(\frac{t}{\sqrt{n}\sigma}\right)\right\}^n \\
&= \left\{1 - \frac{1}{2}\sigma^2\left(\frac{t}{\sqrt{n}\sigma}\right)^2 + \frac{1}{3!}\psi_y'''(0)\left(\frac{t}{\sqrt{n}\sigma}\right)^3 + \frac{1}{4!}\psi_y''''(0)\left(\frac{t}{\sqrt{n}\sigma}\right)^4 + \cdots\right\}^n \\
&= \left\{1 - \frac{1}{2}\frac{t^2}{n} + \frac{1}{3!}\psi_y'''(0)\frac{t^3}{\sigma^3 n\sqrt{n}} + \frac{1}{4!}\psi_y''''(0)\frac{t^4}{\sigma^4 n^2} + \cdots\right\}^n
\end{aligned}$$

となる．ここで，指数 e^x の定義：$\lim_{n\to\infty}(1+\frac{x}{n})^n = e^x$ を思い出せば，

$$\psi_z(t) = \left\{1 - \frac{1}{2}\frac{t^2}{n} + \frac{1}{3!}\psi_y'''(0)\frac{t^3}{\sigma^3 n\sqrt{n}} + \frac{1}{4!}\psi_y''''(0)\frac{t^4}{\sigma^4 n^2} + \cdots\right\}^n \to e^{-\frac{1}{2}t^2}$$

となる．これは，標準正規分布 $N(0,1^2)$ の特性関数になっていることがわかる．したがって，$n \to \infty$ とすると，$z = \frac{\sqrt{n}}{\sigma}\overline{y}$ が従う確率分布は標準正規分布 $N(0,1^2)$ に収束することが示された．

なお，注意として，基本的に中心極限定理はほとんどの分布で成り立つが，例外的な分布も存在する．途中で行った展開

$$\psi_y(t) = \psi_y(0) + \psi'_y(0)t + \frac{1}{2!}\psi''_y(0)t^2 + \frac{1}{3!}\psi'''_y(0)t^3 + \frac{1}{4!}\psi''''_y(0)t^4 + \cdots$$

ができないような特性関数（$t = 0$ で微分不可能な特性関数になるなど）を持つ確率分布はその例外となる．ただ，そのような分布は分散が ∞ になるなどの少し特殊な分布であるため，本書の範囲では，ひとまず気にしなくてよい（第 6 章で，1 つだけその例外の確率分布（コーシー分布）を紹介する）．

例題 5.6 ある工程における製品 1 個あたりの製造時間の分布が平均 60 分，標準偏差 5 分であるとする．製品 100 個を順に工程にかけるとき，製品 1 個あたりの平均製造時間が 61 分以上になる確率はいくらか．ただし，製品一個一個の工程の製造時間は互いに独立であるとする．

解答 製品 100 個それぞれの製造時間を $x_1, x_2, \ldots, x_{100}$ とおくと，これは母平均が $\mu = 60$，母分散が $\sigma^2 = 5^2 = 25$ の母集団からの大きさ $n = 100$ の無作為標本と考えることができる．100 個の標本平均 $\overline{x} = \frac{1}{n}\sum_{i=1}^{n} x_i$ の平均は $\mu = 60$，分散は $\frac{\sigma^2}{n} = \frac{25}{100} = 0.25 = 0.5^2$ であり，中心極限定理を適用すると，$\overline{x}$ の確率分布は $N(60, 0.5^2)$ で近似することができる．したがって，次のように求められる．

$$P(\overline{x} \geq 61) = P\left(\frac{\overline{x} - 60}{0.5} \geq \frac{61 - 60}{0.5}\right) = P\left(\frac{\overline{x} - 60}{0.5} \geq 2\right) = 0.0228 \qquad \square$$

演 習 問 題

1 ある地域における世帯別の月あたりの米購入量（単位：g）の分布が正規分布 $N(6700, 1500^2)$ であると仮定できるとする．正規分布表を利用して (a)，(b)，(c) に答えなさい．

(a) 米購入量が 9640 g 以上の世帯の割合はいくらか．

(b) 米購入量が 5500 g 以上 10000 g 以下の世帯の割合はいくらか．

(c) 米購入量が上位 5 %の世帯の購入量は何 g 以上か．

2 A 君の 100 m 背泳ぎのタイムは正規分布 $N(62, 1.2^2)$，B 君の 100 m 平泳ぎのタイムは正規分布 $N(65, 1.2^2)$，C 君の 100 m バタフライのタイムは正規分布 $N(59, 1.6^2)$，D 君の 100 m 自由形のタイムは正規分布 $N(51, 0.9^2)$ に従うと見なせるとする（単位は秒）．この 4 人で 4×100 m メドレーリレーを行うとする．

(a) メドレーリレーのタイムは単純に上記の 4 つの確率変数の和と考えてよいとするとき，メドレーリレーのタイムが従う分布を答えなさい．ただし，4 人のそれぞれのタイムは互いに独立であるとする．

(b)　4 分を切るタイムが出る確率を求めなさい.

(c)　3 分 50 秒を切るタイムが出る確率を求めなさい.

3　A 君は午前 8 時に起床し，準備を済ませて徒歩で大学に向かう．準備にかかる時間は $N(40, (2\sqrt{6})^2)$ に，徒歩通学にかかる時間は $N(10, 1^2)$ に独立に従っていると考えることができるとき（単位は分），午前 9 時開始の講義に遅刻する確率を求めなさい.

4　ある製品は組立工程，塗装工程，検査工程の 3 つの工程を経て出荷される．組立工程の所要時間は $N(60, 7^2)$ に，塗装工程の所要時間は $N(30, 3^2)$ に，検査工程の所要時間は $N(10, (\sqrt{6})^2)$ に独立に従っていると考えることができるとき（単位は分），午前 8 時に開始して午前 10 時の出荷に間に合わない確率を求めなさい.

5　ある食品 1 個に含まれるある栄養成分 A の量（単位は g）を確率変数 x とおくと，その平均は $E(x) = 1$，分散は $V(x) = 0.2$ であるとする.

(a)　この食品 80 個における栄養成分 A の量の標本平均を $\overline{x}$ とおく．ただし，各食品の栄養成分 A の量は独立と見なしてよいとする．このとき，$\overline{x}$ の平均 $E(\overline{x})$ と分散 $V(\overline{x})$ を求めなさい．また，中心極限定理を適用すると，$\overline{x}$ の確率分布をどのように近似できるか，記しなさい.

(b)　(a) で近似した分布に基づき，$0.94 < \overline{x} < 1.04$ となる確率を求めなさい．また，$P(\overline{x} < a) = 0.15$ となるような a の値を求めなさい.

6　正規分布 $N(\mu, \sigma^2)$ に従う確率変数を x とおくとき，x の積率母関数 $M(t) = E(e^{tx})$ は,

$$M(t) = e^{\mu t + \frac{1}{2}\sigma^2 t^2}$$

で与えられることを示しなさい.

7　標準正規分布 $N(0, 1^2)$ に従う確率変数を x とおく．x の積率母関数が $M(t) = E(e^{tx}) = e^{\frac{1}{2}t^2}$ で与えられることを用いて，x の 8 次までのモーメント $E(x^k)$（$k = 1, 2, \ldots, 8$）を求めなさい.

6 1つの母集団に関する統計的推定

第 3 章までは記述統計を説明し，第 4 章および第 5 章では確率分布の導入ひいては推測統計への基礎的準備を行ってきた．ここからが推測統計の本題となる．最も基本的な場合として，本章では 1 つの母集団から無作為標本が観測されるときの統計的推定を扱う．統計的検定や 2 母集団の場合の推測統計を学んでいくうえでも共通して必要となる内容を説明する章となる．

6.1 点推定

6.1.1 母平均 μ の点推定

(1) 点推定とは

母集団分布の未知母数を，標本データを基に計算される統計量で推定するとき，その統計量を**推定量**（estimator）と呼ぶ．例えば，母集団分布の母平均 μ を標本平均 $\overline{x} = \frac{1}{n}\sum_{i=1}^{n} x_i$ で推定するとき，$\overline{x}$ は μ の推定量である．特に，このような 1 点での推定を**点推定**（point estimation）と呼び，その推定量をしばしば**点推定量**（point estimator）と呼ぶ．それに対し，何らかの精度を保証した区間を用いて推定することを**区間推定**（interval estimation）と呼び，こちらは第 6.2 節で取り扱う．

（点）推定量は母数にハット（^）を付けて，例えば，$\widehat{\mu} = \overline{x}$ などと表すことがある．また，（点）推定量に実際の標本データの数値を代入したときの値を**（点）推定値**（point estimate）と呼ぶ．例えば，$n = 5$ の標本データが $x_1 = 19$，$x_2 = 23$，$x_3 = 15$，$x_4 = 25$，$x_5 = 18$ であるとき，$\overline{x} = 20.0$ は μ の（点）推定値となる．

(2) 母平均の点推定と不偏性，精度

母平均 μ が未知であり，大きさ n の無作為標本 $x_1, x_2, \ldots, x_n$ が得られているとき，この標本データによって μ を推定したいとする．どのような点推定量を構成すれば良いであろうか？

直感的には，上で例にも挙げたように，μ の推定量として標本平均 $\overline{x} = \frac{1}{n}\sum_{i=1}^{n} x_i$ を用いるのが自然であるように思われる．実際，母分散を σ^2 とおくと，第 5.4 節で示したように，

$$E(\overline{x}) = \mu, \qquad V(\overline{x}) = \frac{\sigma^2}{n} \tag{6.1}$$

となり，1 つ目の式について，$E(\overline{x}) = \mu$ となっていることから，$\overline{x}$ は確率的に変動するものではあるが，平均的には（期待値の意味では）母平均 μ に一致している．このように，推定したい母数に平均的に（期待値を計算したとき）一致する推定量を**不偏推定量**（unbiased estimator）と呼ぶ．また，2 つ目の式について，n が大きいほど，分散 $V(\overline{x}) = \frac{\sigma^2}{n}$ は小さくなり，標本平均 $\overline{x}$ の μ への推定精度は良くなる．

推定量の標準偏差を**標準誤差**（standard error）と呼ぶ．ここでの $\overline{x}$ の標準誤差は $\sqrt{V(\overline{x})} = \frac{\sigma}{\sqrt{n}}$ である．推定量の精度を見る上で，標準誤差は重要な指標となる．実際には，σ は未知であることが多いため，その場合は標本標準偏差 $s = \sqrt{\frac{1}{n-1}S} = \sqrt{\frac{\sum_{i=1}^{n}(x_i - \overline{x})^2}{n-1}}$ で代用するなどして，標準誤差を見積もる．

例えば，$x_1 = 19$，$x_2 = 23$，$x_3 = 15$，$x_4 = 25$，$x_5 = 18$ の場合，$s = \sqrt{\frac{64}{4}} = \sqrt{16} = 4.00$ となるから，$\overline{x}$ の標準誤差は $\frac{s}{\sqrt{n}} = \frac{4}{\sqrt{5}} \cong 1.789$ となる．

(3)　良い不偏推定量

単に μ の不偏推定量というだけであれば，他にも様々なものが構成できる．例えば，$n \geq 3$ であるとき，データをすべて用いずに最初の 2 つだけの平均をとった $\widehat{\mu} = \frac{x_1 + x_2}{2}$ や，あるいはかなり不自然に見えるが $\widehat{\mu} = x_1 + x_2 - x_3$ のようにしても，

$$E\left(\frac{x_1 + x_2}{2}\right) = \frac{\mu + \mu}{2} = \mu, \qquad E(x_1 + x_2 - x_3) = \mu + \mu - \mu = \mu$$

となるから，これらはいずれも μ の不偏推定量である．しかし，$\widehat{\mu} = \overline{x}$ とあわせて，それぞれの推定量の分散を比較すると，

$$V\left(\frac{x_1 + x_2}{2}\right) = \frac{V(x_1 + x_2)}{4} = \frac{V(x_1) + V(x_2)}{4} = \frac{\sigma^2 + \sigma^2}{4} = \frac{\sigma^2}{2}$$

$$V(x_1 + x_2 - x_3) = V(x_1) + V(x_2) + (-1)^2 V(x_3) = \sigma^2 + \sigma^2 + \sigma^2 = 3\sigma^2$$

$$V(\overline{x}) = \frac{\sigma^2}{n}$$

であるから，$n \geq 3$ のとき，この中で最も分散が小さい（推定精度が良い）推定量は，すべてのデータを用いた標本平均 $\overline{x} = \frac{1}{n}\sum_{i=1}^{n} x_i$ である．実は，詳細には第 12 章で扱うが，母集団分布が正規分布であるという仮定の下，$\widehat{\mu} = \overline{x}$ は μ のあらゆる不偏推定量において最小の分散になる推定量（最小分散不偏推定量）であることが知られている．

6.1.2　母分散 σ^2 の点推定

(1)　母分散の不偏推定量

母平均 μ の点推定に続いて，母分散 σ^2 の点推定はどのように行えばよいであろうか？

標本データ $x_1, x_2, \ldots, x_n$ において，分布のばらつきの情報は偏差平方和 $S = \sum_{i=1}^{n}(x_i - \overline{x})^2$ に入っていると考えられるので，これをもとに σ^2 の推定量を構成することを考えよう．そこで，まず，S の期待値を計算してみると，次のようになる．

$$
\begin{aligned}
E(S) &= E\left(\sum_{i=1}^{n}(x_i - \overline{x})^2\right) = E\left(\sum_{i=1}^{n}\{(x_i - \mu) - (\overline{x} - \mu)\}^2\right) \\
&= E\left(\sum_{i=1}^{n}\{(x_i - \mu)^2 - 2(x_i - \mu)(\overline{x} - \mu) + (\overline{x} - \mu)^2\}\right) \\
&= E\left(\sum_{i=1}^{n}(x_i - \mu)^2 - 2(\overline{x} - \mu)\sum_{i=1}^{n}(x_i - \mu) + n(\overline{x} - \mu)^2\right) \\
&= E\left(\sum_{i=1}^{n}(x_i - \mu)^2 - 2n(\overline{x} - \mu)^2 + n(\overline{x} - \mu)^2\right) \\
&= E\left(\sum_{i=1}^{n}(x_i - \mu)^2 - n(\overline{x} - \mu)^2\right) \\
&= \sum_{i=1}^{n} E((x_i - \mu)^2) - nE((\overline{x} - \mu)^2) = \sum_{i=1}^{n} V(x_i) - nV(\overline{x}) \\
&= \sum_{i=1}^{n} \sigma^2 - n\frac{\sigma^2}{n} = n\sigma^2 - \sigma^2 = (n-1)\sigma^2
\end{aligned}
\tag{6.2}
$$

これより，偏差平方和 S を n ではなく，$n-1$ で割ることで，

$$
E\left(\frac{S}{n-1}\right) = E\left(\frac{\sum_{i=1}^{n}(x_i - \overline{x})^2}{n-1}\right) = \sigma^2 \tag{6.3}
$$

が成立する．このことから，標本分散 $s^2 = \frac{1}{n-1}S = \frac{\sum_{i=1}^{n}(x_i - \overline{x})^2}{n-1}$ は母分散 σ^2 の不偏推定量になっている（実は，母集団分布が正規分布であるという仮定の下では最小分散不偏推定量でもあるのであるが，これについては第 12 章で取り扱う）ことがわかり，このため，s^2 はしばしば不偏分散と呼ばれることがある．したがって，通常，母分散 σ^2 の点推定量には $\frac{1}{n}S$ ではなく，$s^2 = \frac{1}{n-1}S$ が用いられている．

(2) 母標準偏差の推定

第 4 章で述べたとおり，期待値は線形性の性質を持つが，非線形変換に対しては同じ性質は維持されないため，一般には

$$
E\left(\sqrt{\frac{S}{n-1}}\right) \neq \sigma
$$

となり，標本標準偏差 s は母標準偏差 σ の不偏推定量とはならないことに注意する

(第6.2.4項(6)でさらに補足する). また, 同様に $E(\overline{x}) = \mu$ であるが, 一般には $E(\overline{x}^2) \neq \mu^2$ となる (例題6.1を参照).

本章では, 点推定に関しては基本的な用語を紹介する範囲にとどめるが, より詳細には様々な議論が存在する. 少々数学的に高度な議論も入ってくるが, 興味のある読者は第12章をご覧いただきたい.

例題 6.1 品質管理などの分野において, しばしば μ^2 の推定量が必要になることがある. 以下の(a), (b)に順に答えて, μ^2 の不偏推定量を導きなさい.

(a) 標本平均の2乗 $\overline{x}^2$ の期待値 $E(\overline{x}^2)$ を求めなさい ($V(\overline{x}) = E(\overline{x}^2) - (E(\overline{x}))^2$ の関係式を用いると簡単に求められる).

(b) 標本分散 s^2 が σ^2 の不偏推定量であることと(a)の結果をもとに, μ^2 の不偏推定量を1つ求めなさい.

解答 (a) $E(\overline{x}) = \mu$ および $V(\overline{x}) = \frac{\sigma^2}{n}$ より, 以下のように求められる.

$$E(\overline{x}^2) = (E(\overline{x}))^2 + V(\overline{x}) = \mu^2 + \frac{\sigma^2}{n}$$

(b) $E(s^2) = \sigma^2$ より,

$$E\left(\overline{x}^2 - \frac{s^2}{n}\right) = \mu^2 + \frac{\sigma^2}{n} - \frac{\sigma^2}{n} = \mu^2$$

となる. したがって, μ^2 の不偏推定量の1つとして, 次のものが導かれる.

$$\widehat{\mu}^2 = \overline{x}^2 - \frac{s^2}{n}$$ □

以上の例題で得られた μ^2 の不偏推定量は, 分野によっては実際によく用いられている. ただし, 一方で, この推定量は観測値によっては負の値になることがあり, μ^2 は必ず0以上であるから, 整合性がとれない場合がある.

一般に, 不偏推定量あるいは最小分散不偏推定量であることは, その推定量を用いる1つの合理性を示すものと考えることができるが, 必ずしも不偏推定量であるというだけで良い推定量となるとは限らないし, また逆に, 不偏推定量ではないというだけで悪い推定量となるとは限らない. 推定量の「良さ」については, 様々な基準があり, ある基準の下で最適な推定量が不偏推定量ではない場合もある (この話題についても, 第12章の一部で取り扱っている).

6.2 区 間 推 定

6.2.1 母分散 σ^2 が既知の場合の母平均 μ の区間推定

(1) 区間推定とは

母数を1点ではなく，何らかの精度を保証した区間を用いて推定する方法を**区間推定**と呼ぶ．保証される精度のことを**信頼率**（confidence level）または**信頼係数**（confidence coefficient）と呼び，推定された区間を**信頼区間**（confidence interval）と呼ぶ．例えば，「信頼率0.95の信頼区間」などと表現される（単に「95％信頼区間」（95％ confidence interval）などと呼ばれることも多い）．まずは，一番単純なケースを取り上げて，区間推定の基本的な考え方，概念を紹介する．

(2) 母平均の信頼区間

正規母集団 $N(\mu, \sigma^2)$ からの大きさ n の無作為標本 $x_1, x_2, \ldots, x_n$ が得られており，母平均 μ について区間推定を行いたいとしよう．母分散 σ^2 が既知である場合と未知である場合では対応が異なるが，まずは簡単に，母分散 σ^2 が既知であるものとする．実際には，母平均 μ を推定したい状況（したがって μ はもちろん未知である）において，母分散 σ^2 が既知であることは多くはないが，最もシンプルな場合から説明を始めることにする．

まず，$x_1, x_2, \ldots, x_n$ は正規母集団 $N(\mu, \sigma^2)$ からの大きさ n の無作為標本であるから，$\overline{x} \sim N\left(\mu, \left(\frac{\sigma}{\sqrt{n}}\right)^2\right)$ である．これを標準化すると，$\frac{\sqrt{n}(\overline{x}-\mu)}{\sigma} \sim N(0, 1^2)$ となることから，分布の両側の裾をそれぞれ2.5％ずつ（合わせて5％）除いた確率を考えると，$K_{0.025} = 1.96$ より，

$$P\left(-1.96 < \frac{\sqrt{n}(\overline{x}-\mu)}{\sigma} < 1.96\right) = 0.95$$

であることがわかる．これを式変形すると，

$$P\left(\overline{x} - 1.96\frac{\sigma}{\sqrt{n}} < \mu < \overline{x} + 1.96\frac{\sigma}{\sqrt{n}}\right) = 0.95$$

となる．したがって，母平均 μ の信頼率0.95の信頼区間（95％信頼区間）は，

$$\left(\overline{x} - 1.96\frac{\sigma}{\sqrt{n}},\ \overline{x} + 1.96\frac{\sigma}{\sqrt{n}}\right) \tag{6.4}$$

となる（または，しばしば $\overline{x} \pm 1.96\frac{\sigma}{\sqrt{n}}$ のように簡略化して表す）．標本平均 $\overline{x}$ を中心に，その標準誤差 $\frac{\sigma}{\sqrt{n}}$ の ± 1.96 倍を推定における誤差とした区間になっている．

(3) 計算例と信頼区間の意味

例えば，正規母集団 $N(\mu, 7.5^2)$ からの大きさ $n = 10$ の無作為標本の標本平均が $\overline{x} = 60$ であるとき，μ の 95％信頼区間は

$$\overline{x} \pm 1.96\frac{\sigma}{\sqrt{n}} = 60 \pm 1.96 \times \frac{7.5}{\sqrt{10}} \cong 60 \pm 4.649$$

より，(55.351, 64.649) となる．

なお，区間 $\left(\overline{x} - 1.96\frac{\sigma}{\sqrt{n}},\ \overline{x} + 1.96\frac{\sigma}{\sqrt{n}}\right)$ は，データを観測する前では確率変数であるが，ひとたび観測された $\overline{x}$ の値を代入してしまえば，既に確率変数ではなくなるため（上の例で言えば，(55.351, 64.649) は確率変数ではない），あえて確率ではなく信頼率という言葉を使っている点に注意されたい．実際，母平均 μ は未知ではあるが，確率変数ではないのであるから，「μ が (55.351, 64.649) に入る確率は 95％」などと言うと，これは不自然である．しかし，上記で展開してきた理論

$$P\left(-1.96 < \frac{\sqrt{n}(\overline{x} - \mu)}{\sigma} < 1.96\right) = 0.95$$

$$\Leftrightarrow \quad P\left(\overline{x} - 1.96\frac{\sigma}{\sqrt{n}} < \mu < \overline{x} + 1.96\frac{\sigma}{\sqrt{n}}\right) = 0.95$$

は，「今，目の前に得られている1つの信頼区間（例えば，(55.351, 64.649)）はおそらく μ を含んでいるのではないか」と主張することの信頼度を高めるものであるとは考えられる．そこで，これを確率 0.95 ではなく信頼率 0.95（あるいは信頼係数 0.95）の信頼区間と呼ぶ．

ここまで 95％信頼区間の構成を示してきたが，他の信頼率の信頼区間も同様に考えることができる．例えば，信頼率 0.90 の信頼区間（90％信頼区間）は，$K_{0.05} = 1.645$ より

$$\left(\overline{x} - 1.645\frac{\sigma}{\sqrt{n}},\ \overline{x} + 1.645\frac{\sigma}{\sqrt{n}}\right) \tag{6.5}$$

となる．また，信頼率 0.99 の信頼区間（99％信頼区間）は，$K_{0.005} = 2.576$ より

$$\left(\overline{x} - 2.576\frac{\sigma}{\sqrt{n}},\ \overline{x} + 2.576\frac{\sigma}{\sqrt{n}}\right) \tag{6.6}$$

となる．信頼率を大きくするためには，区間幅を広くとらなければならないことがわかる．また，データ数 n を多くとることで区間幅を小さくすることができ，μ の値の信頼区間をより狭い範囲で得られることがわかる．

例題 6.2 ある製品の重量（単位は g）の分布は正規分布 $N(\mu, \sigma^2)$ であると見なすことができ，かつ $\sigma = 4.8$ であることがわかっているとする．無作為に選んだ 9 個の製品の重量の測定値が

$$325, \quad 327, \quad 318, \quad 323, \quad 320, \quad 331, \quad 325, \quad 317, \quad 321$$

であった．このとき，μ の 95％信頼区間および 99％信頼区間を求めなさい．

解答 まず，$\overline{x} = \frac{325+327+318+323+320+331+325+317+321}{9} = 323.0$ となり，その標準誤差は $\frac{\sigma}{\sqrt{n}} = \frac{4.8}{\sqrt{9}} = 1.60$ となる．したがって，μ の 95％信頼区間は，

$$\overline{x} \pm 1.96\frac{\sigma}{\sqrt{n}} = 323.0 \pm 1.96 \times 1.60 = 323.0 \pm 3.136$$

より，(319.864, 326.136) と求められる．また，μ の 99％信頼区間は，

$$\overline{x} \pm 2.576\frac{\sigma}{\sqrt{n}} = 323.0 \pm 2.576 \times 1.60 = 323.0 \pm 4.1216$$

より，(318.8784, 327.1216) と求められる．□

6.2.2 母分散 σ^2 が未知の場合の母平均 μ の区間推定

(1) 基本的な考え方

前項では母分散 σ^2 が既知の場合を扱ったが，実際には，母平均 μ が未知のとき，通常，母分散 σ^2 も未知である．σ が未知の場合，前項で導いた μ の 95％信頼区間 $\left(\overline{x} - 1.96\frac{\sigma}{\sqrt{n}},\ \overline{x} + 1.96\frac{\sigma}{\sqrt{n}}\right)$ をそのまま用いることはできない．単純には，標本標準偏差 $s = \sqrt{\frac{1}{n-1}S} = \sqrt{\frac{\sum_{i=1}^{n}(x_i-\overline{x})^2}{n-1}}$ で置き換えて，$\left(\overline{x} - 1.96\frac{s}{\sqrt{n}},\ \overline{x} + 1.96\frac{s}{\sqrt{n}}\right)$ と近似することが考えられる．データ数 n がかなり大きい場合は，これでも十分なのであるが，厳密性は欠くことになり，特に n が小さい場合には近似の精度が粗すぎる．そこで，次のように考えを進めよう．

まず，σ が既知の場合の μ の 95％信頼区間 $\left(\overline{x} - 1.96\frac{\sigma}{\sqrt{n}},\ \overline{x} + 1.96\frac{\sigma}{\sqrt{n}}\right)$ は，$\frac{\sqrt{n}(\overline{x}-\mu)}{\sigma} \sim N(0, 1^2)$ の知識をもとに導かれたものであった．今は σ が未知の場合を考えているため，この知識だけでは μ の信頼区間を求めることができない．σ を標本標準偏差 s で置き換えてみると，$\frac{\sqrt{n}(\overline{x}-\mu)}{s}$ となるが，これは当然，$N(0, 1^2)$ とは異なる分布に従うことになる．逆に言えば，$\frac{\sqrt{n}(\overline{x}-\mu)}{s}$ が従う分布，すなわち，$\frac{\sqrt{n}(\overline{x}-\mu)}{s}$ の標本分布がわかれば，σ が未知の場合でも，μ の信頼区間を得ることができる．

$\frac{\sqrt{n}(\overline{x}-\mu)}{s}$ の標本分布の導出は，きちんと説明するためには数学的な準備をかなり

必要とするため，詳細な議論は第 6.3 節に譲ることにして，ここでは先に，どのような分布になるかの結論を紹介しよう．

(2) t 分布の導入：$\frac{\sqrt{n}(\overline{x}-\mu)}{s}$ の標本分布

正規母集団 $N(\mu, \sigma^2)$ からの大きさ n の無作為標本を $x_1, x_2, \ldots, x_n$ とおく．このとき，$\overline{x} = \frac{1}{n}\sum_{i=1}^{n} x_i$ および $s^2 = \frac{\sum_{i=1}^{n}(x_i - \overline{x})^2}{n-1}$ とおくと，$\frac{\sqrt{n}(\overline{x}-\mu)}{s}$ は**自由度 $n-1$ の t 分布**（t-distribution with $n-1$ degrees of freedom）に従う．これを

$$\frac{\sqrt{n}(\overline{x}-\mu)}{s} \sim t(n-1) \tag{6.7}$$

と表す．なぜ，自由度が n ではなく，$n-1$ になるのか疑問に思うところかもしれないが，t 分布の自由度を含めたもともとの定義などは第 6.3 節で扱うことにして，ここでは，標本分散 s^2 が偏差平方和 S を n ではなく，$n-1$ で割っていた理由と同じようなものと捉えておけば十分である．

t 分布は，**スチューデントの t 分布**（Student's t-distribution）とも呼ばれる．図 6.1 は，例として，自由度 2，5，10，25 の t 分布と標準正規分布 $N(0, 1^2)$ のグラフを示したものである．t 分布の形状は単峰かつ対称で，標準正規分布 $N(0, 1^2)$ に似ているが，裾がより重たく，ばらつきが大きな分布になっている．特に自由度が小さいとき（データ数 n が小さいとき）はばらつきが大きく，自由度が大きくなると（データ数 n が大きくなると）$N(0, 1^2)$ に近づいていく．直感的には，データ数 n が大きければ，標本標準偏差 s の精度が良くなり，母標準偏差 σ を用いているのとほとんど変わらなくなる，と考えられるから，$N(0, 1^2)$ に近づいていくのは自然なことであると言える．実際，自由度が 25 になると，$N(0, 1^2)$ とほとんど区別が付かないグラフになっている．

なお，t 分布の具体的な確率密度関数の式は少し複雑な式になっているため，興味ある読者のために (5) 項に補足として記すことにするが，平均と分散については紹介しておこう．

一般に，x が自由度 ϕ の t 分布に従うとき（$x \sim t(\phi)$），その平均と分散は以下のようになる（これの導出は第 6.3.3 項を参照）．

$$E(x) = 0 \text{（ただし，} \phi > 1\text{），} \qquad V(x) = \frac{\phi}{\phi - 2} \text{（ただし，} \phi > 2\text{）} \tag{6.8}$$

分布形が対称なため，平均は 0 となり，分散は自由度が小さいときは大きいが，自由度が大きくなると 1 に近づいていくことがわかる．なお，自由度が 2 のときは分散は存在せず，特に自由度が 1 だと平均も存在しない．これについては，(6) 項で少し触れておくことにする．

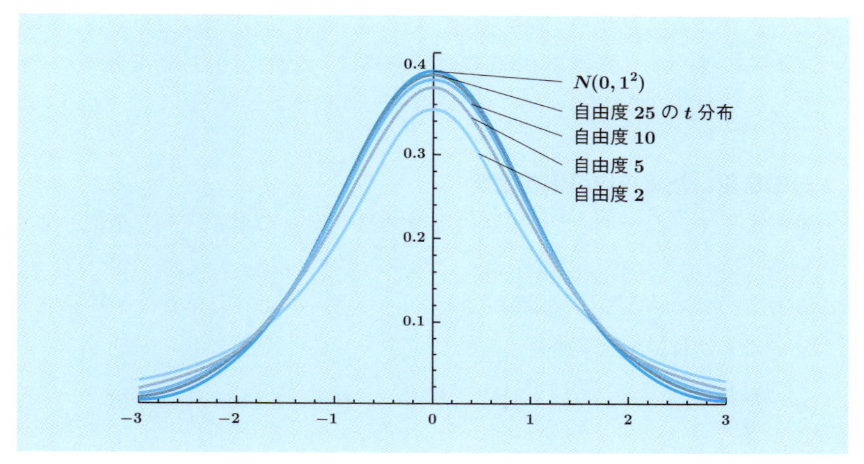

図 6.1 自由度 2, 5, 10, 25 の t 分布と標準正規分布 $N(0, 1^2)$ のグラフ

(3) t 分布のパーセント点

t 分布を区間推定などに用いようとすると，正規分布のときと同様にパーセント点が必要になる．例えば，両側確率が 0.05 になる点を考えると，標準正規分布の場合は 1.96 であったが，t 分布の場合は当然これとは異なる値になり，さらに自由度 ϕ によっても値は変わることになる．(5) 項に示した確率密度関数をもとにコンピュータを使って計算すれば求めることができるが，計算結果の値を表にしたものがよく用いられており，巻末 p.304 の **t 分布表**がそれにあたる．

t 分布表において，$t(\phi, P)$ は，自由度 ϕ の t 分布に従う確率変数 x の両側確率が P になる点（両側 $100P$％点）を表している．ここで，正規分布表とは異なり，P が両側確率を表していることに注意してほしい．例えば，標準正規分布の両側確率 0.01 の点を知りたい場合は，正規分布表での P は片側確率を表しているため，$P = 0.005$ のところ（$K_{0.005} = 2.576$）を見る必要があったが，自由度 $\phi = 10$ の t 分布の両側確率 0.01 の点を知りたい場合は，t 分布表で $\phi = 10, P = 0.01$ のところ（$t(10, 0.01) = 3.169$）を見ればよい．また，標準正規分布の片側確率 0.01 の点を知りたい場合は，$P = 0.01$ のところ（$K_{0.01} = 2.326$）を見ればよかったが，自由度 $\phi = 10$ の t 分布の片側確率 0.01 の点を知りたい場合は，t 分布表での P は両側確率を表しているため，$\phi = 10, P = 0.02$ のところ（$t(10, 0.02) = 2.764$）を見る必要がある．

自由度が大きくなると t 分布は標準正規分布に近づいていくと述べたが，実際，t 分布表において自由度 ϕ が大きいところの値を見ていくと，正規分布表の値に近づいていくのがわかる．例えば，両側確率 0.05 の点であれば，$t(\phi, 0.05)$ の値を見ると，ϕ が大きくなるにつれて 1.96（$= K_{0.025}$）に近づいていき，$\phi = \infty$ では 1.96 になっている．また，片側確率 0.05 の点であれば，$t(\phi, 0.10)$ の値を見ると，ϕ が大きくなるにつれて 1.645（$= K_{0.05}$）に近づいていき，$\phi = \infty$ では 1.645 になっている．

(4) t 分布を用いた母平均の信頼区間

以上を踏まえて，母分散 σ^2 が未知の場合の母平均 μ の信頼区間を構成しよう．

正規母集団 $N(\mu, \sigma^2)$ からの大きさ n の無作為標本 $x_1, x_2, \ldots, x_n$ が得られるとする．このとき，$\overline{x} = \frac{1}{n}\sum_{i=1}^{n} x_i$ および $s^2 = \frac{\sum_{i=1}^{n}(x_i - \overline{x})^2}{n-1}$ とおくと，$\frac{\sqrt{n}(\overline{x}-\mu)}{s}$ は自由度 $n-1$ の t 分布に従うことから，

$$P\left(-t(n-1, 0.05) < \frac{\sqrt{n}(\overline{x}-\mu)}{s} < t(n-1, 0.05)\right) = 0.95$$

であることがわかる．これを式変形すると，

$$P\left(\overline{x} - t(n-1, 0.05)\frac{s}{\sqrt{n}} < \mu < \overline{x} + t(n-1, 0.05)\frac{s}{\sqrt{n}}\right) = 0.95$$

となる．したがって，母平均 μ の信頼率 0.95 の信頼区間（95％信頼区間）は，

$$\left(\overline{x} - t(n-1, 0.05)\frac{s}{\sqrt{n}},\ \ \overline{x} + t(n-1, 0.05)\frac{s}{\sqrt{n}}\right) \tag{6.9}$$

となる（あるいは，簡略化して $\overline{x} \pm t(n-1, 0.05)\frac{s}{\sqrt{n}}$ と表す）．

なお，サンプルサイズ n が大きくなると，t 分布表より，$t(n-1, 0.05)$ は 1.96 に近づくことから，n が大きければ，第 6.2.1 項で導いた母分散 σ^2 が既知の場合の母平均 μ の信頼区間において σ を s に単に置き換えたものとほぼ同じになることが確かめられる．t 分布表では，自由度が 30 を超えると値があまり与えられていないが，自由度が 30 を超えるくらいになると，正規分布表でのパーセント点とほとんど値が変わらないため，だいたいサンプルサイズ n が 25 ～ 30 を超えたときは（すなわち，大標本であるときは），σ が未知な場合はそのまま s に置き換えてしまい，t 分布表を見ずに正規分布表のパーセント点を近似的に用いることも多い．

他の信頼率の信頼区間も同様に計算することができる．例えば，信頼率 0.90 の信頼区間（90％信頼区間）は，次のようになる．

$$\left(\overline{x} - t(n-1, 0.10)\frac{s}{\sqrt{n}},\ \ \overline{x} + t(n-1, 0.10)\frac{s}{\sqrt{n}}\right)$$

また，信頼率 0.99 の信頼区間（99％信頼区間）は，以下で与えられる．

$$\left(\overline{x} - t(n-1, 0.01)\frac{s}{\sqrt{n}},\ \ \overline{x} + t(n-1, 0.01)\frac{s}{\sqrt{n}}\right)$$

(5) t 分布の確率密度関数

自由度 ϕ の t 分布の確率密度関数は，具体的には以下のように書ける．

$$f(x) = \frac{1}{\sqrt{\phi\pi}} \frac{\Gamma\left(\frac{\phi+1}{2}\right)}{\Gamma\left(\frac{\phi}{2}\right)} \left(1 + \frac{x^2}{\phi}\right)^{-\frac{\phi+1}{2}} \quad (-\infty < x < \infty) \tag{6.10}$$

ただし，$\Gamma(\cdot)$ は，

$$\Gamma(\beta) = \int_0^\infty x^{\beta-1} e^{-x} dx$$

で定義される**ガンマ関数**（gamma function）であり（ただし $\beta > 0$），β が整数のとき

$$\Gamma(\beta) = (\beta-1) \times (\beta-2) \times \cdots \times 3 \times 2 \times 1 = (\beta-1)!$$

となり，β が「整数 $+ 0.5$」のとき

$$\Gamma(\beta) = (\beta-1) \times (\beta-2) \times \cdots \times 2.5 \times 1.5 \times 0.5 \times \sqrt{\pi}$$

となる（この式の確認については第 6.3.2 項 (2) を参照）．ただし，$\Gamma(1) = 1$ および $\Gamma(0.5) = \sqrt{\pi}$ である．例えば，β が整数の場合の例をいくつか挙げると，

$$\Gamma(5) = 4! = 4 \times 3 \times 2 \times 1 = 24$$
$$\Gamma(3) = 2! = 2 \times 1 = 2$$
$$\Gamma(2) = 1! = 1$$

であり，β が「整数 $+ 0.5$」の場合の例をいくつか挙げると，以下のようになる．

$$\Gamma(4.5) = 3.5 \times 2.5 \times 1.5 \times 0.5 \times \sqrt{\pi} = 6.5625\sqrt{\pi}$$
$$\Gamma(2.5) = 1.5 \times 0.5 \times \sqrt{\pi} = 0.75\sqrt{\pi}$$
$$\Gamma(1.5) = 0.5\sqrt{\pi}$$

(6) コーシー分布

自由度が $\phi = 1$ の t 分布は**コーシー分布**（Cauchy distribution）とも呼ばれる．コーシー分布は平均も分散も存在しないという特殊な性質を持つ確率分布として知られる．コーシー分布の確率密度関数は次のように表される．

$$f(x) = \frac{1}{\pi(1+x^2)} \quad (-\infty < x < \infty)$$

これを用いて，平均 $E(x)$ や 2 次モーメント $E(x^2)$ を計算しようとすると，以下のように平均は不定，2 次モーメントは ∞ となる．

$$E(x)=\int_{-\infty}^{\infty} x\frac{1}{\pi(1+x^2)}dx=\left[\frac{1}{2\pi}\ln(1+x^2)\right]_{-\infty}^{\infty}$$
$$=\text{不定}$$
$$E(x^2)=\int_{-\infty}^{\infty} x^2\frac{1}{\pi(1+x^2)}dx \geq \frac{2}{\pi}\int_{1}^{\infty}\frac{x^2}{1+x^2}dx \geq \frac{2}{\pi}\int_{1}^{\infty}\frac{1}{2}dx=\frac{2}{\pi}\left[\frac{1}{2}x\right]_{1}^{\infty}$$
$$=\infty$$

さらに，積率母関数 $M(t)=E(e^{tx})$ は（モーメントが発散するため）存在しない．一方，特性関数 $\psi(t)=E(e^{itx})$ は求めることができ（計算式は省略する），$\psi(t)=e^{-|t|}$ となるが，この関数は $t=0$ で微分不可能であり，第5.4.4項(2)で行ったような

$$\psi(t)=\psi(0)+\psi'(0)t+\frac{1}{2!}\psi''(0)t^2+\frac{1}{3!}\psi'''(0)t^3+\frac{1}{4!}\psi''''(0)t^4+\cdots$$

といった展開ができない関数であるため，中心極限定理が成り立たない例外的な分布である（すなわち，コーシー分布に従う確率変数を数多く観測しても，その標本平均 $\overline{x}$ の分布は正規分布には収束しない）．

(7)　サンクトペテルブルクのパラドックス

確率変数の平均や分散が存在しないことは，あり得ることである．例えば，有名な例として，**サンクトペテルブルクのパラドックス**（St. Petersburg paradox）というものがある．表が出る確率 $p=0.5$ のコインを初めて裏が出るまで投げ，x 回目に初めて裏が出たとすると，$z=2^x$ 円がもらえるゲームがあるとする．例えば，1投目で裏が出たら2円，3投目で初めて裏が出たら $2^3=8$ 円もらえる．このゲームで得られる金額 z の平均を計算すると，

$$E(z)=E(2^x)=\sum_{x=1}^{\infty}2^x\times 0.5^{x-1}(1-0.5)=\sum_{x=1}^{\infty}2^x\times 0.5^x=\sum_{x=1}^{\infty}1=\infty$$

と ∞ になってしまう．なお，$p<0.5$ であれば平均が有限になり，

$$E(z)=E(2^x)=\sum_{x=1}^{\infty}2^xp^{x-1}(1-p)=\sum_{x=1}^{\infty}2(1-p)(2p)^{x-1}=\frac{2(1-p)}{1-2p}$$

となる．より一般には，表が出る確率が p のコインを初めて裏が出るまで投げ，x 回目に初めて裏が出たとすると，$z=r^x$ 円がもらえるゲームがあるとする．このとき，平均が有限になる条件は $p<\frac{1}{r}$ であり，そのときの平均は以下のようになる．

$$E(z)=E(r^x)=\sum_{x=1}^{\infty}r^xp^{x-1}(1-p)=\sum_{x=1}^{\infty}r(1-p)(rp)^{x-1}=\frac{r(1-p)}{1-rp}$$

例題 6.3（例題 6.2 の類題） ある製品の重量（単位は g）の分布は正規分布 $N(\mu, \sigma^2)$ であると見なすことができるとする．無作為に選んだ 9 個の製品の重量の測定値が

$$325, \quad 327, \quad 318, \quad 323, \quad 320, \quad 331, \quad 325, \quad 317, \quad 321$$

であった．このとき，μ の 95 %信頼区間および 99 %信頼区間を求めなさい．

解答 $\overline{x} = 323.0$，$s = \sqrt{\frac{\sum_{i=1}^{n}(x_i - \overline{x})^2}{n-1}} = \sqrt{\frac{162}{9-1}} = \sqrt{20.25} = 4.50$ と計算される．t 分布表より $t(8, 0.05) = 2.306$ であるので，μ の 95 %信頼区間は

$$\overline{x} \pm t(n-1, 0.05)\frac{s}{\sqrt{n}} = 323.0 \pm 2.306 \times \frac{4.50}{\sqrt{9}} = 323.0 \pm 3.459$$

より，(319.541, 326.459) となる．また，$t(8, 0.01) = 3.355$ であるので，μ の 99 %信頼区間は

$$\overline{x} \pm t(n-1, 0.01)\frac{s}{\sqrt{n}} = 323.0 \pm 3.355 \times \frac{4.50}{\sqrt{9}} = 323.0 \pm 5.0325$$

より，(317.9675, 328.0325) となる．□

6.2.3 母集団の正規性を仮定できない場合の母平均 μ の区間推定

中心極限定理に基づく正規分布への近似

第 6.2.1 項および第 6.2.2 項では，母集団分布が正規分布であるという仮定をおいていたが，これが成り立たないと想定した方がよい場合も多い．母集団分布が正規分布ではない場合に，母平均 μ の区間推定を一般的に議論するのは簡単ではない（第 7 章以降で扱う統計的仮説検定でもその事情は同様である）．

しかし，データ数 n が十分に大きいとき（目安として $n \geq 25 \sim 30$ 程度），すなわち大標本のとき，母集団分布が正規分布ではなくても，中心極限定理により，標本平均 $\overline{x}$ の確率分布を正規分布 $N\left(\mu, \left(\frac{\sigma}{\sqrt{n}}\right)^2\right)$ で近似することができる．したがって，近似的に母平均 μ の 95 %信頼区間を

$$\left(\overline{x} - 1.96\frac{\sigma}{\sqrt{n}}, \quad \overline{x} + 1.96\frac{\sigma}{\sqrt{n}}\right)$$

と表すことができる．さらに，母標準偏差 σ が未知な場合でも，データ数 n が十分に大きいことから，代わりに標本標準偏差 $s = \sqrt{\frac{1}{n-1}S} = \sqrt{\frac{\sum_{i=1}^{n}(x_i - \overline{x})^2}{n-1}}$ をそのまま用いても大きな誤差は生じないと考えられる．したがって，大標本のとき，近似的に母平均 μ の 95 %信頼区間は次のように表すことができる．

$$\left(\overline{x} - 1.96\frac{s}{\sqrt{n}},\ \ \overline{x} + 1.96\frac{s}{\sqrt{n}}\right) \tag{6.11}$$

他の信頼率の信頼区間も同様である．例えば，99%信頼区間であれば，式(6.11)の $K_{0.025} = 1.96$ を $K_{0.005} = 2.576$ にすればよい．

例題 6.4 ある動物の体長（単位はcm）の母平均 μ を調べるために，60匹を無作為に選んで測定したところ，標本平均は $\overline{x} = 14.5$，標本標準偏差は $s = 2.50$ であった．このとき，μ の95%信頼区間を求めなさい．

解答 大標本（$n = 60$）であるから，$\overline{x}$ は近似的に正規分布 $N\left(\mu, \left(\frac{\sigma}{\sqrt{n}}\right)^2\right)$ に従っていると考え，また，σ を s で代用することにする．したがって，μ の95%信頼区間は，

$$\overline{x} \pm 1.96\frac{s}{\sqrt{n}} = 14.5 \pm 1.96 \times \frac{2.50}{\sqrt{60}} \cong 14.5 \pm 0.633$$

より，(13.867, 15.133) と求められる．□

6.2.4 母分散 σ^2 の区間推定

(1) 基本的な考え方

母分散 σ^2 の点推定については既に述べたとおり，標本分散 $s^2 = \frac{1}{n-1}S = \frac{\sum_{i=1}^{n}(x_i-\overline{x})^2}{n-1}$ は母分散 σ^2 の不偏推定量である．この事実は，母集団分布に（正規分布などの）仮定をおかなくても成り立っている．一方，さらに進んで，母分散 σ^2 の区間推定を行うことを考えると，偏差平方和 $S = \sum_{i=1}^{n}(x_i - \overline{x})^2$ の標本分布に関する知識が必要になる．これを議論するため，母集団分布が正規分布であるという仮定をおく．母集団分布が正規分布であるから，$x_1, x_2, \ldots, x_n$ は正規分布に従うが，$S = \sum_{i=1}^{n}(x_i - \overline{x})^2$ の分布は正規分布にはならない．

(2) χ^2 分布の導入：$\frac{S}{\sigma^2} = \frac{\sum_{i=1}^{n}(x_i-\overline{x})^2}{\sigma^2}$ の標本分布

正規母集団 $N(\mu, \sigma^2)$ からの大きさ n の無作為標本を $x_1, x_2, \ldots, x_n$ とおく．このとき，$S = \sum_{i=1}^{n}(x_i - \overline{x})^2$ とおくと，$\frac{S}{\sigma^2}$ は**自由度 $n-1$ の χ^2 分布**（χ^2-distribution with $n-1$ degrees of freedom）に従う．χ^2 分布（chi-squared distribution）はカイ2乗分布と読む．これを

$$\frac{S}{\sigma^2} \sim \chi^2(n-1) \tag{6.12}$$

と表す．標本分散 $s^2 = \frac{1}{n-1}S = \frac{\sum_{i=1}^{n}(x_i-\overline{x})^2}{n-1}$ を用いると，$S = (n-1)s^2$ であるから，これを代入すれば，次のようになる．

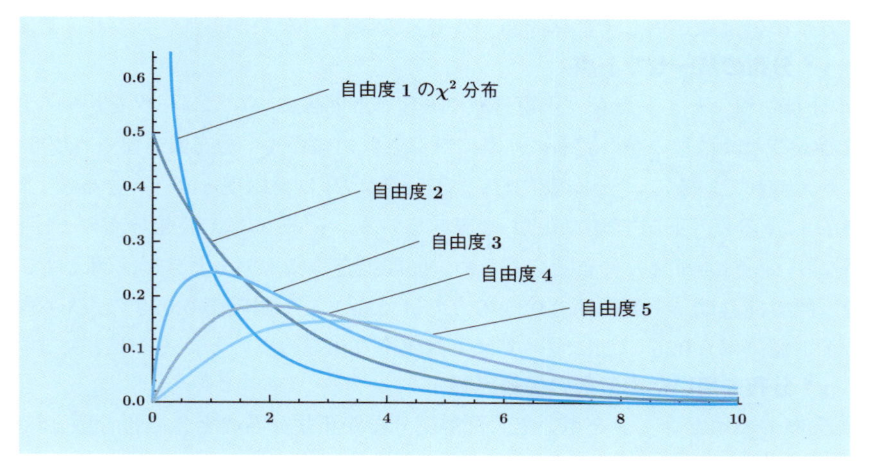

図 6.2　自由度 1，2，3，4，5 の χ^2 分布の確率密度関数

$$\frac{(n-1)s^2}{\sigma^2} \sim \chi^2(n-1) \tag{6.13}$$

χ^2 分布の確率密度関数の式は (5) 項で紹介するが，0 以上の値しかとらず，かつ，右に裾を引いた分布になっている．自由度 1，2，3，4，5 の χ^2 分布の確率密度関数を図 6.2 に示す．

χ^2 分布の平均と分散の関係は少し特徴的なので紹介しておくと，x が自由度 ϕ の χ^2 分布に従うとき（$x \sim \chi^2(\phi)$），その平均と分散は以下のようになる（これの導出は第 6.3.2 項を参照）．

$$E(x) = \phi, \qquad V(x) = 2\phi \tag{6.14}$$

分散が平均のちょうど 2 倍になるという関係がある．

これより，母集団分布が正規分布であるときの標本分散 s^2 の標準誤差を以下のように求めることができる．

$$\begin{aligned} V(s^2) &= V\left(\frac{S}{n-1}\right) = V\left(\frac{\sigma^2}{n-1}\frac{S}{\sigma^2}\right) = \frac{\sigma^4}{(n-1)^2}V\left(\frac{S}{\sigma^2}\right) \\ &= \frac{\sigma^4}{(n-1)^2}2(n-1) = \frac{2\sigma^4}{n-1} \end{aligned}$$

となり，標本分散 s^2 の標準誤差は $\frac{\sqrt{2}\sigma^2}{\sqrt{n-1}}$ となることがわかる．直感的に当然のことではあるが，データ数 n が増えるほど，s^2 の推定精度は良くなる．また，標本平均 $\overline{x}$ の標準誤差は $\frac{\sigma}{\sqrt{n}}$ であったから，いずれもデータ数 n が増えることによって n

の平方根にほぼ反比例して標準誤差が小さくなることがわかる.

(3) χ^2 分布のパーセント点

χ^2 分布のパーセント点も,正規分布や t 分布と同様にコンピュータを用いなければ求めることは難しいが,従来より既に計算された値が **χ^2 分布表**(巻末 p.305)として与えられている.χ^2 分布表において,$\chi^2(\phi, P)$ は自由度 ϕ の χ^2 分布の上側確率が P になる点(上側 $100P$ %点)を表している.χ^2 分布は,正規分布や t 分布とは異なり,左右非対称の分布であるため,区間推定等に用いるときは,例えば 95 %信頼区間であれば,上側確率 0.025 の点だけでなく,下側確率 0.025 の点も必要になる.下側確率 0.025 の点については上側確率 0.975 の点のところを見ればよい.

(4) χ^2 分布を用いた母分散の信頼区間

χ^2 分布のパーセント点を用いて,母集団分布が正規分布のときの母分散 σ^2 の信頼区間を以下のように構成することができる.

正規母集団 $N(\mu, \sigma^2)$ からの大きさ n の無作為標本を $x_1, x_2, \ldots, x_n$ とおく.このとき,$S = \sum_{i=1}^{n}(x_i - \overline{x})^2$ とおくと,$\frac{S}{\sigma^2} \sim \chi^2(n-1)$ であることから,

$$P\left(\chi^2(n-1, 0.975) < \frac{S}{\sigma^2} < \chi^2(n-1, 0.025)\right) = 0.95$$

となる.これを式変形すると,

$$P\left(\frac{S}{\chi^2(n-1, 0.025)} < \sigma^2 < \frac{S}{\chi^2(n-1, 0.975)}\right) = 0.95$$

となる.したがって,母分散 σ^2 の信頼率 0.95 の信頼区間(95 %信頼区間)は以下のように表される.

$$\left(\frac{S}{\chi^2(n-1, 0.025)},\ \frac{S}{\chi^2(n-1, 0.975)}\right) \tag{6.15}$$

なお,母標準偏差 σ の信頼区間については,同様に

$$P\left(\sqrt{\frac{S}{\chi^2(n-1, 0.025)}} < \sigma < \sqrt{\frac{S}{\chi^2(n-1, 0.975)}}\right) = 0.95$$

であるから,σ の 95 %信頼区間は,次のようになる.

$$\left(\sqrt{\frac{S}{\chi^2(n-1, 0.025)}},\ \sqrt{\frac{S}{\chi^2(n-1, 0.975)}}\right) \tag{6.16}$$

他の信頼率の信頼区間も同様に計算することができる.例えば,母分散 σ^2 と母標準偏差 σ の 99 %信頼区間は,順にそれぞれ以下のようになる.

$$\left(\frac{S}{\chi^2(n-1,\ 0.005)},\ \frac{S}{\chi^2(n-1,\ 0.995)}\right)$$

$$\left(\sqrt{\frac{S}{\chi^2(n-1,\ 0.005)}},\ \sqrt{\frac{S}{\chi^2(n-1,\ 0.995)}}\right)$$

(5) χ^2 分布の確率密度関数

自由度 ϕ の χ^2 分布の確率密度関数は，以下のように表される．

$$f(x) = \frac{1}{2\Gamma\left(\frac{\phi}{2}\right)}\left(\frac{x}{2}\right)^{\frac{\phi}{2}-1} e^{-\frac{x}{2}} \quad (x > 0) \tag{6.17}$$

自由度が $\phi = 2$ のときの χ^2 分布は，指数分布 $Ex(0.5)$ になっている．また，より広く，確率密度関数が

$$f(x) = \frac{1}{\Gamma(k)\theta}\left(\frac{x}{\theta}\right)^{k-1} e^{-\frac{x}{\theta}} \quad (x > 0)$$

と表される分布をガンマ分布 $\Gamma(k,\theta)$ と呼び，その平均は $k\theta$，分散は $k\theta^2$ となる．自由度 ϕ の χ^2 分布は，パラメータが $k = \frac{\phi}{2}$，$\theta = 2$ のガンマ分布 $\Gamma\left(\frac{\phi}{2}, 2\right)$ と見ることもできる．

(6) 母標準偏差 σ の不偏推定量

標本分散 $s^2 = \frac{1}{n-1}S$ は母分散 σ^2 の不偏推定量であるが，標本標準偏差 $s = \sqrt{\frac{1}{n-1}S}$ は母標準偏差 σ の不偏推定量ではない．$E(s^2) = \sigma^2$ は正しいが，だからといって $E(s) = \sigma$ とはならない（期待値の線形性は，あくまで線形変換に対して成り立つものである）ことに注意する．実際，母集団分布が正規分布 $N(\mu, \sigma^2)$ のとき，

$$\frac{S}{\sigma^2} = \frac{(n-1)s^2}{\sigma^2} \sim \chi^2(n-1)$$

の事実をもとに $s = \sqrt{\frac{1}{n-1}S}$ の期待値を求めると，積分計算により（詳細は省く），

$$E(s) = \frac{\Gamma\left(\frac{n}{2}\right)}{\sqrt{\frac{n-1}{2}}\,\Gamma\left(\frac{n-1}{2}\right)}\sigma$$

となる．これは σ には一致しないから，s は σ の不偏推定量ではない．

参考までに $\frac{\Gamma\left(\frac{n}{2}\right)}{\sqrt{\frac{n-1}{2}}\Gamma\left(\frac{n-1}{2}\right)}$ の値は**表 6.1** のようになる（小数点第 4 位を四捨五入して小数点第 3 位までにした）．少し小さめにバイアスが生じていることがわかるが，n がある程度大きければ大きな偏りはない．

なお，不偏推定量であることに強くこだわるのであれば，

$$\widehat{\sigma} = \frac{\sqrt{\frac{n-1}{2}}\,\Gamma\left(\frac{n-1}{2}\right)}{\Gamma\left(\frac{n}{2}\right)} s = \frac{\sqrt{\frac{n-1}{2}}\,\Gamma\left(\frac{n-1}{2}\right)}{\Gamma\left(\frac{n}{2}\right)} \sqrt{\frac{S}{n-1}}$$

とおけば，$\widehat{\sigma}$ は母標準偏差 σ の不偏推定量となる．この標準偏差 s に掛ける係数の値は表 6.1 の値の逆数になる．母分散 σ^2 の推定量 $s^2 = \frac{1}{n-1}S$ との整合性がとれなくなることによるわかりづらさや混乱があるため，あえて不偏推定量を用いないことも多い．一方，データ数 n が小さいときは特に標準偏差の値を小さめに見積もってしまうことが問題と考え，不偏推定量にすることが推奨されることがある．

表 6.1 $\frac{\Gamma\left(\frac{n}{2}\right)}{\sqrt{\frac{n-1}{2}}\,\Gamma\left(\frac{n-1}{2}\right)}$ の値の表

n	$\frac{\Gamma\left(\frac{n}{2}\right)}{\sqrt{\frac{n-1}{2}}\,\Gamma\left(\frac{n-1}{2}\right)}$	n	$\frac{\Gamma\left(\frac{n}{2}\right)}{\sqrt{\frac{n-1}{2}}\,\Gamma\left(\frac{n-1}{2}\right)}$
2	0.798	10	0.973
3	0.886	20	0.987
4	0.921	30	0.991
5	0.940	50	0.995

例題 6.5（例題 6.2，例題 6.3 の類題） ある製品の重量（単位は g）の分布は正規分布 $N(\mu, \sigma^2)$ であると見なすことができるとする．無作為に選んだ 9 個の製品の重量の測定値が

325,　327,　318,　323,　320,　331,　325,　317,　321

であった．このとき，母分散 σ^2 および母標準偏差 σ それぞれの 95 %信頼区間を求めなさい．

解答 偏差平方和は $S = \sum_{i=1}^{n}(x_i - \overline{x})^2 = 162$ となることから，標本分散は $s^2 = \frac{1}{n-1}S = \frac{162}{8} = 20.25$，標本標準偏差は $s = \sqrt{s^2} = 4.50$ となる．χ^2 分布表より，$\chi^2(8, 0.975) = 2.18$，$\chi^2(8, 0.025) = 17.53$ であるから，母分散 σ^2 の 95 %信頼区間は

$$\left(\frac{S}{\chi^2(n-1, 0.025)}, \frac{S}{\chi^2(n-1, 0.975)}\right) = \left(\frac{162}{17.53}, \frac{162}{2.18}\right) \cong (9.241,\ 74.312)$$

となり，母標準偏差 σ の 95 %信頼区間は，次のようになる．

$$\left(\sqrt{\frac{162}{17.53}}, \sqrt{\frac{162}{2.18}}\right) \cong (3.040,\ 8.620)$$

□

6.3　χ^2 分布，t 分布と各種統計量の標本分布

6.3.1　各分布の定義と数学的性質

第 6.2 節では，詳細な説明なしに χ^2 分布と t 分布を導入したが，本来，それぞれの分布には定義があり，その定義を踏まえて，$\frac{1}{\sigma^2}S$ が自由度 $n-1$ の χ^2 分布に従い，また，$\frac{\sqrt{n}(\overline{x}-\mu)}{s}$ が自由度 $n-1$ の t 分布に従うことが示される．本節では，その内容を紹介していこう．ただし，数学的に高度な計算をしているところがあるので，本節は読み飛ばしてもよい．

6.3.2　χ^2 分布

(1)　χ^2 分布

自由度 ϕ の $\boldsymbol{\chi^2}$ **分布**（$\chi^2(\phi)$ と表記する）とは，標準正規分布 $N(0,1^2)$ に独立に従う ϕ 個の確率変数の 2 乗和が従う分布である．すなわち，$u_1, u_2, \ldots, u_\phi$ が独立に $N(0,1^2)$ に従うとき，

$$\sum_{i=1}^{\phi} u_i^2 \sim \chi^2(\phi)$$

となる．その確率密度関数は，以下で表される．

$$f(x) = \frac{1}{2\Gamma\left(\frac{\phi}{2}\right)}\left(\frac{x}{2}\right)^{\frac{\phi}{2}-1} e^{-\frac{x}{2}} \quad (x > 0)$$

まず，確率密度関数の全確率が 1 になること（確率密度関数が持つべき性質）を確認しておこう．

$$\begin{aligned}\int_0^\infty f(x)dx &= \int_0^\infty \frac{1}{2\Gamma\left(\frac{\phi}{2}\right)}\left(\frac{x}{2}\right)^{\frac{\phi}{2}-1} e^{-\frac{x}{2}}dx \\ &= \frac{1}{2\Gamma\left(\frac{\phi}{2}\right)}\int_0^\infty 2y^{\frac{\phi}{2}-1}e^{-y}dy = \frac{1}{2\Gamma\left(\frac{\phi}{2}\right)}2\Gamma\left(\frac{\phi}{2}\right) = 1\end{aligned}$$

ここで，途中で $x = 2y$ の変数変換を行った．

(2)　ガンマ関数

続いて，平均および分散を計算するために，先にガンマ関数

$$\Gamma(\beta) = \int_0^\infty x^{\beta-1}e^{-x}dx$$

において，$\Gamma(\beta+1) = \beta\Gamma(\beta)$ という式が成り立つことを示しておく．

$$\Gamma(\beta+1)=\int_0^\infty x^\beta e^{-x}dx=\left[-x^\beta e^{-x}\right]_0^\infty-\int_0^\infty -\beta x^{\beta-1}e^{-x}dx=\beta\Gamma(\beta)$$

ここでは部分積分を用いた．また，

$$\Gamma(1)=\int_0^\infty e^{-x}dx=\left[-e^{-x}\right]_0^\infty=1$$

および

$$\begin{aligned}\Gamma\left(\frac{3}{2}\right)&=\int_0^\infty x^{\frac{1}{2}}e^{-x}dx=\int_0^\infty ye^{-y^2}(2y)dy=\int_{-\infty}^\infty y^2e^{-y^2}dy\\&=\int_{-\infty}^\infty \frac{1}{2}z^2e^{-\frac{1}{2}z^2}\left(\frac{1}{\sqrt{2}}\right)dz=\frac{\sqrt{\pi}}{2}\int_{-\infty}^\infty z^2\frac{1}{\sqrt{2\pi}}e^{-\frac{1}{2}z^2}dz=\frac{\sqrt{\pi}}{2}\end{aligned}$$

であり（最後の積分が1になることは，第5.1.2項(1)の分散の導出の中で示されている），$\Gamma(\beta+1)=\beta\Gamma(\beta)$ より，

$$\Gamma\left(\frac{1}{2}\right)=2\Gamma\left(\frac{3}{2}\right)=2\frac{\sqrt{\pi}}{2}=\sqrt{\pi}$$

であるから，β が整数のとき，

$$\Gamma(\beta)=(\beta-1)\times(\beta-2)\times\cdots\times 3\times 2\times 1=(\beta-1)!$$

となり，β が「整数+0.5」のとき，以下の式になることが確かめられる．

$$\Gamma(\beta)=(\beta-1)\times(\beta-2)\times\cdots\times 2.5\times 1.5\times 0.5\times\sqrt{\pi}$$

(3) χ^2 分布の平均と分散

さて，$\Gamma(\beta+1)=\beta\Gamma(\beta)$ の性質を用いて，自由度 ϕ の χ^2 分布の平均と分散を計算しよう．

$x\sim\chi^2(\phi)$ とおく．すると，

$$\begin{aligned}E(x)&=\int_0^\infty x\frac{1}{2\Gamma(\frac{\phi}{2})}\left(\frac{x}{2}\right)^{\frac{\phi}{2}-1}e^{-\frac{x}{2}}dx=\int_0^\infty 2\frac{1}{2\Gamma(\frac{\phi}{2})}\left(\frac{x}{2}\right)^{\frac{\phi+2}{2}-1}e^{-\frac{x}{2}}dx\\&=\frac{2\Gamma(\frac{\phi+2}{2})}{\Gamma(\frac{\phi}{2})}\int_0^\infty\frac{1}{2\Gamma(\frac{\phi+2}{2})}\left(\frac{x}{2}\right)^{\frac{\phi+2}{2}-1}e^{-\frac{x}{2}}dx\\&=\frac{2\Gamma(\frac{\phi+2}{2})}{\Gamma(\frac{\phi}{2})}=\frac{2\ \frac{\phi}{2}\ \Gamma(\frac{\phi}{2})}{\Gamma(\frac{\phi}{2})}=\phi\end{aligned}$$

より（2行目の式の被積分関数が $\chi^2(\phi+2)$ の確率密度関数になっているから，積分が1になることに注意），$E(x)=\phi$ が確かめられる．また，

$$
\begin{aligned}
E(x^2) &= \int_0^\infty x^2 \frac{1}{2\Gamma\left(\frac{\phi}{2}\right)}\left(\frac{x}{2}\right)^{\frac{\phi}{2}-1} e^{-\frac{x}{2}}dx = \int_0^\infty 4\frac{1}{2\Gamma\left(\frac{\phi}{2}\right)}\left(\frac{x}{2}\right)^{\frac{\phi+4}{2}-1} e^{-\frac{x}{2}}dx \\
&= \frac{4\Gamma\left(\frac{\phi+4}{2}\right)}{\Gamma\left(\frac{\phi}{2}\right)}\int_0^\infty \frac{1}{2\Gamma\left(\frac{\phi+4}{2}\right)}\left(\frac{x}{2}\right)^{\frac{\phi+4}{2}-1} e^{-\frac{x}{2}}dx = \frac{4\Gamma\left(\frac{\phi+4}{2}\right)}{\Gamma\left(\frac{\phi}{2}\right)} \\
&= \frac{4\ \frac{\phi+2}{2}\ \Gamma\left(\frac{\phi+2}{2}\right)}{\Gamma\left(\frac{\phi}{2}\right)} = \frac{4\ \frac{\phi+2}{2}\ \frac{\phi}{2}\ \Gamma\left(\frac{\phi}{2}\right)}{\Gamma\left(\frac{\phi}{2}\right)} = \phi\,(\phi+2)
\end{aligned}
$$

より，分散は次のようになる．

$$
V(x) = E(x^2) - (E(x))^2 = \phi(\phi+2) - \phi^2 = 2\phi
$$

なお，積分計算をするのではなく，χ^2 分布の定義（$u_1, u_2, \ldots, u_\phi$ が独立に $N(0,1^2)$ に従うとき，$\sum_{i=1}^{\phi} u_i^2 \sim \chi^2(\phi)$）に基づいて，平均と分散を計算することもできる．$u \sim N(0,1^2)$ のとき，

$$
E(u^2) = V(u) + (E(u))^2 = 1 + 0^2 = 1
$$

および

$$
\begin{aligned}
E(u^4) &= \int_{-\infty}^{\infty} u^4 \frac{1}{\sqrt{2\pi}} e^{-\frac{1}{2}u^2} du = \int_{-\infty}^{\infty} (-u^3)(-u)\frac{1}{\sqrt{2\pi}} e^{-\frac{1}{2}u^2} du \\
&= \left[(-u^3)\frac{1}{\sqrt{2\pi}} e^{-\frac{1}{2}u^2}\right]_{-\infty}^{\infty} - \int_{-\infty}^{\infty} (-3u^2)\frac{1}{\sqrt{2\pi}} e^{-\frac{1}{2}u^2} du = 3
\end{aligned}
$$

であるから，$x \sim \chi^2(\phi)$ とおくと，

$$
\begin{aligned}
E(x) &= E\left(\sum_{i=1}^{\phi} u_i^2\right) = \sum_{i=1}^{\phi} E(u_i^2) = \phi \\
E(x^2) &= E\left(\left(\sum_{i=1}^{\phi} u_i^2\right)^2\right) = E\left(\sum_{i=1}^{\phi} u_i^4 + 2\sum_{i=1}^{\phi-1}\sum_{j=i+1}^{\phi} u_i^2 u_j^2\right) = 3\phi + \phi(\phi-1) \\
&= \phi(\phi+2)
\end{aligned}
$$

となり，同じ結果が得られる．

6.3.3　t 分　布

(1)　t 分布

自由度 ϕ の $\boldsymbol{t}$ **分布**（$t(\phi)$ と表記する）は，以下のように定義される．

$u \sim N(0,1^2)$ および $y \sim \chi^2(\phi)$ で両者が独立なとき，

$$\frac{u}{\sqrt{\frac{y}{\phi}}} \sim t(\phi)$$

である．その確率密度関数は，次式で与えられる．

$$f(x) = \frac{1}{\sqrt{\phi\pi}} \frac{\Gamma\left(\frac{\phi+1}{2}\right)}{\Gamma\left(\frac{\phi}{2}\right)} \left(1 + \frac{x^2}{\phi}\right)^{-\frac{\phi+1}{2}} \quad (-\infty < x < \infty)$$

この確率密度関数の全確率が1になることは以下のように確認できる．

まず，

$$\begin{aligned}
\int_{-\infty}^{\infty} f(x)dx &= 2\int_0^{\infty} \frac{1}{\sqrt{\phi\pi}} \frac{\Gamma\left(\frac{\phi+1}{2}\right)}{\Gamma\left(\frac{\phi}{2}\right)} \left(1 + \frac{x^2}{\phi}\right)^{-\frac{\phi+1}{2}} dx \\
&= 2\int_0^{\frac{\pi}{2}} \frac{1}{\sqrt{\phi\pi}} \frac{\Gamma\left(\frac{\phi+1}{2}\right)}{\Gamma\left(\frac{\phi}{2}\right)} \left(1 + \tan^2\theta\right)^{-\frac{\phi+1}{2}} (\sqrt{\phi}\tan\theta)' d\theta \\
&= \frac{2}{\sqrt{\pi}} \frac{\Gamma\left(\frac{\phi+1}{2}\right)}{\Gamma\left(\frac{\phi}{2}\right)} \int_0^{\frac{\pi}{2}} (\cos\theta)^{\phi-1} d\theta
\end{aligned}$$

となる．ここで，

$$\begin{aligned}
\int_0^{\frac{\pi}{2}} (\cos\theta)^{\phi-1} d\theta &= \int_0^{\frac{\pi}{2}} (\cos\theta)^{\phi-2} \cos\theta d\theta \\
&= \Big[(\cos\theta)^{\phi-2}\sin\theta\Big]_0^{\frac{\pi}{2}} - \int_0^{\frac{\pi}{2}} -(\phi-2)(\cos\theta)^{\phi-3}\sin^2\theta d\theta \\
&= \int_0^{\frac{\pi}{2}} (\phi-2)(\cos\theta)^{\phi-3}(1-\cos^2\theta) d\theta \\
&= \int_0^{\frac{\pi}{2}} (\phi-2)(\cos\theta)^{\phi-3} d\theta - \int_0^{\frac{\pi}{2}} (\phi-2)(\cos\theta)^{\phi-1} d\theta
\end{aligned}$$

より，

$$\int_0^{\frac{\pi}{2}} (\cos\theta)^{\phi-1} d\theta = \frac{\phi-2}{\phi-1} \int_0^{\frac{\pi}{2}} (\cos\theta)^{\phi-3} d\theta$$

が成り立つことから，以下のように計算することができる．

$$\begin{aligned}
&\frac{2}{\sqrt{\pi}} \frac{\Gamma\left(\frac{\phi+1}{2}\right)}{\Gamma\left(\frac{\phi}{2}\right)} \int_0^{\frac{\pi}{2}} (\cos\theta)^{\phi-1} d\theta = \frac{2}{\sqrt{\pi}} \frac{\Gamma\left(\frac{\phi+1}{2}\right)}{\Gamma\left(\frac{\phi}{2}\right)} \frac{\phi-2}{\phi-1} \int_0^{\frac{\pi}{2}} (\cos\theta)^{\phi-3} d\theta \\
&\quad = \frac{2}{\sqrt{\pi}} \frac{\Gamma\left(\frac{\phi-1}{2}\right)}{\Gamma\left(\frac{\phi-2}{2}\right)} \int_0^{\frac{\pi}{2}} (\cos\theta)^{\phi-3} d\theta = \frac{2}{\sqrt{\pi}} \frac{\Gamma\left(\frac{\phi-3}{2}\right)}{\Gamma\left(\frac{\phi-4}{2}\right)} \int_0^{\frac{\pi}{2}} (\cos\theta)^{\phi-5} d\theta = \cdots
\end{aligned}$$

$$
= \begin{cases} \dfrac{2}{\sqrt{\pi}} \dfrac{\Gamma(1)}{\Gamma\left(\frac{1}{2}\right)} \displaystyle\int_0^{\frac{\pi}{2}} (\cos\theta)^0 d\theta = \dfrac{2}{\pi}\dfrac{\pi}{2} = 1 & (\phi \text{ が奇数のとき}) \\ \dfrac{2}{\sqrt{\pi}} \dfrac{\Gamma\left(\frac{3}{2}\right)}{\Gamma(1)} \displaystyle\int_0^{\frac{\pi}{2}} (\cos\theta)^1 d\theta = \Big[\sin\theta\Big]_0^{\frac{\pi}{2}} = 1 & (\phi \text{ が偶数のとき}) \end{cases}
$$

(2) t 分布の平均と分散

また，$x \sim t(\phi)$ の平均と分散は以下のように計算される．

準備として，$y \sim \chi^2(\phi)$ のとき，$E\left(\frac{1}{\sqrt{y}}\right)$ を求めると，$\phi > 1$ のとき

$$
E\left(\frac{1}{\sqrt{y}}\right) = \int_0^\infty \frac{1}{\sqrt{y}} \frac{1}{2\Gamma\left(\frac{\phi}{2}\right)} \left(\frac{y}{2}\right)^{\frac{\phi}{2}-1} e^{-\frac{y}{2}} dy = \int_0^\infty \frac{1}{\sqrt{2}} \frac{1}{2\Gamma\left(\frac{\phi}{2}\right)} \left(\frac{y}{2}\right)^{\frac{\phi-1}{2}-1} e^{-\frac{y}{2}} dy
$$

$$
= \frac{1}{\sqrt{2}} \frac{\Gamma\left(\frac{\phi-1}{2}\right)}{\Gamma\left(\frac{\phi}{2}\right)} \int_0^\infty \frac{1}{2\Gamma\left(\frac{\phi-1}{2}\right)} \left(\frac{y}{2}\right)^{\frac{\phi-1}{2}-1} e^{-\frac{y}{2}} dy = \frac{1}{\sqrt{2}} \frac{\Gamma\left(\frac{\phi-1}{2}\right)}{\Gamma\left(\frac{\phi}{2}\right)}
$$

となるが，$\phi = 1$ のとき，

$$
E\left(\frac{1}{\sqrt{y}}\right) = \int_0^\infty \frac{1}{\sqrt{2}} \frac{1}{2\Gamma\left(\frac{1}{2}\right)} \left(\frac{y}{2}\right)^{-1} e^{-\frac{y}{2}} dy = \frac{1}{\sqrt{2}} \frac{1}{\Gamma\left(\frac{1}{2}\right)} \int_0^\infty \frac{1}{y} e^{-\frac{y}{2}} dy
$$

$$
\geq \frac{1}{\sqrt{2}} \frac{1}{\Gamma\left(\frac{1}{2}\right)} \int_0^1 \frac{1}{y} e^{-\frac{y}{2}} dy \geq \frac{1}{\sqrt{2}} \frac{1}{\Gamma\left(\frac{1}{2}\right)} e^{-\frac{1}{2}} \int_0^1 \frac{1}{y} dy
$$

$$
= \frac{1}{\sqrt{2}} \frac{1}{\Gamma\left(\frac{1}{2}\right)} e^{-\frac{1}{2}} \Big[\log y\Big]_0^1 = \infty
$$

となり，発散する．また，$E\left(\frac{1}{y}\right)$ を求めると，$\phi > 2$ のとき

$$
E\left(\frac{1}{y}\right) = \int_0^\infty \frac{1}{y} \frac{1}{2\Gamma\left(\frac{\phi}{2}\right)} \left(\frac{y}{2}\right)^{\frac{\phi}{2}-1} e^{-\frac{y}{2}} dy
$$

$$
= \frac{1}{2} \frac{\Gamma\left(\frac{\phi-2}{2}\right)}{\Gamma\left(\frac{\phi}{2}\right)} \int_0^\infty \frac{1}{2\Gamma\left(\frac{\phi-2}{2}\right)} \left(\frac{y}{2}\right)^{\frac{\phi-2}{2}-1} e^{-\frac{y}{2}} dy
$$

$$
= \frac{1}{2} \frac{\Gamma\left(\frac{\phi-2}{2}\right)}{\Gamma\left(\frac{\phi}{2}\right)} = \frac{1}{2} \frac{\Gamma\left(\frac{\phi-2}{2}\right)}{\frac{\phi-2}{2}\Gamma\left(\frac{\phi-2}{2}\right)} = \frac{1}{\phi-2}
$$

となるが，$\phi \leq 2$ のときは同様に発散する．したがって，以下の式が得られる．

$$
E(x) = E\left(\frac{u}{\sqrt{y/\phi}}\right) = \sqrt{\phi} E(u) E\left(\frac{1}{\sqrt{y}}\right) = 0 \quad (\text{ただし，} \phi > 1)
$$

$$
V(x) = E(x^2) - (E(x))^2 = E\left(\frac{u^2}{y/\phi}\right)
$$

$$
= \phi E(u^2) E\left(\frac{1}{y}\right) = \frac{\phi}{\phi-2} \quad (\text{ただし，} \phi > 2)
$$

6.3.4 正規母集団からの無作為標本による統計量の標本分布

(1) 偏差平方和 S の標本分布

① $\frac{S}{\sigma^2} \sim \chi^2(n-1)$ の導き出し 第 6.2.4 項で母分散の信頼区間を構成するために出てきた重要な事実として，次がある．正規母集団 $N(\mu, \sigma^2)$ からの大きさ n の無作為標本を $x_1, x_2, \ldots, x_n$ とおく．このとき，$\overline{x} = \frac{1}{n}\sum_{i=1}^{n} x_i$，$S = \sum_{i=1}^{n}(x_i - \overline{x})^2$，および $s^2 = \frac{\sum_{i=1}^{n}(x_i-\overline{x})^2}{n-1}$ とおくと，以下が成り立つ．

$$\frac{(n-1)s^2}{\sigma^2} = \frac{S}{\sigma^2} \sim \chi^2(n-1)$$

これについて，さらに説明を加える．

ポイントは，正規分布に従う確率変数が $x_1, x_2, \ldots, x_n$ と n 個あるにも関わらず，その偏差平方和 $\sum_{i=1}^{n}(x_i - \overline{x})^2$ の自由度が $n-1$ になる点である．直感的には，標本平均 $\overline{x}$ を引いていることで，自由度が 1 つ分だけ減っているということであるが，以下の証明でもそのことが見て取れる．ただし，行列・ベクトルを用いる必要があるので，とっつきにくければ，読み飛ばすかあるいは概要を眺める程度でもよい．

この事実の厳密な証明のためには多次元正規分布が必要になる．そこで，ここでは，「多次元正規分布においても正規分布の再生性が成り立つ」「多次元正規分布において，共分散が 0 であれば，それらの確率変数は独立である」という事実をひとまず認めたとして，これを用いて証明を行う（一般的には無相関だからといって独立とは限らないが，多次元正規分布の場合は無相関と独立が同値になるという良い性質がある）．

本書では，多次元正規分布には詳しくは触れないことにするが，以下に 2 次元正規分布 $N(\mu_1, \mu_2, \sigma_1^2, \sigma_2^2, \rho)$ を簡単に紹介する．確率密度関数は

$$f(x,y) = \frac{1}{2\pi\sigma_1\sigma_2\sqrt{1-\rho^2}} e^{-\frac{1}{2\sigma_1^2\sigma_2^2(1-\rho^2)}\{\sigma_2^2(x-\mu_1)^2 + \sigma_1^2(y-\mu_2)^2 - 2\sigma_1\sigma_2\rho(x-\mu_1)(y-\mu_2)\}}$$

と表される．相関係数 ρ が 0 のとき（すなわち，共分散 $\sigma_1\sigma_2\rho = 0$ のとき）

$$f(x,y) = \frac{1}{\sqrt{2\pi}\sigma_1} e^{-\frac{1}{2\sigma_1^2}(x-\mu_1)^2} \times \frac{1}{\sqrt{2\pi}\sigma_2} e^{-\frac{1}{2\sigma_2^2}(y-\mu_2)^2}$$

となり，x と y が独立であることがわかる．

② 正規母集団からの無作為標本の線形変換 まず，$N(\mu, \sigma^2)$ からの無作為標本

$x_1, x_2, \ldots, x_n$ を並べて，列ベクトル

$$\begin{pmatrix} x_1 \\ x_2 \\ \vdots \\ x_n \end{pmatrix}$$

とおく．これに左から何らかの $n \times n$ 行列

$$A = \begin{pmatrix} a_{11} & a_{12} & \cdots & a_{1n} \\ a_{21} & a_{22} & \cdots & a_{2n} \\ \vdots & \vdots & \ddots & \vdots \\ a_{n1} & a_{n2} & \cdots & a_{nn} \end{pmatrix}$$

を掛けて，

$$\begin{pmatrix} y_1 \\ y_2 \\ \vdots \\ y_n \end{pmatrix} = \begin{pmatrix} a_{11} & a_{12} & \cdots & a_{1n} \\ a_{21} & a_{22} & \cdots & a_{2n} \\ \vdots & \vdots & \ddots & \vdots \\ a_{n1} & a_{n2} & \cdots & a_{nn} \end{pmatrix} \begin{pmatrix} x_1 \\ x_2 \\ \vdots \\ x_n \end{pmatrix}$$

とすると，正規分布の再生性より，$y_1, y_2, \ldots, y_n$ は正規分布に従う（正確には，$\begin{pmatrix} y_1 \\ y_2 \\ \vdots \\ y_n \end{pmatrix}$ が多次元正規分布に従う）．ここで，行列 A として，特に直交行列（$AA^\top = I_n$，ただし $^\top$ は行列の転置を表す）で，かつ最初の行が $\left(\frac{1}{\sqrt{n}}, \frac{1}{\sqrt{n}}, \ldots, \frac{1}{\sqrt{n}}\right)$ であるようなものを用いる（I_n は $n \times n$ の単位行列

$$I_n = \begin{pmatrix} 1 & & & \\ & 1 & & \\ & & \ddots & \\ & & & 1 \end{pmatrix}$$

である）．例えば，

$$A = \begin{pmatrix} a_{11} & a_{12} & a_{13} & \cdots & a_{1n-1} & a_{1n} \\ a_{21} & a_{22} & a_{23} & \cdots & a_{2n-1} & a_{2n} \\ a_{31} & a_{32} & a_{33} & \cdots & a_{3n-1} & a_{3n} \\ \vdots & \vdots & \vdots & \ddots & \vdots & \vdots \\ a_{n-11} & a_{n-12} & a_{n-13} & \cdots & a_{n-1n-1} & a_{n-1n} \\ a_{n1} & a_{n2} & a_{n3} & \cdots & a_{nn-1} & a_{nn} \end{pmatrix}$$

$$
= \begin{pmatrix}
\frac{1}{\sqrt{n}} & \frac{1}{\sqrt{n}} & \frac{1}{\sqrt{n}} & \cdots & \frac{1}{\sqrt{n}} & \frac{1}{\sqrt{n}} \\
-\frac{1}{\sqrt{2}} & \frac{1}{\sqrt{2}} & 0 & \cdots & 0 & 0 \\
-\frac{1}{\sqrt{6}} & -\frac{1}{\sqrt{6}} & \frac{2}{\sqrt{6}} & \cdots & 0 & 0 \\
\vdots & \vdots & \vdots & \ddots & \vdots & \vdots \\
-\frac{1}{\sqrt{(n-2)(n-1)}} & -\frac{1}{\sqrt{(n-2)(n-1)}} & -\frac{1}{\sqrt{(n-2)(n-1)}} & \cdots & \frac{n-2}{\sqrt{(n-2)(n-1)}} & 0 \\
-\frac{1}{\sqrt{(n-1)n}} & -\frac{1}{\sqrt{(n-1)n}} & -\frac{1}{\sqrt{(n-1)n}} & \cdots & -\frac{1}{\sqrt{(n-1)n}} & \frac{n-1}{\sqrt{(n-1)n}}
\end{pmatrix}
$$

（Helmert 対比）

とおけばよい．すると，

$$y_1 = \sqrt{n}\overline{x}$$

となり，また，y_2，…，y_n は

$$y_i = \sum_{k=1}^{n} a_{ik} x_k \quad (i = 2, \ldots, n)$$

と表される．ここで，$y_1, y_2, \ldots, y_n$ が従う分布について考えると，まず，y_1 は

$$y_1 \sim N(\sqrt{n}\mu, \sigma^2)$$

である．一方，$y_2, \ldots, y_n$ が従う分布は次のようになる．A の 1 行目が $\left(\frac{1}{\sqrt{n}}, \frac{1}{\sqrt{n}}, \cdots, \frac{1}{\sqrt{n}}\right)$ で，かつ各行ベクトルがすべてノルムが 1 で互いに直交するから（内積が 0），

$$\sum_{k=1}^{n} a_{ik} = 0, \quad \sum_{k=1}^{n} a_{ik}^2 = 1, \quad \sum_{k=1}^{n} a_{ik} a_{jk} = 0$$

$$i, j = 2, 3, \ldots, n \quad (\text{ただし，} i \neq j)$$

が成立することに注意すれば，

$$E(y_i) = E\left(\sum_{k=1}^{n} a_{ik} x_k\right) = \left(\sum_{k=1}^{n} a_{ik}\right)\mu = 0 \quad (i = 2, 3, \ldots, n)$$

$$V(y_i) = V\left(\sum_{k=1}^{n} a_{ik} x_k\right) = \sum_{k=1}^{n} a_{ik}^2 V(x_k) = \left(\sum_{k=1}^{n} a_{ik}^2\right)\sigma^2$$

$$= \sigma^2 \quad (i = 2, 3, \ldots, n)$$

$$Cov(y_i, y_j) = E(y_i y_j) - E(y_i)E(y_j) = E(y_i y_j)$$

$$= E\left(\left(\sum_{k=1}^{n} a_{ik} x_k\right)\left(\sum_{k=1}^{n} a_{jk} x_k\right)\right) = E\left(\sum_{k=1}^{n} a_{ik} a_{jk} x_k^2\right)$$

$$= \left(\sum_{k=1}^{n} a_{ik} a_{jk}\right)(\mu^2 + \sigma^2) = 0 \quad (i, j = 2, 3, \ldots, n, \quad i \neq j)$$

であることから，$y_2, \ldots, y_n$ は互いに無相関で正規分布 $N(0, \sigma^2)$ に従う．したがって，

$$y_1 \sim N(\sqrt{n}\mu, \sigma^2), \qquad y_2, \ldots, y_n \sim N(0, \sigma^2)$$

であり，（多次元正規分布において無相関性と独立性は同値であることから）$y_2, \ldots, y_n$ は互いに独立である（なお，$\sum_{k=1}^n a_{ik} = 0$ より y_1 と $y_2, \ldots, y_n$ の無相関性が示されることに注意すると，$y_1, y_2, \ldots, y_n$ はすべて互いに独立である）．

③　自由度 $n-1$ の χ^2 分布になることの証明　これより，$\frac{y_2}{\sigma}, \ldots, \frac{y_n}{\sigma}$ は互いに独立に標準正規分布 $N(0, 1^2)$ に従うことから，

$$\sum_{i=2}^n \left(\frac{y_i}{\sigma}\right)^2 \sim \chi^2(n-1)$$

となる．一方，A が直交行列（$AA^\top = I_n$）であることから，

$$\sum_{i=1}^n x_i^2 = \sum_{i=1}^n y_i^2$$

が成立し，さらに，

$$\sum_{i=1}^n (x_i - \overline{x})^2 = \sum_{i=1}^n x_i^2 - n\overline{x}^2 \quad \text{および} \quad y_1 = \sqrt{n}\overline{x}$$

であることを踏まえれば，以下の式が成立する．

$$\frac{\sum_{i=1}^n (x_i - \overline{x})^2}{\sigma^2} = \frac{\sum_{i=1}^n x_i^2 - n\overline{x}^2}{\sigma^2} = \frac{\sum_{i=1}^n y_i^2 - y_1^2}{\sigma^2} = \frac{\sum_{i=2}^n y_i^2}{\sigma^2} = \sum_{i=2}^n \left(\frac{y_i}{\sigma}\right)^2$$

以上より，

$$\frac{S}{\sigma^2} = \frac{\sum_{i=1}^n (x_i - \overline{x})^2}{\sigma^2} \sim \chi^2(n-1)$$

であることが示された．

(2)　t 統計量 $\frac{\sqrt{n}(\overline{x} - \mu)}{s}$ の標本分布

①　正規母集団からの無作為標本において成り立つ事実　次に，

$$\frac{\sqrt{n}(\overline{x} - \mu)}{s} \sim t(n-1)$$

を示すが，その前に，(1) 項の証明において，$y_1, y_2, \ldots, y_n$ が互いに独立であり，

$$y_1 = \sqrt{n}\overline{x} \quad \text{および} \quad \sum_{i=2}^n y_i^2 = \sum_{i=1}^n (x_i - \overline{x})^2$$

であったから，以下の事実が成り立つことを注記しておく．

- $\overline{x}$ と $\sum_{i=1}^{n}(x_i-\overline{x})^2$ は独立な確率変数である．

これは正規母集団からの無作為標本において，その標本平均と偏差平方和が独立であるということを表しており，後者の計算式に前者が含まれていることを考えると，なかなか興味深い事実である．これはもちろん一般的には（任意の母集団分布に対しては）成立しない．

② 自由度 $n-1$ の t 分布になることの証明　以上より，

$$\frac{\sqrt{n}(\overline{x}-\mu)}{\sigma}\sim N(0,1^2),\quad \frac{\sum_{i=1}^{n}(x_i-\overline{x})^2}{\sigma^2}\sim\chi^2(n-1),\quad \overline{x}\text{と}\sum_{i=1}^{n}(x_i-\overline{x})^2\text{は独立}$$

の3点を踏まえれば，

$$\frac{\sqrt{n}(\overline{x}-\mu)}{s}=\frac{\frac{\sqrt{n}(\overline{x}-\mu)}{\sigma}}{s/\sigma}=\frac{\frac{\sqrt{n}(\overline{x}-\mu)}{\sigma}}{\sqrt{s^2/\sigma^2}}=\frac{\frac{\sqrt{n}(\overline{x}-\mu)}{\sigma}}{\sqrt{\frac{\sum_{i=1}^{n}(x_i-\overline{x})^2}{\sigma^2(n-1)}}}=\frac{\frac{\sqrt{n}(\overline{x}-\mu)}{\sigma}}{\sqrt{\frac{\frac{\sum_{i=1}^{n}(x_i-\overline{x})^2}{\sigma^2}}{n-1}}}$$

は（t 分布の定義より）自由度 $n-1$ の t 分布に従う．すなわち，

$$\frac{\sqrt{n}(\overline{x}-\mu)}{s}\sim t(n-1)$$

であることが示された．

演習問題

1　ある動物の1歳時の重さ（単位はkg）の分布が正規分布 $N(\mu,1.5^2)$ であるとみなすことができるとする．母平均 μ を推定するために無作為に9匹を選んで測定したところ，標本平均は $\overline{x}=10.1$ kg であった．このとき，$\overline{x}$ の標準誤差を求め，さらに μ の95％信頼区間を求めなさい．

2　ある地域における20歳の男性の身長（単位はcm）の分布が正規分布 $N(\mu,8^2)$ であるとみなすことができるとする．この地域の20歳の男性を無作為に25人選んで身長を測ったところ，標本平均は172.5 cmであった．母平均 μ の90％信頼区間，95％信頼区間，および99％信頼区間を求めなさい．

3　ある地域の大学生の平均通学時間を調べるため，無作為に100人を選んで調査したところ，標本平均 $\overline{x}=55$ 分，標本標準偏差 $s=30$ 分の結果が得られた．母平均を μ とおく．このとき，$\overline{x}$ の標準誤差を求め，さらに μ の95％信頼区間を求めなさい．

4 ある製品の最大耐荷重（単位はkg）の分布が正規分布 $N(\mu, \sigma^2)$ であるとみなすことができるとする．この製品を無作為に10個選んで調べたところ，標本平均は $\overline{x} = 285$，標本分散は $s^2 = 360$ であった．このとき，母平均 μ の 95％信頼区間を求めなさい．また，母分散 σ^2 および母標準偏差 σ それぞれの 95％信頼区間を求めなさい．

5 ある果物における可食部100g中のビタミンCの量（単位はmg）について，その分布が正規分布 $N(\mu, \sigma^2)$ であるとみなすことができるとする．この果物を無作為に6つ選んで可食部100g中のビタミンCの量を測ったところ，

$$62, \quad 70, \quad 58, \quad 64, \quad 71, \quad 65$$

という観測値が得られた．母平均 μ の 90％信頼区間，95％信頼区間，および 99％信頼区間を求めなさい．また，母分散 σ^2 および母標準偏差 σ それぞれの 90％信頼区間，95％信頼区間，および 99％信頼区間を求めなさい．

6 母平均 μ，母分散 σ^2 の母集団分布からの大きさ n の無作為標本を $x_1, x_2, \ldots, x_n$ とおき，$\overline{x} = \frac{1}{n}\sum_{i=1}^{n} x_i$（標本平均）および $s^2 = \frac{1}{n-1}\sum_{i=1}^{n}(x_i - \overline{x})^2$（標本分散）とおく．このとき，(a)〜(f) について，正しい文であるものをすべて選びなさい．

(a) $E\left(\sum_{i=1}^{n} x_i\right) = n\mu$，$V\left(\sum_{i=1}^{n} x_i\right) = n\sigma^2$ が成立する．

(b) $E(\overline{x}) = \mu$，$V(\overline{x}) = \sigma^2$ が成立する．

(c) 母集団分布がどんなものであっても，$\overline{x}$ は正規分布 $N\left(\mu, \left(\frac{\sigma}{\sqrt{n}}\right)^2\right)$ に正確に従う．

(d) 母集団分布が正規分布であるとき，$\frac{\sqrt{n}(\overline{x}-\mu)}{\sigma}$ は標準正規分布 $N(0, 1^2)$ に従う．

(e) 母集団分布が正規分布であるとき，$\frac{\sqrt{n}(\overline{x}-\mu)}{s}$ は自由度 n の t 分布に従う．

(f) 母集団分布が正規分布であるとき，$\frac{(n-1)s^2}{\sigma^2}$ は自由度 $n-1$ の χ^2 分布に従う．

7 1つの母集団に関する統計的検定

本章では，母集団に対して仮説を設定し，その妥当性をデータによって調べる統計的仮説検定を取り上げる．統計的仮説検定は，医薬品開発における効果や副作用の吟味，工業における改善効果の把握，心理学における仮説の検証など，様々な場面で用いられる．推定に比べて手続きが複雑になるが，その背後にある考え方は理にかなった簡単なものである．本章では，1つの母集団の場合を取り上げ，仮説検定を説明する．まず第7.1節を読み，考え方を理解した上で，精緻化した手続きである各節を読むとよい．

7.1 仮説検定の概要

7.1.1 基本的な考え方

(1) 仮説が正しい下での確率による判定

統計的仮説検定（statistical hypothesis testing）とは，推定と並ぶ統計的推測の方法である．母集団の状態を規定する**帰無仮説**（null hypothesis）を設定し，その帰無仮説を棄却し**対立仮説**（alternative hypothesis）を採択するかどうかを，収集しているデータに基づき判定する．帰無仮説が正しい下で，このデータが得られる確率が小さい場合には，確率計算の前提たる帰無仮説を棄却し対立仮説を採択する．これは，確率に基づく背理法による決定方法でもある．

このように表現すると堅苦しいが，その考え方は自然である．例えば，硬貨を投げ，表が出たら賭け手の勝ち，裏が出たら胴元の勝ちという賭けをしている．裏が7回立て続けに出て，賭け手が負け続けた場合には，正当な硬貨投げでたまたま負け続けたのではなく，胴元のイカサマを疑うであろう．これは，正しい硬貨投げならば表（Head）が出る確率 P_H，裏（Tail）が出る確率 P_T は等しく0.5である．裏が7回立て続けに出る確率は $0.5^7 = 0.0078$ であり，この確率は0ではないが1%にも満たず極めて小さい．このように稀（まれ）にしか起きないことが起きたと考えるよりも，確率計算のもとにある表，裏の確率が0.5という仮説を棄却し，イカサマの硬貨投げと考える方が自然である．

この過程を，冒頭の統計用語と対応付ける．帰無仮説 H_0 は正しい硬貨投げ，対立仮

説 H_1 はイカサマの硬貨投げであり，それらは H_0：$P_H = P_T = 0.5$，H_1：$P_H < P_T$ となる．収集されているデータには，7 回連続の裏の出現が対応する．正しい硬貨投げであれば 7 回連続で裏が出現する確率が $0.5^7 = 0.0078$ と低いので，帰無仮説である H_0：正しい硬貨投げを棄却し，対立仮説 H_1：イカサマの硬貨投げを採択する．

この例では 0.0078 なので，ほとんどの人が小さな確率と認識し帰無仮説を棄却するあろう．一般には，基準値をどのようにするのかの議論を要する．この例は確率計算が単純であるものの，一般にその確率計算が複雑になる．これらの点を克服し，手続きとして整備しているものが後に示す検定の手順である．

(2)　第 1 種の誤り ＝ あわてものの誤り，第 2 種の誤り ＝ ぼんやりものの誤り

仮説検定における判定の誤りには，表 7.1 に示すとおり，本来 H_0 が正しいのにそれを棄却する**第 1 種の誤り**（type I error）と，本来 H_1 が正しいのに H_0 を棄却しない**第 2 種の誤り**（type II error）の 2 とおりがある．硬貨投げの例であれば，第 1 種の誤りは，正しい硬貨投げであるのにもかかわらずイカサマの硬貨投げと判定する誤りである．あわてて H_0 を棄却してしまうという意味で，**あわてものの誤り**とも呼ぶ場合もある．また，その確率を α で表す．あわてものをローマ字表記した最初の a と α を対応付けると覚えやすい．

第 2 種の誤りは，硬貨投げの場合，H_1：イカサマの硬貨投げであるが，H_0：正しい硬貨投げを棄却しない誤りである．ぼんやりとして H_0 を棄却しないという意味で，**ぼんやりものの誤り**と呼ぶ場合もある．また，その確率を β で表す．ぼんやりものをローマ字表記した最初の b と β を対応付けると覚えやすい．

表 7.1　統計的仮説検定における 2 種類の判定の誤り

		判定	
		H_0	H_1
真	H_0	正しい	第 1 種の誤り（確率 α）
	H_1	第 2 種の誤り（確率 β）	正しい

仮説検定の手順では，帰無仮説 H_0 が成り立つ場合にそれを棄却してしまう第 1 種の誤りの確率 α について，所与の水準であることを保証している．一方，対立仮説 H_1 が真であるのに H_0 を棄却しない誤りの確率 β は，帰無仮説が成り立たない度合いやデータ数によって変わってくる．

(3)　検定に基づく結論のまとめ方

帰無仮説を棄却する場合には，表 7.1 の判定が H_1 の列を縦方向に考える．本書

の仮説検定では，α が5%のように，誤りの確率 α が一定レベルで保証されているので，断定的な結論を述べてよい．すなわち，帰無仮説を棄却し対立仮説を採択するという積極的な結論でよい．硬貨投げの例では，正しい硬貨投げという帰無仮説を棄却し，イカサマという対立仮説を採択する．

一方，第2種の誤りの確率 β は，帰無仮説が成り立たない度合い，データ数 n などにより変わる．例えば硬貨投げの場合には，裏が出る確率がほぼ1である大胆なイカサマの場合には第2種の誤りは小さいであろうが，裏が出る確率が0.6程度の小規模なイカサマの場合には，胴元があまり派手に勝ち続けないので第2種の誤りは大きくなる．またデータが少数か多数かにより推定の精度が変わり，多数の方が第2種の誤りが小さい．帰無仮説を棄却しない場合には，表7.1における判定について H_0 の列を縦方向に考えることになり，誤りの確率 β は状況によって様々である．第2種の誤りの確率 β の大きさが保証できず，帰無仮説を棄却するための証拠不十分ともいうべき状態である．そこで，帰無仮説を棄却しないというように消極的に結論をまとめる．硬貨投げの例では，正当という帰無仮説を棄却しないという表現になる．

(4) 推定と検定

推定と検定は，統計的推測の両輪である．第6章で説明した推定では母平均，母分散などの母数の値を点，あるいは，区間で調べる．これに対して検定では，母数に関する帰無仮説を設定し，それが棄却できるかどうかを調べる．データ解析のねらいに応じ，推定と検定を適宜組み合わせて使用するのがよい．

また，いくつかの書籍では検定ののちに推定を説明していて，本書はその逆である．推定の方が手続きとして容易であり，新たに主に学ぶ事項が t 分布，χ^2 分布などになる．一方，検定は，背後にある考え方は簡単であるが手続きが複雑である．推定の後に検定を説明すると，既に学んでいる分布に関する議論に，新たに学ぶ検定の手続きを適用することになり，検定，推定のそれぞれで学ぶ事項が分けられる．この理由により，推定ののちに検定を説明している．

7.1.2 検定の手順

検定の手順は次のとおりとなる．

① **帰無仮説 H_0，対立仮説 H_1 の設定** 調べたい命題に応じて帰無仮説 H_0，対立仮説 H_1 を設定する．硬貨投げの H_0 は，賭け手が勝つ確率 P_H と胴元が勝つ確率 P_T が等しいとなる．一方，対立仮説 H_1 は，P_H よりも P_T が大きいという胴元のイカサマである．まとめると，次のとおりとなる．

$$H_0: \quad P_H = P_T = 0.5$$

$$H_1: \quad P_H < P_T$$

② **検定統計量の決定** 帰無仮説を棄却するかどうかの判定に用いる統計量を，**検定統計量**（test statistic）と呼ぶ．この検定統計量は，収集されているデータ，検定する帰無仮説によって異なる．検定統計量は，帰無仮説が正しい下での分布がわかっている必要がある．硬貨投げの場合には，$H_0: P_H = P_T = 0.5$ の下で裏が続けて出る確率が簡単に求められるが，一般には，その確率の計算に，仮定と複雑な計算が必要になる．

③ **有意水準と帰無仮説の棄却域の決定** 仮説検定では，命題の性質に基づき事前に**有意水準**（significanse level）α を決める．多くの場合，$\alpha = 0.05, 0.01$ が用いられる．これらは，数理的な最適性ではなく経験的に定められている．有意水準 α をもとに，②の検定統計量について，帰無仮説が正しいときに出現確率が α 以下になる領域を対立仮説を考慮して決め，これを帰無仮説の棄却域とする．

硬貨投げでは，$H_0: P_H = P_T = 0.5$ の下で裏が 4 回，5 回続けて出る確率は，それぞれ $0.5^4 = 0.0625$，$0.5^5 = 0.03125$ である．したがって，$\alpha = 0.05$ とし，5 回投げて裏が 5 回出現，を帰無仮説 H_0 の棄却域とする．

④ **検定統計量の計算** データを収集し，②の検定統計量を計算する．硬貨投げでは，5 回投げて裏が 5 回出現するどうかを測定する．

⑤ **判定と結論** 先に求めた帰無仮説の棄却域に，検定統計量の値が含まれているかどうかを調べる．含まれている場合には帰無仮説を棄却し，含まれていない場合には帰無仮説を棄却しない．

硬貨投げでは，5 回投げて裏が 5 回出現したら H_0 を棄却し，イカサマであると判定する．そうでない場合には，帰無仮説を棄却しない．

7.2 母分散が既知な場合の母平均の検定

7.2.1 検定の手順

(1) 対象となる場の例

ある金メッキ工程では，標準どおりの作業での金メッキ膜厚 x は，$N(\mu, 2^2)$ に従うことが経験上わかっている．膜厚 μ の目標値 m_0 は顧客の要請で決まり，ある顧客から $m_0 = 70$（$\times 10^{-6}$ m）という注文を受けたので，これ向けに通電時間などを調整した．母平均 μ が目標値 m_0 からずれているかどうかを，調節後の工程から収

集した $n=10$ の下記データから調べたい．

71,　75,　70,　73,　69,　68,　73,　71,　69,　74

このように，本節では，母集団が $N\left(\mu,\sigma^2\right)$ で σ^2 が既知の場合について，データ $x_1,\ldots,x_n$ に基づく μ に関する検定方法を扱う．

(2) 検定の手順

これらの検定の手順は次のとおりとなる．

① 帰無仮説 H_0，対立仮説 H_1 の設定　帰無仮説 H_0 は，母平均 μ が目標値などの所与の参照値 m_0 に等しいという，$H_0: \mu=m_0$ となる．対立仮説 H_1 は，$\mu\neq m_0$ or $\mu>m_0$ or $\mu<m_0$ から，取り上げる問題に対して適切なものを選択する．選択の詳細は，第7.2.2項で説明する．

メッキ膜厚例では，$H_0: \mu=m_0=70$ とする．H_1 については，70より大きくなる場合も小さくなる場合もあるので，$\mu\neq 70$ とする．

② 検定統計量の決定　データ $x_1,\ldots,x_n$，既知の σ^2，参照値 m_0 を用いて

$$\frac{\overline{x}-m_0}{\sigma/\sqrt{n}} \tag{7.1}$$

を検定統計量とする．これは，帰無仮説 $H_0: \mu=m_0$ の下で，式(7.1)が標準正規分布 $N\left(0,1^2\right)$ に従うからである．

メッキ膜厚例では，$\sigma^2=2^2$，$m_0=70$ より下記を検定統計量とする．

$$\frac{\overline{x}-70}{2/\sqrt{n}}$$

③ 有意水準，帰無仮説の棄却域の決定　有意水準 α を決め，対立仮説によって棄却域のとり方を次のように変える．

$$H_1:\quad \mu\neq m_0 \quad\leftrightarrow\quad \left|\frac{\overline{x}-m_0}{\sigma/\sqrt{n}}\right|>K_{\frac{\alpha}{2}}$$

$$H_1:\quad \mu> m_0 \quad\leftrightarrow\quad \frac{\overline{x}-m_0}{\sigma/\sqrt{n}}>K_{\alpha}$$

$$H_1:\quad \mu< m_0 \quad\leftrightarrow\quad \frac{\overline{x}-m_0}{\sigma/\sqrt{n}}<-K_{\alpha}$$

ここで K_P は，標準正規分布における上側確率が P となる点であり，$K_{0.025}=1.96$，$K_{0.05}=1.645$ である．このように棄却域のとり方を変える理由は，第7.2.2項で述べる．

メッキ膜厚例では，有意水準は5%とし，下記の両側の棄却域とする．

$$\left|\frac{\overline{x}-70}{2/\sqrt{n}}\right|>1.96$$

④　**検定統計量の計算**　データ $x_1, \ldots, x_n$ を収集し，式 (7.1) を計算する．収集した $n = 10$ のデータでは，$\overline{x} = 71.3$ なので検定統計量は次のとおりとなる．

$$\frac{71.3 - 70}{2/\sqrt{10}} = 2.055$$

⑤　**判定と結論**　③で求めた棄却域に④の検定統計量の値が含まれている場合には，帰無仮説を棄却し，対立仮説を採択する．一方，含まれていない場合には，帰無仮説は棄却しない．

メッキ膜厚の例では検定統計量の値は 2.055 であり，棄却域に含まれるので，帰無仮説 H_0 を棄却する．すなわち，有意水準 5％で調節後の母平均 μ は 70 とは異なると言える．

例題 7.1　ある化学製品の生産ラインでは，従来，生産量が 16.6（kg/h）であり，これを改善するべくラインを変更し，$n = 8$ 個のデータ

16.6,　16.9,　16.6,　16.6,　17.2,　16.9,　17.0,　16.7

を収集した．操業経験から，生産量は正規分布 $N\left(\mu, \sigma^2\right)$ に従い，$\sigma^2 = 0.25^2$ と考えてよい．生産量が向上したかどうかを，有意水準 5％で検定しなさい．

解答

①　**帰無仮説 H_0，対立仮説 H_1 の設定**　帰無仮説 H_0 は $\mu = m_0 = 16.6$ とする．対立仮説 H_1 は，$m_0 = 16.6$ よりも向上した（大きくなった）かどうかを調べる問題なので，$\mu > m_0 = 16.6$ とする．

②　**検定統計量の決定**　データから求める下記を検定統計量とする．

$$\frac{\overline{x} - m_0}{\sigma/\sqrt{n}} = \frac{\overline{x} - 16.6}{0.25/\sqrt{n}}$$

③　**有意水準，帰無仮説の棄却域の決定**　有意水準を 5％とする．H_1 が $\mu > m_0 = 16.6$ で，μ が向上したのかに興味があり，下記を棄却域とする．

$$\frac{\overline{x} - 16.6}{0.25/\sqrt{n}} > 1.645 \tag{7.2}$$

④　**検定統計量の計算**　データの平均値は $\overline{x} = 16.81$ なので下記となる．

$$\frac{\overline{x} - m_0}{\sigma/\sqrt{n}} = \frac{16.81 - 16.6}{0.25/\sqrt{8}} = 2.376 \tag{7.3}$$

⑤　**判定と結論**　③で求めた棄却域に④の検定統計量の値が含まれているので，H_0 を棄却し H_1 を採択する．有意水準 5％で，工程変更により生産量の母平均 μ は従来の値 $m_0 = 16.6$ よりも向上したと言える．□

7.2.2 理論的背景などの補足

(1) 帰無仮説 H_0，対立仮説 H_1 の設定

本書の仮説検定では，帰無仮説 H_0 は $\mu = m_0$ のように母数が単一の状態である．これにより，帰無仮説の下での検定統計量の分布と棄却域が定められる．

対立仮説 H_1 は，検定で検出したい状態によって決める．メッキ膜厚例では，70よりも大きくなる場合も小さくなる場合も検出したいので $H_1: \mu \neq 70$ とする．一般には，$H_1: \mu \neq m_0$ であり，これを**両側仮説**（two-tailed hypothesis）と呼ぶ．一方，生産量例では母平均 μ が従来の値 m_0 よりも大きくなっているかどうかを検定したいので，$\mu > m_0$ とし，検出したい方のみを取り上げる．これとは逆に，母平均 μ が m_0 より小さくなったかどうかを検定したい場合には，$H_1: \mu < m_0$ にする．これを**片側仮説**（one-tailed hypothesis）と呼ぶ．

(2) 用いる検定統計量の理論的背景

検定統計量は，棄却域に値が含まれる確率を保証するために，帰無仮説の下での分布が明示されている必要がある．一般に，データ $x_1, \ldots, x_n$ が独立に $N\left(\mu, \sigma^2\right)$ に従うときに，$\overline{x}$ を標準化した $\frac{\overline{x}-\mu}{\sigma/\sqrt{n}}$ は標準正規分布 $N\left(0, 1^2\right)$ に従う．帰無仮説 $H_0: \mu = m_0$ が正しい下では，$\frac{\overline{x}-m_0}{\sigma/\sqrt{n}}$ が標準正規分布 $N\left(0, 1^2\right)$ に従い，棄却域に値が含まれる確率が保証できるのでこれを検定統計量とする．

(3) 有意水準の決定

有意水準 α の大きさは，検定の対象の性質，要請などを考慮して決める．有意水準として，$\alpha = 0.05, 0.01$ がよく用いられる．経験上，20回，あるいは100回に一度の間違いは許容するのが合理的という理由による．

(4) 帰無仮説の棄却域の決定

棄却域は，対立仮説 H_1 をもとに，帰無仮説が成り立つ下で検定統計量が確率 α で出現する領域から定める．$H_1: \mu \neq m_0$ のように，μ が m_0 から大きくなる場合も小さくなる場合も検出したいなら，両側に棄却域を $\frac{\alpha}{2}$ ずつ設定し

$$\left|\frac{\overline{x}-m_0}{\sigma/\sqrt{n}}\right| > K_{\frac{\alpha}{2}}$$

を棄却域とする．この概要を，メッキ膜厚例で $\alpha = 0.05$ を例に図 7.1 に示す．

対立仮説 $H_1: \mu > m_0$ のように，大きい方のみを調べる場合には，検定統計量が大きくなる方にのみ確率 α の棄却域を設ける．具体的には，H_0 の下で

$$P\left(\frac{\overline{x}-m_0}{\sigma/\sqrt{n}} > K_\alpha\right) = \alpha$$

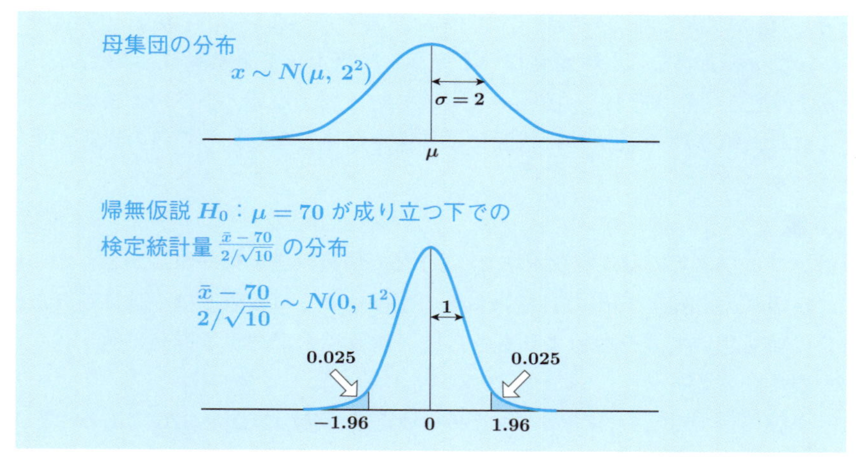

図 7.1 母集団と検定統計量の分布（母分散が既知の場合）

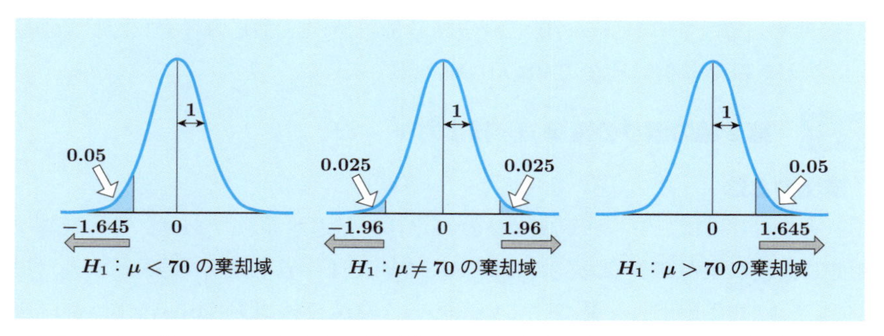

図 7.2 母平均の検定（母分散が既知）における対立仮説に応じた棄却域の設定

より，第 1 種の誤りの確率は所与の α で，μ が m_0 より大きくなることを検出しやすくなる．さらに，H_1：$\mu < m_0$ の場合には，$P\left(\frac{\bar{x}-m_0}{\sigma/\sqrt{n}} < -K_\alpha\right) = \alpha$ なので，棄却域を $\frac{\bar{x}-m_0}{\sigma/\sqrt{n}} < -K_\alpha$ とする．メッキ膜厚例で $m_0 = 70$，$\alpha = 0.05$ について，この概要を図 7.2 に示す．棄却域の設定に関連し，最強力検定などより精緻な概念がある．これらは，第 12 章で触れる．

(5) 判定と結論

まず，帰無仮説 H_0 が棄却された場合を説明する．対立仮説が H_1：$\mu \neq m_0$ のときには，μ が m_0 とは異なるという断定的な結論になる．また，対立仮説 H_1 が $\mu > m_0$，$\mu < m_0$ のとき，それぞれ，μ が m_0 より大きい，小さいというように，対立仮説の状況に応じて断定的に結論を述べる．

一方，H_0 が棄却されない場合には明確な結論を述べない．H_1 が $\mu \neq m_0$ のときには，μ が m_0 と異なるとは言えないという，二重否定で記述する．また，$\mu > 70$，$\mu < m_0$ のとき，それぞれ，μ が m_0 より大きいと言えない，小さいと言えないとする．これは，第2種の誤り β は状況により様々な値となり，その値の保証ができないためである．

(6) p 値

統計ソフトウエアでは，有意水準5%，1%で帰無仮説を棄却するかどうかの代わりに，**p 値**（p value）を出力しているものが多い．この p 値とは，計算された検定統計量の値を用いて，その値よりもさらに帰無仮説を棄却する方向の値が得られる確率を表す．

メッキ膜厚例では，$H_1 : \mu > 70$ であり検定統計量の値が 2.376 である．標準正規分布において，2.376 より大きな値が得られる確率が 0.0088 となり，これが p 値となる．すなわち，p 値が5%より小さければ有意水準5%で帰無仮説を棄却することに等しい．仮に，$H_1 : \mu \neq 70$ で検定統計量の値が 2.376 の場合には，両側に棄却域を考えるので p 値はその2倍の 0.0176 となる．

7.2.3 第2種の誤りの確率 β，検出力 $1-\beta$

(1) 検出力とは

第2種の誤りとは，H_0 が不成立なのにそれを見逃す誤りであり，その確率 β は母集団の状態によって異なる．この確率について $1-\beta$ としたものを，H_0 が成り立っていないことを正しく見つけているという意味で**検出力**（power of test）と呼ぶ．メッキ膜厚例で，母分散 $\sigma^2 = 2^2$ が既知で，正規分布 $N\left(\mu, 2^2\right)$ から独立に収集されている $n = 10$ 個のデータ $x_1, \ldots, x_{10}$ をもとに，$H_0 : \mu = 70$，$H_1 : \mu > 70$ を有意水準5%で検定する場合を考える．H_0 の下で，$\frac{\overline{x}-70}{2/\sqrt{10}}$ が標準正規分布に従うので，$\frac{\overline{x}-70}{2/\sqrt{10}} > 1.645$ が棄却域となる．

H_0 が成り立たず，x_i が $N\left(72, 2^2\right)$ に従う場合に，平均 $\overline{x}$ は $N\left(72, \frac{2^2}{10}\right)$ に従うので，検定統計量 $\frac{\overline{x}-70}{2/\sqrt{10}}$ は平均 $\frac{72-70}{2/\sqrt{10}} = 3.162$，分散 1^2 の正規分布に従う．第2種の誤りの確率 β は，$\frac{\overline{x}-70}{2/\sqrt{10}}$ が $N\left(3.162, 1^2\right)$ に従うときに，これが 1.645 より小さくなる確率となる．この概要を図7.3に示す．

この $N\left(3.162, 1^2\right)$ に従う確率変数が 1.645 よりも小さい確率は，$N\left(0, 1^2\right)$ に従う確率変数 u が $1.645 - 3.162 = -1.517$ よりも小さくなる確率に等しい．したがって，$\beta = P\left(u < -1.517\right) = 0.065$ となる．検出力 $1-\beta = 0.935$ であり，この検定において母平均 μ が 72 のとき，それを μ が 70 より大きいと正しく検出できる確率

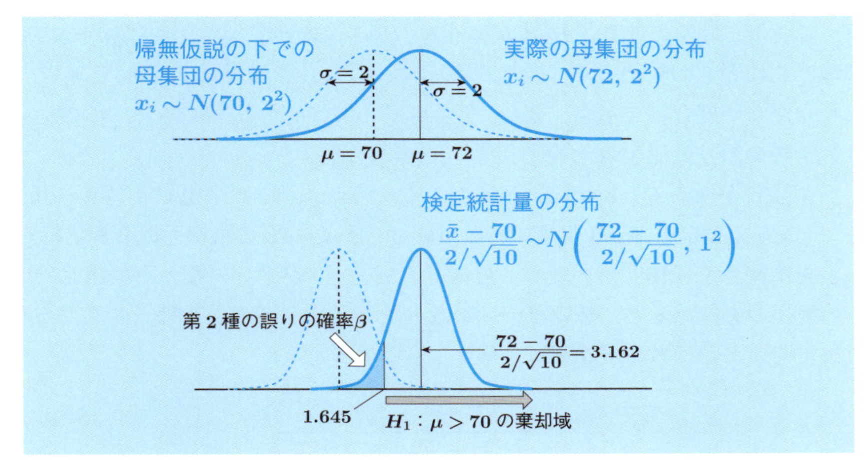

図 7.3　母集団の分布で決まる第 2 種の誤りの確率

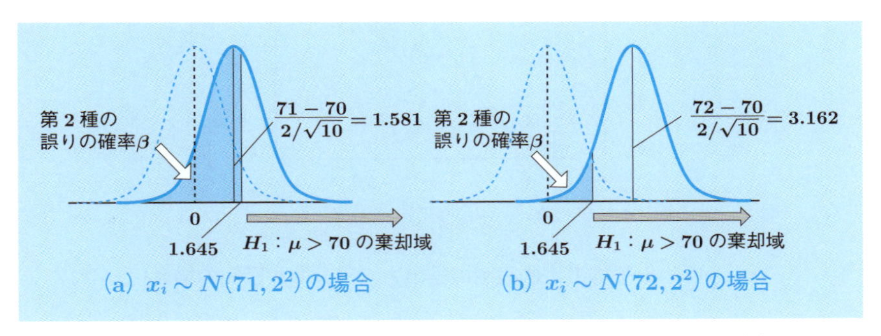

図 7.4　平均の差が小さくなると第 2 種の誤りが大きくなる例

が 0.935 となる．

第 2 種の誤り β は，母平均の差，データ数 n によって異なる．母平均 μ が 71 について，同様に検定統計量の分布を求め，μ が 72 と比較したものを図 7.4 に示す．(a) の場合には，第 2 種の誤りは $\beta = 0.526$ であり，検出力は $1 - 0.526 = 0.474$ となる．このように，μ と m_0 の差が大きくなるほど第 2 種の誤りが小さくなり，検出力が高くなる．

(2) 検出力曲線

検出力 $1 - \beta$ は，μ が m_0 から離れるに従い，また n が大きくなるに従い高くなる．$H_0 : \mu = m_0$，$H_1 : \mu > m_0$ とし，$\frac{\overline{x}-m_0}{\sigma/\sqrt{n}} > 1.645$ を棄却域とした場合の検出

力を，図 7.5 に示す．また，$H_0 : \mu = m_0$，$H_1 : \mu \neq m_0$ とし，$\left|\frac{\overline{x}-m_0}{\sigma/\sqrt{n}}\right| > 1.96$ を棄却域としたときの検出力を，図 7.6 に示す．これらの横軸は $\frac{\mu-m_0}{\sigma}$ であり，H_0 が成り立たない度合いを示す．また，$\frac{\mu-m_0}{\sigma} = 0$ は H_0 の状態であり，この縦軸の値は第 1 種の誤りの確率 α となる．

データ数 n が増えると，検出力は高くなる．例えば，片側検定で $\frac{\mu-m_0}{\sigma} = 0.5$ のとき，$n = 5$ の検出力は 0.3 程度であるのに対し，$n = 20$ の検出力は 0.8 を超える．この差を高確率で検出したいなら，最低でも $n = 20$ が必要になる．検出したい差とその検出力を定めると，必要なデータ数 n を求められる．これは，サンプルサイズの決定問題と呼ばれる．詳細は，第 7.5 節で説明する．

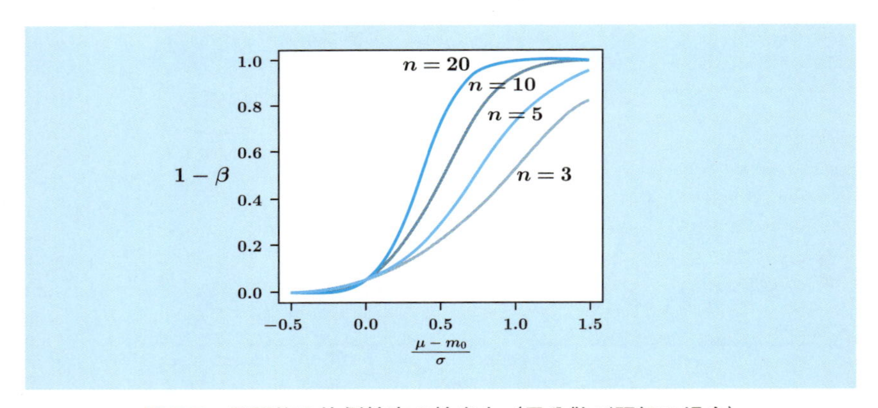

図 7.5　母平均の片側検定の検出力（母分散が既知の場合）

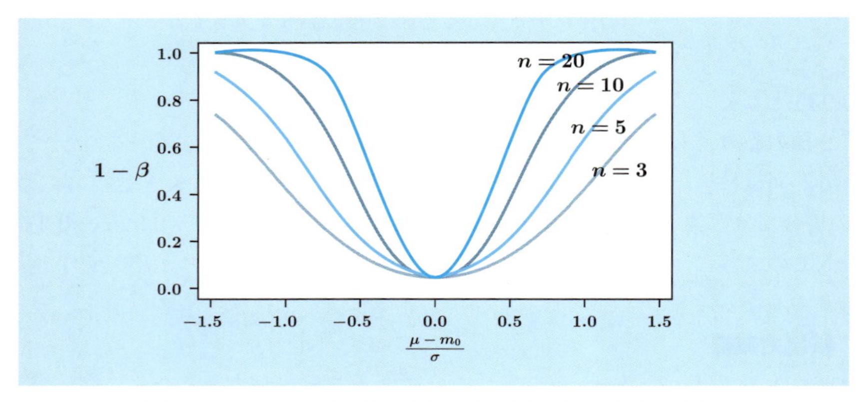

図 7.6　母平均の両側検定の検出力（母分散が既知の場合）

7.3 母分散が未知な場合の母平均の検定

7.3.1 検定の手順

(1) 対象となる場の例

第 7.2 節の例で，新たな金メッキ工程のため σ^2 が未知である状況を考える．金メッキ膜厚 x は $N(\mu, \sigma^2)$ に従うと見なし，μ が顧客の要請値 $m_0 = 70$（$\times 10^{-6}$ m）と異なるかどうかを，次の $n = 10$ のデータで検定する．

$$71,\quad 75,\quad 70,\quad 73,\quad 69,\quad 68,\quad 73,\quad 71,\quad 69,\quad 74$$

(2) 検定の手順

① 帰無仮説 H_0，対立仮説 H_1 の設定　帰無仮説 H_0 は，母平均 μ が目標値などの所与の参照値 m_0 に等しいことを示す $H_0：\mu = m_0$ となる．対立仮説 H_1 は，$\mu \neq m_0$ or $\mu > m_0$ or $\mu < m_0$ から，取り上げる問題に対して適切なものを選択する．

メッキ膜厚例では，$H_1：\mu = m_0 = 70$ とする．H_1 については，70 より大きくなる場合も小さくなる場合もあるので，$\mu \neq 70$ とする．

② 検定統計量の決定　データ $x_1, \ldots, x_n$ が独立に正規分布 $N\left(\mu, \sigma^2\right)$ に従うとき，$\frac{\overline{x}-\mu}{s/\sqrt{n}}$ が自由度 $n-1$ の t 分布に従うので，$H_0：\mu = m_0$ の下で

$$\frac{\overline{x} - m_0}{s/\sqrt{n}} \tag{7.4}$$

が自由度 $n-1$ の t 分布に従う．そこで，式 (7.4) を検定統計量とする．なお，s^2 はデータから求めた不偏分散である．

メッキ膜厚例では，$\frac{\overline{x}-70}{s/\sqrt{n}}$ を検定統計量とする．

③ 有意水準，帰無仮説の棄却域の決定　有意水準 α を決め，対立仮説によって棄却域のとり方を次のように変える．なお，自由度 $n-1$ の t 分布において，両側確率が P であるパーセント点を $t\,(n-1, P)$ とする．

$$H_1：\quad \mu \neq m_0 \quad \leftrightarrow \quad \left|\frac{\overline{x} - m_0}{s/\sqrt{n}}\right| > t\,(n-1, \alpha)$$

$$H_1：\quad \mu > m_0 \quad \leftrightarrow \quad \frac{\overline{x} - m_0}{s/\sqrt{n}} > t\,(n-1, 2\alpha)$$

$$H_1：\quad \mu < m_0 \quad \leftrightarrow \quad \frac{\overline{x} - m_0}{s/\sqrt{n}} < -t\,(n-1, 2\alpha)$$

メッキ膜厚例では $\alpha = 0.05$ とし，$H_1 : \mu \neq 70$ より棄却域を下記とする．

$$\left| \frac{\overline{x} - 70}{s/\sqrt{n}} \right| > t(9, 0.05) = 2.262$$

④ 検定統計量の計算 データ $x_1, \ldots, x_n$ を収集し，式 (7.4) を計算する．メッキ膜厚例では，$\overline{x} = 71.3$，$s^2 = 2.359^2$ より下記となる．

$$\frac{71.3 - 70}{2.359/\sqrt{10}} = 1.743 \tag{7.5}$$

⑤ 判定と結論 ③の棄却域に④の検定統計量の値が含まれている場合には，帰無仮説を棄却し，対立仮説を採択する．一方，含まれていない場合には，帰無仮説は棄却しない．

メッキ膜厚例では，$1.743 < 2.262$ より，有意水準5％で $H_0 : \mu = m_0$ を棄却しない．有意水準5％で μ が70と異なるとは言えない．

例題 7.2 組立てライン A では，製品1個あたりの生産時間40（秒）を改善する（短くする）ために段取り作業を変更した．この効果の検定のため，9個のデータ

36,　39,　36,　36,　42,　39,　40,　40,　34

を収集した．生産時間が正規分布 $N(\mu, \sigma^2)$ に従うと見なし，生産時間が短くなったかどうかを，σ^2 が未知として有意水準5％で検定しなさい．

解答

① 帰無仮説 H_0，対立仮説 H_1 の設定 H_0 は $\mu = m_0 = 40$ とする．H_1 は，40よりも短くなったかどうかを調べるので，$\mu < 40$ とする．

② 検定統計量の決定 独立な n 個のデータ $x_1, \ldots, x_9$ から求める下記を検定統計量とする．

$$\frac{\overline{x} - m_0}{s/\sqrt{n}} = \frac{\overline{x} - 40}{s/\sqrt{n}}$$

③ 有意水準，帰無仮説の棄却域の決定 有意水準は5％とする．$H_1 : \mu < m_0 = 40$ なので，棄却域を片側に設けて下記のとおりとする．

$$\frac{\overline{x} - 40}{s/\sqrt{n}} < -t(8, 0.10) = -1.860$$

④ 検定統計量の計算 収集されているデータについて $\overline{x} = 38.0$，$s^2 = 2.598^2$ なので，検定統計量の値は次のとおりとなる．

$$\frac{38.0-40}{2.598/\sqrt{9}}=-2.309$$

⑤ **判定と結論** $-2.309<-1.860$ より，有意水準 5%で $H_0：\mu=40$ を棄却し $H_1：\mu<40$ を採択する．すなわち，有意水準 5%で母平均が従来の値 40 より小さくなり，生産時間の改善効果があると言える．□

7.3.2 第 2 種の誤り，検出力

(1) 検出力の定式化

第 2 種の誤りの確率 β は，帰無仮説が成り立たない状態の下で検定統計量が従う分布について，棄却域に含まれない確率により求められる．まず，検定統計量の根拠となる t 分布に立ち返る．自由度 ϕ の t 分布に従う確率変数は，$N\left(0,1^2\right)$ に従う u と，これとは独立に自由度 ϕ の χ^2 分布に従う v により，次式で表される．

$$\frac{u}{\sqrt{v/\phi}} \tag{7.6}$$

データ x_i が独立に $N\left(\mu,\sigma^2\right)$ に従うとき，$\frac{\overline{x}-\mu}{\sigma/\sqrt{n}}\sim N\left(0,1^2\right)$，$\frac{\sum_{i=1}^{n}(x_i-\overline{x})^2}{\sigma^2}\sim\chi^2(n-1)$ であり，これらの確率変数が独立なので，$H_0：\mu=m_0$ の下で次式が t 分布に従う．

$$\frac{\overline{x}-m_0}{s/\sqrt{n}}=\frac{\overline{x}-m_0}{\sigma/\sqrt{n}}\Bigg/\sqrt{\frac{\sum_{i=1}^{n}\left(x_i-\overline{x}\right)^2}{\sigma^2\left(n-1\right)}} \tag{7.7}$$

一方，帰無仮説が成り立たない場合には，式 (7.7) の分子の $\frac{\overline{x}-m_0}{\sigma/\sqrt{n}}$ が $N\left(0,1^2\right)$ に従わないので自由度 $n-1$ の t 分布とはならない．これが従う分布は，**非心 t 分布** (non-central t distribution) である．自由度 ϕ，**非心度** (non-centrality parameter) λ に従う確率変数は，$N\left(\lambda,1^2\right)$ に従う $u(\lambda)$ と，これとは独立に自由度 ϕ の χ^2 分布に従う v により次式で表される．

$$\frac{u\left(\lambda\right)}{\sqrt{v/\phi}} \tag{7.8}$$

非心 t 分布について，非心度 λ を 0 とすると t 分布となる．自由度 $\phi=9$，非心度 $\lambda=0,1,3,5,7$ の確率密度関数を，図 7.7 に示す．

式 (7.7) の検定統計量において，$\frac{\overline{x}-m_0}{\sigma/\sqrt{n}}$ が正規分布 $N\left(\sqrt{n}\frac{\mu-m_0}{\sigma},1^2\right)$ に従い，これとは独立に $\frac{\sum_{i=1}^{n}(x_i-\overline{x})^2}{\sigma^2}$ が自由度 $n-1$ の χ^2 分布に従う．これから検定統計量は，自由度 $n-1$，非心度 $\lambda=\sqrt{n}\frac{\mu-m_0}{\sigma}$ の非心 t 分布に従う．非心度 λ は，母平

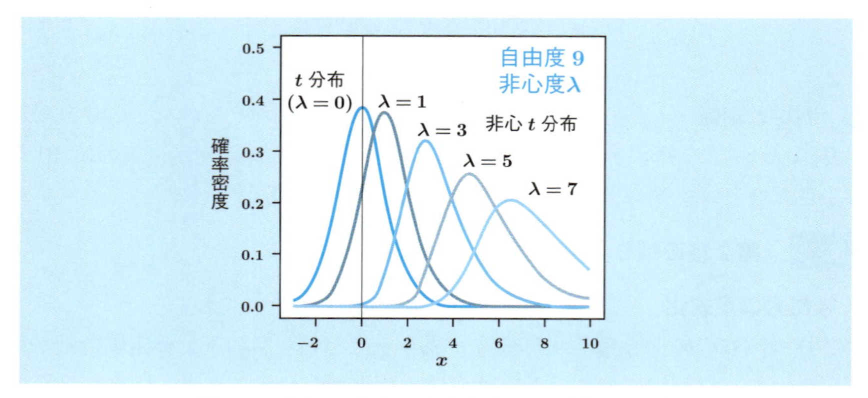

図 7.7 非心 t 分布の確率密度関数（自由度 9）

均 μ が参照値 m_0 から何標準偏差分離れているかという $\frac{\mu-m_0}{\sigma}$ に，データ数の平方根 $\sqrt{n}$ を乗じたものになっている．

第 2 種の誤りの確率 β は，この非心 t 分布について棄却域に含まれない確率を求めればよい．例えば，$n=10$ のデータによる $H_0: \mu = m_0$，$H_1: \mu > m_0$ の検定において，棄却域は $\frac{\overline{x}-m_0}{s/\sqrt{n}} > t(9, 0.10) = 1.833$ となる．母平均 μ が参照値 m_0 から σ だけ大きいとすると，非心度 λ は $\sqrt{n}\frac{\mu-m_0}{\sigma} = 3.162$ となる．自由度 9，非心度 3.162 の非心 t 分布ついて，棄却域に含まれない，すなわち 1.833 より小さい確率が β となる．この概要を図 7.8 に示す．

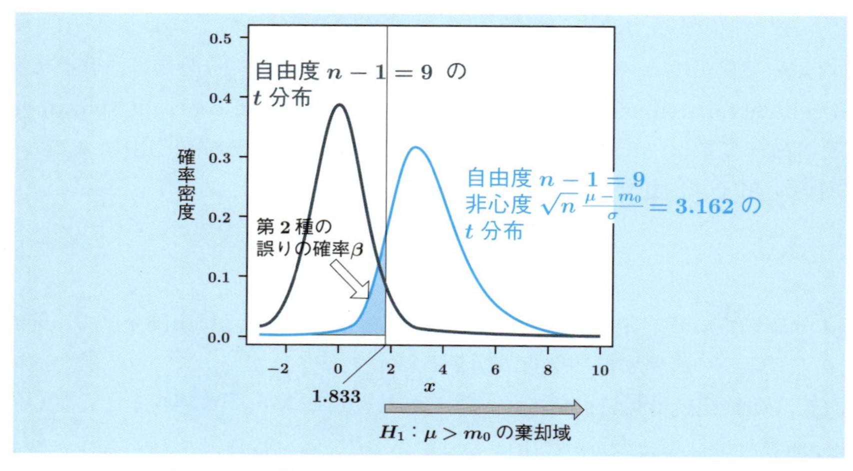

図 7.8 母集団の分布で決まる第 2 種の誤りの確率

非心 t 分布は，正規分布，t 分布などと異なりパーセント点をまとめた表はない．確率計算には，例えば永田（2003）が示しているように，統計計算，数式処理ソフトウエアが必要になる．前述の例で具体的に計算すると，$\beta = 0.103$ となる．したがって，$n = 10$ の場合，平均が 1 標準偏差分離れていることを $1 - \beta = 0.897$ の確率で検出できることになる．また，μ が m_0 から 0.5 標準偏差分離れている場合には $\beta = 0.573$ であり，検出力は $1 - \beta = 0.427$ となる．

(2)　検出力曲線

$H_0 : \mu = m_0$，$H_1 : \mu > m_0$，$\alpha = 0.05$ とし，$\frac{\overline{x} - m_0}{s/\sqrt{n}} > t(n-1, 0.10)$ を棄却域とした場合の検出力を，図 7.9 に示す．また，$H_0 : \mu = m_0$，$H_1 : \mu \neq m_0$，$\alpha = 0.05$ とし，$\left| \frac{\overline{x} - m_0}{s/\sqrt{n}} \right| > t(n-1, 0.05)$ を棄却域とした場合の検出力を，図 7.10 に示す．

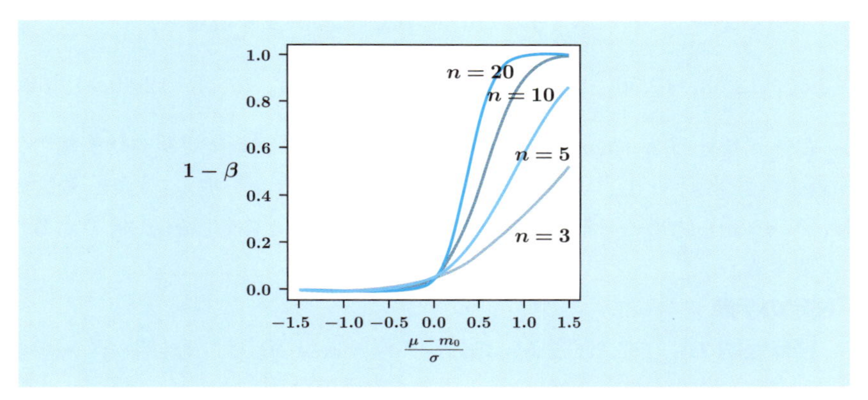

図 7.9　母平均の片側検定の検出力（母分散が未知の場合）

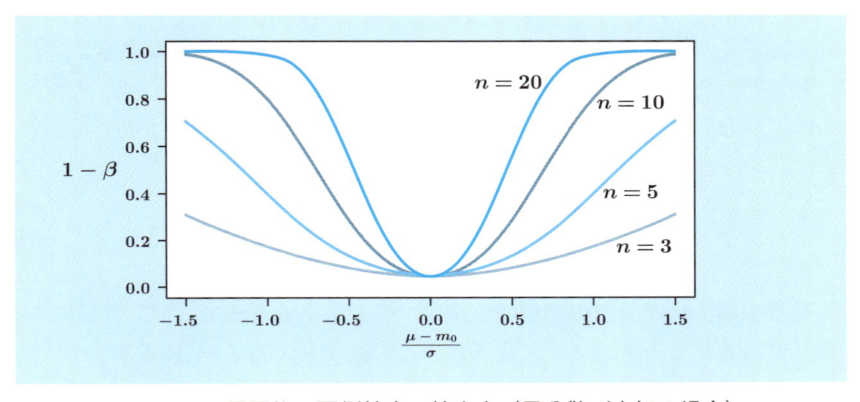

図 7.10　母平均の両側検定の検出力（母分散が未知の場合）

これらの図において，$\frac{\mu-m_0}{\sigma}=0$ は帰無仮説が成り立っている状態であり，この縦軸の値が α となる．また，$\mu=m_0$ の状態から離れる，データ数 n が増えるに従い検出力が高くなる．さらに，同じ条件下では母平均が既知の場合よりも検出力が低く，これは n が小さいときに顕著である．

7.4 母分散の検定

7.4.1 検定の手順

(1) 対象となる場の例

様々な幅の溝を削り出している工程 C では，切削幅（mm）の母平均はねらい値と一致するものの，分散が 0.2^2 であり次工程の要求に比べると大きい．この改善のために工程を変更し，次に示す $n=10$ 個の切削幅データを収集した．

12.56，12.63，12.56，12.61，12.59，12.34，12.44，12.71，12.40，12.62

これらは，正規分布 $N\left(\mu,\sigma^2\right)$ に従うと見なしてよい．工程変更後の切削幅の分散 σ^2 が過去の分散 $s_0^2=0.2^2$ より小さくなっているかどうかを検定したい．なお本節では，データから求める分散が s^2 であり，従来の値などの参照値が s_0^2 である点に注意を要する．

(2) 検定の手順

① **帰無仮説 H_0，対立仮説 H_1 の設定** 帰無仮説 H_0 は，母分散 σ^2 が参照値 s_0^2 に等しいという $H_0:\sigma^2=s_0^2$ となる．対立仮説 H_1 は，$\sigma^2\neq s_0^2$ or $\sigma^2>s_0^2$ or $\sigma^2<s_0^2$ から，取り上げる問題に対して適切なものを選択する．

切削例では，$H_0:\sigma^2=s_0^2=0.2^2$ とする．また，工程の改善により σ^2 が s_0^2 より小さくなっているかどうかを調べるので，$H_1:\sigma^2<s_0^2$ とする．

② **検定統計量の決定** データ $x_1,\ldots,x_n$ が独立に $N\left(\mu,\sigma^2\right)$ に従うとき，$\frac{\sum_{i=1}^{n}(x_i-\overline{x})^2}{\sigma^2}$ が自由度 $n-1$ の χ^2 分布に従う．$H_0:\sigma^2=s_0^2$ の下で次式が $\chi^2(n-1)$ に従うので，これを検定統計量とする．

$$\frac{\sum_{i=1}^{n}\left(x_i-\overline{x}\right)^2}{s_0^2} \tag{7.9}$$

③ **有意水準，帰無仮説の棄却域の決定** 有意水準 α を決め，対立仮説によって棄却域のとり方を次のように変える．この概要を，図 7.11 に示す．

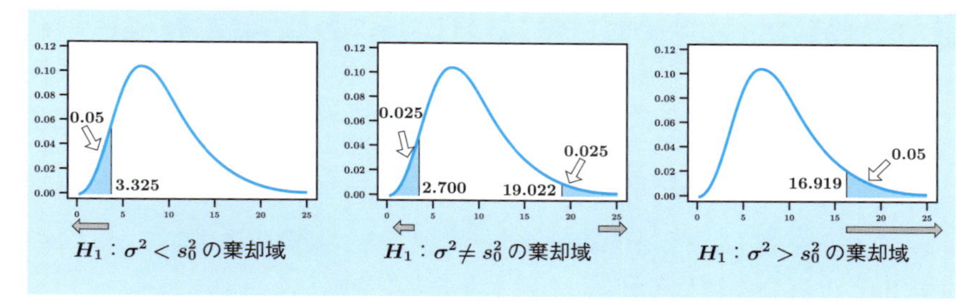

図 7.11　母分散の検定における対立仮説に応じた棄却域の設定（$n = 10$ の例）

$$H_1: \quad \sigma^2 \neq s_0^2 \quad \leftrightarrow \quad \frac{\sum_{i=1}^{n}(x_i - \overline{x})^2}{s_0^2} < \chi^2\left(n-1, 1-\frac{\alpha}{2}\right),$$

$$\frac{\sum_{i=1}^{n}(x_i - \overline{x})^2}{s_0^2} > \chi^2\left(n-1, \frac{\alpha}{2}\right)$$

$$H_1: \quad \sigma^2 > s_0^2 \quad \leftrightarrow \quad \frac{\sum_{i=1}^{n}(x_i - \overline{x})^2}{s_0^2} > \chi^2(n-1, \alpha)$$

$$H_1: \quad \sigma^2 < s_0^2 \quad \leftrightarrow \quad \frac{\sum_{i=1}^{n}(x_i - \overline{x})^2}{s_0^2} < \chi^2(n-1, 1-\alpha)$$

なお，自由度 ϕ の χ^2 分布の上側確率が P なる点を $\chi^2(\phi, P)$ と表す．

切削事例では，$\alpha = 0.05$ とする．$H_1: \sigma^2 < s_0^2$ なので，棄却域を $\frac{\sum_{i=1}^{n}(x_i - \overline{x})^2}{0.2^2} < \chi^2(9, 0.95) = 3.325$ とする．

④ 検定統計量の計算　データ $x_1, \ldots, x_n$ から，式 (7.9) を計算する．切削事例では $\sum_{i=1}^{10}(x_i - \overline{x})^2 = 0.1208$ となるので，検定統計量は下記となる．

$$\frac{\sum_{i=1}^{10}(x_i - \overline{x})^2}{s_0^2} = \frac{0.1208}{0.2^2} = 3.020$$

⑤ 判定と結論　③の棄却域に④の検定統計量の値が含まれていれば，H_0 を棄却し H_1 を採択し，含まれていなければ H_0 を棄却しない．

切削例では，$3.020 < 3.325$ より検定統計量の値が棄却域に含まれるので，有意水準 5％で $H_0: \sigma^2 = s_0^2$ を棄却し，$H_1: \sigma^2 < 0.2^2$ を採択する．すなわち，有意水準 5％で σ^2 は従来の値 0.2^2 よりも小さいと言える．なお，本節以降では，χ^2 分布のパーセント点を統計ソフトにより求め，小数点以下 3 桁まで表示している．巻末の χ^2 分布表の値を用いても，得られる結論は変わらない．

例題 7.3　測定の繰返し精度は，一般に，同じ対象の繰返し測定値の標準偏差で評価する．液体中の成分 X の測定値（%）について，従来の測定法の標準偏差 s_0 は 0.6 である．新測定法による成分 X の含有量の繰返し測定値は，

$$6.5,\quad 7.3,\quad 6.7,\quad 6.2,\quad 6.9,\quad 7.1,\quad 6.8,\quad 6.4$$

である．これらを $N\left(\mu, \sigma^2\right)$ からの独立なデータとし，新測定法による σ^2 が従来の値 $s_0 = 0.6^2$ と異なるかどうかを，有意水準 5%で検定しなさい．

解答

① **帰無仮説 H_0，対立仮説 H_1 の設定**　新測定法の σ^2 が，従来の値 s_0^2 と異なるかどうかの検定問題なので，$H_0 : \sigma^2 = s_0^2 = 0.6^2$，$H_1 : \sigma^2 \neq s_0^2$ とする．

② **検定統計量の決定**　検定統計量を $\frac{\sum_{i=1}^{8}(x_i - \overline{x})^2}{0.6^2}$ とする．

③ **有意水準，帰無仮説の棄却域の決定**　$\alpha = 0.05$ の棄却域を次とする．

$$\frac{\sum_{i=1}^{n}\left(x_i - \overline{x}\right)^2}{s_0^2} < \chi^2\left(7, 0.975\right) = 1.690$$

$$\frac{\sum_{i=1}^{n}\left(x_i - \overline{x}\right)^2}{s_0^2} > \chi^2\left(7, 0.025\right) = 16.012$$

④ **検定統計量の計算**　$\sum_{i=1}^{8}\left(x_i - \overline{x}\right)^2 = 0.939$ より $\frac{\sum_{i=1}^{8}(x_i - \overline{x})^2}{s_0^2} = \frac{0.939}{0.6^2} = 2.608$ となる．

⑤ **判定と結論**　$1.690 < 2.608 < 16.012$ より棄却域に含まれないので，有意水準 5%で $H_0 : \sigma^2 = s_0^2$ を棄却しない．すなわち，有意水準 5%で新測定法の標準偏差 σ は従来の値である 0.6 と異なると言えない．□

7.4.2　第2種の誤りの確率 β，検出力 $1 - \beta$

(1)　検出力の定式化

第2種の誤りの確率 β は，帰無仮説が成り立たない下で検定統計量が棄却域に含まれない確率により求められる．まず，$H_1 : \sigma^2 < s_0^2$，$\alpha = 0.05$ について考える．このときの棄却域は，$\frac{\sum_{i=1}^{n}(x_i - \overline{x})^2}{s_0^2} < \chi^2\left(n-1, 0.95\right)$ である．$N\left(\mu, \sigma^2\right)$ からの独立なデータによる $\frac{\sum_{i=1}^{n}(x_i - \overline{x})^2}{\sigma^2}$ が，自由度 $n-1$ の χ^2 分布に従うので，β は次式となる．

$$\begin{aligned}\beta &= P\left(\frac{\sum_{i=1}^{n}\left(x_i - \overline{x}\right)^2}{s_0^2} > \chi^2\left(n-1, 0.95\right)\right)\\ &= P\left(\frac{\sum_{i=1}^{n}\left(x_i - \overline{x}\right)^2}{\sigma^2} > \frac{s_0^2}{\sigma^2}\chi^2\left(n-1, 0.95\right)\right)\end{aligned}$$

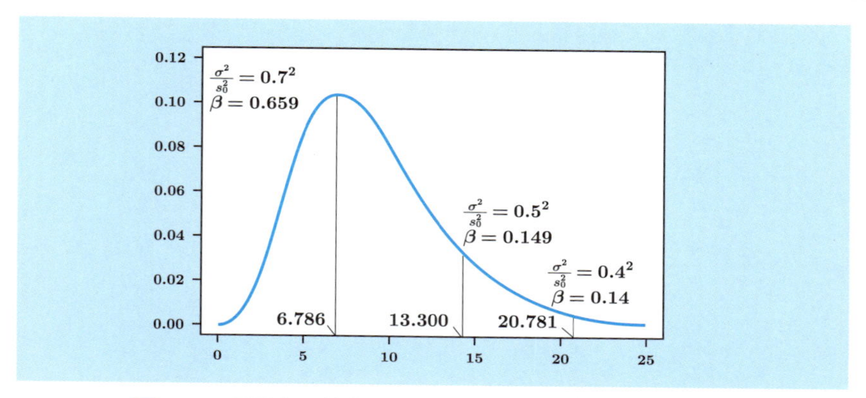

図 7.12　母平均の検定における第 2 種の誤りの確率の変化

この式の $\frac{s_0^2}{\sigma^2}$ は，H_0 の下では 1 であり，H_1 の下では 1 より大きくなる．例えば σ が s_0 の 0.7 倍のときは，第 2 種の誤り β は自由度 9 の χ^2 に従う確率変数が $\frac{\sigma^2}{s_0^2}\chi^2(10-1, 0.95) = \frac{1}{0.7^2} \times 3.325 = 6.786$ を超える確率であり，0.659 である．これと同様に，0.5 倍，0.4 倍のときの第 2 種の誤りの確率 β は，それぞれ 0.149，0.014 である．その概要を図 7.12 に示す．

(2)　検出力曲線

$H_0 : \sigma^2 = s_0^2$，$H_1 : \sigma^2 < s_0^2$，$\alpha = 0.05$ の検出力を，図 7.13 に示す．また，H_0，α は同じで，$H_1 : \sigma^2 > s_0^2$ の検出力を図 7.14 に，$H_1 : \sigma^2 \neq s_0^2$ の検出力を図 7.15 に示す．これらの図は，$\sigma^2 = s_0^2$ からの H_1 方向への乖離が大きくなるほど，またデータ数 n が増加するほど検出力が高くなることを示している．

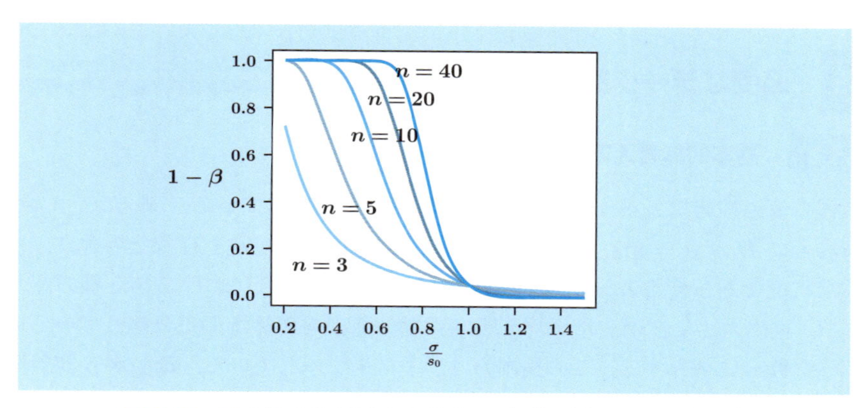

図 7.13　母分散の片側検定の検出力（σ^2 が小さくなる場合）

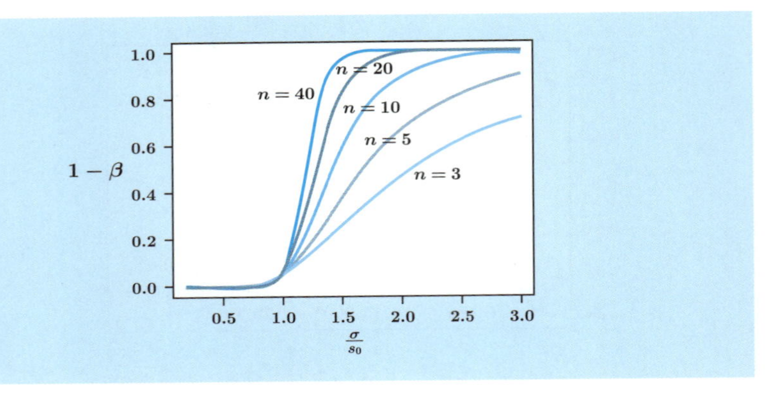

図 7.14 母分散の片側検定の検出力（σ^2 が大きくなる場合）

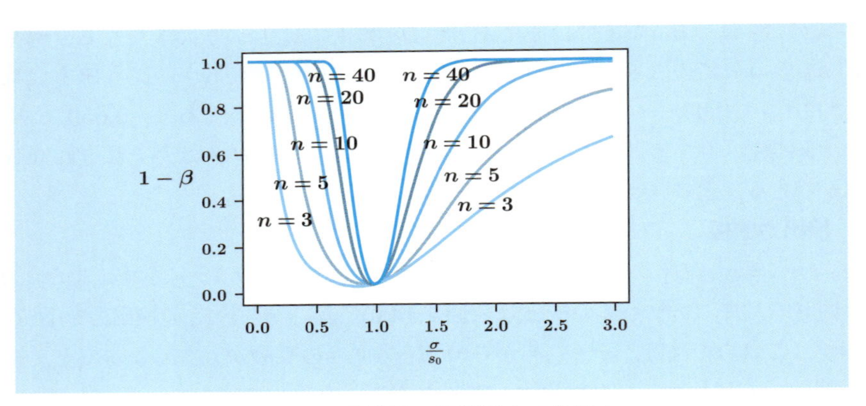

図 7.15 母分散の両側検定の検出力

7.5 必要なデータ数の求め方

7.5.1 基本的な考え方

本書の仮説検定は，第1種の誤りの確率の値を保証している．例えば，σ^2 が既知な場合に $H_0：\mu = m_0$，$H_1：\mu > m_0$，$\alpha = 0.05$ の検定を行った場合に，どのような状況であっても $\alpha = 0.05$ となる．一方，この場合における第2種の誤りの確率 β，検出力 $1-\beta$ は，母平均 μ が参照値 m_0 から何標準偏差分離れているのかとデータ数 n に依存する．この検出力は，図 7.5 で示している．母平均 μ が参照値 m_0 から1標準偏差 σ 分離れている，すなわち $\frac{\mu-m_0}{\sigma}$ が1のときに，$n=5$ とすれば $1-\beta$ は 0.723 となる．また，$\frac{\mu-m_0}{\sigma} = 0.5$ で同様の検出力を得るには $n = 20$ 程度が必要になる．

H_0 からの乖離度合 $\frac{\mu-m_0}{\sigma}$ とその下での検出力 $1-\beta$ を定め，それらを満たすデータ数 n を求める問題を，**サンプルサイズ設計**（sample size determination）と呼ぶ．これについて，永田（2003）が体系的に論じている．以下では，この書籍をもとに，データ数 n の決定方法を紹介する．

7.5.2　母分散 σ^2 が既知の場合の母平均の検定

$H_0: \mu = m_0$，$H_1: \mu > m_0$，有意水準 α の検定において，H_0 からの乖離度 $\frac{\mu-m_0}{\sigma}$ での検出力が $1-\beta$ となるデータ数 n は，次式で与えられる．

$$n = \left(\frac{K_\alpha - K_{1-\beta}}{(\mu - m_0)/\sigma}\right)^2 \tag{7.10}$$

例えば，$\frac{\mu-m_0}{\sigma} = 1$ を検出力 $1-\beta = 0.8$ で検出するには，次の計算により $n = 7$ が必要である．

$$n = \left(\frac{K_{0.05} - K_{0.80}}{1}\right)^2 = \left(\frac{1.645 - (-0.842)}{1}\right)^2 = 6.185$$

また，$H_1: \mu \neq m_0$ でそれ以外が同じ検定で，$\frac{\mu-m_0}{\sigma}$ での検出力が $1-\beta$ となるデータ数 n は，近似的に次式で与えられる．

$$n = \left(\frac{K_{\alpha/2} - K_{1-\beta}}{(\mu - m_0)/\sigma}\right)^2 \tag{7.11}$$

例えば，$\frac{\mu-m_0}{\sigma} = 1$ で検出力 0.8 の保証には次より $n = 8$ が必要になる．

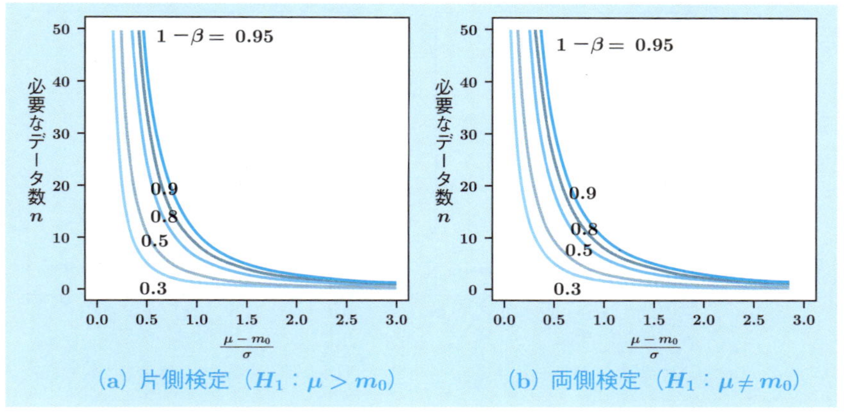

図 7.16　母平均の検定（母分散既知）で検出力を保証するために必要なデータ数

$$n = \left(\frac{K_{\frac{0.05}{2}} - K_{0.80}}{1} \right)^2 = \left(\frac{1.96 - (-0.842)}{1} \right)^2 = 7.85$$

図 7.16 に，$H_0 : \mu = m_0$，$\alpha = 0.05$，(a) $H_1 : \mu > m_0$，(b) $H_1 : \mu \neq m_0$ について，検出力 $1 - \beta$ を保証するのに必要なデータ数 n の $\frac{\mu - m_0}{\sigma}$ に対する変化を示す．これらから，$\frac{\mu - m_0}{\sigma} = 1$ ならば 15 程度のデータ数でほぼ検出できることがわかる．また μ が m_0 より大きい場合には，片側検定の方が両側検定よりも必要なデータ数 n が少ないことがわかる．

7.5.3　母分散 σ^2 が未知の場合における母平均の検定

$H_0 : \mu = m_0$，$H_1 : \mu > m_0$，σ^2 が未知，$\alpha = 0.05$ の検定で，$\frac{\mu - m_0}{\sigma}$ での検出力が $1 - \beta$ となるデータ数 n は，近似的に次式で与えられる．

$$n = \left(\frac{K_\alpha - K_{1-\beta}}{(\mu - m_0)/\sigma} \right)^2 + \frac{K_\alpha^2}{2} \tag{7.12}$$

例えば，$\frac{\mu - m_0}{\sigma} = 1$ で検出力 0.8 の保証には次より $n = 8$ が必要になる．

$$\begin{aligned} n &= \left(\frac{K_{0.05} - K_{0.80}}{1} \right)^2 + \frac{K_{0.05}^2}{2} \\ &= \left(\frac{1.645 - (-0.842)}{1} \right)^2 + \frac{1.645^2}{2} = 7.54 \end{aligned}$$

また，$H_1 : \mu \neq m_0$ でそれ以外が同じ場合の検定で，$\frac{\mu - m_0}{\sigma}$ での検出力が $1 - \beta$ となるデータ数 n は，近似的に次式で与えられる．

$$n = \left(\frac{K_{\alpha/2} - K_{1-\beta}}{(\mu - m_0)/\sigma} \right)^2 + \frac{K_{\frac{\alpha}{2}}^2}{2} \tag{7.13}$$

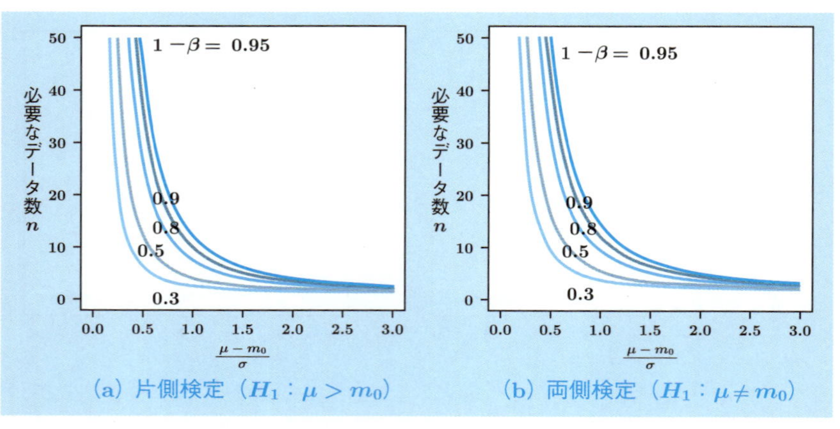

図 7.17　母平均の検定（母分散未知）で検出力を保証するために必要なデータ数

例えば，$\frac{\mu - m_0}{\sigma} = 1$ で検出力 0.8 の保証には次より $n = 10$ が必要になる．

$$
\begin{aligned}
n &= \left(\frac{K_{0.025} - K_{0.80}}{1}\right)^2 + \frac{K_{0.025}^2}{2} \\
&= \left(\frac{1.96 - (-0.842)}{1}\right)^2 + \frac{1.96^2}{2} = 9.77
\end{aligned}
$$

図 7.17 に，$H_0 : \mu = m_0$，$\alpha = 0.05$，**(a)** $H_1 : \mu > m_0$，**(b)** $H_1 : \mu \neq m_0$ について，検出力 $1 - \beta$ を保証するのに必要なデータ数 n の $\frac{\mu - m_0}{\sigma}$ に対する変化を示す．これと **図 7.16** を比較すると，傾向は同じであるが，母分散未知の方が必要なデータ数が若干多い．直感的には，母分散の情報の有無によると解釈できる．定量的には，必要なデータ数を与える式において，母分散未知の場合には既知に比べ，$\frac{K_{\alpha}^2}{2}$，$\frac{K_{\frac{\alpha}{2}}^2}{2}$ という項が加わっていると説明できる．

7.5.4　母分散の検定

$H_0 : \sigma^2 = s_0^2$，$H_1 : \sigma^2 < s_0^2$，$\alpha = 0.05$ の検定で，σ が参照値 s_0 に比べ小さい比率 $\frac{\sigma}{s_0}$ を $1 - \beta$ で検出するデータ数 n は，近似的に次式で与えられる．

$$
n = \frac{1}{2}\left(\frac{K_{0.05} - K_{1-\beta}\sigma/s_0}{\sigma/s_0 - 1}\right)^2 + \frac{3}{2} \tag{7.14}
$$

例えば，$\frac{\sigma}{s_0} = 0.5$ で検出力 0.8 の保証には次より $n = 11$ 必要になる．

$$
n = \frac{1}{2}\left(\frac{1.645 - 0.5\,(-0.842)}{0.5 - 1}\right)^2 + \frac{3}{2} = 10.04
$$

また，$H_1 : \sigma^2 > s_0^2$ でそれ以外が同じ検定で，$\frac{\sigma}{s_0}$ を $1 - \beta$ で検出するのに必要なデータ数 n は，$\sigma < s_0$ と同様に，近似的に式 (7.14) で与えられる．

さらに，$H_1 : \sigma \neq s_0$ の両側検定でそれ以外が同じ検定では，$\frac{\sigma}{s_0}$ が 1 より大きくなる場合と小さくなる場合の両方を考え，$\frac{\sigma}{s_0}$ を $1 - \beta$ で検出するのに必要なデータ数 n を次式で求め，最後に大きい方の n を選択する．

$$
n = \frac{1}{2}\left(\frac{K_{0.025} - K_{1-\beta}\sigma/s_0}{\sigma/s_0 - 1}\right)^2 + \frac{3}{2} \tag{7.15}
$$

例えば，$\frac{\sigma}{s_0} = 0.5$ と $\frac{\sigma}{s_0} = \frac{1}{0.5} = 2$ を $1 - \beta = 0.8$ で検出するのに必要なデータ数 n_1，n_2 は次となるので，必要なデータ数 n は 13 となる．

$$
\begin{aligned}
n_1 &= \frac{1}{2}\left(\frac{1.96 - 0.5\,(-0.842)}{0.5 - 1}\right)^2 + \frac{3}{2} = 12.84 \\
n_2 &= \frac{1}{2}\left(\frac{1.96 - 2\,(-0.842)}{2 - 1}\right)^2 + \frac{3}{2} = 8.14
\end{aligned}
$$

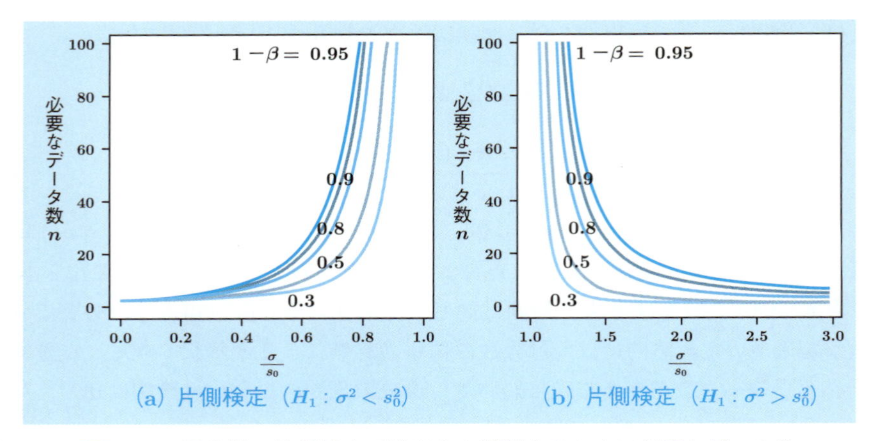

図 7.18　母分散の片側検定で検出力を保証するために必要なデータ数

図 7.18 に，(a) $H_1 : \sigma^2 < s_0^2$，(b) 対立仮説 $H_1 : \sigma^2 > s_0^2$ について，検出力 $1-\beta$ を保証するのに必要なデータ数 n の $\frac{\sigma}{s_0}$ に対する変化を示す．これから，標準偏差が 2 倍，半分の場合には比較的少数のデータで容易に検出できるものの，標準偏差が 20 %増加，10 %減少というような微小な変化には 100 程度というデータが必要になることがわかる．両側検定の場合には，必要になるデータ数 n を求める際，$\alpha = 0.05$ であれば $K_{0.05}$ が $K_{0.025}$ に変わるので，その分若干必要になるデータ数が増えるものの，概ねの傾向は図 7.18 に等しい．

演習問題

1　$H_0 : \mu = 50$，$H_1 : \mu \neq 50$ を，$\sigma^2 = 3^2$ として $\alpha = 0.05$ で次のデータにより検定しなさい．

53,　55,　52,　54,　51,　54,　49

2　問 1 の検定において，$\mu = 51.5$ の検出力を求めなさい．

3　$H_0 : \mu = 50$，$H_1 : \mu \neq 50$ を，問 1 のデータで σ^2 未知として $\alpha = 0.05$ で検定しなさい．

4　$H_0 : \sigma^2 = 1.5^2$，$H_1 : \sigma^2 > 1.5^2$ を，問 1 のデータにより $\alpha = 0.05$ で検定しなさい．

5　問 4 の検定において，$\sigma = 2.2$ の検出力を求めなさい．

6　$H_0 : \mu = 30$，$H_1 : \mu > 30$，$\sigma^2 = 5^2$，$\alpha = 0.05$ の検定において，$\mu = 33.5$ を検出力 $1-\beta = 0.80$ で検出するデータ数 n を求めなさい．

8 計量値データにおける2つの母集団の比較

前章が1つの母集団から収集された計量値のデータに基づき，母平均，母分散に関する統計的推測を行っているのに対し，本章では2つの母集団から収集されているデータに基づきこれらの統計的推測を行う．この問題を，2標本問題と呼ぶ場合がある．2つの母集団で平均が異なるか，分散が異なるかなど，母数の違いを検討する．統計的推測の手続きとしては，第6章で取り上げた推定，第7章で取り上げた検定を用いる．

8.1 母分散が既知な場合の母平均の差の推測

8.1.1 2つの母集団と収集されているデータ

(1) 対象とする場の例

メッキ浴 M_1 とメッキ浴 M_2 を用いて，亜鉛メッキ付けを行っている．設備の経時的変化により，同じ処理条件を用いても M_1 と M_2 では亜鉛メッキ膜厚の母平均が異なる可能性があるので，データを収集し統計的に比較する．M_1 から独立に収集される n_1 個のデータ $x_{11}, x_{12}, \ldots, x_{1n_1}$ は，正規分布 $N\left(\mu_1, \sigma_1^2\right)$ からの標本と，M_2 から独立に収集される n_2 個のデータ $x_{21}, x_{22}, \ldots, x_{2n_2}$ は正規分布 $N\left(\mu_2, \sigma_2^2\right)$ からの標本と見なす．また，M_1 からのデータと M_2 からのデータは独立である．さらに，過去の操業記録から $\sigma_1^2 = 2.5^2$，$\sigma_2^2 = 3.0^2$ というように，その母分散が既知である．収集した下記のデータから，母平均の差 $\mu_1 - \mu_2$ についての統計的推測を行う．

$$M_1: \quad 12, 14, 15, 15, 18, 16, 15, 13, 11, 19 \quad (n_1 = 10)$$

$$M_2: \quad 9, 14, 11, 10, 15, 13, 11, 12, 13 \quad (n_2 = 9)$$

(2) 一般的記述

前述の問題は，一般には，正規分布 $N\left(\mu_1, \sigma_1^2\right)$ からの独立なデータ $x_{11}, \ldots, x_{1n_1}$ と，正規分布 $N\left(\mu_2, \sigma_2^2\right)$ からの独立なデータ $x_{21}, \ldots, x_{2n_2}$ をもとに，母分散 σ_1^2，σ_2^2 が既知として，母平均の差 $\mu_1 - \mu_2$ に関する推測を行う問題となる．この概要を図 8.1 に示す．

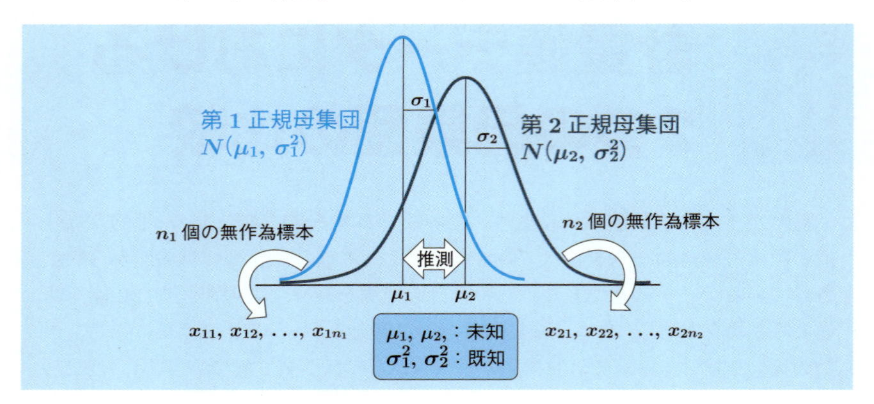

図 8.1　2つの正規母集団からの無作為標本（母分散既知）

8.1.2 母平均の差の点推定

母平均の差 $\mu_1 - \mu_2$ の点推定には，それぞれの平均の差を用いる．

$$\widehat{\mu_1 - \mu_2} = \widehat{\mu}_1 - \widehat{\mu}_2 = \overline{x}_1 - \overline{x}_2$$

ただし，$\overline{x}_1 = \frac{\sum_{i=1}^{n_1} x_{1i}}{n_1}$，$\overline{x}_2 = \frac{\sum_{i=1}^{n_2} x_{2i}}{n_2}$ である．この推定量は，

$$E\left(\widehat{\mu_1 - \mu_2}\right) = E\left(\overline{x}_1\right) - E\left(\overline{x}_2\right) = \mu_1 - \mu_2 \tag{8.1}$$

なので，母数 $\mu_1 - \mu_2$ の不偏推定量である．またその分散は，下記となる．

$$V\left(\widehat{\mu_1 - \mu_2}\right) = V\left(\overline{x}_1 - \overline{x}_2\right) = V\left(\overline{x}_1\right) + V\left(\overline{x}_2\right) = \frac{\sigma_1^2}{n_1} + \frac{\sigma_2^2}{n_2} \tag{8.2}$$

メッキ例では，次のとおりとなる．

$$\widehat{\mu_1 - \mu_2} = \overline{x}_1 - \overline{x}_2 = 14.8 - 12.0 = 2.8$$

$$V\left(\widehat{\mu_1 - \mu_2}\right) = \frac{\sigma_1^2}{n_1} + \frac{\sigma_2^2}{n_2} = \frac{2.5^2}{10} + \frac{3.0^2}{9} = 1.275^2$$

8.1.3 母平均の差の区間推定

母平均の差 $\mu_1 - \mu_2$ の $100\,(1-\alpha)$ % 信頼区間を求める問題は，

$$P\left(L\left(x\right) < \mu_1 - \mu_2 < U\left(x\right)\right) = 1 - \alpha \tag{8.3}$$

を満たすように，$N\left(\mu_1, \sigma_1^2\right)$ からの独立なデータ $x_{11}, \ldots, x_{1n_1}$ と，$N\left(\mu_2, \sigma_2^2\right)$ からの独立なデータ $x_{21}, \ldots, x_{2n_2}$ を用いて区間 $\left(L\left(x\right), U\left(x\right)\right)$ を求める問題となる．

母平均の差の推定量 $\overline{x}_1 - \overline{x}_2$ は，式 (8.1), 式 (8.2) より，母平均 $\mu_1 - \mu_2$，母分散 $\frac{\sigma_1^2}{n_1} + \frac{\sigma_2^2}{n_2}$ の正規分布に従うので，これを標準化した $\frac{\overline{x}_1 - \overline{x}_2 - (\mu_1 - \mu_2)}{\sqrt{\sigma_1^2/n_1 + \sigma_2^2/n_2}}$ が標準正規分布に従う．これより，次式が成立する．

$$P\left(-K_{\frac{\alpha}{2}} < \frac{\overline{x}_1 - \overline{x}_2 - (\mu_1 - \mu_2)}{\sqrt{\sigma_1^2/n_1 + \sigma_2^2/n_2}} < K_{\frac{\alpha}{2}}\right) = 1 - \alpha$$

これを $\mu_1 - \mu_2$ について解くと，下記の $100\,(1-\alpha)$ % 信頼区間となる．

$$\overline{x}_1 - \overline{x}_2 \pm K_{\frac{\alpha}{2}}\sqrt{\frac{\sigma_1^2}{n_1} + \frac{\sigma_2^2}{n_2}} \tag{8.4}$$

メッキ例では，$\alpha = 0.05$ とすると $K_{0.025} = 1.96$ であり，下記を計算すると母平均の差 $\mu_1 - \mu_2$ の 95 % 信頼区間の下限が 0.30，上限が 5.30 となる．

$$\begin{aligned}\overline{x}_1 - \overline{x}_2 \pm 1.96\sqrt{\frac{\sigma_1^2}{n_1} + \frac{\sigma_2^2}{n_2}} &= 14.8 - 12.0 \pm 1.96\sqrt{\frac{2.5^2}{10} + \frac{3.0^2}{9}} \\ &= 2.8 \pm 2.50\end{aligned}$$

8.1.4 母平均の差の検定

(1) 基本的な考え方

本章の検定は，第 7 章と比べると未知母数が増える点で異なる．一方，①から⑤の手順，対立仮説の設定，棄却域の設定など，背後の考え方，理論は共通である．なお，第 7 章で述べた検出力 $1 - \beta$ を保証するデータ数の決定方法もあるが，本書では割愛する．永田（2003）を参照されたい．

(2) 検定の手順

① 帰無仮説 H_0，対立仮説 H_1 の設定　H_0 は，母集団 1，2 の母平均が等しいという $\mu_1 = \mu_2$ となる．H_1 は，$\mu_1 \neq \mu_2$ or $\mu_1 > \mu_2$ or $\mu_1 < \mu_2$ から，取り上げる問題に対して適切なものを選択する．

メッキ例では，メッキ浴 M_1，M_2 の母平均 μ_1，μ_2 について，$H_0 : \mu_1 = \mu_2$ とする．差があるかどうかを調べたいので $H_1 : \mu \neq \mu_2$ とする．

② 検定統計量の決定　一般に $\frac{\overline{x}_1 - \overline{x}_2 - (\mu_1 - \mu_2)}{\sqrt{\sigma_1^2/n_1 + \sigma_2^2/n_2}}$ が $N\left(0, 1^2\right)$ に従い，$H_0 : \mu_1 = \mu_2$ が成り立つ下で，次式が $N\left(0, 1^2\right)$ に従うのでこれを検定統計量とする．

$$\frac{\overline{x}_1 - \overline{x}_2}{\sqrt{\sigma_1^2/n_1 + \sigma_2^2/n_2}} \tag{8.5}$$

③　有意水準と帰無仮説の棄却域の決定　有意水準 α を決める．また，対立仮説に応じて，帰無仮説の棄却域を次のように定める．

$$H_1:\quad \mu_1 \neq \mu_2 \quad \leftrightarrow \quad \left| \frac{\overline{x}_1 - \overline{x}_2}{\sqrt{\sigma_1^2/n_1 + \sigma_2^2/n_2}} \right| > K_{\frac{\alpha}{2}}$$

$$H_1:\quad \mu_1 > \mu_2 \quad \leftrightarrow \quad \frac{\overline{x}_1 - \overline{x}_2}{\sqrt{\sigma_1^2/n_1 + \sigma_2^2/n_2}} > K_{\alpha}$$

$$H_1:\quad \mu_1 < \mu_2 \quad \leftrightarrow \quad \frac{\overline{x}_1 - \overline{x}_2}{\sqrt{\sigma_1^2/n_1 + \sigma_2^2/n_2}} < -K_{\alpha}$$

メッキ例では，$\alpha = 0.05$ とする．$H_1 : \mu_1 \neq \mu_2$ なので，$K_{0.025} = 1.96$ を用いて，$\left| \frac{\overline{x}_1 - \overline{x}_2}{\sqrt{\sigma_1^2/n_1 + \sigma_2^2/n_2}} \right| > 1.96$ を棄却域とする．

④　検定統計量の計算　収集されているデータをもとに，②の検定統計量の値を求める．例では $n_1 = 10$，$n_2 = 9$ であり次のとおりとなる．

$$\frac{\overline{x}_1 - \overline{x}_2}{\sqrt{\sigma_1^2/n_1 + \sigma_2^2/n_2}} = \frac{14.8 - 12.0}{\sqrt{2.5^2/10 + 3.0^2/9}} = 2.197$$

⑤　判定と結論　メッキ例では，$2.197 > 1.96$ であり棄却域に含まれているので，有意水準5％で H_0 を棄却し H_1 を採択する．すなわち，2つのメッキ浴の母平均に差があると言える．

例題 8.1　従来の反応触媒 C_1 と，反応効率向上を目指して開発した新触媒 C_2 について，効果の検討のために，仕様が同じゴムの重合を行い重合時間（s）を測定した．結果を下記に示す．この原理や過去の実績より，重合時間の標準偏差は，C_1，C_2 共に1.5と考えてよい．C_1，C_2 のデータが，それぞれ $N\left(\mu_1, 1.5^2\right)$，$N\left(\mu_2, 1.5^2\right)$ から独立に収集されたものと見なし次の(a)，(b)に答えなさい．

$$C_1:\quad 13, 11, 14, 12, 11, 14, 13, 12 \qquad (n_1 = 8)$$

$$C_2:\quad 10, 13, 11, 10, 11, 12, 14, 11, 9 \quad (n_2 = 9)$$

(a)　母平均の差 $\mu_1 - \mu_2$ の点推定値，95％信頼区間を求めなさい．

(b)　C_1 に比べ C_2 では反応効率が向上した（反応時間の母平均が短くなった）かどうかを有意水準5％で検定しなさい．

解答　(a)　$\overline{x}_1 = 12.50$，$\overline{x}_2 = 11.22$ なので，$\mu_1 - \mu_2$ の点推定値は $\widehat{\mu_1 - \mu_2} = \overline{x}_1 - \overline{x}_2 = 12.50 - 11.22 = 1.28$ となる．また信頼率95％の信頼区間は，下記のとおり下限 -0.15，上限2.71となる．

$$\overline{x}_1 - \overline{x}_2 \pm 1.96\sqrt{\frac{\sigma_1^2}{n_1} + \frac{\sigma_2^2}{n_2}} = 1.28 \pm 1.96\sqrt{\frac{1.5^2}{8} + \frac{1.5^2}{9}}$$
$$= 1.28 \pm 1.43$$

(b)

① **帰無仮説 H_0，対立仮説 H_1 の設定**　$H_0: \mu_1 = \mu_2$ とする．C_1 に比べて C_2 は反応時間の母平均が短いかどうかを調べるので $H_1: \mu_1 > \mu_2$ とする．

② **検定統計量の決定**　検定統計量 $\frac{\overline{x}_1 - \overline{x}_2}{\sqrt{\sigma_1^2/n_1 + \sigma_2^2/n_2}}$ を用いる．

③ **有意水準と帰無仮説の棄却域の決定**　$\alpha = 0.05$ とし，$H_1: \mu_1 > \mu_2$ なので，棄却域を $\frac{\overline{x}_1 - \overline{x}_2}{\sqrt{\sigma_1^2/n_1 + \sigma_2^2/n_2}} > K_{0.05} = 1.645$ とする．

④ **検定統計量の計算**　$\frac{\overline{x}_1 - \overline{x}_2}{\sqrt{\sigma_1^2/n_1 + \sigma_2^2/n_2}} = \frac{12.50 - 11.22}{\sqrt{1.5^2/8 + 1.5^2/9}} = 1.756$ となる．

⑤ **判定と結論**　$1.756 > 1.645$ なので，有意水準 5％で H_0 を棄却し H_1 を採択する．新たな触媒は母平均が短くなり，生産性が向上したと言える．□

補足　有意水準 5％で H_0 を棄却したのに対し，母平均の差の 95％信頼区間では下限が負の値 -0.15 になっている．これは，信頼区間を両側で推定しているのに対し，仮説検定では片側に棄却域を設けているという理由による．□

8.2　母分散が等しいが未知な場合の母平均の比較

8.2.1　母集団と収集されているデータ

(1)　対象とする場の例

穿孔機械 M_1 と，精度改良を目指した M_2 がある．穿孔精度の指標は真円度（指数）であり，値は小さいほど好ましい．M_2 には真円度の母平均の改善効果があるかどうかを調べるために，M_1，M_2 から下記のデータを独立に収集した．機械の動作原理などから，母分散は M_1 と M_2 で等しいと考えてよいが，操業実績は十分でなく母分散の値は未知である．

$$M_1: \quad 42, 33, 35, 29, 35, 26, 30, 31, 30 \quad (n_1 = 9)$$
$$M_2: \quad 24, 18, 27, 26, 31, 30, 33, 32 \quad (n_2 = 8)$$

(2)　一般的記述

$N(\mu_1, \sigma^2)$ から n_1 個のデータ $x_{11}, \ldots, x_{1n_1}$ を，$N(\mu_2, \sigma^2)$ から n_2 個のデータ $x_{21}, \ldots, x_{2n_2}$ を独立に収集している場合について，σ^2 が未知の場合における $\mu_1 - \mu_2$

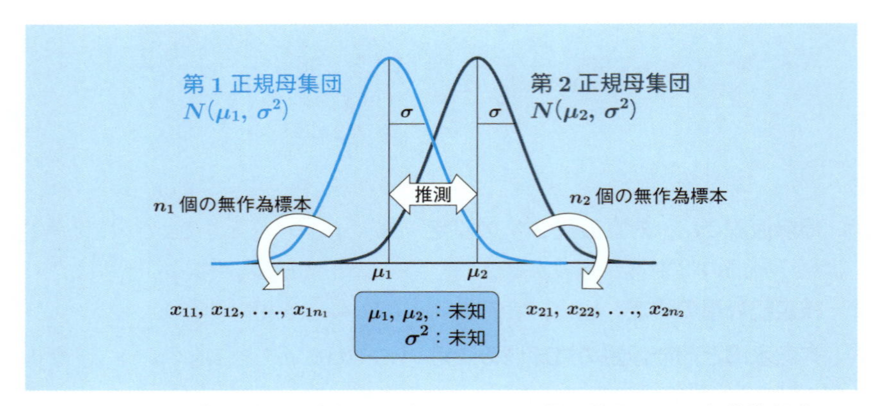

図 8.2　母分散が等しく未知な場合の 2 つの正規母集団からの無作為標本

の推測を取り上げる．この概要を，図 8.2 に示す．

8.2.2　母平均の差の点推定

前節と同様に，$\mu_1 - \mu_2$ の点推定量は $\widehat{\mu_1 - \mu_2} = \widehat{\mu}_1 - \widehat{\mu}_2 = \overline{x}_1 - \overline{x}_2$ となる．また $\overline{x}_1 - \overline{x}_2$ は，$\mu_1 - \mu_2$ の不偏推定量で，その分散は $\sigma^2\left(\frac{1}{n_1} + \frac{1}{n_2}\right)$ となる．穿孔機例では，$\overline{x}_1 - \overline{x}_2 = 32.33 - 27.63 = 4.70$ となる．

8.2.3　母平均の差の区間推定

$\overline{x}_1 - \overline{x}_2$ を標準化した $\frac{\overline{x}_1 - \overline{x}_2 - (\mu_1 - \mu_2)}{\sigma\sqrt{1/n_1 + 1/n_2}}$ は標準正規分布に従う．この σ を，第 1，2 母集団の偏差平方和 S_1，S_2 とそれぞれの自由度から求めた標準偏差

$$s = \sqrt{\frac{S_1 + S_2}{\text{自由度の和}}} = \sqrt{\frac{\sum_{i=1}^{n_1}(x_{1i} - \overline{x}_1)^2 + \sum_{i=1}^{n_2}(x_{2i} - \overline{x}_2)^2}{(n_1 - 1) + (n_2 - 1)}} \tag{8.6}$$

で置き換えた下記統計量は，自由度 $\phi = n_1 + n_2 - 2$ の t 分布に従う．

$$\frac{\overline{x}_1 - \overline{x}_2 - (\mu_1 - \mu_2)}{s\sqrt{1/n_1 + 1/n_2}}$$

自由度 ϕ の t 分布の両側確率が P である点を $t(\phi, P)$ とすると，

$$P\left(\left|\frac{\overline{x}_1 - \overline{x}_2 - (\mu_1 - \mu_2)}{s\sqrt{1/n_1 + 1/n_2}}\right| < t(n_1 + n_2 - 2, \alpha)\right) = 1 - \alpha$$

となる．これを解くと，下記の $\mu_1 - \mu_2$ の $100(1 - \alpha)\,\%$ 信頼区間となる．

$$\overline{x}_1 - \overline{x}_2 \pm t(n_1 + n_2 - 2, 0.05)\, s\sqrt{\frac{1}{n_1} + \frac{1}{n_2}} \tag{8.7}$$

穿孔機例では，式 (8.6) の統合（プーリング）した平方和に基づく標準偏差が

$$s = \sqrt{\frac{172.00 + 173.88}{(9-1)+(8-1)}} = 4.802$$

なので，$\mu_1 - \mu_2$ の 95 % 信頼区間の下限，上限が次式より −0.27，9.67 となる．

$$\begin{aligned}\overline{x}_1 - \overline{x}_2 &\pm t\,(n_1+n_2-2, 0.05)\, s\sqrt{\frac{1}{n_1}+\frac{1}{n_2}}\\ &= 32.33 - 27.63 \pm 2.131 \times 4.802\sqrt{\frac{1}{9}+\frac{1}{8}} = 4.70 \pm 4.972\end{aligned}$$

8.2.4　母平均の差の検定

(1)　基本的な考え方

母分散が未知で等しい場合の検定は，第 8.1.4 項の母分散が既知な場合と比べ，t 分布に基づく点で異なる．一方，その他の考え方や手順は同様である．

(2)　検定の手順

①　帰無仮説 H_0，対立仮説 H_1 の設定　H_0 は，$\mu_1 = \mu_2$ となる．H_1 は，$\mu_1 \neq \mu_2$ or $\mu_1 > \mu_2$ or $\mu_1 < \mu_2$ から，適切なものを選択する．

M_2 は M_1 からの精度改良を目指していて，M_2 の母平均が M_1 の母平均より小さいかどうかを調べたいので，$H_0 : \mu_1 = \mu_2$，$H_1 : \mu_1 > \mu_2$ とする．

②　検定統計量の決定　一般に $\frac{\overline{x}_1 - \overline{x}_2 - (\mu_1 - \mu_2)}{s\sqrt{1/n_1 + 1/n_2}}$ が自由度 $n_1 + n_2 - 2$ の t 分布に従い，$H_0 : \mu_1 = \mu_2$ の下で次式が自由度 $n_1 + n_2 - 2$ の t 分布に従うので，これを検定統計量とする．

$$\frac{\overline{x}_1 - \overline{x}_2}{s\sqrt{1/n_1 + 1/n_2}} \tag{8.8}$$

③　有意水準と帰無仮説の棄却域の決定　α を決め，H_1 に応じて棄却域を次のように定める．

$$\begin{aligned}
H_1 :&\quad \mu_1 \neq \mu_2 \quad \leftrightarrow \quad \left|\frac{\overline{x}_1 - \overline{x}_2}{s\sqrt{1/n_1 + 1/n_2}}\right| > t\,(n_1+n_2-2, \alpha)\\
H_1 :&\quad \mu_1 > \mu_2 \quad \leftrightarrow \quad \frac{\overline{x}_1 - \overline{x}_2}{s\sqrt{1/n_1 + 1/n_2}} > t\,(n_1+n_2-2, 2\alpha)\\
H_1 :&\quad \mu_1 < \mu_2 \quad \leftrightarrow \quad \frac{\overline{x}_1 - \overline{x}_2}{s\sqrt{1/n_1 + 1/n_2}} < -t\,(n_1+n_2-2, 2\alpha)
\end{aligned}$$

穿孔機例では $\alpha = 0.05$ とし，$H_1 : \mu_1 > \mu_2$ なので下記を棄却域とする．

$$\frac{\overline{x}_1-\overline{x}_2}{s\sqrt{1/n_1+1/n_2}}>t\,(15,0.10)=1.753$$

④　検定統計量の計算　$n_1=9$，$n_2=8$ のデータから，②の検定統計量の値を求めると $\frac{\overline{x}_1-\overline{x}_2}{s\sqrt{1/n_1+1/n_2}}=\frac{32.33-27.63}{4.802\sqrt{1/9+1/8}}=2.014$ となる．

⑤　判定と結論　穿孔機例では，$2.018>1.754$ より，H_0 を棄却し H_1 を採択する．有意水準5％で穿孔機械 M_2 の方が母平均が小さく，改善効果があると言える．

例題 8.2　特殊加工技能の教育プログラム P_1，P_2 について，教育効果の差を調べるため，P_1，P_2 でそれぞれ8，6名を無作為に選び，教育後に加工結果を評価した．評価値が高いほど良い加工で，類似加工実績からばらつきは等しいと見なせる．教育プログラム P_1，P_2 後の評価結果を，それぞれ $N\left(\mu_1,\sigma^2\right)$，$N\left(\mu_2,\sigma^2\right)$ からのデータとし，以下の解析をしなさい．

$$P_1：\quad 71,61,65,53,74,64,52,62\quad (n_1=8)$$

$$P_2：\quad 70,50,74,79,70,61\quad (n_2=6)$$

(a)　母平均の差 $\mu_1-\mu_2$ の点推定値，95％信頼区間を求めなさい．

(b)　P_1，P_2 により母平均が異なるかどうかを有意水準5％で検定しなさい．

解答　(a)　$\mu_1-\mu_2$ の点推定値は，$\overline{x}_1-\overline{x}_2=62.75-67.33=-4.58$ である．また，標準偏差は $s=\sqrt{\frac{S_1+S_2}{(n_1-1)+(n_2-1)}}=\sqrt{\frac{415.50+535.33}{8+6-2}}=8.901$ であり，$t\,(12,0.05)=2.179$ より，$\mu_1-\mu_2$ の信頼率95％の信頼区間は，次式のとおり下限，上限が -15.06，5.90 となる．

$$\overline{x}_1-\overline{x}_2\pm t\,(n_1+n_2-2,0.05)\,s\sqrt{\frac{1}{n_1}+\frac{1}{n_2}}$$

$$=-4.58\pm 2.179\times 8.901\sqrt{\frac{1}{8}+\frac{1}{6}}=-4.58\pm 10.475$$

(b)

①　帰無仮説 H_0，対立仮説 H_1 の設定　P_1，P_2 で母平均が異なるかどうかを調べるので，$H_0：\mu_1=\mu_2$，$H_1：\mu_1\neq\mu_2$ となる．

②　検定統計量の決定　検定統計量 $\frac{\overline{x}_1-\overline{x}_2}{s\sqrt{1/n_1+1/n_2}}$ を用いる．

③　有意水準と帰無仮説の棄却域の決定　$\alpha=0.05$ とする．$H_1：\mu_1\neq\mu_2$ なので棄却域を $\left|\frac{\overline{x}_1-\overline{x}_2}{s\sqrt{1/n_1+1/n_2}}\right|>t\,(n_1+n_2-2,0.05)=2.179$ とする．

④ 検定統計量の計算　計算すると $\frac{62.75-67.33}{8.901\sqrt{1/8+1/6}} = -0.953$ となる．

⑤ 判定と結論　$|-0.953| < 2.179$ より棄却域に含まれてないので，H_0 を棄却しない．P_1，P_2 で特殊加工の評価に差があるとは言えない．□

補足　点推定値では P_2 の方が 4.58 評価が高いが，信頼区間の下限，上限が -15.06，5.90 で H_0 を棄却しないので，この差は誤差の範囲であり明確に結論付けられない．母平均の差の検出力は，差の大きさに加え，データ数によっても変わってくる．永田（2003）を参照し，必要なデータ数を適切に求め正確な評価をするとよい．□

8.3　母分散が未知で等しいかわからない場合の母平均の比較

8.3.1　母集団と収集されているデータ

(1)　対象とする場の例

設備 C_1，C_2 の化学工程では，1 時間あたりの生産量（kg/h）の母平均の差を検討するために，下記のデータを収集している．C_1，C_2 では大きさが異なるため，生産量のばらつきが等しいかどうかもわからない．

$$C_1: \quad 85, 83, 74, 89, 80, 81, 86, 76 \quad (n_1 = 8)$$
$$C_2: \quad 73, 74, 79, 75, 76, 77, 80 \quad (n_2 = 7)$$

(2)　一般的記述

本項では，$N(\mu_1, \sigma_1^2)$ から n_1 個，$N(\mu_2, \sigma_2^2)$ から n_2 個のデータが収集されている場合の $\mu_1 - \mu_2$ の統計的推測を示す．これまでは，母分散が既知，あるいは，未知であるが等しいとしているのに対し，本節では σ_1^2，σ_2^2 が未知で，$\sigma_1^2 = \sigma_2^2$ も仮定しない．この概要を，図 8.3 に示す．

8.3.2　母平均の差の点推定

母平均の差 $\mu_1 - \mu_2$ の点推定には，これまでと同様に $\overline{x}_1 - \overline{x}_2$ を用いる．化学例では，$\overline{x}_1 - \overline{x}_2 = 81.75 - 76.29 = 5.46$ となる．

8.3.3　母平均の差の区間推定

(1)　分散の合成

平均値の差を標準化した $\frac{\overline{x}_1-\overline{x}_2-(\mu_1-\mu_2)}{\sqrt{\sigma_1^2/n_1+\sigma_2^2/n_2}}$ において，母分散 σ_1^2，σ_2^2 をデータから求めた分散 $s_1^2 = \frac{\sum_{i=1}^{n_1}(x_{1i}-\overline{x}_1)^2}{n_1-1}$，$s_2^2 = \frac{\sum_{i=1}^{n_2}(x_{2i}-\overline{x}_2)^2}{n_2-1}$ で置き換え

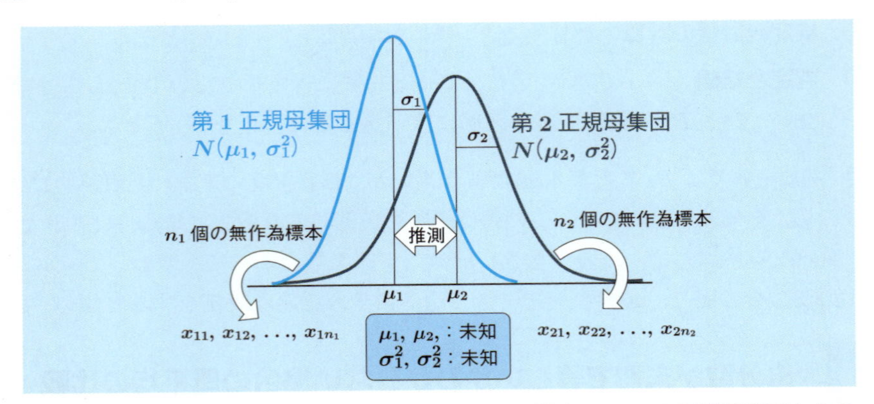

図 8.3　母分散が未知で等しいかどうかわからない場合の **2** つの正規母集団からの無作為標本

$$\frac{\overline{x}_1 - \overline{x}_2 - (\mu_1 - \mu_2)}{\sqrt{s_1^2/n_1 + s_2^2/n_2}} \tag{8.9}$$

としても，一般には t 分布に従わない．t 分布が標準正規分布に従う確率変数 u と，自由度 ϕ の χ^2 分布に従う確率変数 v により，$\frac{u}{\sqrt{v/\phi}}$ と表せるのに対し，式 (8.9) はそのように表せない．

この式 (8.9) を t 分布に近似し，統計的推測を行うのがウエルチ（Welch）の方法である．根幹は，サタスウエイト（Satterthwaite）の**等価自由度** ϕ^* である．分散 s_1^2，s_2^2 の自由度を n_1-1，n_2-1 とするとき，定数 $\frac{1}{n_1}$，$\frac{1}{n_2}$ による線形結合 $\frac{s_1^2}{n_1}+\frac{s_2^2}{n_2}$ の自由度を，次式の等価自由度 ϕ^* で求める．

$$\phi^* = \frac{\left(s_1^2/n_1 + s_2^2/n_2\right)^2}{\frac{\left(s_1^2/n_1\right)^2}{n_1-1} + \frac{\left(s_2^2/n_2\right)^2}{n_2-1}} \tag{8.10}$$

これは，分散の線形結合を自由度 ϕ^* の χ^2 分布に近づけるという方針で導かれている．精密な根拠は，永田（2000）にまとめられている．

(2)　等価自由度に基づく近似的な信頼区間

自由度 ϕ^* の t 分布で両側確率が P であるパーセント点を $t(\phi^*, P)$ とすると

$$P\left(\left|\frac{\overline{x}_1 - \overline{x}_2 - (\mu_1 - \mu_2)}{\sqrt{s_1^2/n_1 + s_2^2/n_2}}\right| < t(\phi^*, \alpha)\right) \approx 1-\alpha \tag{8.11}$$

なので，次の近似的な $100(1-\alpha)$ % の信頼区間が得られる．

$$\overline{x}_1 - \overline{x}_2 \pm t(\phi^*, 0.05)\sqrt{\frac{s_1^2}{n_1} + \frac{s_2^2}{n_2}} \tag{8.12}$$

等価自由度 ϕ^* は，一般には整数値にならない．そこで，ϕ^* を超えない最大の整数を L，ϕ^* を超える最小の整数を U とし，これらのパーセント点 $t(L,\alpha)$，$t(U,\alpha)$ を求め，下記の按分（線形補完）により $t(\phi^*,\alpha)$ を求める．

$$t(\phi^*,\alpha) = (U-\phi^*)\times t(L,\alpha) + (\phi^*-L)\times t(U,\alpha) \tag{8.13}$$

化学例では，$n_1=8$，$n_2=7$，$s_1^2=5.064^2$，$s_2^2=2.563^2$ より，等価自由度は

$$\phi^* = \frac{\left(s_1^2/n_1+s_2^2/n_2\right)^2}{\frac{\left(s_1^2/n_1\right)^2}{n_1-1}+\frac{\left(s_2^2/n_2\right)^2}{n_2-1}} = \frac{\left(5.064^2/8+2.563^2/7\right)^2}{\frac{(5.064^2/8)^2}{8-1}+\frac{(2.563^2/7)^2}{7-1}} = 10.63$$

なので，分散の線形結合 $\frac{s_1^2}{n_1}+\frac{s_2^2}{n_2}$ の自由度は 10.63 となる．自由度 $\phi^*=10.63$ の t 分布の 5％点 $t(10.63, 0.05)$ は，自由度 10 と 11 の 5％点である $t(10,0.05)=2.228$ と $t(11,0.05)=2.201$ を按分し次式となる．

$$(11-10.63)\times t(10,0.05) + (10.63-10)\times t(11,0.05) = 2.211$$

下記より，近似的な 95％ 信頼区間の下限が 0.96，上限が 9.96 となる．

$$\begin{aligned}\overline{x}_1-\overline{x}_2 \pm t(\phi^*,0.05)\sqrt{\frac{s_1^2}{n_1}+\frac{s_2^2}{n_2}} &= 81.75-76.29 \pm 2.211\sqrt{\frac{5.064^2}{8}+\frac{2.563^2}{7}}\\ &= 5.46 \pm 4.501\end{aligned}$$

8.3.4　母平均の差の検定

(1)　基本的な考え方

本節の母平均の差の検定は，前節と比べ，サタスウエイトの等価自由度による t 分布の近似を用いる点が異なる．一方，考え方や手順は同様である．

(2)　検定の手順

①　帰無仮説 H_0，対立仮説 H_1 の設定　H_0 は，$\mu_1=\mu_2$ とする．H_1 は，$\mu_1 \neq \mu_2$ or $\mu_1 > \mu_2$ or $\mu_1 < \mu_2$ から，適切なものを選択する．

化学例では，工程 C_1，C_2 で生産量の母平均に差があるかどうかを検定したいので，H_0：$\mu_1=\mu_2$，H_1：$\mu_1 \neq \mu_2$ とする．

②　検定統計量の決定　一般に，$\frac{\overline{x}_1-\overline{x}_2-(\mu_1-\mu_2)}{\sqrt{s_1^2/n_1+s_2^2/n_2}}$ が等価自由度 ϕ^* の t 分布に近似的に従い，H_0：$\mu_1=\mu_2$ の下では次式が等価自由度 ϕ^* の t 分布に近似的に従うのでこれを検定統計量とする．

$$\frac{\overline{x}_1-\overline{x}_2}{\sqrt{s_1^2/n_1+s_2^2/n_2}} \tag{8.14}$$

③ 有意水準と帰無仮説の棄却域の決定　有意水準 α を決め，また，対立仮説に応じて，帰無仮説の棄却域を次のように定める．

$$
\begin{aligned}
&H_1: \quad \mu_1 \neq \mu_2 \quad \leftrightarrow \quad \left|\frac{\overline{x}_1 - \overline{x}_2}{\sqrt{s_1^2/n_1 + s_2^2/n_2}}\right| > t(\phi^*, \alpha) \\
&H_1: \quad \mu_1 > \mu_2 \quad \leftrightarrow \quad \frac{\overline{x}_1 - \overline{x}_2}{\sqrt{s_1^2/n_1 + s_2^2/n_2}} > t(\phi^*, 2\alpha) \\
&H_1: \quad \mu_1 < \mu_2 \quad \leftrightarrow \quad \frac{\overline{x}_1 - \overline{x}_2}{\sqrt{s_1^2/n_1 + s_2^2/n_2}} < -t(\phi^*, 2\alpha)
\end{aligned}
\tag{8.15}
$$

化学例では $\alpha = 0.05$ とし，$H_1: \mu_1 \neq \mu_2$ なので $\left|\frac{\overline{x}_1-\overline{x}_2}{\sqrt{s_1^2/n_1+s_2^2/n_2}}\right| > t(10.63, 0.05) = 2.211$ を棄却域とする．

④ 検定統計量の計算　計算すると $\frac{81.75-76.29}{\sqrt{5.064^2/8+2.563^2/7}} = 2.682$ となる．

⑤ 判定と結論　化学例では，$2.682 > 2.211$ より，H_0 を棄却し H_1 を採択する．有意水準5％で C_1 と C_2 の母平均が異なると言える．

例題 8.3　例題8.2で取り上げている技能教育プログラム P_1，P_2 のデータを用いる．このデータは，値が大きいほど教育効果が高いことを表す．

$$
\begin{aligned}
&P_1: \quad 71, 61, 65, 53, 74, 64, 52, 62 \quad (n_1 = 8) \\
&P_2: \quad 70, 50, 74, 79, 70, 61 \qquad\qquad (n_2 = 6)
\end{aligned}
$$

これらを，正規分布 $N(\mu_1, \sigma_1^2)$，$N(\mu_2, \sigma_2^2)$ からのデータとし，σ_1^2，σ_2^2 が等しいかどうかもわからないものとし，以下の解析をしなさい．

(a)　母平均の差 $\mu_1 - \mu_2$ の点推定値，95％信頼区間を用いて求めなさい．

(b)　P_1，P_2 で母平均が異なるかどうかを有意水準5％で検定しなさい．

(c)　(a)，(b) の結果を，例題8.2の結果と比較しなさい．

解答　(a)　母平均の差の点推定値は，$62.75 - 67.33 = -4.58$ となる．分散は $s_1^2 = 7.704^2$，$s_2^2 = 10.347^2$ であり，等価自由度 $\phi^* = \frac{\left(7.704^2/8+10.347^2/6\right)^2}{\frac{(7.704^2/8)^2}{8-1}+\frac{(10.347^2/6)^2}{6-1}} = 8.92$ となる．$t(8.92, 0.05)$ は下記の按分により2.266となる．

$$
\begin{aligned}
t(8.92, 0.05) &= (9 - 8.92) \times t(8, 0.05) + (8.92 - 8) \times t(9, 0.05) \\
&= 0.08 \times 2.306 + 0.92 \times 2.262 = 2.266
\end{aligned}
$$

これらより，母平均の差の95％信頼区間の下限，上限は -15.97，6.81 となる．

$$62.75 - 67.33 \pm 2.266\sqrt{\frac{7.704^2}{8} + \frac{10.347^2}{6}} = -4.58 \pm 11.389$$

(b)

① **帰無仮説 H_0，対立仮説 H_1 の設定**　$H_0: \mu_1 = \mu_2$，$H_1: \mu_1 \neq \mu_2$ となる．

② **検定統計量の決定**　検定統計量 $\frac{\overline{x}_1 - \overline{x}_2}{\sqrt{s_1^2/n_1 + s_2^2/n_2}}$ を用いる．

③ **有意水準と帰無仮説の棄却域の決定**　$\alpha = 0.05$ とし，$H_1: \mu_1 \neq \mu_2$ なので $\left|\frac{\overline{x}_1 - \overline{x}_2}{\sqrt{s_1^2/n_1 + s_2^2/n_2}}\right| > t(8.92, 0.05) = 2.266$ を棄却域とする．

④ **検定統計量の計算**　計算すると $\frac{62.75 - 67.33}{\sqrt{7.704^2/8 + 10.347^2/6}} = -0.912$ となる．

⑤ **判定と結論**　$|-0.912| < 2.266$ であり，H_0 を棄却しない．有意水準 5％で，P_1，P_2 の母平均に差があるとは言えない．

(c)　母分散が未知であるが等しいとする場合には，自由度が $8 + 6 - 2 = 12$ で，95％の信頼区間の下限，上限が -15.06，5.90 となる．一方，本節の方法では等価自由度が 8.92 で，95％信頼区間の信頼区間の下限，上限は -15.97，6.81 となり幅が広くなっている．このように，母分散が等しいという仮定により，自由度が増え，信頼区間の幅が狭くなるというように，統計的推測の精度は上がる．一方，仮定が不適切な場合には統計的推測の頑健性が乏しくなる．これらを踏まえ，どの程度仮定が妥当かを考慮して方法を使い分けるとよい．□

8.4　対応のあるデータに基づく母平均の比較

8.4.1　母集団と収集されているデータ

(1)　対象とする場の例

小麦の種子 W_1，W_2 について，単位面積あたりの収穫量（t/ha）を比較する．全国にある農事試験場には全部で $2n$ 区画あり，区画の肥沃さの影響で収穫量が異なる点を考慮する必要がある．無作為に選んだ n 区画で W_1 を，残りの n 区画で W_2 を用い収穫量を比較すると，肥沃さの影響が誤差に含まれ，W_1，W_2 による収穫量の差が見つけにくい．この概要を図 8.4(a) に示す．

肥沃さの影響を取り除いて収穫量を比較するには，すべての区画のそれぞれで W_1，W_2 を用い，同一区画内での収穫量の差を求めればよい．これを図 8.4(b) に，データ例を表 8.1 に示す．このように，同一対象に 2 つの処理を施したデータを**対応のあるデータ**（paired data）と呼ぶ．

種子 W_1，W_2 を，それぞれ n_1，n_2 区画に用いた場合，W_1 のデータ x_{1i} は，母

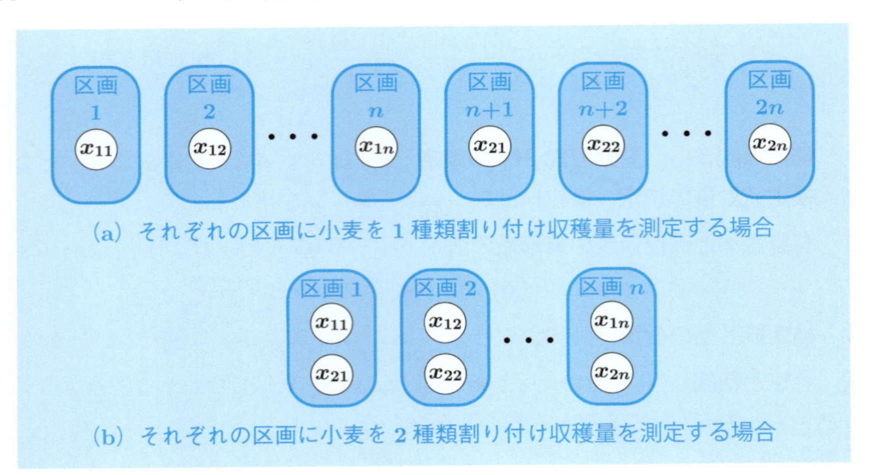

図 8.4　(a) 独立な $2n$ 個のデータの収集と (b) 対応がある n 組のデータの収集

表 8.1　対応のあるデータの例：区画ごとに小麦を2種類に割付け収穫量を測定

種 \ 区画	1	2	3	4	5	6	7	8	9	10	$\overline{x}$	s^2
W_1	405	426	382	425	398	363	360	405	393	371	392.8	23.62^2
W_2	410	417	374	420	384	345	363	403	394	355	386.5	26.59^2
差	−5	9	8	5	14	18	−3	2	−1	16	6.3	8.08^2

平均 μ_1 に加え，第 i 区画の肥沃さの影響 γ_i と測定などの誤差 ε_{1i} からなる．同様に，W_2 のデータ x_{2j} は，母平均 μ_2，第 j 区画の肥沃さの影響 γ_j，誤差 ε_{2j} からなり，次のように表せる．

$$x_{1i} = \mu_1 + \gamma_i + \varepsilon_{1i} \quad (i = 1, \ldots, n_1)$$
$$x_{2j} = \mu_2 + \gamma_j + \varepsilon_{2j} \quad (j = 1, \ldots, n_2)$$

この場合，データのばらつきは $\gamma_i + \varepsilon_{1i}$，$\gamma_j + \varepsilon_{2j}$ という，肥沃さの影響と誤差の和によって生じる．一方，それぞれの区画で種子 W_1，W_2 を用いた対応があるデータの場合には，第 i 区画の肥沃さの影響 γ_i が W_1，W_2 のデータにおいて共通的に含まれ

$$x_{1i} = \mu_1 + \gamma_i + \varepsilon_{1i}$$
$$x_{2i} = \mu_2 + \gamma_i + \varepsilon_{2i}$$

となる．したがって，区画 i での収穫量の差 d_i は，下記のとおり γ_i が取り除かれ

たものとなる．

$$d_i = x_{1i} - x_{2i} = \mu_1 - \mu_2 + \varepsilon_{1i} - \varepsilon_{2i} \tag{8.16}$$

表 8.1 のデータについて，区画ごとの収穫量を 図 8.5 に示す．この図から，区画による収穫量の大きな変動がわかる．この解析では，区画による変動に興味はなく，μ_1 と μ_2 の差に興味があるので差 d_i を用いる．表 8.1 において，W_1，W_2 のときの分散 s_1^2，s_2^2 には，区画による影響が含まれ大きな値となる．一方，差 d_i は区画による影響を取り除いているので，その分散も小さい．

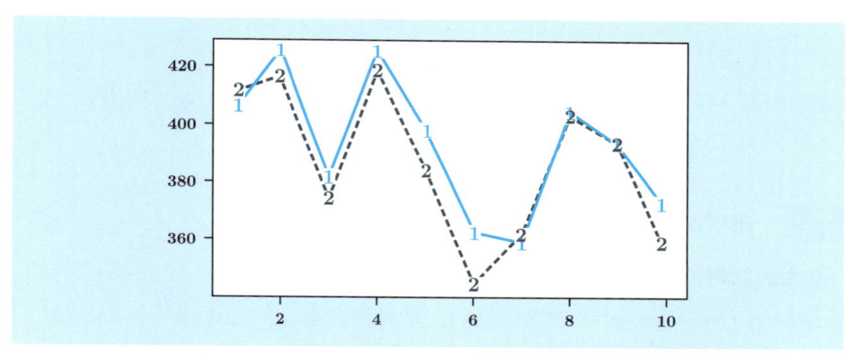

図 8.5　区画ごとに小麦を 2 種類に割付け収穫量を測定した結果のグラフ

母平均 $\mu_1 - \mu_2$ の推測のため，d_i の分布を考える．誤差 ε_{1i}，ε_{2i} がそれぞれ $N\left(0, \sigma_1^2\right)$，$N\left(0, \sigma_2^2\right)$ に従うとすると，式 (8.16) より次式となる．

$$d_i \sim N\left(\mu_1 - \mu_2, \sigma_1^2 + \sigma_2^2\right) \tag{8.17}$$

8.4.2　母平均の差の点推定

母平均の差 $\mu_1 - \mu_2$ の点推定は，$\widehat{\mu_1 - \mu_2} = \overline{d}$ のとおり差 d_i の平均を用いる．また，$\overline{d}$ は母平均の差 $\mu_1 - \mu_2$ の不偏推定量となり，その分散は

$$V\left(\overline{d}\right) = \frac{\sigma_1^2 + \sigma_2^2}{n}$$

となる．小麦例では，W_1 の方が $\overline{d} = 6.3$ 収穫量が多いという点推定値となる．

8.4.3　母平均の差の区間推定

母平均の差の区間推定は，データ d_i が独立に $N\left(\mu_1 - \mu_2, \sigma_1^2 + \sigma_2^2\right)$ に従うときに d_i の母平均 $\mu_1 - \mu_2$ の信頼区間を求める問題である．そこで第 6.2 節と同様に，t 分布

に基づく信頼区間を求める．差 d_i の平均 $\overline{d}=\frac{\sum_{i=1}^{n} d_i}{n}$，標準偏差 $s_d=\sqrt{\frac{\sum_{i=1}^{n}\left(d_i-\overline{d}\right)^2}{n-1}}$ を用いると，

$$\frac{\overline{d}-(\mu_1-\mu_2)}{s_d/\sqrt{n}} \sim t\,(n-1)$$

となる．これを変形すると，

$$P\left(\left|\frac{\overline{d}-(\mu_1-\mu_2)}{s_d/\sqrt{n}}\right| < t\,(n-1,\alpha)\right)=1-\alpha$$

となり，これから次の $\mu_1-\mu_2$ の $100\,(1-\alpha)$ % 信頼区間が導かれる．

$$\overline{d} \pm t\,(n-1,\alpha)\,\frac{s_d}{\sqrt{n}} \tag{8.18}$$

小麦例では，下記のとおり 95 % 信頼区間の下限，上限が 0.52，12.08 となる．

$$\overline{d} \pm t\,(n-1,0.05)\,\frac{s_d}{\sqrt{n}}=6.3 \pm 2.262 \times \frac{8.08}{\sqrt{10}}=6.3 \pm 5.78$$

8.4.4　母平均の差の検定

(1)　基本的な考え方

差 d_i が $N\left(\mu_1-\mu_2,\sigma_1^2+\sigma_2^2\right)$ に従い，その母分散 $\sigma_1^2+\sigma_2^2$ が未知である．これは第7.3節と同じ状況になので，t 分布に基づき検定をする．

(2)　検定の手順

①　帰無仮説 H_0，対立仮説 H_1 の設定　H_0 は，$\mu_1=\mu_2$ となる．H_1 は，$\mu_1 \neq \mu_2$ or $\mu_1>\mu_2$ or $\mu_1<\mu_2$ から適切なものを選択する．

小麦例では，種子 W_1，W_2 により，収穫量の母平均に差があるかどうかを検定したいので，$H_0：\mu_1=\mu_2$，$H_1：\mu_1 \neq \mu_2$ とする．

②　検定統計量の決定　一般に $\frac{\overline{d}-(\mu_1-\mu_2)}{s_d/\sqrt{n}}$ が自由度 $n-1$ の t 分布に従う．$H_0：\mu_1=\mu_2$ の下で，自由度 $n-1$ の t 分布に従う次を検定統計量とする．

$$\frac{\overline{d}}{s_d/\sqrt{n}} \tag{8.19}$$

③　有意水準と帰無仮説の棄却域の決定　有意水準 α を決め，また，対立仮説に応じて，帰無仮説の棄却域を次のように定める．

$$H_1：\quad \mu_1 \neq \mu_2 \quad \leftrightarrow \quad \left|\frac{\overline{x}_1-\overline{x}_2}{s_d/\sqrt{n}}\right| > t\,(n-1,\alpha)$$

$$H_1：\quad \mu_1 > \mu_2 \quad \leftrightarrow \quad \frac{\overline{x}_1-\overline{x}_2}{s_d/\sqrt{n}} > t\,(n-1,2\alpha)$$

$$H_1：\quad \mu_1 < \mu_2 \quad \leftrightarrow \quad \frac{\overline{x}_1-\overline{x}_2}{s_d/\sqrt{n}} < -t\,(n-1,2\alpha)$$

小麦例では，$\alpha = 0.05$ とし，$H_1 : \mu_1 \neq \mu_2$ なので $\left|\frac{\overline{d}}{s_d/\sqrt{n}}\right| > t(9, 0.05) = 2.262$ を棄却域とする．

④　検定統計量の計算　②の検定統計量の値は $\frac{\overline{d}}{s_d/\sqrt{n}} = \frac{6.3}{8.08/\sqrt{10}} = 2.466$ となる．

⑤　判定と結論　小麦例では $2.466 > 2.262$ より，棄却域に検定統計量の値が含まれているので，H_0 を棄却し H_1 を採択する．有意水準 5％で種子により収穫量の母平均が異なると言える．

(3)　データに対応がないものとした検定結果

データに対応がないものとし，母分散が未知で等しい第 8.2 節の検定統計量を求めると 0.560 となり，有意水準 5％ で H_0 は棄却されない．これは，図 8.5 の区画による影響も含めた標準偏差で差 $\overline{d}$ を標準化しているため，t 値が小さくなり母平均の差が検出できない．この例のように，影響が大きいが興味がないものがある場合には，対応のあるデータでの検定を用いるとよい．

例題 8.4　自転車用タイヤ T_1 と，耐摩耗性改善を目指した新タイヤ T_2 について，効果の検証のためそれぞれ 10 本を製造した．テスト利用者 10 名が，それぞれ保有する自転車に T_1，T_2 を 1 輪ずつ装着し，普段と同じように一定期間走行した．その際，T_1，T_2 をどのように前輪，後輪に付けるかは無作為に選び，期間の半分経過後，前輪，後輪を入れ替えている．表 8.2 のデータは摩耗量（指数）であり，小さい方が摩耗が少なく好ましい．以下の解析をしなさい．

表 8.2　自転車 1 から 10 におけるタイヤ T_1，T_2 の摩耗量

タイヤ ＼ 自転車	1	2	3	4	5	6	7	8	$\overline{x}$	s^2
T_1	231	174	13	322	231	160	65	115	163.9	99.33^2
T_2	227	166	20	320	217	155	56	112	159.1	97.18^2
差	4	8	−7	2	14	5	9	3	4.8	6.14^2

(a)　母平均の差 $\mu_1 - \mu_2$ の点推定値，95％信頼区間を求めなさい．

(b)　タイヤ T_1 に比べ T_2 の耐摩耗性が向上しているか，すなわち，摩耗量が少なくなっているかどうかを有意水準 5％ で検定しなさい．

解答　(a)　点推定値は $\overline{d} = 4.8$ となる．また，$\mu_1 - \mu_2$ の 95％信頼区間の下限，上限は $4.8 \pm 2.365 \times \frac{6.14}{\sqrt{8}} = 4.8 \pm 5.13$ より -0.33，9.93 となる．

(b)

①　帰無仮説 H_0，対立仮説 H_1 の設定　$H_0 : \mu_1 = \mu_2$ とし，T_1 に比べ T_2 の

摩耗量が少なくなっているかどうかを調べるので，$H_1: \mu_1 > \mu_2$ とする．

② **検定統計量の決定** 検定統計量 $\frac{\overline{d}}{s_d/\sqrt{n}}$ を用いる．

③ **有意水準と帰無仮説の棄却域の決定** $\alpha = 0.05$ とし，$H_1: \mu_1 > \mu_2$ なので $\frac{\overline{d}}{s_d/\sqrt{n}} > t(7, 0.10) = 1.895$ を棄却域とする．

④ **検定統計量の計算** 計算すると，$\frac{\overline{d}}{s_d/\sqrt{n}} = \frac{4.8}{6.14/\sqrt{8}} = 2.211$ となる．

⑤ **判定と結論** $2.211 > 1.895$ より，H_0 を棄却し H_1 を採択する．有意水準 5％で，T_1 に比べ T_2 の摩耗量が少なくなっていると言える．□

8.5 母分散の比較

8.5.1 母集団と収集されているデータ

(1) 対象とする場の例

測定の確かさは，一般に，真値からの偏りと，測定の繰返し精度という 2 側面で評価する．前者の偏りは，真値が既知の標準試料を複数回測定し，その平均値と真値の差を評価する．一方，後者の繰返し精度は，一般に，同じ対象の繰返し測定値の標準偏差で評価する．測定装置 M_1 と，測定の繰返し精度を小さくするために開発した M_2 がある．これを確認するために，成分 X の含有量が同一な試料を M_1，M_2 でそれぞれ $n_1 = 10$，$n_2 = 9$ 回を測定した．結果を下記に示す．

M_1： 155, 148, 145, 154, 155, 141, 152, 145, 151, 149 $(n_1 = 10,\ s_1^2 = 4.77^2)$

M_2： 153, 151, 149, 153, 150, 152, 147, 151, 146 $(n_2 = 9,\ s_2^2 = 2.49^2)$

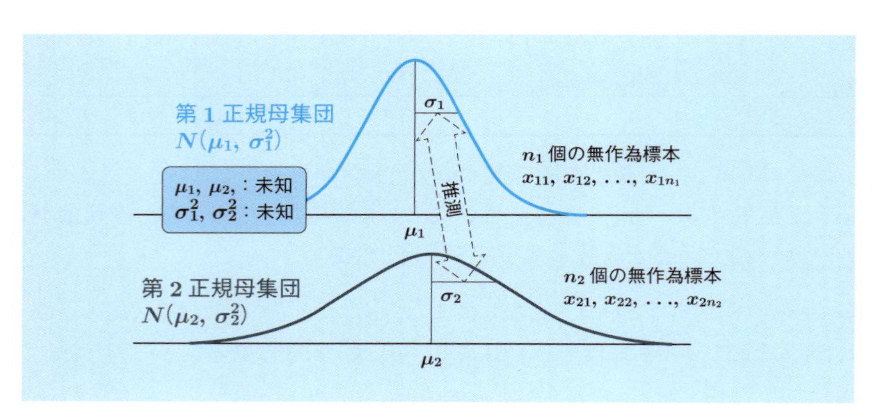

図 8.6 **2 つの母分散に関する推測**

(2)　一般的記述

本節では，図 8.6 のとおり，$N\left(\mu_1, \sigma_1^2\right)$，$N\left(\mu_2, \sigma_2^2\right)$ からの独立なデータ $x_{11}, \ldots, x_{1n_1}$，$x_{21}, \ldots, x_{2n_2}$ に基づく，母分散 σ_1^2，σ_2^2 の比較を取り上げる．

8.5.2　*F* 分布

母分散 σ_1^2，σ_2^2 の比較のために，F 分布を導入する．独立な 2 つの確率変数 v_1，v_2 が，それぞれ自由度 ϕ_1，ϕ_2 の χ^2 分布に従うとき，

$$\frac{v_1/\phi_1}{v_2/\phi_2} \tag{8.20}$$

は，自由度 (ϕ_1, ϕ_2) の F 分布 $F(\phi_1, \phi_2)$ に従う．F 分布の確率密度関数について，図 8.7 に示す．この図のように，$\phi_1 = 1, 2$ では単調減少で，ϕ_1 がそれより大きな場合には単峰になる．この傾向は，他の ϕ_2 についても同様である．

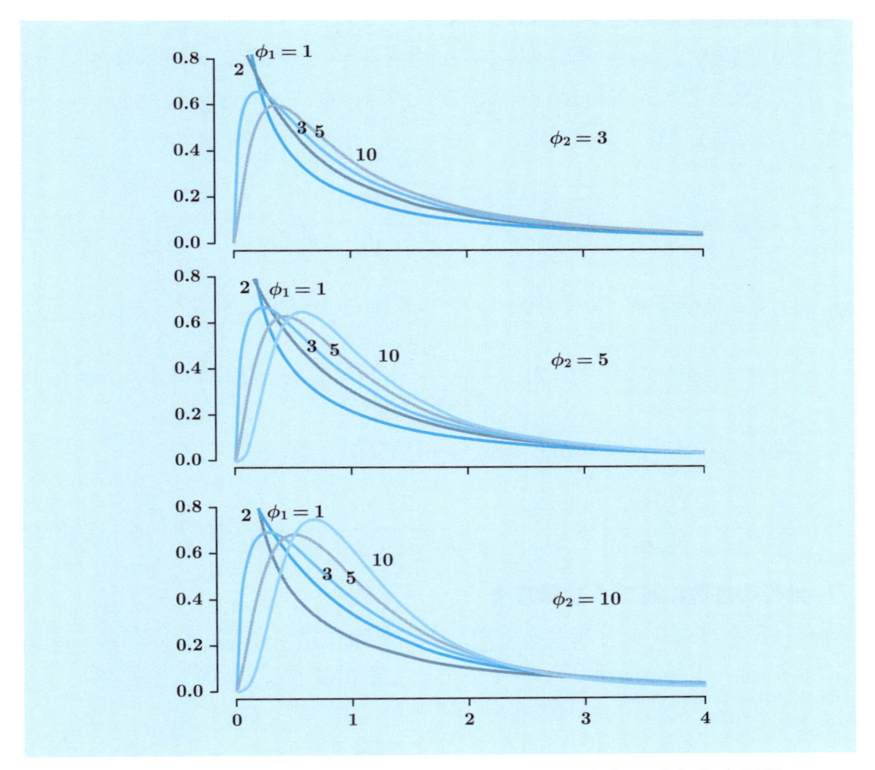

図 8.7　いくつかの自由度の組合せにおける F 分布の確率密度関数

8.5.3　母分散の比の点推定

母分散の比 $\frac{\sigma_1^2}{\sigma_2^2}$ の点推定には，$s_1^2 = \frac{\sum_{i=1}^{n_1}(x_{1i}-\overline{x}_1)^2}{n_1-1}$，$s_2^2 = \frac{\sum_{i=1}^{n_2}(x_{2i}-\overline{x}_2)^2}{n_2-1}$ を求め，これらの比 $\frac{s_1^2}{s_2^2}$ を用いる．なお，s_1^2，s_2^2 はそれぞれ σ_1^2，σ_2^2 の不偏推定量であるが，$\frac{s_1^2}{s_2^2}$ は $\frac{\sigma_1^2}{\sigma_2^2}$ の不偏推定量ではない．期待値 $E\left(\frac{s_1^2}{s_2^2}\right)$ は $\phi_2 \geq 3$ の場合に存在し，$\frac{\phi_2}{\phi_2-2}\cdot\frac{\sigma_1^2}{\sigma_2^2}$ となる．この期待値は，ϕ_2 が大きくなるにつれ $\frac{\sigma_1^2}{\sigma_2^2}$ に近づく．これらの点は，F 分布が χ^2 分布に従う確率変数を自由度で除したもの比であり，χ^2 分布に従う確率変数の期待値が自由度に等しいことからも説明できる．

測定例では，$n_1 = 10$，$n_2 = 9$，$s_1^2 = 4.77^2$，$s_2^2 = 2.49^2$ であり，M_1 の分散が M_2 に比べて $\frac{s_1^2}{s_2^2} = 3.67$ 倍大きいという点推定値となる．

8.5.4　母分散の比の区間推定

(1)　母分散の比の信頼区間の基本的考え方

式 (8.20) の定義と，$\frac{\sum_{i=1}^{n_1}(x_{1i}-\overline{x}_1)^2}{\sigma_1^2}$，$\frac{\sum_{i=1}^{n_2}(x_{2i}-\overline{x}_2)^2}{\sigma_2^2}$ が独立に自由度 n_1-1，n_2-1 の χ^2 分布に従うことを対応付けると，次式が自由度 $\phi_1 = n_1-1$，$\phi_2 = n_2-1$ の F 分布 $F(\phi_1, \phi_2)$ に従う．

$$\frac{\frac{\sum_{i=1}^{n_1}(x_{1i}-\overline{x}_1)^2}{\sigma_1^2}\Big/(n_1-1)}{\frac{\sum_{i=1}^{n_2}(x_{2i}-\overline{x}_2)^2}{\sigma_2^2}\Big/(n_2-1)} = \frac{s_1^2/\sigma_1^2}{s_2^2/\sigma_2^2} \tag{8.21}$$

$F(\phi_1, \phi_2)$ で上側確率 P のパーセント点を $F(\phi_1, \phi_2, P)$ とすると

$$P\left(F(\phi_1, \phi_2, 1-\alpha/2) < \frac{s_1^2/\sigma_1^2}{s_2^2/\sigma_2^2} < F(\phi_1, \phi_2, \alpha/2)\right) = 1-\alpha$$

となり，変形すると $\frac{\sigma_1^2}{\sigma_2^2}$ の $100(1-\alpha)$ % 信頼区間となる．

$$P\left(\frac{s_1^2}{s_2^2}\frac{1}{F(\phi_1, \phi_2, \alpha/2)} < \frac{\sigma_1^2}{\sigma_2^2} < \frac{s_1^2}{s_2^2}\frac{1}{F(\phi_1, \phi_2, 1-\alpha/2)}\right) = 1-\alpha \tag{8.22}$$

(2)　F 分布の性質に基づく計算方法

F 分布は左右非対称な分布であるが，次式が成り立つので，F 分布表では 0.05, 0.025 というように小さい値のパーセント点しか掲載されていない．

$$F(\phi_1, \phi_2, 1-P) = \frac{1}{F(\phi_2, \phi_1, P)} \tag{8.23}$$

これを確認する．まず，F 分布に従う確率変数 F とその逆数について

$$P\left(F < F\left(\phi_1, \phi_2, 1-P\right)\right) = P\left(\frac{1}{F} > \frac{1}{F\left(\phi_1, \phi_2, 1-P\right)}\right) = P$$

が成り立つ．また，$\frac{1}{F}$ が自由度を入れ替えた F 分布 $F\left(\phi_2, \phi_1\right)$ に従うので

$$P\left(\frac{1}{F} > F\left(\phi_2, \phi_1, P\right)\right) = P$$

が成り立ち，これらを対応付けると式 (8.23) となる．これから，式 (8.22) ではなく，次式で信頼区間を求めてもよい．

$$P\left(\frac{s_1^2}{s_2^2}\frac{1}{F\left(\phi_1, \phi_2, \alpha/2\right)} < \frac{\sigma_1^2}{\sigma_2^2} < \frac{s_1^2}{s_2^2}F\left(\phi_2, \phi_1, \alpha/2\right)\right) = 1-\alpha \tag{8.24}$$

測定例では，次のとおり 95％信頼区間の上下限は，0.92^2，3.88^2 となる．

$$\begin{aligned}\frac{s_1^2}{s_2^2}\frac{1}{F\left(9, 8, 0.025\right)} &= 3.670 \times \frac{1}{4.36}\\ &= 0.92^2\\ \frac{s_1^2}{s_2^2}F\left(8, 9, 0.025\right) &= 3.670 \times 4.10\\ &= 3.88^2\end{aligned}$$

8.5.5　母分散の比の検定

(1)　基本的な考え方

今までと同様の考え方に，F 分布を適用することで検定の手順が構成されている．

(2)　検定の手順

①　帰無仮説 H_0，対立仮説 H_1 の設定　H_0 は，$\frac{\sigma_1^2}{\sigma_2^2} = 1$ とする．H_1 は，$\frac{\sigma_1^2}{\sigma_2^2} \neq 1$ or $\frac{\sigma_1^2}{\sigma_2^2} > 1$ or $\frac{\sigma_1^2}{\sigma_2^2} < 1$ から適切なものを選択する．

測定例では，新測定装置 M_2 が従来の M_1 に比べ，測定の分散が小さく改善できたかどうかを検定したいので，$H_0 : \frac{\sigma_1^2}{\sigma_2^2} = 1$，$H_1 : \frac{\sigma_1^2}{\sigma_2^2} > 1$ とする．

②　検定統計量の決定　一般には $\frac{s_1^2/\sigma_1^2}{s_2^2/\sigma_2^2}$ が，$H_0 : \frac{\sigma_1^2}{\sigma_2^2} = 1$ の下では次式が自由度 (n_1-1, n_2-1) の F 分布に従う．そこで次式を検定統計量とする．

$$\frac{s_1^2}{s_2^2} \tag{8.25}$$

③　有意水準と帰無仮説の棄却域の決定　有意水準 α を決め，対立仮説に応じて棄却域を次のように定める．

$$H_1: \quad \frac{\sigma_1^2}{\sigma_2^2} \neq 1 \quad \leftrightarrow \quad \begin{cases} \dfrac{s_1^2}{s_2^2} < F(n_1-1, n_2-1, 1-\alpha/2) \\ \dfrac{s_1^2}{s_2^2} > F(n_1-1, n_2-1, \alpha/2) \end{cases}$$

$$H_1: \quad \frac{\sigma_1^2}{\sigma_2^2} > 1 \quad \leftrightarrow \quad \frac{s_1^2}{s_2^2} > F(n_1-1, n_2-1, \alpha)$$

$$H_1: \quad \frac{\sigma_1^2}{\sigma_2^2} < 1 \quad \leftrightarrow \quad \frac{s_1^2}{s_2^2} < F(n_1-1, n_2-1, 1-\alpha)$$

なお，$H_1: \frac{\sigma_1^2}{\sigma_2^2} \neq 1$ の場合には，大きな方を分子とし，棄却域を

$$\frac{s_1^2}{s_2^2} > F(n_1-1, n_2-1, \alpha/2) \quad (s_1^2 > s_2^2 \text{ の場合})$$

$$\frac{s_2^2}{s_1^2} > F(n_2-1, n_1-1, \alpha/2) \quad (s_1^2 < s_2^2 \text{ の場合})$$

としても上記と同じ検定結果となる．下側の棄却域は，式 (8.23) より

$$\frac{s_1^2}{s_2^2} < F(n_1-1, n_2-1, 1-\alpha/2) = \frac{1}{F(n_2-1, n_1-1, \alpha/2)}$$

となる．この逆数をとると $\frac{s_2^2}{s_1^2} > F(n_2-1, n_1-1, \alpha/2)$ となり，s_1^2，s_2^2 のうち大きい方を分子にとり検定していることに等しいからである．

測定例では $\alpha = 0.05$ とし，$H_1: \frac{\sigma_1^2}{\sigma_2^2} > 1$ より下記を棄却域とする．

$$\frac{s_1^2}{s_2^2} > F(n_1-1, n_2-1, 0.05) = F(9, 8, 0.05) = 3.39$$

④　**検定統計量の計算**　計算すると $\frac{s_1^2}{s_2^2} = \frac{4.77^2}{2.49^2} = 3.670$ となる．

⑤　**判定と結論**　$3.670 > 3.39$ であり，H_0 を棄却し H_1 を採択する．有意水準 5％で M_2 が M_1 よりも分散が小さく，改善効果があると言える．

このデータの場合，$\frac{\sigma_1^2}{\sigma_2^2}$ の 95％信頼区間は，帰無仮説の状態である 1 を含んでいる．一方，棄却域に検定統計量の値が含まれている．これは，信頼区間は両側に推測の誤差を考えているのに対し，検定では M_2 の分散が小さく方向のみを考え，棄却域を片側に設けているという理由による．

例題 8.5　部品切削ライン L_1 と L_2 における切削精度の違いを調べるために，目標値 25（10^{-6} m）として $n_1 = 9$，$n_2 = 7$ 個の切削を行い下記のデータを得た．

L_1：　25, 26, 22, 24, 22, 25, 27, 29, 28　$(n_1 = 9, s_1^2 = 2.45^2)$

L_2：　26, 24, 26, 23, 25, 24, 26　$(n_2 = 7, s_2^2 = 1.21^2)$

切削精度は，母分散 σ_1^2，σ_2^2 で評価するものとし，以下の解析をしなさい．

(a)　母分散の比 $\frac{\sigma_1^2}{\sigma_2^2}$ の点推定値，95％信頼区間を求めなさい．

(b)　母分散が異なるかどうかを有意水準 5％ で検定しなさい．

解答 (a)　母分散の比 $\frac{\sigma_1^2}{\sigma_2^2}$ の点推定値は $\frac{s_1^2}{s_2^2} = \frac{2.45^2}{1.21^2} = 4.100$ となる．また，95％信頼区間は，下記より下限 0.86^2，上限 4.37^2 となる．

$$\frac{s_1^2}{s_2^2}\frac{1}{F(8,6,0.025)} = 4.100 \times \frac{1}{5.60} = 0.86^2$$

$$\frac{s_1^2}{s_2^2}F(6,8,0.025) = 4.100 \times 4.65 = 4.37^2$$

(b)

① **帰無仮説 H_0，対立仮説 H_1 の設定**　$H_0 : \frac{\sigma_1^2}{\sigma_2^2} = 1$，$H_1 : \frac{\sigma_1^2}{\sigma_2^2} \neq 1$ とする．

② **検定統計量の決定**　検定統計量 $\frac{s_1^2}{s_2^2}$，または，$\frac{s_2^2}{s_1^2}$ を用いる．

③ **有意水準と帰無仮説の棄却域の決定**　$\alpha = 0.05$ とし，棄却域を次のように定める．

$$\frac{s_1^2}{s_2^2} > F(8,6,0.025) = 5.60 \quad (s_1^2 > s_2^2 \text{ の場合})$$

$$\frac{s_2^2}{s_1^2} > F(6,8,0.025) = 4.65 \quad (s_1^2 < s_2^2 \text{ の場合})$$

④ **検定統計量の計算**　$\frac{s_1^2}{s_2^2} = \frac{2.45^2}{1.21^2} = 4.100$ となる．

⑤ **判定と結論**　$4.100 < 5.60$ であり，有意水準 5％で帰無仮説を棄却しない．ラインによって分散が異なるとは言えない．□

8.6　母相関係数についての推測

8.6.1　母集団と収集されているデータ

(1)　対象とする場の例

製造業のある業界団体による，$n = 16$ の事業所が対象の x：従業員満足度と y：顧客満足度の調査結果を**表 8.3** に，その散布図を**図 8.8** に示す．従業員満足度は，それぞれの事業所から無作為に選んだ 20 名による 10 点満点評価の平均値である．また顧客満足度は，それぞれの事業所の主要 3 製品に関する複数の顧客による 10 点満点評価の平均値である．これらの相関について，**表 8.3** のデータから推測を行う．

表 8.3　従業員満足度と顧客満足度の調査結果

No.	1	2	3	4	5	6	7	8	9	10	11	12	13	14	15	16
x	5.8	6.3	5.7	7.2	5.4	7.0	6.1	7.2	5.7	8.9	4.3	6.3	6.7	6.7	6.5	6.7
y	6.2	4.6	4.7	6.3	6.8	8.8	5.9	5.8	6.5	8.5	5.5	6.3	5.5	6.9	7.2	8.0

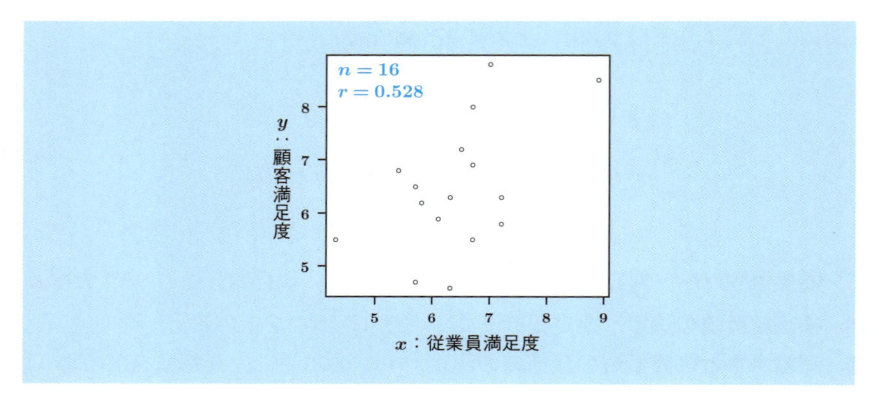

図 8.8　従業員満足度と顧客満足度の散布図

(2)　一般的記述

確率変数 x，y に，第6章で触れた2次元正規分布を仮定する．確率変数 x，y の周辺分布の期待値，分散を $E(x)$，$V(x)$，$E(y)$，$V(y)$ とし，同時分布の共分散を $Cov(x,y)$ とする．母相関係数 ρ は，第5章のとおり，$\rho = \frac{Cov(x,y)}{\sqrt{V(x)V(y)}}$ で定義される．本節では，データ (x_i, y_i)（$i = 1, \ldots, n$）から標本相関係数 r を求め ρ の推測を行う．以下，r を単に相関係数と呼ぶ．なお，2次元正規分布の仮定から，2つの母集団と厳密には言えないが，2変数の計量値，手順などの共通性から本章で取り上げる．

8.6.2　相関係数の分布

データから求める相関係数 r の分布について，次が知られている．

- $\rho = 0$ のとき，次式が成り立つ．

$$t = \frac{r\sqrt{n-2}}{\sqrt{1-r^2}} \sim t(n-2) \qquad (8.26)$$

- $\rho \neq 0$ のとき，次式が近似的に成り立つ．なお $\frac{1}{2}\ln\frac{1+r}{1-r}$ を $\boldsymbol{Z}$ **変換**と呼ぶ．

$$Z = \frac{1}{2}\ln\frac{1+r}{1-r} \sim N\left(\frac{1}{2}\ln\frac{1+\rho}{1-\rho}, \frac{1}{n-3}\right) \qquad (8.27)$$

8.6.3　母相関係数の推定

母相関係数の点推定 $\hat{\rho}$ は，データからの相関係数を用いて $\hat{\rho}=r$ とする．また $\zeta=\frac{1}{2}\ln\frac{1+\rho}{1-\rho}$ とし，式 (8.27) を標準化すると次式となる．

$$P\left(-K_{\frac{\alpha}{2}}<\sqrt{n-3}\,(Z-\zeta)<K_{\frac{\alpha}{2}}\right)\approx 1-\alpha$$

これを ζ について変形すると

$$P\left(Z-\frac{K_{\frac{\alpha}{2}}}{\sqrt{n-3}}<\zeta<Z+\frac{K_{\frac{\alpha}{2}}}{\sqrt{n-3}}\right)\approx 1-\alpha$$

となる．これを Z 変換の逆変換

$$\rho=\frac{\exp\{2\zeta\}-1}{\exp\{2\zeta\}+1}$$

を用い ρ について解くと，信頼率 $100\,(1-\alpha)$ % の信頼区間は次式となる．

$$\left(\frac{\exp\left\{2\left(Z-\frac{K_{\frac{\alpha}{2}}}{\sqrt{n-3}}\right)\right\}-1}{\exp\left\{2\left(Z-\frac{K_{\frac{\alpha}{2}}}{\sqrt{n-3}}\right)\right\}+1},\ \frac{\exp\left\{2\left(Z+\frac{K_{\frac{\alpha}{2}}}{\sqrt{n-3}}\right)\right\}-1}{\exp\left\{2\left(Z+\frac{K_{\frac{\alpha}{2}}}{\sqrt{n-3}}\right)\right\}+1}\right) \tag{8.28}$$

従業員満足度と顧客満足度のデータについて，$\hat{\rho}=r=0.528$ となる．また，

$$Z=\frac{1}{2}\ln\frac{1+r}{1-r}=\frac{1}{2}\ln\frac{1+0.528}{1-0.528}=0.5874$$

であり，式 (8.28) より ρ の 95 % 信頼区間の下限，上限は 0.044，0.811 となる．

8.6.4　母相関係数の検定

(1)　基本的な考え方

現実的には $H_0:\rho=0$ が多く用いられ，その手順は式 (8.26) に基づく．式 (8.27) に基づく，$H_0:\rho$ が特定の値に等しい，という検定は割愛する．

(2)　検定の手順

① **帰無仮説 H_0，対立仮説 H_1 の設定**　$H_0:\rho=0$ とし，H_1 は $\rho\neq 0$ or $\rho>0$ or $\rho<0$ から適切なものを選択する．

調査例では，従業員満足度と顧客満足度の母相関係数 ρ について，$H_0:\rho=0$，$H_1:\rho\neq 0$ とする．

② **検定統計量の決定**　$H_0:\rho=0$ の下で，式 (8.26) から $\frac{r\sqrt{(n-2)}}{\sqrt{1-r^2}}$ が自由度 $n-2$ の t 分布に従うので，これを検定統計量とする．

③ **有意水準と帰無仮説の棄却域の決定**　有意水準 α を決め，対立仮説に応じて

棄却域を次のように定める．

$$H_1: \quad \rho \neq 0 \quad \leftrightarrow \quad \left|\frac{r\sqrt{(n-2)}}{\sqrt{1-r^2}}\right| > t\,(n-2,\alpha)$$

$$H_1: \quad \rho > 0 \quad \leftrightarrow \quad \frac{r\sqrt{(n-2)}}{\sqrt{1-r^2}} > t\,(n-2,2\alpha)$$

$$H_1: \quad \rho < 0 \quad \leftrightarrow \quad \frac{r\sqrt{(n-2)}}{\sqrt{1-r^2}} < -t\,(n-2,2\alpha)$$

なお，式 (8.26) より，r に対して直接棄却域を求めることもできる．

調査例では $\alpha = 0.05$ とし，$H_1: \rho \neq 0$，$n = 16$ より次が棄却域となる．

$$\left|\frac{r\sqrt{(n-2)}}{\sqrt{1-r^2}}\right| > t\,(n-2,\alpha) = t\,(14, 0.05) = 2.145$$

④ **検定統計量の計算** 計算すると $\frac{r\sqrt{(n-2)}}{\sqrt{1-r^2}} = 2.326$ となる．

⑤ **判定と結論** $2.326 > 2.145$ なので，H_0 を棄却し H_1 を採択する．有意水準 5％で従業員満足度と顧客満足度には相関があると言える．

例題 8.6 男子高校3年生12名について，x：幅跳び（cm）と y：高跳び（cm）の結果を計測した．相関係数 r は 0.32 であった．以下の解析をしなさい．

(a) 母相関係数 ρ の点推定値 $\widehat{\rho}$，95％信頼区間を求めなさい．

(b) 幅跳びが得意なら高跳びも得意かどうかを有意水準 5％ で検定しなさい．

解答 (a) 点推定値は $\widehat{\rho} = 0.32$ となる．$Z = \frac{1}{2}\ln\frac{1+0.32}{1-0.32} = 0.332$ であり，式 (8.28) より ρ の 95％ 信頼区間の下限，上限は -0.311，0.755 となる．

(b)

① **帰無仮説 H_0，対立仮説 H_1 の設定** 幅跳びが得意なら高跳びも得意とは，母相関係数が正であると表せる．そこで，$H_0: \rho = 0$，$H_1: \rho > 0$ とする．

② **検定統計量の決定** 検定統計量 $\frac{r\sqrt{(n-2)}}{\sqrt{1-r^2}}$ を用いる．

③ **有意水準と帰無仮説の棄却域の決定** 有意水準 $\alpha = 0.05$ とする．$H_1: \rho > 0$ より，棄却域は $\frac{r\sqrt{(n-2)}}{\sqrt{1-r^2}} > t\,(10, 0.10) = 1.812$ となる．

④ **検定統計量の計算** 検定統計量 $\frac{r\sqrt{(n-2)}}{\sqrt{1-r^2}} = 1.068$ となる．

⑤ **判定と結論** $1.068 < 1.812$ であり，帰無仮説を棄却しない．有意水準 5％ で，幅跳びが得意なら高跳びも得意とは言えない．□

この例からもわかるとおり，$n = 12$ 程度のデータ数は，信頼区間の幅は広くまた検出力も低くなり，母相関係数の推測には実質的に不十分である．

演 習 問 題

1 母集団 P_1，P_2 からの下記データで，$\sigma_1^2 = 2.0^2$，$\sigma_2^2 = 2.5^2$ とし，$\mu_1 - \mu_2$ の点推定値，95 %の信頼区間を求め，$\alpha = 0.05$，$H_1 : \mu_1 \neq \mu_2$ で検定しなさい．

$$P_1 : \quad 23, 25, 20, 21, 24, 25 \qquad (n_1 = 6)$$
$$P_2 : \quad 21, 20, 15, 18, 21, 21, 23, 20 \quad (n_2 = 8)$$

2 問 1 のデータで，母分散が未知であるが $\sigma_1^2 = \sigma_2^2$ とし，$\mu_1 - \mu_2$ の点推定値，95 %の信頼区間を求め，$\alpha = 0.05$，$H_1 : \mu_1 \neq \mu_2$ で検定しなさい．

3 問 1 のデータで，$\sigma_1^2 = \sigma_2^2$ の確証がないものとし，$\mu_1 - \mu_2$ の点推定値，95 %の信頼区間を求め，$\alpha = 0.05$，$H_1 : \mu_1 \neq \mu_2$ で検定しなさい．

4 自宅から通学している学生と一人暮らしをしている学生の 1 週間のアルバイト勤務時間（分）について，学生を無作為に選び調査した．自宅通学生 $n_1 = 15$ 人では $\overline{x}_1 = 200$，$s_1^2 = 140^2$，一人暮らし学生 $n_2 = 12$ 人では $\overline{x}_2 = 250$，$s_2^2 = 180^2$ であった．母分散が等しいかどうかも確証がないものとする．自宅通学生，一人暮らし学生の勤務時間の母平均を μ_1，μ_2 とし，$\mu_1 - \mu_2$ について点推定をし，95 %信頼区間を求めなさい．また，差があるかどうかを有意水準 5 %で検定しなさい．

5 次の D_1，D_2 の対応のあるデータについて，$\mu_1 - \mu_2$ の点推定値，95 %の信頼区間を求め，$\alpha = 0.05$，$H_1 : \mu_1 < \mu_2$ で検定しなさい．

No.	1	2	3	4	5	6	7	8
D_1	9	3	30	58	16	13	6	10
D_2	13	11	39	56	20	14	9	12

6 問 1 のデータで，$H_0 : \sigma_1^2 = \sigma_2^2$，$H_1 : \sigma_1^2 \neq \sigma_2^2$ を $\alpha = 0.05$ で検定しなさい．

7 $n = 100$ の x，y から相関係数 r を求めたところ，$r = 0.25$ であった．母相関係数 ρ の 95 %信頼区間を求めなさい．また，$H_0 : \rho = 0$，$H_1 : \rho \neq 0$ を $\alpha = 0.05$ で検定しなさい．

9 計数値データの統計的推測

本章では，1個，2個というように数えることで得られる計数値データについて，推定，検定という統計的推測の方法を扱う．計数値の分布として取り扱うのは，2項分布とポアソン分布である．信頼区間の構成，仮説検定の際には，2項分布，ポアソン分布を直接的に取り扱うのは不可能ではないが煩雑になるため，これらの分布を正規分布近似する．

9.1 2項分布に基づく単一母集団の統計的推測

9.1.1 2項分布の正規分布近似

(1) 対象とする場の例と一般的記述

社内規格への不良率が従来0.02であり，これを改善するべく工程の変更を行った．変更後に $n = 4000$ 個の製品を製造したところ，不良品数が60であった．このデータから，変更後の工程における母不良率を点推定，区間推定したい．また，改善できているかどうかを有意水準5％で検定したい．

これは，**2項分布**に基づく問題となる．母集団における比率が p である対象から，n 個のデータを無作為に抽出したとき，n 個の中の該当数 x は2項分布 $B(n, p)$ に従う．本節では，2項分布を正規分布に近似して統計的推測を行う．

(2) 2項分布の形状と正規分布による近似

第4章で示しているとおり，2項分布の確率関数 $p(x)$ は次式で与えられる．

$$p(x) = \begin{pmatrix} n \\ x \end{pmatrix} p^x (1-p)^{n-x} \tag{9.1}$$

また，x が2項分布 $B(n, p)$ に従うとき，期待値，分散は下記のとおりとなる．

$$E(x) = np, \qquad V(x) = np(1-p) \tag{9.2}$$

図 9.1 に，$n = 20$，50の場合について，2項分布の確率関数の例を示す．このように，概ね $E(x)$ を中心に分布している．また $n = 50$，$p = 0.4$ の場合には，$n = 50$，$p = 0.1$ の場合に比べて，より左右対称であり，正規分布に近い形状になる．信頼区間，帰無仮説の下での検定統計量の分布を求める際，式(9.1)に基づき計算を行

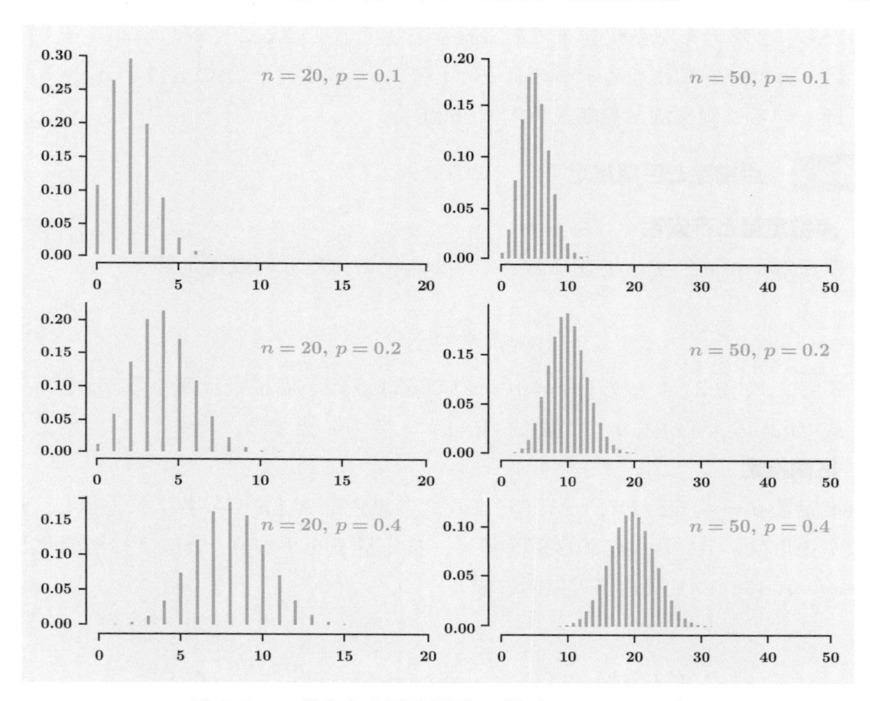

図 9.1　**2 項分布の確率関数の例（$n = 20, 50$）**

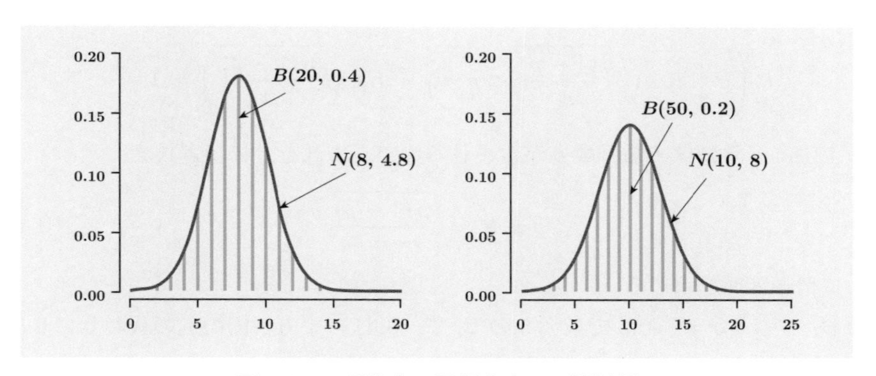

図 9.2　**2 項分布の正規分布への近似例**

うのは煩雑なので，2 項分布を正規分布に近似する．2 項分布の期待値が np，分散が $np\,(1-p)$ なので，2 項分布 $B\,(n,p)$ を正規分布 $N\,(np, np\,(1-p))$ に近似する．この例を，図 9.2 に示す．この図において，左側は 2 項分布 $B\,(20, 0.4)$ を正規分布 $N\,(8, 4.8)$ に，右側は 2 項分布 $B\,(50, 0.2)$ を正規分布 $N\,(10, 8)$ に近似している．これらから，2項分布を正規分布である程度表現できていることがわかる．多くの書籍では，近似が有効になる1つの目安として $np \geq 5$ 以上，かつ $n(1-p) \geq 5$ 以上を挙げている（例えば，篠崎，竹内（2009））．

9.1.2 点推定と区間推定

(1) 点推定量と不偏性

n のうち x が該当する場合において，母集団の比率 p の点推定量を

$$\widehat{p} = \frac{x}{n} \tag{9.3}$$

とすると，式(9.2)より $E(\widehat{p}) = p$ なので $\widehat{p}$ は p の不偏推定量となる．分散 $V(\widehat{p})$ は，式(9.2)の $V(x)$ を n^2 で除し，$V(\widehat{p}) = \frac{p(1-p)}{n}$ となる．

(2) 区間推定

点推定量 $\widehat{p} = \frac{x}{n}$ を，$E(\widehat{p})$，$V(\widehat{p})$ より，正規分布 $N\left(p, \frac{p(1-p)}{n}\right)$ に近似し，p の信頼率 $100(1-\alpha)$ % の信頼区間を導く．推定量 $\widehat{p}$ を平均0，分散1に標準化した $\frac{\widehat{p}-p}{\sqrt{p(1-p)/n}}$ について次式が近似的に成り立つ．

$$P\left(-K_{\frac{\alpha}{2}} < \frac{\widehat{p}-p}{\sqrt{p(1-p)/n}} < K_{\frac{\alpha}{2}}\right) \approx 1-\alpha$$

これを p について変形すると，次式となる．

$$P\left(\widehat{p} - K_{\frac{\alpha}{2}}\sqrt{\frac{p(1-p)}{n}} < p < \widehat{p} + K_{\frac{\alpha}{2}}\sqrt{\frac{p(1-p)}{n}}\right) \approx 1-\alpha$$

この上限，下限には未知母数 p が含まれるので，これを $\widehat{p}$ に置き換え，

$$\widehat{p} \pm K_{\frac{\alpha}{2}}\sqrt{\frac{\widehat{p}(1-\widehat{p})}{n}} \tag{9.4}$$

として信頼区間を求める．

なお，$V(\widehat{p})$ が $p = 0.5$ で最大なので，式(9.4)の平方根内の $\widehat{p}$ の代わりに0.5を用い，分散を大きめに見積もる方法もある．これは安定側の結果となるが，$\widehat{p} = 0.01$ のように小さな値の場合には，信頼区間の幅が広くなりすぎ適切ではない．

例題 9.1 ワールドカップサッカーは4年に一度の大きな行事であり，日本代表戦は特に関心が高く，視聴率が50%前後だったこともある．ある日本代表戦の日本全体における視聴率推定のために，$n = 600$ 世帯を調査したところ $x = 275$ 世帯が視聴しているという結果が得られた．これらを独立なデータと見なし，日本全体にお

ける視聴率 p を点推定し，95％の信頼区間を求めなさい．

解答　点推定値 $\widehat{p}$ は，$\frac{275}{600} = 0.4583$ となる．信頼率 95％の信頼区間は，次式より上限が 0.4982，下限が 0.4184 となる．

$$\begin{aligned}\widehat{p} \pm 1.96\sqrt{\frac{\widehat{p}(1-\widehat{p})}{n}} &= 0.4583 \pm 1.96\sqrt{\frac{0.4583\,(1-0.4583)}{600}} \\ &= 0.4583 \pm 0.0399\end{aligned}$$

この例のように，$n = 600$ のデータから 0.5 前後の母数を推定する場合には，10％近い推定誤差があることがわかる[1)]．□

9.1.3　仮説検定

(1)　基本的考え方

母集団の比率 p が，所与の値 p_0 と異なるかどうかの仮説検定を行う．検定統計量の分布を求める際，前項と同様に 2 項分布の正規分布近似を利用する．

(2)　検定の手順

以下の例題に関する解答と共に検定の手順を説明する．

例題 9.2　ある工程では社内規格への不良率が0.02 であり，この改善のために工程のいくつかを変更した．変更後に $n = 4000$ を製造したところ，不良品数は $x = 60$ となった．変更後の不良率 p が，従来の $p_0 = 0.02$ に比べ小さくなる改善効果があるかどうかを有意水準 5％で検定したい．

解答

① **帰無仮説 H_0，対立仮説 H_1 の設定**　H_0 は $p = p_0$ とし，H_1 は，$p \neq p_0$ or $p > p_0$ or $p < p_0$ から適切なものを選択する．

改善例では効果検出のため，$H_0 : p = p_0 = 0.02$，$H_1 : p < p_0$ とする．

② **検定統計量の決定**　$H_0 : p = p_0$ の下で近似的に標準正規分布に従う次式を用いる．

$$\frac{\widehat{p} - p_0}{\sqrt{p_0\,(1-p_0)\,/n}} \tag{9.5}$$

$p_0 = 0.02$，$n = 4000$ なので，検定統計量を $\frac{\widehat{p}-0.02}{\sqrt{0.02(1-0.02)/4000}}$ とする．

[1)] 視聴率調査会社では，600 世帯，あるいは，900 世帯の結果から視聴率を推定している．https://www.videor.co.jp/digestplus/tv/2016/05/697.html（2019 年 4 月 4 日アクセス）

③　**有意水準と帰無仮説の棄却域の決定**　有意水準 α を決め，H_1 に応じて棄却域を次のように定める．

$$
\begin{aligned}
H_1:&\quad p \neq p_0 \quad \leftrightarrow \quad \left|\frac{\widehat{p}-p_0}{\sqrt{p_0\,(1-p_0)\,/n}}\right| > K_{\frac{\alpha}{2}} \\
H_1:&\quad p > p_0 \quad \leftrightarrow \quad \frac{\widehat{p}-p_0}{\sqrt{p_0\,(1-p_0)\,/n}} > K_{\alpha} \\
H_1:&\quad p < p_0 \quad \leftrightarrow \quad \frac{\widehat{p}-p_0}{\sqrt{p_0\,(1-p_0)\,/n}} < -K_{\alpha}
\end{aligned}
\tag{9.6}
$$

改善例では，$\alpha = 0.05$ とし，$H_1 : p < p_0$ なので $\frac{\widehat{p}-0.02}{\sqrt{0.02(1-0.02)/4000}} < -1.645$ を棄却域とする．

④　**検定統計量の計算**　データから②の検定統計量の値を求める．改善例では，$\frac{0.015-0.02}{\sqrt{0.02(1-0.02)/4000}} = -2.259$ となる．

⑤　**判定と結論**　改善例では $-2.259 < -1.645$ であり，有意水準5％で H_0 を棄却し H_1 を採択する．すなわち，工程の不良率が下がり改善したと言える．□

9.2　2項分布に基づく2つの母集団の統計的推測

9.2.1　比率の差の分布

(1)　対象とする場の例

基本工程を日本に，海外向け生産工程を海外現地に置く場合に，不良率が異なるのであれば，工程をより成熟させる必要がある．日本生産の400個のうち37個が不良品であったのに対し，海外生産の300個のうち34個が不良品であった．日本と海外で，母不良率が異なるかどうかを検討したい．

(2)　一般的記述

前節が計数値データで1つの母集団の統計的推測であるのに対し，本節では2つの母集団で考える．第6，7章が計量値データで1つの母集団における推定，検定を，第8章では2つの母集団に拡張しているのと同じ展開である．

母集団の比率が p_1，p_2 の工程で生産した n_1，n_2 個の製品に含まれる不良品の数 x_1，x_2 は，$B\,(n_1, p_1)$，$B\,(n_2, p_2)$ にそれぞれ従う．これらの期待値，分散をもとに正規分布近似し，点推定，区間推定，仮説検定をする．差の推定量 $\widehat{p}_1 - \widehat{p}_2$ について，前節と同様に次のように正規分布に近似する．

$$
\widehat{p}_1 - \widehat{p}_2 \sim N\left(p_1 - p_2, \frac{p_1\,(1-p_1)}{n_1} + \frac{p_2\,(1-p_2)}{n_2}\right) \tag{9.7}
$$

9.2.2　点推定と区間推定

比率の差 $p_1 - p_2$ の点推定量は，次式であり不偏推定量である．

$$\widehat{p}_1 - \widehat{p}_2 = \frac{x_1}{n_1} - \frac{x_2}{n_2} \tag{9.8}$$

この推定量の分散 $V(\widehat{p}_1 - \widehat{p}_2)$ は，$\frac{p_1(1-p_1)}{n_1} + \frac{p_2(1-p_2)}{n_2}$ となる．

母数 $p_1 - p_2$ について，式 (9.7) から次式が成り立つ．

$$P\left(\left|\frac{\widehat{p}_1 - \widehat{p}_2 - (p_1 - p_2)}{\sqrt{p_1(1-p_1)/n_1 + p_2(1-p_2)/n_2}}\right| < K_{\frac{\alpha}{2}}\right) \approx 1 - \alpha$$

これを $(p_1 - p_2)$ について解き，推定値 $\widehat{p}_1$，$\widehat{p}_2$ を代入すると，$p_1 - p_2$ の近似的な $100(1-\alpha)$ % 信頼区間の上下限が次式で与えられる．

$$\widehat{p}_1 - \widehat{p}_2 \pm K_{\frac{\alpha}{2}}\sqrt{\frac{\widehat{p}_1(1-\widehat{p}_1)}{n_1} + \frac{\widehat{p}_2(1-\widehat{p}_2)}{n_2}} \tag{9.9}$$

日本，海外工程例では，$\widehat{p}_1 = 0.0925$，$\widehat{p}_2 = 0.1133$ なので，$p_1 - p_2$ の点推定値は $0.0925 - 0.1133 = -0.0208$ となる．また $p_1 - p_2$ の 95 %信頼区間は，式 (9.9) を用いて上限が 0.0249，下限が -0.0665 となる．

9.2.3　仮説検定

① **帰無仮説 H_0，対立仮説 H_1 の設定**　$H_0 : p_1 = p_2$ とし，H_1 は，$p_1 \neq p_2$ or $p_1 > p_2$ or $p_1 < p_2$ から適切なものを選択する．

日本，海外工程例では，差があるかどうかに興味があるので，$H_0 : p_1 = p_2$，$H_1 : p_1 \neq p_2$ とする．

② **検定統計量の決定**　$H_0 : p_1 = p_2$ の下で，$p = p_1 = p_2$ とおくと $\widehat{p}_1 - \widehat{p}_2$ は近似的に正規分布 $N\left(0, p(1-p)\left(\frac{1}{n_1} + \frac{1}{n_2}\right)\right)$ に従う．そこで，データを統合して $\widehat{p} = \frac{x_1+x_2}{n_1+n_2}$ とし，検定統計量を下記とする．

$$\frac{\widehat{p}_1 - \widehat{p}_2}{\sqrt{\widehat{p}(1-\widehat{p})(1/n_1 + 1/n_2)}} \tag{9.10}$$

③ **有意水準と帰無仮説の棄却域の決定**　有意水準 α を決め，対立仮説に応じて棄却域を次のように定める．

$$H_1 : \quad p_1 \neq p_2 \quad \leftrightarrow \quad \left|\frac{\widehat{p}_1 - \widehat{p}_2}{\sqrt{\widehat{p}(1-\widehat{p})(1/n_1 + 1/n_2)}}\right| > K_{\frac{\alpha}{2}}$$

$$H_1: \quad p_1 > p_2 \quad \leftrightarrow \quad \frac{\widehat{p}_1 - \widehat{p}_2}{\sqrt{\widehat{p}(1-\widehat{p})(1/n_1+1/n_2)}} > K_\alpha$$

$$H_1: \quad p_1 < p_2 \quad \leftrightarrow \quad \frac{\widehat{p}_1 - \widehat{p}_2}{\sqrt{\widehat{p}(1-\widehat{p})(1/n_1+1/n_2)}} < -K_\alpha$$

日本，海外工程例では，$\alpha = 0.05$ とし，$\left|\frac{\widehat{p}_1-\widehat{p}_2}{\sqrt{\widehat{p}(1-\widehat{p})(1/n_1+1/n_2)}}\right| > 1.96$ を棄却域とする．

④ 検定統計量の計算 統合した不良率は $\widehat{p} = \frac{37+34}{400+300} = 0.101$ となる．これを用いて $\frac{0.0925-0.1133}{\sqrt{0.101(1-0.101)(1/400+1/300)}} = -0.902$ となる．

⑤ 判定と結論 日本，海外工程例では，$|-0.902| < 1.96$ より，有意水準 5％で H_0 を棄却しない．日本と海外で不良率に差があるとは言えない．

9.3 ポアソン分布に基づく単一母集団の統計的推測

9.3.1 ポアソン分布の正規分布近似

(1) 対象とする場の例

あるガラス板製造工程において，$1\,\mathrm{m}^2$ を 1 単位とし，$n = 5$ 単位分を測定したところ全部で 265 個の傷があった．この工程で，$1\,\mathrm{m}^2$ あたりどのくらいの傷数なのかを推定したい．このようなガラス板の単位面積あたりの傷数，営業時間内の特定時間帯における問合せの数など，単位あたりの発生個数の解析には，**ポアソン分布**による解析が役に立つ．母数 $\lambda > 0$ のポアソン分布の確率関数 $p(x)$ は，第 4 章で示したとおり次式で与えられる．

$$p(x) = \frac{\lambda^x}{x!}e^{-\lambda} \tag{9.11}$$

(2) ポアソン分布の正規分布近似

ポアソン分布の確率関数の例を，図 9.3 に示す．この図から，母数 λ が大きくなるにつれて，徐々に正規分布に近づくことがわかる．ポアソン分布に従う確率変数 x について，期待値 $E(x) = \lambda$，分散 $V(x) = \lambda$ なので，これを正規分布 $N(\lambda, \lambda)$ に近似し，統計的推測を行う．

近似が有効になる目安は，$\lambda \geq 5$ である（例えば，篠崎，竹内（2009））．図 9.4 に，$\lambda = 5$，20 の場合について，ポアソン分布の確率関数とそれを正規分布の確率密度関数で近似した結果を合わせて示す．これから，λ が大きくなるにつれてポアソン分布の正規分布 $N(\lambda, \lambda)$ への近似精度がよくなることがわかる．

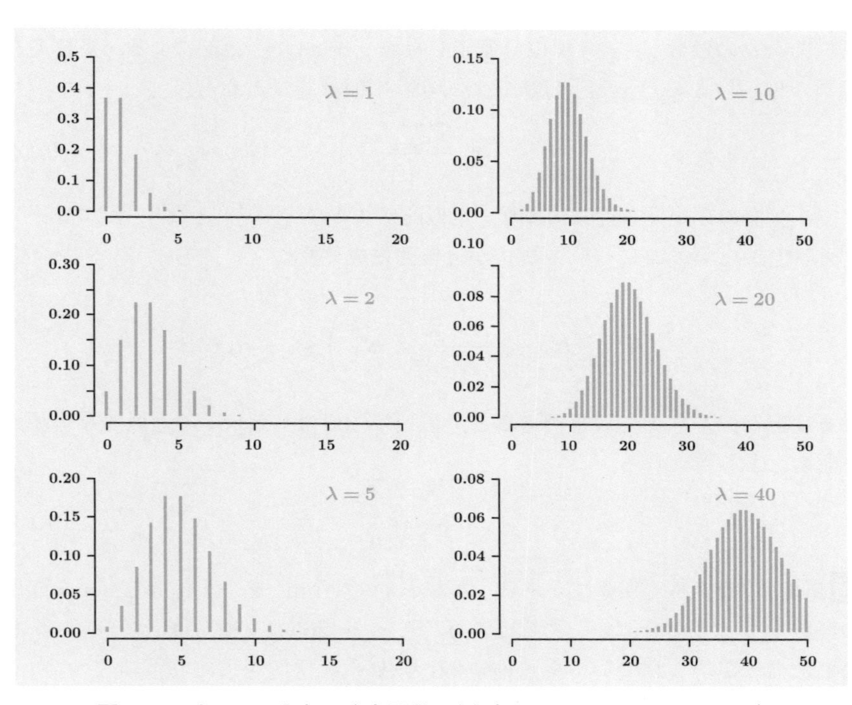

図 9.3　ポアソン分布の確率関数の例（$\boldsymbol{\lambda = 1, 2, 5, 10, 20, 40}$）

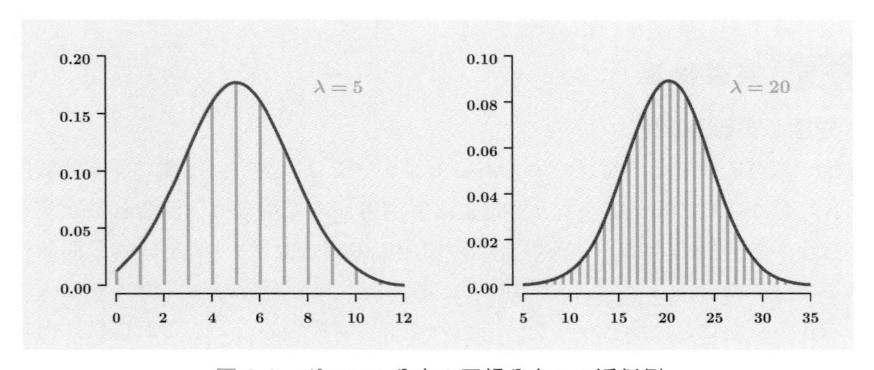

図 9.4　ポアソン分布の正規分布への近似例

9.3.2 点推定と区間推定

単位あたりの個数 x_i を n 単位分測定したデータ $x_1, \ldots, x_n$ による，単位あたりの個数の母平均 λ の点推定量は次式であり，不偏推定量となる．

$$\widehat{\lambda} = \frac{\sum_{i=1}^{n} x_i}{n} \tag{9.12}$$

ポアソン分布の正規分布近似により，近似的に $\widehat{\lambda} \sim N\left(\lambda, \frac{\lambda}{n}\right)$ となり，平均 0，分散 1 に標準化した $\frac{\widehat{\lambda}-\lambda}{\sqrt{\lambda/n}}$ について次式が近似的に成り立つ．

$$P\left(-K_{\frac{\alpha}{2}} < \frac{\widehat{\lambda}-\lambda}{\sqrt{\lambda/n}} < K_{\frac{\alpha}{2}}\right) \approx 1-\alpha$$

これを変形し，λ を $\widehat{\lambda}$ で置き換えると，信頼率 $100\,(1-\alpha)$ % の近似的な信頼区間が下記のとおり導かれる．

$$\widehat{\lambda} \pm K_{\frac{\alpha}{2}}\sqrt{\frac{\widehat{\lambda}}{n}} \tag{9.13}$$

例題 9.3　ガラス板を製造するある工程において，$1\,\mathrm{m}^2$ を 1 単位とし，$n = 5$ 単位分の傷数 $x_1, \ldots, x_5$ を測定したところ $\sum_{i=1}^{n} x_i = 265$ 個の傷があった．$1\,\mathrm{m}^2$ あたりの傷数の母平均 λ について，点推定値，95%信頼区間を求めなさい．

解答　母平均 λ の点推定値は $\widehat{\lambda} = \frac{265}{5} = 53.0$ となる．また，λ の 95%信頼区間は下記より，下限 46.62，上限 59.38 となる．

$$\widehat{\lambda} \pm 1.96\sqrt{\frac{\lambda}{n}} = 53.0 \pm 1.96 \times \sqrt{\frac{53}{5}} = 53.0 \pm 6.381$$ □

9.3.3 仮説検定

(1) 対象とする場の例

電話で修理依頼を受け付けているあるセンターでは，従来，午前の営業時間内での問合せ数が 70 であった．ウェブによる案内方法の変更より，問合せ数が変わったかどうかの検討のため，午前の営業時間内での問合せ数 x を $n = 4$ 日間測定したところ，その合計 $\sum_{i=1}^{n} x_i$ は 306 件であった．問合せ数の母平均 λ が従来の値 $\lambda_0 = 70$ から変化したかどうかを，有意水準 5%で検定したい．これには，前項と同様にポアソン分布の正規分布近似を用いる．

(2)　検定の手順

① **帰無仮説 H_0，対立仮説 H_1 の設定**　$H_0: \lambda = \lambda_0$ とし，H_1 は $\lambda \neq \lambda_0$ or $\lambda > \lambda_0$ or $\lambda < \lambda_0$ から適切なものを選択する．電話例では，変更前後で依頼件数の母平均 λ が従来の値 $\lambda_0 = 70$ から変わったかどうかに興味があるので，$H_0: \lambda = \lambda_0 = 70$，$H_1: \lambda \neq \lambda_0$ とする．

② **検定統計量の決定**　H_0 の下で近似的に標準正規分布に従う $\frac{\widehat{\lambda}-\lambda_0}{\sqrt{\lambda_0/n}}$ を検定統計量とする．

③ **有意水準と帰無仮説の棄却域の決定**　α 決め H_1 から棄却域を定める．

$$H_1: \quad \lambda \neq \lambda_0 \quad \leftrightarrow \quad \left|\frac{\widehat{\lambda}-\lambda_0}{\sqrt{\lambda_0/n}}\right| > K_{\frac{\alpha}{2}}$$

$$H_1: \quad \lambda > \lambda_0 \quad \leftrightarrow \quad \frac{\widehat{\lambda}-\lambda_0}{\sqrt{\lambda_0/n}} > K_{\alpha}$$

$$H_1: \quad \lambda < \lambda_0 \quad \leftrightarrow \quad \frac{\widehat{\lambda}-\lambda_0}{\sqrt{\lambda_0/n}} < -K_{\alpha}$$

電話例では，$\alpha = 0.05$ とし，$\left|\frac{\widehat{\lambda}-70}{\sqrt{70/4}}\right| > 1.96$ を棄却域とする．

④ **検定統計量の計算**　$\widehat{\lambda} = 306/4 = 76.5$ より $\frac{76.5-70}{\sqrt{70/4}} = 1.554$ となる

⑤ **判定と結論**　$-1.96 < 1.554 < 1.96$ より，有意水準5%で H_0 を棄却しない．問合せ件数に変化があるとは言えない．

9.4　ポアソン分布に基づく2つの母集団に関する統計的推測

9.4.1　欠点数の差の分布

(1)　対象とする場の例と一般的記述

ガラス板製造工程1と，$1\,\mathrm{m}^2$ あたりの傷数の改善を目指した工程2がある．工程1では $n_1 = 7$ 単位の傷の合計数 $\sum_{i=1}^{n_1} x_{1i}$ が65個，工程2では $n_2 = 5$ 単位の傷の合計数 $\sum_{i=1}^{n_2} x_{2i}$ が31個である．工程1におけるガラス $1\,\mathrm{m}^2$ あたりの傷数の母平均 λ_1 と，工程2におけるガラス $1\,\mathrm{m}^2$ あたりの傷数の母平均 λ_2 との差について，$\sum_{i=1}^{n_1} x_{1i}$，$\sum_{i=1}^{n_2} x_{2i}$ をもとに統計的推測を行う．

(2)　ポアソン分布の正規分布近似による点推定，区間推定

母平均の差 $\lambda_1 - \lambda_2$ を $\widehat{\lambda}_1 - \widehat{\lambda}_2 = \frac{\sum_{i=1}^{n_1} x_{1i}}{n_1} - \frac{\sum_{i=1}^{n_2} x_{i2}}{n_2}$ で点推定する．これは，$\lambda_1 - \lambda_2$ の不偏推定量となる．ガラス例では，$1\,\mathrm{m}^2$ あたりの傷数の母平均の差の点推定値は $\widehat{\lambda}_1 - \widehat{\lambda}_2 = \frac{65}{7} - \frac{31}{5} = 9.286 - 6.200 = 3.086$ となる．また，その分散は

$V\left(\widehat{\lambda}_1-\widehat{\lambda}_2\right)=\frac{\lambda_1}{n_1}+\frac{\lambda_2}{n_2}$ となる．

前節と同様なポアソン分布の正規分布近似により，$\widehat{\lambda}_1-\widehat{\lambda}_2$ が近似的に母平均 $\lambda_1-\lambda_2$，母分散 $\frac{\lambda_1}{n_1}+\frac{\lambda_2}{n_2}$ の正規分布に従うので，次式が成立する．

$$P\left(\left|\frac{\widehat{\lambda}_1-\widehat{\lambda}_2-(\lambda_1-\lambda_2)}{\sqrt{\lambda_1/n_1+\lambda_2/n_2}}\right|<K_{\frac{\alpha}{2}}\right)\approx 1-\alpha$$

これから，$\lambda_1-\lambda_2$ の $100\,(1-\alpha)$％の信頼区間である次式が導かれる．

$$\widehat{\lambda}_1-\widehat{\lambda}_2\pm K_{\frac{\alpha}{2}}\sqrt{\frac{\widehat{\lambda}_1}{n_1}+\frac{\widehat{\lambda}_2}{n_2}} \tag{9.14}$$

ガラス例の95％の信頼区間は，次式より上限が6.226，下限が−0.054となる．

$$\begin{aligned}\widehat{\lambda}_1-\widehat{\lambda}_2\pm 1.96\sqrt{\frac{\widehat{\lambda}_1}{n_1}+\frac{\widehat{\lambda}_2}{n_2}}&=3.086\pm 1.96\sqrt{\frac{9.286}{7}+\frac{6.200}{5}}\\&=3.086\pm 3.140\end{aligned}$$

9.4.2　仮説検定

① 帰無仮説 H_0，対立仮説 H_1 の設定　$H_0:\lambda_1=\lambda_2$ とし，H_1 は $\lambda_1\neq\lambda_2$ or $\lambda_1>\lambda_2$ or $\lambda_1<\lambda_2$ から適切なものを選択する．ガラス例では，工程2の傷数の改善効果を調べたいので，$H_0:\lambda_1=\lambda_2$，$H_1:\lambda_1>\lambda_2$ とする．

② 検定統計量の決定　$\lambda=\lambda_1=\lambda_2$ とおくと，H_0 の下で，$\widehat{\lambda}_1-\widehat{\lambda}_2$ が正規分布 $N\left(0,\lambda\left(\frac{1}{n_1}+\frac{1}{n_2}\right)\right)$ に従う．そこで，データを統合して $\widehat{\lambda}=\frac{\sum_{i=1}^{n_1}x_{1i}+\sum_{i=1}^{n_2}x_{2i}}{n_1+n_2}$ とし，下記を検定統計量とする．

$$\frac{\widehat{\lambda}_1-\widehat{\lambda}_2}{\sqrt{\widehat{\lambda}\,(1/n_1+1/n_2)}} \tag{9.15}$$

③ 有意水準と帰無仮説の棄却域の決定　有意水準 α を決め，H_1 に応じて棄却域を次のように定める．

$$H_1:\quad \lambda_1\neq\lambda_2\quad\leftrightarrow\quad\left|\frac{\widehat{\lambda}_1-\widehat{\lambda}_2}{\sqrt{\widehat{\lambda}\,(1/n_1+1/n_2)}}\right|>K_{\frac{\alpha}{2}}$$

$$H_1:\quad \lambda_1>\lambda_2\quad\leftrightarrow\quad\frac{\widehat{\lambda}_1-\widehat{\lambda}_2}{\sqrt{\widehat{\lambda}\,(1/n_1+1/n_2)}}>K_{\alpha}$$

$$H_1:\quad \lambda_1<\lambda_2\quad\leftrightarrow\quad\frac{\widehat{\lambda}_1-\widehat{\lambda}_2}{\sqrt{\widehat{\lambda}\,(1/n_1+1/n_2)}}<-K_{\alpha}$$

ガラス例では，$H_1 : \lambda_1 > \lambda_2$ なので，$\alpha = 0.05$ とし，$\frac{\widehat{\lambda}_1 - \widehat{\lambda}_2}{\sqrt{\widehat{\lambda}(1/n_1+1/n_2)}} > 1.645$ を棄却域とする．

④　検定統計量の計算　データを統合した後の数の点推定値は $\widehat{\lambda} = \frac{65+31}{7+5} = 8.0$ なので，$\frac{\widehat{\lambda}_1 - \widehat{\lambda}_2}{\sqrt{\widehat{\lambda}(1/n_1+1/n_2)}} = \frac{9.286-6.200}{\sqrt{8.0(1/7+1/5)}} = 1.863$ となる．

⑤　判定と結論　$1.863 > 1.645$ なので，有意水準 5％で H_0 を棄却し H_1 を採択する．工程 2 には傷数を減らす改善効果があると言える．

9.5　分割表に関する検定

9.5.1　分割表の χ^2 統計量による要約

(1)　対象とする場の例

切削機械 M_1，M_2，M_3，M_4 において，機械により社内規格に対する不良率に違いがあるかどうかを詳細を調査するために，切削済み製品を 300 個無作為に抽出し，良品，不良品と共に，どの機械で切削されたものかを調べた．その結果を表 9.1 に示す．これは，第 3 章に概要を示している (2×4) 分割表である．

表 9.1　切削機械別に良品・不良品を (2×4) 分割表にまとめた結果

	M_1	M_2	M_3	M_4	計
良品	52	61	78	32	223
不良品	19	22	15	21	77
計	71	83	93	53	300

(2)　χ^2 統計量とは

分割表における出現に，癖や偏りがないかを評価するために，**χ^2 統計量**がよく用いられる．この χ^2 統計量の定義は次のとおりである．

$$\chi^2 = \sum_{i=1}^{m} \sum_{j=1}^{n} \frac{\left(n_{ij} - \text{期待度数}_{ij}\right)^2}{\text{期待度数}_{ij}} \tag{9.16}$$

この中の 期待度数 は，次式で定義される．

$$\text{期待度数}_{ij} = \text{データ数} \times i\,\text{の比率} \times j\,\text{の比率} = n\frac{n_{i\cdot}}{n}\frac{n_{\cdot j}}{n} \tag{9.17}$$

例えば，M_1 での良品数の期待度数は，下記より 52.78 となる．

$$\text{期待度数}_{11} = 300 \times \frac{71}{300} \times \frac{223}{300} = 52.78$$

表 9.2 良品・不良品と機械の独立性に関する分割表による検定の例

(a) 期待度数

	M_1	M_2	M_3	M_4	計
良品	52.78	61.70	69.13	39.40	223
不良品	18.22	21.30	23.87	13.60	77
計	71	83	93	53	300

(b) $\frac{(\text{実測度数}-\text{期待度数})^2}{\text{期待度数}}$

	M_1	M_2	M_3	M_4	計
良品	0.011	0.008	1.138	1.389	2.546
不良品	0.033	0.023	3.296	4.022	7.374
計	0.045	0.031	4.434	5.411	9.920

M_1 で良品の実測数は52で，M_1 の比率と良品率から期待される数に近い．すべての組合せについて，期待度数，式(9.16)の要素の値を表 9.2 に示す．

9.5.2 χ^2 統計量の背景

χ^2 統計量の背景の1つに，ポアソン分布の正規分布近似がある．表 9.1 のセルの出現度数 n_{ij} が母数 λ_{ij} のポアソン分布に従うとすると，期待値，分散は共に λ_{ij} に等しいので，標準化すると $\frac{n_{ij}-\lambda_{ij}}{\sqrt{\lambda_{ij}}} \sim N\left(0, 1^2\right)$ が近似的に成り立つ．自由度 ϕ の χ^2 分布は，独立な ϕ 個の標準正規分布に従う確率変数の2乗の和なので，λ_{ij} を期待度数に置き換えて2乗し，すべての (i, j) の和を求めると，χ^2 分布に対応する．

自由度 ϕ は自由に値をとり得る数によって決まり，セルの数よりも少ない．表 9.1 の場合には，列を固定すると，不良品以外が良品なので一方を決めると他方が決まる．また，行を固定すると機械は3つまでが自由に値をとり得るので自由度は3となる．一般に $(a \times b)$ 分割表の場合には，自由度 ϕ について $\phi = (a-1)(b-1)$ となる．上記の概念的な説明に対し，宮川，青木（2018）は，分割表に対する尤(ゆう)度比検定から χ^2 統計量を用いる理由を精密に与えている．

9.5.3 仮説検定

一般に，$(a \times b)$ 分割表の場合には，表 9.3 に示す発生確率を考え，A_i と B_j の発生に関連があるかどうかを検定する問題となる．この検定を，**適合度検定**と呼ぶ場合もある．その手順は次のとおりとなる．

表 9.3　$(\boldsymbol{a} \times \boldsymbol{b})$ 分割表での発生に関する同時，周辺確率

$A \backslash B$	B_1	B_2	$\ldots$	B_j	$\ldots$	B_b	周辺確率
A_1	p_{11}	p_{12}	$\cdots$	p_{1j}	$\cdots$	p_{1b}	$p_{1\cdot}$
A_2	p_{21}	p_{22}	$\cdots$	p_{2j}	$\cdots$	p_{2b}	$p_{2\cdot}$
$\vdots$	$\vdots$					$\vdots$	
A_i	p_{i1}	p_{i2}	$\cdots$	p_{ij}	$\cdots$	p_{ib}	$p_{i\cdot}$
$\vdots$	$\vdots$					$\vdots$	
A_a	p_{a1}	p_{a2}	$\cdots$	p_{aj}	$\cdots$	p_{ab}	$p_{a\cdot}$
周辺確率	$p_{\cdot 1}$	$p_{\cdot 2}$	$\cdots$	$p_{\cdot j}$	$\cdots$	$p_{\cdot b}$	1

① **帰無仮説 H_0，対立仮説 H_1 の設定**　H_0 は A_i と B_j の発生確率がすべて独立，すなわち，(i,j) の組合せ（$i = 1, \ldots, a; j = 1, \ldots, b$）すべてにおいて，$A_i$ と B_j が同時に発生する確率が A_i の周辺確率と B_j の周辺確率の積

$$H_0 : \quad p_{ij} = p_{i\cdot} \times p_{\cdot j} \tag{9.18}$$

で表されることとなる．H_1 は，少なくとも 1 つの (i,j) が独立でない，すなわち，少なくとも 1 つの (i,j)（$i = 1, \ldots, a; j = 1, \ldots, b$）の組合せで下記となる

$$H_1 : \quad p_{ij} \neq p_{i\cdot} \times p_{\cdot j} \tag{9.19}$$

切削機械例では，H_0 は機械 M_i と良，不良品の発生確率が独立となる．一方 H_1 は，機械 M_i と良，不良品発生確率が独立でない，すなわち，式 (9.19) が少なくとも 1 つは存在することとなる．

② **検定統計量の決定**　H_0 の下で χ^2 統計量が自由度 $\phi = (a-1)(b-1)$ の χ^2 分布に従うので，式 (9.16) を検定統計量として用いる．

③ **有意水準と帰無仮説の棄却域の決定**　有意水準 α を決める．棄却域は，上側に棄却域をとり $\chi^2 > \chi^2(\phi, \alpha)$ とする．

切削機械例では，$\alpha = 0.05$ とし，$\phi = (2-1)(4-1) = 3$ より棄却域を $\chi^2 > (3, 0.05) = 7.815$ とする．

④ **検定統計量の計算**　**表 9.2** のとおり，$\chi^2 = 9.920$ となる．

⑤ **判定と結論**　$9.920 > 7.815$ であり，有意水準 5% で H_0 を棄却する．機械と良品・不良品は独立ではなく，機械により不良率が異なると言える．

9.5.4 (2 × 2) 分割表の χ^2 統計量の性質

第 9.2.3 項の比率の差に関するデータは，表 9.4 を例として示すとおり，(2 × 2) 分割表に整理できる．このデータを，(2 × 2) 分割表の χ^2 統計量により検定した結果と，第 9.2.3 項の式 (9.10) を用いて $H_1 : p_1 \neq p_2$ で検定した結果は一致する．

表 9.4 日本，海外工場の良品，不良品数と記号の定義

データ

$A \backslash B$	B_1：日本	B_2：海外	合計
A_1：良品	363	266	629
A_2：不良品	37	34	713
合計	400	300	700

定義

$A \backslash B$	B_1	B_2	合計
A_1	n_{11}	n_{12}	$T_{1\cdot}$
A_2	n_{21}	n_{22}	$T_{2\cdot}$
合計	$T_{\cdot 1}$	$T_{\cdot 2}$	T

まず，χ^2 統計量は，表 9.4 の記号を用いて丹念に展開すると次式となる．

$$\chi^2 = \frac{(n_{11}n_{22} - n_{12}n_{21})^2 T}{T_{1\cdot}T_{2\cdot}T_{\cdot 1}T_{\cdot 2}} \tag{9.20}$$

その自由度は 1 となる．一方，式 (9.10) に $\widehat{p}_1 = \frac{n_{21}}{T_{\cdot 1}}$，$\widehat{p}_2 = \frac{n_{22}}{T_{\cdot 2}}$ を代入して 2 乗すると，式 (9.20) に等しい．自由度 1 の χ^2 分布は，標準正規分布に従う確率変数の 2 乗の分布であり，2 つの検定が同じ結果を与える．

9.5.5 生産拠点データへの適用と検定後の探索

表 9.5 海外に生産拠点を置く理由の調査結果（再掲）

$A \backslash B$	B_1 需要旺盛	B_2 低コスト	B_3 ニーズ対応	B_4 親会社	B_5 その他	行和
A_1：素材型製造	57	14	10	13	9	103
A_2：加工型製造	57	39	30	22	32	180
A_3：その他製造	40	15	12	5	10	82
列和	154	68	52	40	51	365

例題 9.4 第 3.3.1 項で紹介した表 3.7 を表 9.5 に再掲する．このデータでは，A_1：素材型製造業，A_2：加工型製造業，A_3：その他製造業の一部上場企業を対象としている．海外に生産拠点を置く主な理由として，B_1：現地・進出先近隣国の需要が旺盛又は今後の拡大が見込まれる，B_2：労働力コストが低い，B_3：現地の顧客ニーズに応じた対応が可能，B_4：親会社，取引先等の進出に伴って進出，B_5：その他の中

から該当するものを選択している．製造業の種類 A_1，A_2，A_3 と海外拠点を置く理由 $B_1, \ldots, B_5$ に関連があるかどうか，有意水準 5% で検定しなさい．

解答

① **帰無仮説 H_0，対立仮説 H_1 の設定**　H_0 は，種類 A_1，A_2，A_3 と理由 B_1，$\ldots$，B_5 が独立となる．一方，対立仮説 H_1 は種類 A_i と理由 B_j に関連があるとなる．

② **検定統計量の決定**　式 (9.16) を検定統計量として用いる．

③ **有意水準と帰無仮説の棄却域の決定**　$\alpha = 0.05$ とし，自由度 $\phi = (3-1) \times (5-1) = 8$ より，$\chi^2 > \chi^2(8, 0.05) = 15.507$ とする．

④ **検定統計量の計算**　収集されているデータをもとに，期待度数などを求めたものを 表 9.6，表 9.7 に示す．これより，次のとおり 20.69 となる．

$$\chi^2 = \frac{(57-43.46)^2}{43.46} + \frac{(14-19.19)^2}{19.19} + \cdots + \frac{(10-11.46)^2}{11.46} = 20.69$$

表 9.6　海外生産拠点の理由の調査結果における期待度数の (3 × 5) 分割表

$A \backslash B$	B_1 需要旺盛	B_2 低コスト	B_3 ニーズ対応	B_4 親会社	B_5 その他	行和
A_1：素材型製造	43.46	19.19	14.67	11.29	14.39	103
A_2：加工型製造	75.95	33.53	25.64	19.73	25.15	180
A_3：その他製造	34.60	15.28	11.68	8.99	11.46	82
列和	154	68	52	40	51	365

表 9.7　海外生産拠点の理由の調査結果における $\frac{(\text{実測度数}-\text{期待度数})^2}{\text{期待度数}}$ の分割表

$A \backslash B$	B_1 需要旺盛	B_2 低コスト	B_3 ニーズ対応	B_4 親会社	B_5 その他	行和
A_1：素材型製造	4.220	1.403	1.489	0.260	2.020	9.392
A_2：加工型製造	4.726	0.891	0.740	0.262	1.865	8.484
A_3：その他製造	0.844	0.005	0.009	1.768	0.185	2.811
列和	9.790	2.299	2.237	2.290	4.071	20.687

⑤ 判定と結論 $20.69 > 15.507$ より，有意水準 5% で H_0 を棄却する．すなわち，製造業の種類によって，海外に生産拠点を置く理由が異なると言える．□

分割表において，帰無仮説が棄却される理由を探索するには，どの組合せが期待度数からずれているかを調べるとよい．これには，表 9.7 のように，$\frac{(\text{実測度数}-\text{期待度数})^2}{\text{期待度数}}$ の表を作成し，値が大きいものに着目する．この分割表において特に値が大きいのは，(A_1, B_1)，(A_2, B_1) である．(A_1, B_1) では期待度数に比べ実測度数が多いのに対し，(A_2, B_1) では期待度数に比べ実測度数が少ない．これから，製造業の A_1：素材型は B_1：需要旺盛なので積極的に海外拠点を置くのに対し，A_2：加工型は B_1：需要旺盛ではなくそれ以外の理由により，海外拠点を置くという傾向がわかる．

演習問題

1 第 9.1.2 項の例題 9.1 の状況で，母集団の比率 p が 0.5 のときに，信頼率 95%の信頼区間の幅が 3%になるデータ数 n を求めなさい．

2 比率の差 $\widehat{p}_1 - \widehat{p}_2$ が近似的に式 (9.7) に従うことを導きなさい．

3 歪みのないコインを $n = 100$ 回独立に振ったとき，表が 63 回以上出る確率を 2 項分布の正規近似を利用して求めなさい．

4 正六面体サイコロを $n = 200$ 回独立に振ったとき，5 または 6 が 80 回以上出る確率を，2 項分布の正規近似を利用して求めなさい．

5 電話で修理依頼を受け付けるセンター T_1, T_2 で，営業時間内の問合せ数の違いを検討するために，それぞれ $n_1 = 6$，$n_2 = 4$ 日間測定したところ，それぞれ $\sum_{i=1}^{n_1} x_{1i} = 42$，$\sum_{i=1}^{n_2} x_{2i} = 40$ であった．問合せ数の母平均の差について，点推定，区間推定，有意水準 5% の検定を行いなさい．

6 ポアソン分布の正規分布近似を用いると，$\widehat{\lambda}_1 - \widehat{\lambda}_2$ が近似的に母平均 $\lambda_1 - \lambda_2$，母分散 $\frac{\lambda_1}{n_1} + \frac{\lambda_2}{n_2}$ の正規分布に従うことを導きなさい．

7 式 (9.20) が成り立つことを導きなさい．

8 A 県と B 県である言葉を知っている比率の差を検討するために，A 県で無作為に 100 人を選び質問したところ，36 人が知っていると回答した．B 県では無作為に 200 人を選び質問したところ，54 人が知っていると回答した．

(a) A 県，B 県それぞれについて，母比率の点推定値，95%信頼区間を求めなさい．

(b) A 県と B 県の母比率の違いについて，有意水準 5%で検定しなさい．

(c) 調査結果をまとめると，次の分割表となる．この分割表について，有意水準 5% で関連があるかどうかを検定しなさい．

	知っている	知らない	計
A 県	36	64	100
B 県	54	146	200
計	90	210	300

9 大学生 200 人と社会人 100 人に対する，ある製品の好みに関する 5 段階評価を以下の (2×5) 分割表に示す．大学生と社会人の評点に違いがあるかどうか，有意水準 5％で検定しなさい．ただし，各セルの期待度数が 5 を超えるよう，評点 1，2 は統合してから解析しなさい．

評点	1	2	3	4	5	計
大学生	2	10	60	84	44	200
社会人	7	11	30	36	16	100
計	9	21	90	120	60	300

10 ノンパラメトリック検定

母集団分布に何らかの確率分布（正規分布など）を仮定し，その母数について標本データから統計的推測を行うことを**パラメトリックな推測**（parametric inference）と呼び，本書が扱う統計的推測の大部分はこれにあたる．一方，具体的な確率分布の仮定をおかずに統計的推測を行う場合を**ノンパラメトリックな推測**（nonparametric inference）と呼ぶ．パラメトリックな推測では仮定した確率分布が実際とは異なるときに得られた結果の精度や妥当性が大きく損なわれる場合があるのに対し，ノンパラメトリックな推測は実際の確率分布に（ある範囲で）関係なく機能するというメリットがある．本章では，よく知られているノンパラメトリックな仮説検定の手法をいくつか取り上げ，概説する．ノンパラメトリックな検定手法の総称として**ノンパラメトリック検定**（nonparametric test）という言葉がしばしば用いられている．

10.1 符号検定

例として，ダーツを10回投げて，ある目標範囲に入った回数をスコアとするゲームを考えよう．8人の初心者を集めてスコアを記録し，その後，熟練者によるトレーニングが行われた後，もう一度スコアを記録した．その結果が表10.1のようになったとする．

表10.1　トレーニング前とトレーニング後の8人のダーツのスコア

	トレーニング前	トレーニング後
1	1	3
2	0	2
3	5	6
4	4	9
5	9	10
6	2	1
7	1	9
8	2	4

このとき，表 10.1 をもとにトレーニングに効果があるかどうかを検定したいとする．これは，第 8.4 節で述べた対応のあるデータであるから，個人ごとの 2 変数間の差を見るというのが 1 つの分析手順である．

この「後 − 前」の値（表 10.2）をもとに，第 8.4 節のように，t 分布を用いた検定を行うのが 1 つの考えである．ただし，それは母集団に正規分布を仮定できるときの検定手法であり，この場合,「後 − 前」の値が正規分布に従っていると考えてよい根拠は薄いかもしれない（実際，多くの値が −1 ∼ 2 である一方，5 や 8 という離れた値もあり，あまり正規分布のようには見えない）．

表 10.2　トレーニング前とトレーニング後のスコアの差

	後 − 前
1	2
2	2
3	1
4	5
5	1
6	−1
7	8
8	2

そこで,「後 − 前」の値の符号のみ（表 10.3）に着目して検定を行うのが，**符号検定**（sign test）である．符号検定では，値の大きさは考慮せず，その符号のみを用いて，以下のような議論に基づいて検定を行う．

表 10.3　トレーニング前とトレーニング後の 8 人のダーツのスコアとその差の符号

	トレーニング前	トレーニング後	後 − 前 の符号
1	1	3	+
2	0	2	+
3	5	6	+
4	4	9	+
5	9	10	+
6	2	1	−
7	1	9	+
8	2	4	+

まず，＋の数を x とおくと，これが2項分布 $B(8,p)$ の観測値であるとして，次の帰無仮説 H_0，対立仮説 H_1

$$H_0: \quad p = 0.5, \qquad H_1: \quad p > 0.5$$

の仮説検定（片側検定）を行う，という状況に整理できる．$p > 0.5$ であれば，トレーニングには効果があると考えることができる．ここでは，有意水準5％で検定を行いたいとする．ただし，データ数（$n = 8$）は十分に大きくないため，正規近似の理論を用いることはできない．

そこで，直接的に棄却域を決めることになる．帰無仮説 H_0 が正しいという仮定の下，まず最も大きい $x = 8$ の値が実現する確率は

$$P(x=8) = \binom{8}{8} \times 0.5^8 \times (1-0.5)^0 = \frac{1}{256} = 0.00390625$$

であり，続いて，$x = 7$ の値が実現する確率は

$$P(x=7) = \binom{8}{7} \times 0.5^7 \times (1-0.5)^1 = \frac{8}{256} = 0.03125$$

であり，さらに $x = 6$ の値が実現する確率は

$$P(x=6) = \binom{8}{6} \times 0.5^6 \times (1-0.5)^2 = \frac{28}{256} = 0.109375$$

である．したがって，$x \geq 6$ を棄却域とすると，第1種の誤りの確率が

$$P(x \geq 6) = \frac{1}{256} + \frac{8}{256} + \frac{28}{256} = \frac{37}{256} = 0.14453125 > 0.05$$

となり，これでは有意水準5％の検定にはならない．そこで，$x \geq 7$ を棄却域とすると，第1種の誤りの確率が

$$P(x \geq 7) = \frac{1}{256} + \frac{8}{256} = \frac{9}{256} = 0.03515625$$

となり，これは有意水準5％の検定となる（第1種の誤りの確率が5％以下になる）．したがって，この符号検定における帰無仮説 H_0 の有意水準5％での棄却域は

$$x \geq 7$$

となる．ここでは，x の実際の実現値は表10.3より $x = 7$ であるから，帰無仮説

H_0 は有意水準 5％で棄却され，トレーニングには効果があると判断できる．

なお，仮に両側検定を行う場合は，x が小さい値が実現する確率も考慮しなくてはならないため，$x \leq 1$，$x \geq 7$ を棄却域とすると，第 1 種の誤りの確率は

$$P(x \leq 1) + P(x \geq 7) = 2 \times \left(\frac{1}{256} + \frac{8}{256} \right) = \frac{18}{256} = 0.0703125$$

となり，有意水準 5％の検定にはならない．$x \leq 0$，$x \geq 8$ が棄却域となり，この例は，両側検定の場合には帰無仮説 H_0 は棄却されない結果となる．

ここでの片側検定の棄却域 $x \geq 7$ では，第 1 種の誤りの確率は約 3.5％となっており，5％より小さい．設定した有意水準より小さいということは，棄却する基準をより厳しくしているということであり，逆に緩くするよりは安全側の結果を与えるという意味がある．しかし，その分，検出力が低くなる．そこで，どうしても第 1 種の誤りの確率を 5％ピッタリにしたい場合は，棄却域のランダム化という方法がある．この場合では，実現値が $x = 6$ のときは，$\frac{3.8}{28} \cong 0.1357$ の確率で棄却する（乱数などを用いる）と決めることで，第 1 種の誤りの確率が

$$\begin{aligned} P(x = 8) + P(x = 7) + \frac{3.8}{28} \times P(x = 6) &= \frac{1}{256} + \frac{8}{256} + \frac{3.8}{28} \times \frac{28}{256} \\ &= \frac{12.8}{256} = 0.05 \end{aligned}$$

となり，ピッタリ 5％になる．棄却域のランダム化は一見，不自然に思えるかもしれないが，様々な仮説検定手法の精度（検出力）を第 1 種の誤りの確率を揃えて吟味したり比較したりする上で意義あるものである．しかし，本書では棄却域のランダム化はこれ以上取り上げないものとする．

最後に，符号検定は，結局のところ，小標本における母比率の検定に問題を落とし込んでいることになる．したがって，データにおける各値がどの程度大きく帰無仮説の母平均の値から離れているか，という情報を失っていることになる．

ノンパラメトリック手法であることを維持しつつ，数値の大小の情報も生かした対応のあるデータの検定法として，ウィルコクソンの符号付き順位和検定が知られている．これについては，先に対応のない 2 母集団からのデータの検定法であるウィルコクソンの順位和検定を扱った後，それに続けて説明することにする．

10.2 ウィルコクソンの順位和検定

対応のないデータに基づき，2 母集団の差についてノンパラメトリック検定を行いたい場合，前節と同様に符号検定のようなものに落とし込むこともできないわけではないが，より強力なノンパラメトリック検定として，**ウィルコクソンの順位和検定**（Wilcoxon rank-sum test）が知られている．

10.2.1 同順位（タイ）がない場合

例えば，以下のような（対応のない）データが 2 つの母集団から得られているとする．

母集団 A からの標本データ：　17, 21, 33, 41

母集団 B からの標本データ：　29, 47, 49, 50, 56

ここで，母集団 A の母平均が，母集団 B の母平均よりも小さいかどうかの検定（片側検定）を有意水準 5％で行いたいとする．ただし，母集団が正規分布であると仮定できないとすれば，どうしたらよいだろうか．

そのようなとき，よく用いられるのがウィルコクソンの順位和検定である．まず，最初にすべてのデータを合わせて順位に変換する．

母集団 A からの標本の順位データ：　1, 2, 4, 5

母集団 B からの標本の順位データ：　3, 6, 7, 8, 9

この例では小さい順としているが，大きい順でも同じことである．

ここで，考える帰無仮説 H_0 は「2 つの母集団分布が同じ」である．この帰無仮説 H_0 の下では，2 つの母集団からのデータにおいて，順位は 1 位から 9 位までランダムに分布するはずである．母集団 A からの 4 つのデータに注目し（母集団 B の方の 5 つのデータに注目しても同じことである），あり得る順位の組合せについて考えると，全部で $\binom{9}{4} = 126$ 通りあり，帰無仮説 H_0 が正しいという仮定の下ではこれらの順位の組合せはそれぞれ $\frac{1}{126}$ の確率で生じるはずである．すなわち，**表 10.4** のようになる（T は各順位の組合せにおける順位和を表している）．したがって，母集団 A からの 4 つのデータの順位和 T に着目すると，T の確率分布表は**表 10.5** のようになる．

ここでは片側検定であり，興味があるのは，「母集団 A の母平均が，母集団 B の母平均よりも小さいかどうか」であるから，順位和 T の値が有意に小さいかどうかを考えればよい．したがって，**表 10.5** の確率分布表より，帰無仮説 H_0 が正しいと

表 10.4　各順位の組合せの帰無仮説 H_0 の下での確率

順位の組合せ	T	確率
1, 2, 3, 4	10	$\frac{1}{126}$
1, 2, 3, 5	11	$\frac{1}{126}$
1, 2, 3, 6	12	$\frac{1}{126}$
1, 2, 4, 5	12	$\frac{1}{126}$
1, 2, 3, 7	13	$\frac{1}{126}$
1, 2, 4, 6	13	$\frac{1}{126}$
1, 3, 4, 5	13	$\frac{1}{126}$
1, 2, 3, 8	14	$\frac{1}{126}$
1, 2, 4, 7	14	$\frac{1}{126}$
1, 2, 5, 6	14	$\frac{1}{126}$
1, 3, 4, 6	14	$\frac{1}{126}$
2, 3, 4, 5	14	$\frac{1}{126}$
⋮	⋮	⋮
2, 7, 8, 9	26	$\frac{1}{126}$
3, 6, 8, 9	26	$\frac{1}{126}$
4, 5, 8, 9	26	$\frac{1}{126}$
4, 6, 7, 9	26	$\frac{1}{126}$
5, 6, 7, 8	26	$\frac{1}{126}$
3, 7, 8, 9	27	$\frac{1}{126}$
4, 6, 8, 9	27	$\frac{1}{126}$
5, 6, 7, 9	27	$\frac{1}{126}$
4, 7, 8, 9	28	$\frac{1}{126}$
5, 6, 8, 9	28	$\frac{1}{126}$
5, 7, 8, 9	29	$\frac{1}{126}$
6, 7, 8, 9	30	$\frac{1}{126}$

表 10.5　順位和 T の帰無仮説 H_0 の下での確率分布

T	確率
10	$\frac{1}{126}$
11	$\frac{1}{126}$
12	$\frac{2}{126}$
13	$\frac{3}{126}$
14	$\frac{5}{126}$
15	$\frac{6}{126}$
16	$\frac{8}{126}$
17	$\frac{9}{126}$
18	$\frac{11}{126}$
19	$\frac{11}{126}$
20	$\frac{12}{126}$
21	$\frac{11}{126}$
22	$\frac{11}{126}$
23	$\frac{9}{126}$
24	$\frac{8}{126}$
25	$\frac{6}{126}$
26	$\frac{5}{126}$
27	$\frac{3}{126}$
28	$\frac{2}{126}$
29	$\frac{1}{126}$
30	$\frac{1}{126}$

いう仮定の下，$T \leq 12$ となる確率は

$$P(T \leq 12) = \frac{1}{126} + \frac{1}{126} + \frac{2}{126} = \frac{4}{126} \cong 0.0317$$

であり，$T \leq 13$ となる確率は

$$P(T \leq 13) = \frac{1}{126} + \frac{1}{126} + \frac{2}{126} + \frac{3}{126} = \frac{7}{126} \cong 0.0556$$

であるから，有意水準5％での帰無仮説の棄却域は次のようになる．

$$T \leq 12$$

ここで，母集団Aからの標本データの順位を見ると，1，2，4，5であるから，

$$T = 1 + 2 + 4 + 5 = 12$$

より，帰無仮説 H_0（2つの母集団分布が同じ）は有意水準5％で棄却される．したがって，母集団Aの母平均は母集団Bの母平均よりも小さいと判断できる．

なお，もし両側検定であれば，T が大きい場合も考慮する必要があり，

$$P(T \leq 11) + P(T \geq 29) = \frac{4}{126} \cong 0.0317$$
$$P(T \leq 12) + P(T \geq 28) = \frac{8}{126} \cong 0.0635$$

であるから，有意水準5％での棄却域は

$$T \leq 11, \qquad T \geq 29$$

となる．この場合は，$T = 12$ より，帰無仮説 H_0（2つの母集団分布が同じ）は有意水準5％で棄却されないことになる．

10.2.2 同順位（タイ）がある場合

ウィルコクソンの順位和検定のメリットとして，連続的な値をとるデータだけでなく，例えば5段階評価のアンケートデータなどの順位尺度データにも用いることができる，という点がある．このような複数階段評価のデータの場合，必然的に同順位（タイ）が多く生じやすい．そこで，同順位がある場合について考えてみよう．

例えば，以下のようなS，A，B，C，D，Eの6段階評価によるデータが得られたとする（Sを最高評価，Eを最低評価とする）．製品Xに対する評価は製品Yに対する評価よりも高いと言えるかどうかを検定したいとする．

製品Xに対する評価（評価者3人）： S, A, C

製品Yに対する評価（評価者6人）： A, B, C, C, D, E

これを順位データに変換する（どちらでもよいが，評価の高い順とする）．Sは1位

でよいとして，A は 2 つある．両方とも 2 位とすることも考えられるが，本来は 2 位と 3 位に相当する，ということを考慮して，2.5 位という扱いをすることが多い．同様に，C は 3 つあり，5 位，6 位，7 位に相当することから，すべて 6 位という扱いをする．このように，重複した順位について，本来の順位の平均値をとった値をあてはめることを，**中間順位**をとる，と呼ぶことがある．

順位データは次のようになる．

製品 X に対する評価の順位データ：　1, 2.5, 6

製品 Y に対する評価の順位データ：　2.5, 4, 6, 6, 8, 9

これより，帰無仮説 H_0（2 つの母集団分布が同じ）が正しいという仮定の下，製品 X に対する評価の順位データに注目した場合の各順位の組合せと順位和 T の分布は表 10.6，表 10.7 のようになる．

片側検定を有意水準 5％で行うとすると，表 10.7 より，帰無仮説 H_0 の下，

$$P(T \leq 9) = \frac{4}{84} \cong 0.0476, \qquad P(T \leq 9.5) = \frac{10}{84} \cong 0.1190$$

であるから，有意水準 5％での帰無仮説の棄却域は次のようになる．

表 10.6　各順位の組合せの帰無仮説 H_0 の下での確率

順位の組合せ	T	確率
1, 2.5, 2.5	6	$\frac{1}{84}$
1, 2.5, 4	7.5	$\frac{2}{84}$
2.5, 2.5, 4	9	$\frac{1}{84}$
1, 2.5, 6	9.5	$\frac{6}{84}$
1, 4, 6	11	$\frac{3}{84}$
2.5, 2.5, 6	11	$\frac{3}{84}$
1, 2.5, 8	11.5	$\frac{2}{84}$
1, 2.5, 9	12.5	$\frac{2}{84}$
2.5, 4, 6	12.5	$\frac{6}{84}$
1, 4, 8	13	$\frac{1}{84}$
1, 6, 6	13	$\frac{3}{84}$
2.5, 2.5, 8	13	$\frac{1}{84}$
⋮	⋮	⋮

表 10.7　順位和 T の帰無仮説 H_0 の下での確率分布

T	確率
6	$\frac{1}{84}$
7.5	$\frac{2}{84}$
9	$\frac{1}{84}$
9.5	$\frac{6}{84}$
11	$\frac{6}{84}$
11.5	$\frac{2}{84}$
12.5	$\frac{8}{84}$
13	$\frac{5}{84}$
⋮	⋮

$$T \leq 9$$

ここで，製品Xに対する評価の順位和は

$$T = 1 + 2.5 + 6 = 9.5$$

であるから，帰無仮説 H_0（2つの母集団分布が同じ）は有意水準5%で棄却されない．したがって，製品Xに対する評価は製品Yに対する評価より高いとは言えない．

10.2.3　データ数が大きい場合

表 10.5 や表 10.7 のような順位和 T の帰無仮説の下での確率分布の表の作成は，データ数が小さいときは（特に同順位がない場合は）それほど大変ではないが，データ数が大きいと，非常に煩雑になる（特に同順位がある場合は非常に複雑な計算になる）．

無論，大標本であれば，中心極限定理による正規近似を行った上で母平均の差の検定を行うという考えもあるが，例えばアンケートの5段階評価のようなデータに対して標本平均 $\overline{x}$ や標本分散 s^2 を計算するのは（データ数の大きさに関係なく）不自然であるという状況もあり得る．また，ウィルコクソンの順位和検定のメリットの1つとして，細かい連続的なデータがなく，順位のみが与えられている場合にも適用可能であるということを踏まえると，データ数が大きい場合にもウィルコクソンの順位和検定を行うという需要は結構存在している．

そのような大標本データのときは，棄却域を簡便に設定する方法が知られている．まず，2標本それぞれのデータ数を m，n とおき，一般性を失うことなく，データ数 m の方の標本の順位和 T に基づき，検定を行うこととする．

(1)　棄却域の簡便な設定（同順位がない場合）

同順位がないとすると，帰無仮説 H_0（2つの母集団分布が同じ）が正しいという仮定の下，順位和 T の分布は，$1, 2, 3, \ldots, m+n-1, m+n$ から m 個を無作為に選んで和をとった値の分布になり，具体的な導出は省略するが，

$$E(T) = \frac{m(m+n+1)}{2}, \qquad V(T) = \frac{mn(m+n+1)}{12} \tag{10.1}$$

となる．さらに，m，n が大きければ，T の分布を以下の正規分布に近似できる（他章のようにもともとのデータの標本平均を正規近似しているわけではなく，あくまで順位データに変換したうえで，順位和を正規近似している，という違いに注意する）．

$$T \sim N\left(\frac{m(m+n+1)}{2}, \frac{mn(m+n+1)}{12}\right)$$

これより，有意水準を5%とすると，T が有意に小さいかどうかの片側検定の場合の棄却域は

$$T \leq \frac{m(m+n+1)}{2} - 1.645\sqrt{\frac{mn(m+n+1)}{12}}$$

となり，同様に T が有意に大きいかどうかの片側検定では

$$T \geq \frac{m(m+n+1)}{2} + 1.645\sqrt{\frac{mn(m+n+1)}{12}}$$

となり，さらに両側検定では以下のようになる．

$$\left| T - \frac{m(m+n+1)}{2} \right| \geq 1.96\sqrt{\frac{mn(m+n+1)}{12}}$$

例 10.1　第10.2.1項で用いた同順位がない数値例，

母集団Aからの標本の順位データ：　1, 2, 4, 5

母集団Bからの標本の順位データ：　3, 6, 7, 8, 9

の場合，$m = 4$，$n = 5$ であるから，順位和 T が有意に小さいかどうかの片側検定での棄却域は

$$T \leq \frac{m(m+n+1)}{2} - 1.645\sqrt{\frac{mn(m+n+1)}{12}} = 20 - 1.645 \times \sqrt{\frac{200}{12}}$$
$$\cong 13.284$$

となる．このことから，$T \leq 13$ を棄却域とすることもあるが，順位和データは（同順位がない場合）整数の値しかとらないことを踏まえ，$T = 13$ の値は正規近似後では $T = 12.5 \sim 13.5$ の範囲に相当し，同様に $T = 12$ の値は正規近似後では $T = 11.5 \sim 12.5$ の範囲に相当する，と捉えることもある（これを連続修正あるいは連続補正などと呼ぶ）．

この考え方を用いる場合，$T \leq 13$ を棄却域にしてしまうと，連続修正後では $T \leq 13.5$ が棄却域になってしまい，$T \leq 13.284$ よりも有意水準が大きく（5%よりも大きく）なってしまう．そこで，棄却域を $T \leq 12$ とすれば，連続修正後でも $T \leq 12.5$ が棄却域になり，$T \leq 13.284$ よりも有意水準が小さく（5%よりも小さく）なる．この連続修正を考慮した棄却域（ここでは $T \leq 12$）を用いることが多い．

いずれにせよ，この数値例では $T = 1 + 2 + 4 + 5 = 12$ であるから，帰無仮説 H_0（2つの母集団分布が同じ）は有意水準5%で棄却される．□

(2)　棄却域の簡便な設定（同順位がある場合）

同順位がある場合における順位和 T の帰無仮説の下での確率分布については，以

下の式が知られている（同順位のところは中間順位を用いる）．

$$E(T) = \frac{m(m+n+1)}{2}$$
$$V(T) = \frac{mn}{12(m+n)(m+n-1)}\left\{(m+n)^3 - \sum_{i=1}^{k} a_i^3\right\} \tag{10.2}$$

ただし，k は順位の種類の数であり，a_i は各順位の重複度（その順位のデータが何個あるかを表す数）である．さらに，m，n が大きければ，T の分布を以下の正規分布に近似できる．

$$T \sim N\left(\frac{m(m+n+1)}{2},\ \frac{mn}{12(m+n)(m+n-1)}\left\{(m+n)^3 - \sum_{i=1}^{k} a_i^3\right\}\right)$$

これをもとに，(1) 項と同様に棄却域を構成することができる．

なお，すべての順位の重複度が 1 である場合（同順位がない場合）は，$k = m+n$，$a_i = 1$（$i = 1, \ldots, m+n$）となるから，

$$\begin{aligned} V(T) &= \frac{mn}{12(m+n)(m+n-1)}\left\{(m+n)^3 - \sum_{i=1}^{k} a_i^3\right\} \\ &= \frac{mn}{12(m+n)(m+n-1)}\left\{(m+n)^3 - (m+n)\right\} \\ &= \frac{mn}{12(m+n-1)}\left\{(m+n)^2 - 1\right\} = \frac{mn(m+n+1)}{12} \end{aligned}$$

となり，同順位がない場合の順位和の分散に一致することが確認できる．

例 10.2 第 10.2.2 項で用いた同順位がある数値例，

製品 X に対する評価の順位データ： 1, 2.5, 6

製品 Y に対する評価の順位データ： 2.5, 4, 6, 6, 8, 9

の場合，$m = 3$，$n = 6$ で，$a_1 = 1$，$a_2 = 2$，$a_3 = 1$，$a_4 = 3$，$a_5 = 1$，$a_6 = 1$ であるから，有意水準を 5％とすると，順位和 T が有意に小さいかどうかの片側検定での棄却域は

$$T \leq \frac{m(m+n+1)}{2} - 1.645\sqrt{\frac{mn}{12(m+n)(m+n-1)}\left\{(m+n)^3 - \sum_{i=1}^{k} a_i^3\right\}}$$
$$= 15 - 1.645 \times \sqrt{14.375} \cong 8.763$$

となる．この数値例では，$T = 1 + 2.5 + 6 = 9.5$ であるから，帰無仮説 H_0（2 つの母集団分布が同じ）は有意水準 5％で棄却できないという結果になる．□

10.2.4 ウィルコクソンの順位和検定のメリット

正規分布の仮定を必要としない　t 分布を用いた検定（t 検定）など，母集団分布に正規性の仮定が必要な検定手法において，例えば有意水準 5％での棄却域は，あくまで，正規性の仮定の下で第 1 種の誤りの確率が 5％になるように設定されているから，実際には正規性が成り立たない場合，第 1 種の誤りの確率は 5％から大きく離れてしまうかもしれない（5％を大きく超えてしまうこともあり得る）．

一方，ウィルコクソンの順位和検定は，母集団分布が正規分布ではなくても，第 1 種の誤りの確率が有意水準以下になるように棄却域が設定されている．

また，検出力について，正規性が成り立つときは，その仮定の下で導かれた検定（t 検定など）には及ばないが，母集団分布が正規分布ではないときには，t 検定などよりも良い検出力を示す場合もあることが知られている．

外れ値の影響を受けにくい（ロバスト性がある）　データを順位に変換するため，極端な値をとるデータがあっても，それが検定の結果に大きな影響を与えにくい．

補足　2 母集団の差についてのノンパラメトリック検定に**マン–ホイットニーの $\boldsymbol{U}$ 検定**（Mann–Whitney U test）と呼ばれるものもあるが，ウィルコクソンの順位和検定と実質的には同じものである．□

10.3 ウィルコクソンの符号付き順位和検定

ウィルコクソンの順位和検定の考え方を，対応のあるデータに適用したのが，**ウィルコクソンの符号付き順位和検定**（Wilcoxon signed-rank test）と呼ばれるものである．

例えば，ある学期の前後で，英語の共通試験（1000 点満点）を 6 人が受験し，「(後の試験のスコア) − (前の試験のスコア)」の結果が次のようになったとしよう．

$$-34,\quad +23,\quad +51,\quad +135,\quad +149,\quad +158$$

この結果を下に，学期の前後で英語力が向上したかどうかの検定（帰無仮説 $H_0 : \mu = 0$，対立仮説 $H_1 : \mu > 0$ の片側検定）を有意水準 5％で行いたいとする．母集団が正規分布であると仮定すれば t 分布を用いた検定を行うことも可能であるが，ここでは正規性を仮定しないとしよう．

そこで，仮に符号検定を行うとすると，帰無仮説 H_0 の下で $+$ の数（x とおく）が 5 以上である確率は

$$
\begin{aligned}
P(x \geq 5) &= P(x=5) + P(x=6) \\
&= \binom{6}{5} 0.5^5 (1-0.5)^1 + \binom{6}{6} 0.5^6 (1-0.5)^0 \\
&= \frac{6}{64} + \frac{1}{64} = \frac{7}{64} \cong 0.1094
\end{aligned}
$$

であり，$+$ の数が 6 以上である確率は

$$
P(x \geq 6) = P(x=6) = \frac{1}{64} \cong 0.0156
$$

であるから，有意水準 5％での帰無仮説 H_0 の棄却域は $x \geq 6$ となる．得られたデータにおける$+$の数は$x = 5$ であるから，帰無仮説 H_0 は有意水準 5％で棄却できない．

一方，ここで，ウィルコクソンの符号付き順位和検定を行うとする．まずデータの絶対値を見て小さい順に順位を付け，かつ符号をそのままにして連続データを符号付き順位データに変換する．すると，次のようになる．

$$
-2, \quad +1, \quad +3, \quad +4, \quad +5, \quad +6
$$

したがって，符号付き順位和は以下のように計算できる．

$$
T = -2+1+3+4+5+6 = 17
$$

仮に帰無仮説 $H_0 : \mu = 0$ が正しいと仮定すると，順位 1，2，3，4，5，6 の符号が $+$ になるか $-$ になるかは確率 0.5 ずつであると考えられる．したがって，$n = 6$ の標本から得られる符号付き順位データの組合せと符号付き順位和 T の分布は表 10.8 のようになる．

補足 ここでは，暗に母平均 μ が分布の中央値であり，かつ分布が左右対称であることを仮定している．□

今，考えている対立仮説は $H_1 : \mu > 0$（片側検定）であるから，符号付き順位和 T が有意に大きいかどうかを考えることになる．すると，表 10.8 の確率分布表より，有意水準 5％での棄却域は

$$
T \geq 17
$$

となる（$T \geq 17$ の確率は $\frac{3}{64} \cong 0.0469$ である）．実際のデータは $T = -2+1+3+4+5+6 = 17$ であるから，帰無仮説 $H_0 : \mu = 0$ は有意水準 5％で棄却される．したがって，英語力は向上したと判断できる．

ウィルコクソンの符号付き順位和検定は，シンプルな符号検定と比べると，各デー

タの大小関係の情報も検定に用いているというメリットがあるが，一方で母集団分布が左右対称であることを仮定している．母集団分布が左右非対称である可能性もある場合は，符号検定のほうが安定した検定手法と言うこともできる．

表 10.8 符号付き順位和 T の帰無仮説 H_0 の下での確率分布

1	2	3	4	5	6	T	確率
−	−	−	−	−	−	−21	$\frac{1}{64}$
+	−	−	−	−	−	−19	$\frac{1}{64}$
−	+	−	−	−	−	−17	$\frac{1}{64}$
−	−	+	−	−	−	−15	$\frac{2}{64}$
+	+	−	−	−	−	−15	
−	−	−	+	−	−	−13	$\frac{2}{64}$
+	−	+	−	−	−	−13	
−	−	−	−	+	−	−11	$\frac{3}{64}$
−	+	+	−	−	−	−11	
+	−	−	+	−	−	−11	
⋮	⋮	⋮	⋮	⋮	⋮	⋮	⋮
−	+	+	−	+	+	11	$\frac{3}{64}$
+	−	−	+	+	+	11	
+	+	+	+	−	+	11	
−	+	−	+	+	+	13	$\frac{2}{64}$
+	+	+	−	+	+	13	
−	−	+	+	+	+	15	$\frac{2}{64}$
+	+	−	+	+	+	15	
+	−	+	+	+	+	17	$\frac{1}{64}$
−	+	+	+	+	+	19	$\frac{1}{64}$
+	+	+	+	+	+	21	$\frac{1}{64}$

10.4 並べ替え検定

ノンパラメトリック検定に関しては，最後に**並べ替え検定**（permutation test）を紹介しておこう．ウィルコクソンの順位和検定は連続データを順位データに変換するため，細かい数値の情報は用いないが，この並べ替え検定は連続データをそのまま使ったノンパラメトリック検定である（逆に言えば，外れ値の影響を受けやすいとも言える）．

第10.2.1項で用いた数値例を再度取り上げよう．

母集団Aからの標本データ：　17, 21, 33, 41

母集団Bからの標本データ：　29, 47, 49, 50, 56

並べ替え検定では，帰無仮説 H_0（2つの母集団分布が同じ）が正しいという仮定の下，母集団Aの4つのデータ（母集団Bに注目しても同じことである）は，合わせて9つのデータ（17, 21, 29, 33, 41, 47, 49, 50, 56）から，無作為に4つ選ばれると考える．この場合，選ばれる4つのデータの組合せおよび標本平均 $\overline{x}$ の分布は表10.9のようになる．

この確率分布表より，片側検定の場合の有意水準5％での棄却域は

$$\overline{x} \leq 29.25$$

であり（$\overline{x} \leq 29.25$ の確率は $\frac{6}{126} \cong 0.0476$），実際のデータは

$$\overline{x} = \frac{17+21+33+41}{4} = 28$$

であるから，帰無仮説 H_0 は有意水準5％で棄却されるという判断になる．

なお，両側検定の場合の有意水準5％での棄却域は

$$\overline{x} \leq 28, \qquad \overline{x} \geq 48.5$$

となり，（ウィルコクソンの順位和検定での結果とは異なり，並べ替え検定では）両側検定でも帰無仮説 H_0 は有意水準5％で棄却されるという判断になる．

補足　両側検定の場合に，ウィルコクソンの順位和検定と並べ替え検定では異なる結果となったが，これは，単に，異なる検定手法を使えば異なる結果になることがあり得るというだけのことであり，どちらが良い検定手法であるといったことは一切述べていないことに注意する（実際，帰無仮説 H_0 が正しいか，対立仮説 H_1 が正しいか，絶対的なことは人間にはわからない）．

検定手法の良し悪しは，第1種の誤りの確率を揃えた上で，様々な対立仮説の下

表 10.9　標本平均 $\overline{x}$ の帰無仮説 $\boldsymbol{H_0}$ の下での確率分布

組合せ	$\overline{x}$	確率
17, 21, 29, 33	25	$\frac{1}{126}$
17, 21, 29, 41	27	$\frac{1}{126}$
17, 21, 33, 41	28	$\frac{1}{126}$
17, 21, 29, 47	28.5	$\frac{1}{126}$
17, 21, 29, 49	29	$\frac{1}{126}$
17, 21, 29, 50	29.25	$\frac{1}{126}$
17, 21, 33, 47	29.5	$\frac{1}{126}$
17, 21, 33, 49	30	$\frac{2}{126}$
17, 29, 33, 41	30	
17, 21, 33, 50	30.25	$\frac{1}{126}$
⋮	⋮	⋮
29, 47, 50, 56	45.5	$\frac{1}{126}$
29, 49, 50, 56	46	$\frac{1}{126}$
33, 47, 49, 56	46.25	$\frac{1}{126}$
33, 47, 50, 56	46.5	$\frac{1}{126}$
41, 47, 49, 50	46.75	$\frac{1}{126}$
33, 49, 50, 56	47	$\frac{1}{126}$
41, 47, 49, 56	48.25	$\frac{1}{126}$
41, 47, 50, 56	48.5	$\frac{1}{126}$
41, 49, 50, 56	49	$\frac{1}{126}$
47, 49, 50, 56	50.5	$\frac{1}{126}$

での検出力の大きさで比較されることが多く，個々のデータ例ではなく，確率分布を用いて解析的に検討したり，あるいはシミュレーションでの数値的検討を行ったりすることなどで吟味されている．□

演 習 問 題

1 ある通りにおいて，休日のときに，雨の日は晴れの日よりも交通量が少ないと言えるかどうかを検討したい．休日を無作為に12日を選んで交通量を観測したところ，雨の日は3日，晴れの日は9日あり，以下のような結果となった．

雨の日の交通量： 51, 56, 47

晴れの日の交通量： 68, 54, 87, 92, 76, 50, 86, 59, 61

このとき，雨の日は晴れの日よりも交通量が少ないと言えるか，ウィルコクソンの順位和検定を用いて判断したいとする．

(a) 雨の日の交通量の順位和 T について，帰無仮説の有意水準5％での棄却域を示し，検定の結論を記しなさい．ただし，正規近似による棄却域の簡便な設定は用いないこと．

(b) 雨の日の交通量の順位和 T について，正規近似による棄却域の簡便な設定を用いて，帰無仮説の有意水準5％での棄却域を示し，検定の結論を記しなさい．

2 ある野菜の栽培について，その収穫量を増加させると期待されている新肥料があり，その効果を試すため，無作為に選んだ5区画では旧肥料を用いて栽培を行い，別に無作為に選んだ6区画では新肥料を用いて栽培を行ったところ，次のデータが得られた．

旧肥料を用いた区画の収穫量： 43, 47, 51, 53, 56

新肥料を用いた区画の収穫量： 49, 50, 57, 58, 62, 66

このとき，新肥料を用いた収穫量が旧肥料を用いた収穫量より大きいと言えるかどうかについて判断したいとする．

(a) 有意水準5％でウィルコクソンの順位和検定を行いなさい（正規近似による棄却域の簡便な設定を用いても用いなくてもよい）．

(b) 有意水準5％で並べ替え検定を行いなさい．

3 以下の表は，ある製品について無作為に7個を選び，通常の条件下と高温の条件下での性能を測定して得られたデータである．変数 x は通常の条件下での性能を，変数 y は高温の条件下での性能を表している．

x	61	63	54	61	52	65	57
y	60	62	51	59	53	60	54

このとき，高温の条件下で性能が落ちると言えるかどうかについて判断したいとする．

(a) 有意水準5％で符号検定を行いなさい．

(b) 有意水準5％でウィルコクソンの符号付き順位和検定を行いなさい．

11 回帰分析

本章では，結果やシステムの応答など，予測したい変数である目的変数 y と，それを説明するための変数 $x_1, \ldots, x_p$ について，線形回帰モデルをもとに関係を定量化する方法を扱う．その際，目的変数と説明変数のデータをもとに，線形回帰モデルの母数を最小 2 乗法で推定し，様々な推測を行う．この方法は，回帰分析と呼ばれ，結果の予測や応答の要因による定量的な表現など，様々な用途がある．なお単一説明変数の場合である単回帰分析を中心に，考え方，手順を解説する．説明変数が複数の重回帰分析については，行列による表現により単回帰分析と同様に扱えるという記述にとどめる．

11.1 単回帰モデルに基づく推測

11.1.1 単回帰モデルと解析に用いるデータ

(1) 解析に用いるデータ

本章では，表 11.1 のようなデータに基づく**回帰分析**（regression analysis）を取り上げる．一方の変数 y は，どのような値になるのか予測したい変数，システムの応答として測定したい変数である．これを**目的変数**と呼ぶ．もう一方の変数は，目的変数 y を線形関係で説明するための変数である．これを**説明変数**と呼ぶ．目的変数，説明変数について，経済学などの分野では**従属変数**（dependent variable），**独立変数**（independent variable）と呼ぶ場合もある．表 11.1 は，父親の身長とその息子の成人時身長のデータを，人工的に発生させたものである．父親の身長を説明変数 x とし，その息子の成人時の身長を目的変数 y として，x による y の予測を例に回帰分析を説明する．

(2) 単回帰モデル

データ (x_i, y_i)（$i = 1, \ldots, n$）について，次式で表される y の x に対する**線形単回帰モデル**（simple linear regression model）を考える．

$$y_i = \beta_0 + \beta_1 x_i + \varepsilon_i \tag{11.1}$$

式 (11.1) では，y_i が $\beta_0 + \beta_1 x_i$ と ε_i の和で構成される．また，β_0，β_1 を母回帰係数，あるいは，単に**回帰係数**（regression coefficient）と呼ぶ．このうち，$\beta_0 + \beta_1 x_i$

表 11.1 回帰分析に用いるデータの例：父とその息子の身長データ

No.	x：父の身長	y：息子の身長	No.	x：父の身長	y：息子の身長
1	163.4	163.7	11	178.0	174.1
2	166.5	174.7	12	168.4	165.9
3	175.8	170.4	13	172.8	167.9
4	169.7	172.8	14	163.1	162.5
5	170.6	172.6	15	173.5	177.6
6	164.8	166.0	16	167.8	168.5
7	164.9	162.1	17	167.3	167.7
8	173.6	172.5	18	173.8	172.0
9	170.9	172.1	19	174.6	179.5
10	160.7	166.7	20	166.0	168.6

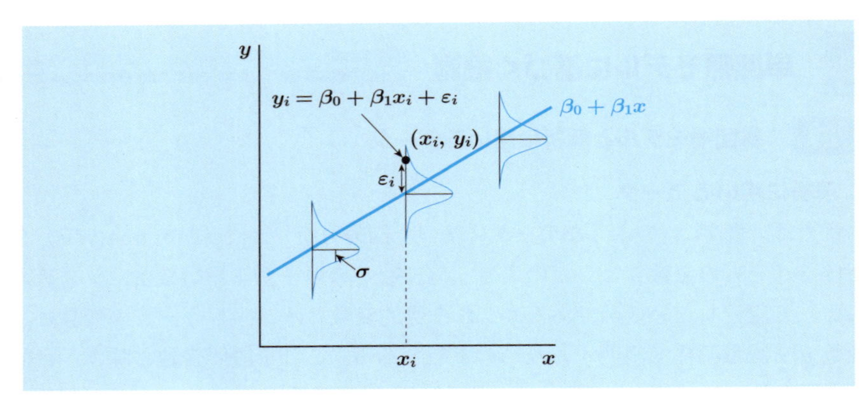

図 11.1 単回帰モデルの概要

の部分は変数 x_i により説明可能であり，ε_i はこれとは独立な**誤差**（error）である．このモデルの概要を，図 11.1 に示す．

説明変数 x_i は確定数なのに対し，誤差 ε_i は確率変数である．また，ε_i に次の仮定をおくと，母数 β_0，β_1，σ^2 の推定量に対して種々の性質が成り立つ．

独立性： ε_i と ε_j が独立（$i \neq j$）

不偏性： $E(\varepsilon_i) = 0$

等分散性： $V(\varepsilon_i) = \sigma^2$

正規性： ε_i は正規分布に従う

11.1.2　最小２乗法に基づく母数の推定

(1)　最小２乗法の考え方

データ (x_i, y_i) $(i = 1, \ldots, n)$ から，式 (11.1) の母数 β_0，β_1 を推定する．これは，図 11.2 の散布図上で，合理的に切片 $\widehat{\beta}_0$ と傾き $\widehat{\beta}_1$ を決める問題となる．

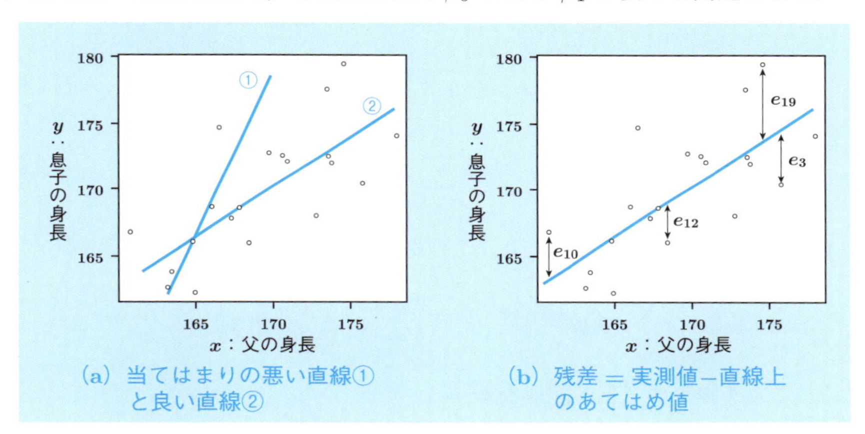

図 11.2　収集されているデータに基づく直線のあてはめ

この図 (a) には，目検討で引いた直線①，直線②があり，②の方がデータに対するあてはまりが良い．これを目検討ではなく，何らかの基準により $\widehat{\beta}_0$，$\widehat{\beta}_1$ を定め，直線を求める．この基準として，測定値 y_i とその推定値 $\widehat{\beta}_0 + \widehat{\beta}_1 x_i$ との差で定義される次式の**残差**（residual）を用いる．

$$e_i = y_i - \left(\widehat{\beta}_0 + \widehat{\beta}_1 x_i\right) \tag{11.2}$$

残差の概要を図 11.2(b) に示す．残差の２乗和である残差平方和

$$S_E = \sum_{i=1}^{n} e_i^2 = \sum_{i=1}^{n} \left(y_i - \left(\widehat{\beta}_0 + \widehat{\beta}_1 x_i\right)\right)^2 \tag{11.3}$$

が最小になるように $\widehat{\beta}_0$，$\widehat{\beta}_1$ を求める．この方法を，残差の２乗和 S_E を最小化するという意味で**最小２乗法**（least squares）と呼ぶ．

第 2.1.3 項で示したとおり，x_i の平均値 $\overline{x}$ が $\sum_{i=1}^{n}(x_i - a)^2$ を最小化する a となる．これを (x, y) の２変数で適用するのが，上記の最小２乗法である．

(2)　最小２乗推定量の誘導

残差平方和 S_E を最小にする $\widehat{\beta}_0$，$\widehat{\beta}_1$ は，S_E が $\widehat{\beta}_0$，$\widehat{\beta}_1$ に対して下に凸な２次関数なので，S_E を $\widehat{\beta}_0$，$\widehat{\beta}_1$ で偏微分して 0 とおいた連立方程式：

$$\begin{cases} \dfrac{\partial S_E}{\partial \widehat{\beta}_0} = -2\displaystyle\sum_{i=1}^{n}\left(y_i - \left(\widehat{\beta}_0 + \widehat{\beta}_1 x_i\right)\right) \quad = 0 \\ \dfrac{\partial S_E}{\partial \widehat{\beta}_1} = -2\displaystyle\sum_{i=1}^{n} x_i\left(y_i - \left(\widehat{\beta}_0 + \widehat{\beta}_1 x_i\right)\right) = 0 \end{cases} \tag{11.4}$$

の解に等しい．この式を整理した次を，**正規方程式**（normal equation）と呼ぶ．

$$\sum_{i=1}^{n} y_i = n\widehat{\beta}_0 + \widehat{\beta}_1 \sum_{i=1}^{n} x_i \tag{11.5}$$

$$\sum_{i=1}^{n} x_i y_i = \widehat{\beta}_0 \sum_{i=1}^{n} x_i + \widehat{\beta}_1 \sum_{i=1}^{n} x_i^2 \tag{11.6}$$

式 (11.5) から $\widehat{\beta}_0 = \overline{y} - \widehat{\beta}_1 \overline{x}$ となり，これを式 (11.6) に代入すると

$$\sum_{i=1}^{n} x_i y_i = \left(\overline{y} - \widehat{\beta}_1 \overline{x}\right) \sum_{i=1}^{n} x_i + \sum_{i=1}^{n} \widehat{\beta}_1 x_i^2$$

となる．これを変形すると下記となる．

$$\sum_{i=1}^{n} x_i y_i - \frac{\sum_{i=1}^{n} x_i \sum_{i=1}^{n} y_i}{n} = \widehat{\beta}_1 \left(\sum_{i=1}^{n} x_i^2 - \frac{\left(\sum_{i=1}^{n} x_i\right)^2}{n}\right)$$

左辺は y と x の偏差積和 $S_{xy} = \sum_{i=1}^{n}\left(x_i - \overline{x}\right)\left(y_i - \overline{y}\right)$ である．右辺の $\widehat{\beta}_1$ の後の括弧内は，x の偏差平方和 $S_{xx} = \sum_{i=1}^{n}\left(x_i - \overline{x}\right)^2$ である．これらをまとめると，傾き β_1，切片 β_0 の最小 2 乗推定量は下記で与えらえる．

$$\widehat{\beta}_1 = \frac{S_{xy}}{S_{xx}} \tag{11.7}$$

$$\widehat{\beta}_0 = \overline{y} - \widehat{\beta}_1 \overline{x} \tag{11.8}$$

(3) 父と息子の身長データの解析例：回帰の起源の模擬

表 11.1 のデータでは，$\overline{x} = 169.31$，$\overline{y} = 169.90$，$S_{xx} = 431.678$，$S_{xy} = 307.631$ なので，最小 2 乗法による推定結果は

$$\widehat{\beta}_1 = \frac{S_{xy}}{S_{xx}} = \frac{307.631}{431.678} = 0.713$$

$$\widehat{\beta}_0 = \overline{y} - \widehat{\beta}_1 \overline{x} = 169.90 - 0.713 \times 169.31 = 49.18$$

となる．回帰直線 $y = 49.18 + 0.713x$ を，図 11.3 に示す．式 (11.8) を変形すると $\overline{y} = \widehat{\beta}_0 + \widehat{\beta}_1 \overline{x}$ であり，この図のとおり推定した直線は平均値 $(\overline{x}, \overline{y})$ を通る．切片 $\widehat{\beta}_0$

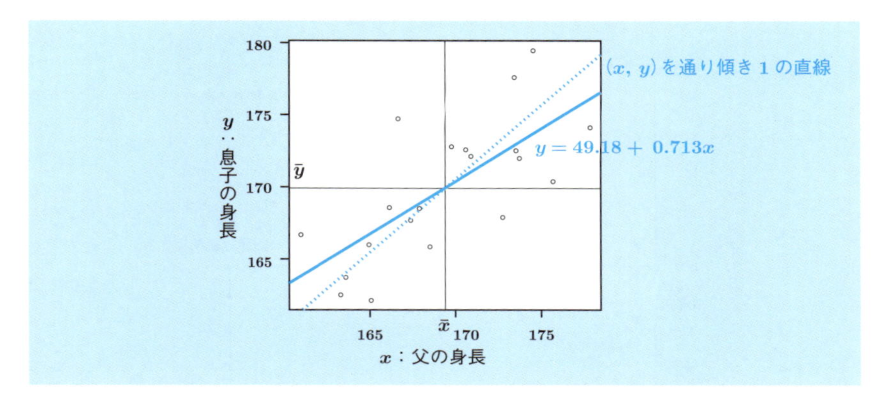

図 11.3　身長データにおける回帰直線の推定結果

は $x = 0$ における y の推定値であり，このデータの場合には実質的に意味はない．同様の場合，$\overline{x}$ における y の値である $\overline{y}$ について解釈を加えるとよい．

傾き $\widehat{\beta}_1$ は 0.713 で，x が 1 cm 大きくなると y は 0.713 cm 大きいと推定できる．父親の身長 x が世代の平均 $\overline{x}$ よりも大きい場合には，その息子の身長 y も世代の平均 $\overline{y}$ よりも大きいが，傾きが $0.713 < 1$ であるので，x が $\overline{x}$ より大きかったほどは，y は $\overline{y}$ に比べて大きくない．同様に，x が $\overline{x}$ よりも小さい場合，y も $\overline{y}$ よりも小さいが x が $\overline{x}$ に比べ小さかったほど y は $\overline{y}$ に比べ小さくない．参考のため，図 11.3 に $(\overline{x}, \overline{y})$ を通り傾きが 1 である直線を点線で示す．傾きが 1 よりも小さいことは，父が世代の平均から離れていると息子も離れているが，その離れ具合は集団の平均に近づくことを意味する．

この遺伝現象の実在を指摘したのがゴルトン（Francis Galton）である．それが，Galton（1886）の論文 Regression toward mediocrity in hereditary stature にて発表されている．この regression toward medicrity とは，集団の中間，あるいは平凡なものに回帰するの意である．また regression は regress の名詞形であり，regress は再びという意味の接頭語 re と，動くの意味の gress の合成であり，回帰という日本語になっている．この経緯で regression（回帰）が提唱され，回帰分析の始まりとなっている．前述のデータは，この論文の内容をもとに現代日本人男子の身長を模擬した乱数から生成されている．

(4)　回帰式のあてはまりを表す寄与率 R^2

回帰分析では，y の変動を x で説明する直線を求める．変動を完全に説明できる，すなわち，完全にあてはまる直線は一般には求められない．そこで，あてはまりを

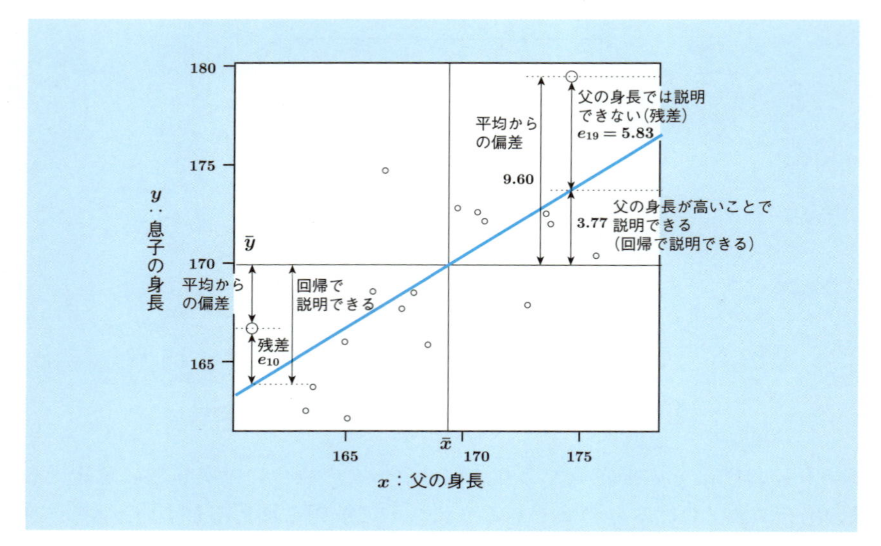

図 11.4　平均からの偏差を回帰による説明と残差に分解する概念図

表す統計量として**寄与率**（coefficient of determination）R^2 を用いる．寄与率は，$\widehat{y}_i$ を y の予測値 $\widehat{y}_i = \widehat{\beta}_0 + \widehat{\beta}_1 x_i$ とすると，次式のとおり，y の総平方和 S_T に対する回帰による平方和 S_R の割合で定義される．

$$R^2 = \frac{S_R}{S_T} = \frac{\sum_{i=1}^{n} (\widehat{y}_i - \overline{y})^2}{\sum_{i=1}^{n} (y_i - \overline{y})^2} \tag{11.9}$$

例えば図 11.4 において，第 19 番目のデータは $(x_{19}, y_{19}) = (174.6, 179.5)$ であり，$y_{19} = 179.5$ は平均 $\overline{y} = 169.90$ に比べ $y_{19} - \overline{y} = 9.60$ 大きい．この 9.60 は，x_{19} が平均 $\overline{x} = 169.31$ より $x_{19} - \overline{x} = 5.29$ 大きいことにより説明できる

$$\widehat{y}_{19} - \overline{y} = \widehat{\beta}_0 + \widehat{\beta}_1 x_{19} - \overline{y} = 49.18 + 0.713 \times 174.6 - 169.90 = 3.77$$

と，x では説明できない次の残差に分解できる．

$$y_{19} - \widehat{y}_{19} = 179.5 - (49.18 + 0.713 \times 174.6) = 5.83$$

これと同様に，すべての i（$i = 1, \ldots, n$）について

$$y_i - \overline{y} = (\widehat{y}_i - \overline{y}) + (y_i - \widehat{y}_i)$$

と分解し，両辺を 2 乗して和をとると，左辺の 2 乗和は総平方和 $S_T = \sum_{i=1}^{n} (y_i - \overline{y})^2$ となる．一方，右辺の 2 乗和は次のとおりとなる．

$$
\sum_{i=1}^{n}\left(\left(\widehat{y}_i-\overline{y}\right)+\left(y_i-\widehat{y}_i\right)\right)^2
= \sum_{i=1}^{n}\left(\widehat{y}_i-\overline{y}\right)^2+\sum_{i=1}^{n}\left(y_i-\widehat{y}_i\right)^2+2\sum_{i=1}^{n}\left(\widehat{y}_i-\overline{y}\right)\left(y_i-\widehat{y}_i\right)
$$

右辺第 1 項が回帰による平方和 S_R，第 2 項が残差平方和 S_E である．第 3 項中の $\sum_{i=1}^{n}\left(\widehat{y}_i-\overline{y}\right)\left(y_i-\widehat{y}_i\right)$ は，$\widehat{y}_i=\widehat{\beta}_0+\widehat{\beta}_1x_i$，$\overline{y}=\widehat{\beta}_0+\widehat{\beta}_1\overline{x}$ を代入すると

$$
\begin{aligned}
&\sum_{i=1}^{n}\left(\widehat{\beta}_1\left(x_i-\overline{x}\right)\left(y_i-\widehat{y}_i\right)\right)\\
&=\widehat{\beta}_1\sum_{i=1}^{n}x_i\left(y_i-\widehat{y}_i\right)-\widehat{\beta}_1\overline{x}\sum_{i=1}^{n}\left(y_i-\widehat{y}_i\right)\\
&=\widehat{\beta}_1\sum_{i=1}^{n}x_i\left(y_i-\left(\widehat{\beta}_0+\widehat{\beta}_1x_i\right)\right)-\widehat{\beta}_1\overline{x}\sum_{i=1}^{n}\left(y_i-\left(\widehat{\beta}_0+\widehat{\beta}_1x_i\right)\right)
\end{aligned}
$$

となり，式 (11.4) より 0 となる．したがって，

$$
S_T=S_R+S_E \tag{11.10}
$$

と分解できる．この分解が可能なので，S_R と S_T との比により寄与率 R^2 を $\frac{S_R}{S_T}$ で求める．回帰による平方和 S_R について，次式が成立するので，適切なものを用いて計算するとよい．

$$
S_R=\sum_{i=1}^{n}\left(\widehat{y}_i-\overline{y}\right)^2=\widehat{\beta}_1^2S_{xx}=\widehat{\beta}_1S_{xy}=\frac{S_{xy}^2}{S_{xx}} \tag{11.11}
$$

また，y と x の相関係数を r_{xy} とすると，寄与率 R^2 との間に次式が成立する．

$$
R^2=r_{xy}^2
$$

(5)　平方和の自由度と誤差分散の推定

S_T は n 個の y_i の偏差平方和であり，第 2 章のとおり自由度 ϕ_T は $n-1$ となる．また，$S_R=\widehat{\beta}_1^2S_{xx}$ は 1 つの確率変数 $\widehat{\beta}_1$ で決まるので，その自由度 ϕ_R は 1 となる．したがって，平方和が分解できることに照らし合わせると，

$$
\phi_T=\phi_R+\phi_E \tag{11.12}
$$

となり，残差平方和 S_E の自由度 ϕ_E は $n-2$ となる．これにより，誤差分散 σ^2 の推定には残差平方和を自由度で除した下記の残差分散を用いる．

$$
\widehat{\sigma}^2=\frac{S_E}{n-2} \tag{11.13}
$$

(6)　父と息子の身長データの計算例

表11.1 のデータの場合には，$S_{xx} = 431.678$，$S_{xy} = 307.631$，$S_{yy} = 432.070$ であり，$\widehat{\beta}_1 = 0.713$ なので，総平方和 S_T，回帰による平方和 S_R はそれぞれ

$$S_T = S_{yy} = 432.070, \qquad S_R = \widehat{\beta}_1^2 S_{xx} = 0.713^2 \times 431.678 = 219.452$$

となる．これより残差平方和 S_E，寄与率 R^2 は次のとおりとなり，息子の身長の大小のうち約 50％が父親の身長の大小で説明できる．

$$S_E = 432.070 - 219.452 = 212.618, \qquad R^2 = \frac{219.452}{432.070} = 0.508$$

父親の身長を固定したときの息子の身長について，その誤差分散は

$$\widehat{\sigma}^2 = \frac{212.618}{20-2} = 11.812 = 3.437^2$$

と推定できる．標準偏差 3.437 の 2 倍を範囲とすると約 ±7 cm の幅となる．

11.1.3　最小 2 乗推定量の基本的な性質

(1)　母回帰係数 β_0，β_1，誤差分散 σ^2 の推定量の性質

切片 β_0，傾き β_1，誤差分散 σ^2 の推定量の性質は，単回帰モデルの誤差におく仮定により異なる．ここからの (1)，(2) では，誤差について，独立性，不偏性，等分散性の 3 つの仮定をおく．これらの仮定の下で，切片，傾き，誤差分散の推定量について下記の不偏性が成り立つ．

$$E\left(\widehat{\beta}_0\right) = \beta_0, \quad E\left(\widehat{\beta}_1\right) = \beta_1, \quad E\left(\widehat{\sigma}^2\right) = \sigma^2 \tag{11.14}$$

$E\left(\widehat{\beta}_1\right) = \beta_1$ は，$\widehat{\beta}_1 = \frac{S_{xy}}{S_{xx}}$ における確率変数 y_i に $\beta_0 + \beta_1 x_i + \varepsilon_i$ を代入し，展開を丹念に行うと導ける．また，$E\left(\widehat{\beta}_0\right) = \beta_0$，残差分散の不偏性 $E\left(\widehat{\sigma}^2\right) = \sigma^2$ も，基本的には同様である．またこれらの分散は，次のとおりとなる．

$$V\left(\widehat{\beta}_0\right) = \left(\frac{1}{n} + \frac{\overline{x}^2}{S_{xx}}\right)\sigma^2, \qquad V\left(\widehat{\beta}_1\right) = \frac{\sigma^2}{S_{xx}} \tag{11.15}$$

これらも不偏性と同様に，$\widehat{\beta}_0$，$\widehat{\beta}_1$ が確率変数 y_i の線形変換である点を利用し，式展開を行うことで導ける．詳細は割愛するが，前述の 3 つの誤差の仮定の下で，最小 2 乗推定量は不偏な線形推定量の中で最小分散である．

(2)　説明変数の水準を与えたもとでの目的変数の期待値の推定

父親の身長 x が 175（cm）の息子の身長を推定するには，$\widehat{\beta}_0 + \widehat{\beta}_1 x$ の x に 175 を代入し，$\widehat{y}$ を求めればよい．このような，$x = x^*$ における y の期待値 $\beta_0 + \beta_1 x^*$

の推定量は，次式となる．

$$\widehat{y}^* = \widehat{\beta}_0 + \widehat{\beta}_1 x^* \tag{11.16}$$

この中の $\widehat{\beta}_0$，$\widehat{\beta}_1$ が β_0，β_1 の不偏推定量なので，$E(\widehat{y}^*) = E\left(\widehat{\beta}_0 + \widehat{\beta}_1 x^*\right) = \beta_0 + \beta_1 x^*$ となり，式 (11.16) は不偏推定量である．またその分散は，

$$V(\widehat{y}^*) = \left(\frac{1}{n} + \frac{(x^* - \overline{x})^2}{S_{xx}}\right)\sigma^2 \tag{11.17}$$

となる．この式 (11.17) から，x^* が $\overline{x}$ に等しいときに y^* の分散が最も小さくなり，その値が $\frac{\sigma^2}{n}$ になる．収集されているデータの重心（平均）が最も推定量の分散が小さく，それから離れるにつれ分散が大きくなるというのは直感的な解釈と一致する．また n 個のデータの平均なので，x^* が $\overline{x}$ のときに分散が σ^2 の $\frac{1}{n}$ 倍になる点もこれまでの議論と整合する．

11.1.4　最小 2 乗推定量に基づく区間推定，検定

(1)　母回帰係数 β_0，β_1，誤差分散 σ^2 の点推定量の性質

最小 2 乗推定量に基づく区間推定検定を論じるために，誤差に対して，独立性，不偏性，等分散性に加え，正規分布に従うという仮定もおく．最小 2 乗推定量 $\widehat{\beta}_0$，$\widehat{\beta}_1$ は，正規分布に従う y の線形結合であるので，第 5 章の正規分布の再生性により，$\widehat{\beta}_0$，$\widehat{\beta}_1$ もまた正規分布に従う．これと，式 (11.14)，式 (11.15) を合わせると，

$$\begin{aligned} \widehat{\beta}_0 &\sim N\left(\beta_0, \left(\frac{1}{n} + \frac{\overline{x}^2}{S_{xx}}\right)\sigma^2\right) \\ \widehat{\beta}_1 &\sim N\left(\beta_1, \frac{\sigma^2}{S_{xx}}\right) \end{aligned} \tag{11.18}$$

となる．最小 2 乗推定量は，誤差の独立性，不偏性，等分散性の仮定の下で，線形な不偏推定量の中で最小分散であるのに対し，正規性の仮定を加えると不偏な推定量の中で最小分散になる．これに関する基礎となる理論については，第 12 章で説明する．

誤差分散 σ^2 の点推定量 $\frac{S_E}{n-2}$ に関連して，正規性の仮定の下で次が成立する．

$$\frac{S_E}{\sigma^2} \sim \chi^2(n-2)$$

(2)　傾き β_1，切片 β_0 についての区間推定

傾き β_1 に関する 95 %信頼区間は式 (11.18) をもとに，σ^2 を $\widehat{\sigma}^2 = \frac{S_E}{n-2}$ に置き換えることで，次式となる．

$$\widehat{\beta}_1 \pm t\,(n-2, 0.05)\,\frac{\widehat{\sigma}}{\sqrt{S_{xx}}} \tag{11.19}$$

身長データ例では，$\widehat{\beta}_0 = 49.18$，$\widehat{\beta}_1 = 0.713$，$\widehat{\sigma} = 3.437$，$S_{xx} = 431.678$，$n = 20$，$t\,(18, 0.05) = 2.101$ を用いると信頼区間の幅は

$$\pm t\,(n-2, 0.05)\,\frac{\widehat{\sigma}}{\sqrt{S_{xx}}} = \pm 2.101 \times \frac{3.437}{\sqrt{431.678}} = \pm 0.348$$

となるので，傾き β_1 の 95％信頼区間の上限 1.061，下限は 0.365 となる．

また，切片 β_0 に関する 95％信頼区間は，次式で与えられる．

$$\widehat{\beta}_0 \pm t\,(n-2, 0.05)\,\widehat{\sigma}\sqrt{\frac{1}{n} + \frac{\overline{x}^2}{S_{xx}}} \tag{11.20}$$

身長データ例で，式 (11.20) により β_0 の 95％信頼区間を求めると，その下限が負の値になり，y が身長（cm）なので実用上無意味である．これは，切片 $\widehat{\beta}_0$ が $x = 0$ のときの y の推定値であり，この問題で $x = 0$ を考えることに意味はないことによる．より一般に，解析結果が有効なのはデータの近傍のみであり，それから離れた範囲への解析結果の直接的な適用には意味はない．これは，回帰分析を含むすべてのデータ解析に共通する基本原理である．

(3) 説明変数の水準を与えたもとでの目的変数の期待値の推定

切片の代わりに，x の興味のある水準 x^* における y を推定する．誤差の正規性下で，式 (11.16)，式 (11.17) より次が成り立つ．

$$\widehat{\beta}_0 + \widehat{\beta}_1 x^* \sim N\left(\beta_0 + \beta_1 x^*, \left(\frac{1}{n} + \frac{(x^* - \overline{x})^2}{S_{xx}}\right)\sigma^2\right) \tag{11.21}$$

これから，$\beta_0 + \beta_1 x^*$ の 95％信頼区間は次式となる．

$$\widehat{\beta}_0 + \widehat{\beta}_1 x^* \pm t\,(n-2, 0.05)\,\widehat{\sigma}\sqrt{\frac{1}{n} + \frac{(x^* - \overline{x})^2}{S_{xx}}} \tag{11.22}$$

身長データ例で $x = 175$ の場合には，95％信頼区間の上下限は 176.5，171.4 となる．x^* の水準を，160 から 180 に変化させた信頼区間の軌跡を図 11.5 に示す．この図からもわかるとおり，$x = \overline{x}$ のときに信頼区間幅が最も狭い．これは，データの重心が最も推定精度がよいことによる．興味がある水準 x^* が明確に決められない場合には，$\overline{x}$ のもとでの y の期待値を推測するとよい．

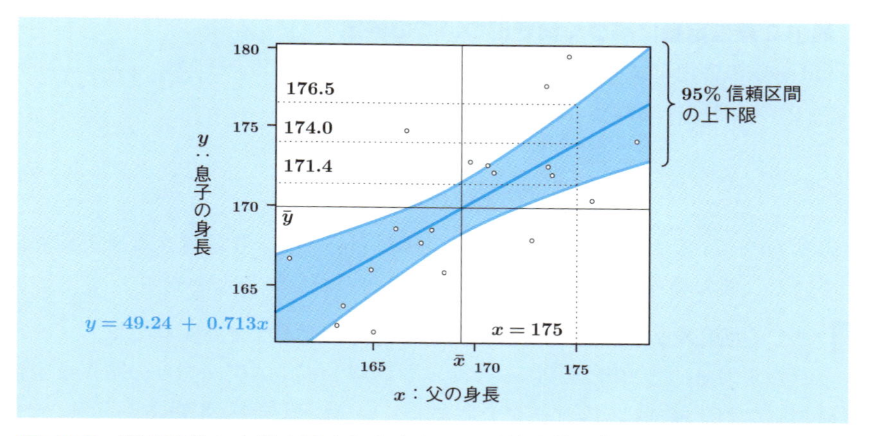

図 11.5　説明変数の水準を固定したもとでの目的変数の期待値の信頼区間の軌跡

(4)　説明変数の水準を与えたもとでの目的変数の将来の測定値の予測

前述 (3) は $x = x^*$ での $E(y)$ の推測であるのに対し，$x = x^*$ での将来の値 y_{x^*} を推測することを考える．これは，(x_i, y_i) $(i = 1, \ldots, n)$ から，x^* が与えられたもとで，これらと独立な将来の値 y_{x^*} を予測する問題である．なお，推測の対象が β_1 など母数の場合に推定，将来の値 y_{x^*} の場合に予測と呼ぶ場合が多い．これは，$y_{x^*} \sim \left(\beta_0 + \beta_1 x^*, \sigma^2\right)$ なので，y_{x^*} の点による予測値は次式で求められる．

$$\widehat{y}_{x^*} = \widehat{\beta}_0 + \widehat{\beta}_1 x^*$$

また，$\widehat{y}_{x^*}$ と y_{x^*} は独立で，$\widehat{y}_{x^*} - y_{x^*}$ は正規分布に従い，

$$E\left(\widehat{y}_{x^*} - y_{x^*}\right) = 0, \qquad V\left(\widehat{y}_{x^*} - y_{x^*}\right) = \left(1 + \frac{1}{n} + \frac{(x^* - \overline{x})^2}{S_{xx}}\right)\sigma^2$$

となる．この分散の括弧内において，1 は y_{x^*}，$\frac{1}{n} + \frac{(x^*-\overline{x})^2}{S_{xx}}$ は $\widehat{y}_{x^*}$ の分散にそれぞれ対応している．信頼率 $100(1-\alpha)$ % の将来の値 y_{x^*} の予測区間は，次式で与えられる．

$$\widehat{y}_{x^*} \pm t\,(n-2, 0.05)\,\widehat{\sigma}\sqrt{1 + \frac{1}{n} + \frac{(x^* - \overline{x})^2}{S_{xx}}} \qquad (11.23)$$

回帰式を n 組のデータから求め，それとは独立に次の 1 組のデータ (x^*, y^*) を測定するときに，式 (11.23) の区間に y^* が含まれる確率が $100(1-\alpha)$ % となる．確率変数 $\widehat{y}_{x^*}$ と y_{x^*} を合成して求めている区間であり，y_{x^*} の分布の一定割合が含まれる区間を意味しているものではない．

(5) 最小 2 乗推定量に基づく傾きについての検定

式 (11.18) の応用により，β_1 に関する仮説検定ができる．一般に $\frac{\widehat{\beta}_1-\beta_1}{\widehat{\sigma}/\sqrt{S_{xx}}}$ が自由度 $(n-2)$ の t 分布に従い，$H_0:\beta_1=0$ の下では，

$$\frac{\widehat{\beta}_1}{\widehat{\sigma}/\sqrt{S_{xx}}} \tag{11.24}$$

が自由度 $(n-2)$ の t 分布に従うので，これを $H_0:\beta_1=0$ に対する検定統計量として用いる．この場合，$\beta_1=0$ は x に y の説明力がないことを表す．

例題 11.1（亜鉛メッキ工程の単回帰分析例） ある亜鉛メッキ工程では，メッキ膜厚 y とその要因 x_1：ライン速度，x_2：ナイフ間隔，x_3：エア圧力との関係を定量的に把握するため，表 11.2 のデータを収集している．概要を 図 11.6 に示すとおり，鉄板は設定した x_1：ライン速度で前工程から送られ次工程に進む．溶融亜鉛のメッキ槽で，表面に亜鉛が付着する．付着した余分な亜鉛を落とすため，エアナイフの x_2：間隔，x_3：圧力を設定しエアを吹き付ける．これらの x_1，x_2，x_3 の水準は，問題のない範囲で大胆に変更している．これら以外の要因については，できる限り一定になるようにし，また，前の影響が残らないように十分時間間隔をあけてデータを収集している．計画的な水準設定ではないが，他の要因を制御した実験データで

表 11.2　亜鉛メッキ膜厚とその要因データ

No.	x_1 ライン速度	x_2 ナイフ間隔	x_3 エア圧力	y メッキ膜厚
1	10.0	20	50	57.3
2	12.0	60	40	82.9
3	10.0	45	50	59.6
4	12.0	30	40	76.2
5	8.0	30	40	61.4
6	13.5	45	50	73.0
7	6.5	45	50	49.5
8	10.0	45	67	50.0
9	10.0	45	33	78.5
10	8.0	30	60	48.7
11	8.0	60	60	49.6
12	10.0	70	50	70.1
13	10.0	45	50	60.6
14	12.0	60	60	61.4

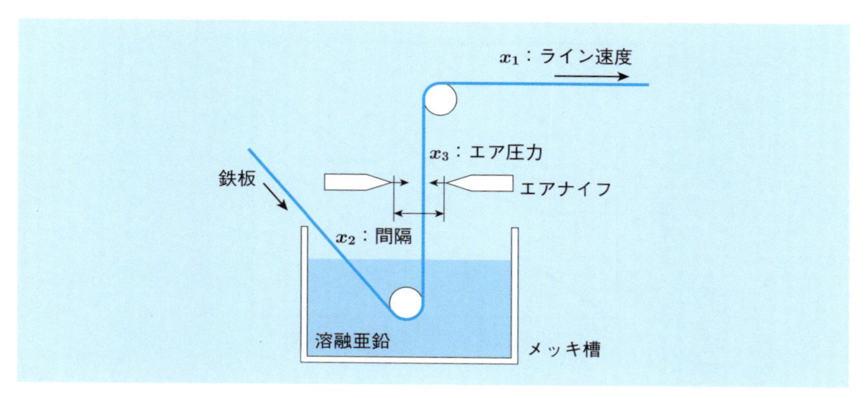

図 11.6　亜鉛メッキ工程の概要

ある．y：メッキ膜厚と x_1：ライン速度のデータを用い，次の手順で回帰分析をしなさい．

(a)　x_1：速度と y：膜厚の関係を単回帰モデルにより推定しなさい．

(b)　(a) の回帰，残差平方和 S_R，S_E を求め，寄与率 R^2 を求めなさい．

(c)　$x_1 = 10, 12$ のもとでの y の母平均の 95 % 信頼区間を求めなさい．また，95 % 予測区間を求めなさい

(d)　H_0：$\beta_1 = 0$，H_1：$\beta_1 \neq 0$ について，有意水準 5 % で検定しなさい．

(e)　(a) の回帰式を用い，y の母平均が 70 になる x の水準を推定しなさい．

解答　(a)　$\overline{x} = 10.0$，$\overline{y} = 62.77$，$S_{xx} = 48.50$，$S_{xy} = 203.85$ なので，$\widehat{\beta}_1 = \frac{203.85}{48.50} = 4.203$，$\widehat{\beta}_0 = 62.77 - 4.203 \times 10.0 = 20.74$ となる．

(b)　$S_T = \sum(y_i - \overline{y})^2 = 1750.41$，$S_R = 4.203^2 \times 48.50 = 856.76$，$S_E = 1750.41 - 856.76 = 893.65$ より，$R^2 = \frac{856.76}{1750.41} = 0.49$ となる．

(c)　$x_1 = 10$ での点推定値は 62.77 となる．$t\,(12, 0.05) = 2.179$ であり，式 (11.22) より 95 % 信頼区間の下限は 57.75，上限は 67.80，式 (11.23) より 95 % 予測区間の下限は 42.63，上限は 82.92 となる．x_1 の水準を変えて，同様に求めたこれらの軌跡を 図 11.7 に示す．

(d)　H_0：$\beta_1 = 0$，H_1：$\beta_1 \neq 0$ について，$t = \frac{\widehat{\beta}_1}{\widehat{\sigma}/\sqrt{S_{xx}}} = \frac{4.203}{8.629/\sqrt{48.5}} = 3.392$ となる．$\alpha = 0.05$ の棄却域は，$|t| > t\,(12, 0.05) = 2.179$ なので，H_0 を棄却し H_1 を採択し，x_1 は y の変動の説明力があると結論付ける．

(e)　図 11.7 に示すとおり，回帰式に $y = 70$ を代入し x_1 について解くと $x_1 = \frac{70-20.74}{4.203} = 11.72$ となる．□

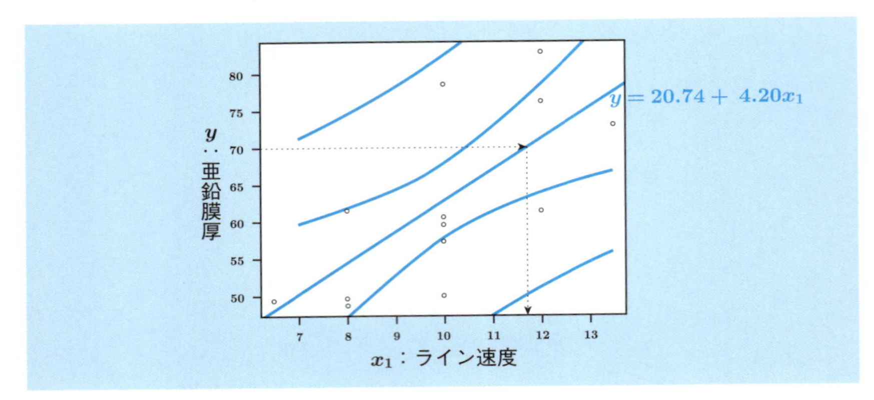

図 11.7 メッキ膜厚とライン速度の単回帰分析結果

上記 (e) の問題を，**逆推定**（inverse estimation）と呼ぶ．これには，x と y の因果関係が適切に推定されていることが前提となり，実験データの収集が効果的である．この点は，第 11.3.1 項で詳細を説明する．

11.2 重回帰モデルに基づく推測

11.2.1 重回帰モデルと行列による表現

(1) 重回帰モデルとは

表 11.2 の亜鉛データのように説明変数が複数ある場合に，複数の変数の線形結合と，誤差の和で目的変数を説明する下記の**重回帰モデル**（multiple regression model）を用いる．

$$y_i = \beta_0 + \beta_1 x_{i1} + \beta_2 x_{i2} + \cdots + \beta_p x_{ip} + \varepsilon_i \tag{11.25}$$

誤差 ε_i に対し，独立性，不偏性，等分散性を仮定すると，前節同様に推定量の不偏性や分散などが導かれ，正規性を追加すると信頼区間や検定方法が導かれる．

(2) 行列による表現

最小 2 乗推定量などの表現が複雑になるので，見通しをよくするため行列で表現する．本節では，行列表現により重回帰分析についても単回帰分析と同様に統計的推測が可能なことを示す．

目的変数 y のデータからなる $(n \times 1)$ ベクトル $\boldsymbol{y}$，切片項も含めた説明変数からなる $(n \times (p+1))$ 行列 $\boldsymbol{X}$，母回帰係数からなる $((p+1) \times 1)$ ベクトル $\boldsymbol{\beta}$，誤差 ε_i からなる $(n \times 1)$ ベクトル $\boldsymbol{\varepsilon}$ を次のとおりとする．

$$\boldsymbol{y} = \begin{pmatrix} y_1 \\ y_2 \\ \vdots \\ y_i \\ \vdots \\ y_n \end{pmatrix}, \boldsymbol{X} = \begin{pmatrix} 1 & x_{11} & \ldots & x_{1p} \\ 1 & x_{21} & \ldots & x_{2p} \\ \vdots & \vdots & & \vdots \\ 1 & x_{i1} & \ldots & x_{ip} \\ \vdots & \vdots & & \vdots \\ 1 & x_{n1} & \ldots & x_{np} \end{pmatrix}, \boldsymbol{\beta} = \begin{pmatrix} \beta_0 \\ \beta_1 \\ \vdots \\ \beta_p \end{pmatrix}, \boldsymbol{\varepsilon} = \begin{pmatrix} \varepsilon_1 \\ \varepsilon_2 \\ \vdots \\ \varepsilon_i \\ \vdots \\ \varepsilon_n \end{pmatrix}$$

表 11.2 では $p = 3$ であり，下記の $\boldsymbol{y}$，$\boldsymbol{X}$ から $\boldsymbol{\beta}$ を推定する問題となる．

$$\boldsymbol{y} = \begin{pmatrix} 57.3 \\ 82.9 \\ 59.6 \\ 76.2 \\ 61.4 \\ 73.0 \\ 49.5 \\ 50.0 \\ 78.5 \\ 48.7 \\ 49.6 \\ 70.1 \\ 60.6 \\ 61.4 \end{pmatrix}, \boldsymbol{X} = \begin{pmatrix} 1 & 10.0 & 20 & 50 \\ 1 & 12.0 & 60 & 40 \\ 1 & 10.0 & 45 & 50 \\ 1 & 12.0 & 30 & 40 \\ 1 & 8.0 & 30 & 40 \\ 1 & 13.5 & 45 & 50 \\ 1 & 6.5 & 45 & 50 \\ 1 & 10.0 & 45 & 67 \\ 1 & 10.0 & 45 & 33 \\ 1 & 8.0 & 30 & 60 \\ 1 & 8.0 & 60 & 60 \\ 1 & 10.0 & 70 & 50 \\ 1 & 10.0 & 45 & 50 \\ 1 & 12.0 & 60 & 60 \end{pmatrix}, \boldsymbol{\beta} = \begin{pmatrix} \beta_0 \\ \beta_1 \\ \beta_2 \\ \beta_3 \end{pmatrix}, \boldsymbol{\varepsilon} = \begin{pmatrix} \varepsilon_1 \\ \varepsilon_2 \\ \varepsilon_3 \\ \varepsilon_4 \\ \varepsilon_5 \\ \varepsilon_6 \\ \varepsilon_7 \\ \varepsilon_8 \\ \varepsilon_{10} \\ \varepsilon_{11} \\ \varepsilon_{12} \\ \varepsilon_{13} \\ \varepsilon_{14} \end{pmatrix}$$

このように定義すると，回帰モデルは下記のとおり簡単に記述できる．

$$\boldsymbol{y} = \boldsymbol{X}\boldsymbol{\beta} + \boldsymbol{\varepsilon}, \qquad \boldsymbol{\varepsilon} \sim N\left(\boldsymbol{0}_n, \boldsymbol{I}_n\sigma^2\right) \tag{11.26}$$

なお，$\boldsymbol{\varepsilon} \sim N\left(\boldsymbol{0}_n, \boldsymbol{I}_n\sigma^2\right)$ は，$\boldsymbol{\varepsilon}$ が母平均ベクトルが $\boldsymbol{0}_n$，分散共分散行列が $\boldsymbol{I}_n\sigma^2$ の多変量正規分布に従うことを意味する．ただし，$\boldsymbol{0}_n$ はすべて要素が 0 の $(n \times 1)$ ベクトル，$\boldsymbol{I}_n$ は $(n \times n)$ の単位行列を表す．多変量の確率分布について，2 変量の場合を中心とする展開が第 5 章，第 12 章にある．

11.2.2　最小 2 乗法による回帰母数の推定とあてはまりの評価

(1)　残差平方和と最小 2 乗推定量

以下，$p = 3$ の場合を例に説明する．単回帰分析と同様に，残差

$$e_i = y_i - \left(\widehat{\beta}_0 + \widehat{\beta}_1 x_{i1} + \widehat{\beta}_2 x_{i2} + \widehat{\beta}_3 x_{i3}\right)$$

を取り上げ，この平方和である残差平方和

$$S_E = \sum_{i=1}^{n} e_i^2 = \sum_{i=1}^{n} \left(y_i - \left(\widehat{\beta}_0 + \widehat{\beta}_1 x_{i1} + \widehat{\beta}_2 x_{i2} + \widehat{\beta}_3 x_{i3}\right)\right)^2$$

を最小にする $\widehat{\beta}_0$，$\widehat{\beta}_1$，$\widehat{\beta}_2$，$\widehat{\beta}_3$ は，下記の連立方程式の解として求められる．

$$\begin{cases} \dfrac{\partial S_E}{\partial \widehat{\beta}_0} = -2\displaystyle\sum_{i=1}^{n} \left(y_i - \left(\widehat{\beta}_0 + \widehat{\beta}_1 x_{i1} + \widehat{\beta}_2 x_{i2} + \widehat{\beta}_3 x_{i3}\right)\right) = 0 \\ \dfrac{\partial S_E}{\partial \widehat{\beta}_1} = -2\displaystyle\sum_{i=1}^{n} x_{i1}\left(y_i - \left(\widehat{\beta}_0 + \widehat{\beta}_1 x_{i1} + \widehat{\beta}_2 x_{i2} + \widehat{\beta}_3 x_{i3}\right)\right) = 0 \\ \dfrac{\partial S_E}{\partial \widehat{\beta}_2} = -2\displaystyle\sum_{i=1}^{n} x_{i2}\left(y_i - \left(\widehat{\beta}_0 + \widehat{\beta}_1 x_{i1} + \widehat{\beta}_2 x_{i2} + \widehat{\beta}_3 x_{i3}\right)\right) = 0 \\ \dfrac{\partial S_E}{\partial \widehat{\beta}_3} = -2\displaystyle\sum_{i=1}^{n} x_{i3}\left(y_i - \left(\widehat{\beta}_0 + \widehat{\beta}_1 x_{i1} + \widehat{\beta}_2 x_{i2} + \widehat{\beta}_3 x_{i3}\right)\right) = 0 \end{cases} \tag{11.27}$$

(2) 残差平方和の行列による表現

上記の連立方程式の解は，行列を用いると簡単に表現できる．推定量からなる $((3+1)\times 1)$ ベクトル $\widehat{\boldsymbol{\beta}}$ を

$$\widehat{\boldsymbol{\beta}} = \left(\widehat{\beta}_0, \widehat{\beta}_1, \widehat{\beta}_2, \widehat{\beta}_3\right)^\top$$

とする．ただし $^\top$ は，ベクトル，行列の転置を表す．予測値 y_i からなる $(n\times 1)$ ベクトルは $\widehat{\boldsymbol{y}} = \boldsymbol{X}\widehat{\boldsymbol{\beta}}$ であり，要素で表現すると次のとおりとなる．

$$\widehat{\boldsymbol{y}} = \begin{pmatrix} \widehat{\beta}_0 + \widehat{\beta}_1 x_{11} + \widehat{\beta}_2 x_{12} + \widehat{\beta}_3 x_{13} \\ \widehat{\beta}_0 + \widehat{\beta}_1 x_{21} + \widehat{\beta}_2 x_{22} + \widehat{\beta}_3 x_{23} \\ \vdots \\ \widehat{\beta}_0 + \widehat{\beta}_1 x_{i1} + \widehat{\beta}_2 x_{i2} + \widehat{\beta}_3 x_{i3} \\ \vdots \\ \widehat{\beta}_0 + \widehat{\beta}_1 x_{n1} + \widehat{\beta}_2 x_{n2} + \widehat{\beta}_3 x_{n3} \end{pmatrix} = \begin{pmatrix} 1 & x_{11} & x_{12} & x_{13} \\ 1 & x_{21} & x_{22} & x_{23} \\ & \vdots & & \\ 1 & x_{i1} & x_{i2} & x_{i3} \\ & \vdots & & \\ 1 & x_{n1} & x_{n2} & x_{n3} \end{pmatrix} \begin{pmatrix} \widehat{\beta}_0 \\ \widehat{\beta}_1 \\ \widehat{\beta}_2 \\ \widehat{\beta}_3 \end{pmatrix}$$

また，残差ベクトルは $\boldsymbol{y} - \boldsymbol{X}\widehat{\boldsymbol{\beta}}$ なので，残差平方和は次のとおりとなる．

$$S_E = \left(\boldsymbol{y} - \boldsymbol{X}\widehat{\boldsymbol{\beta}}\right)^\top \left(\boldsymbol{y} - \boldsymbol{X}\widehat{\boldsymbol{\beta}}\right) \tag{11.28}$$

(3) 最小2乗推定量の導き出し

残差平方和 S_E を $\widehat{\beta}_0$，$\widehat{\beta}_1$，$\widehat{\beta}_2$，$\widehat{\beta}_3$ で偏微分して0とする連立方程式を解き，最小2乗推定量を求める．まず，スカラー関数 $f(\boldsymbol{z})$ のベクトル $\boldsymbol{z} = (z_0, z_1, z_2, z_3)^\top$

による偏微分を，

$$\frac{\partial f(\boldsymbol{z})}{\partial \boldsymbol{z}} = \begin{pmatrix} \frac{\partial f(\boldsymbol{z})}{\partial z_0} \\ \frac{\partial f(\boldsymbol{z})}{\partial z_1} \\ \frac{\partial f(\boldsymbol{z})}{\partial z_2} \\ \frac{\partial f(\boldsymbol{z})}{\partial z_3} \end{pmatrix}$$

のとおり，$\boldsymbol{z}$ の第 i 行の要素での微分を $\frac{\partial f(\boldsymbol{z})}{\partial \boldsymbol{z}}$ の第 i 行におくものとする．残差平方和 S_E を回帰係数ベクトル $\widehat{\boldsymbol{\beta}}$ で微分して $\mathbf{0}_4$ に等しいとした

$$\frac{\partial S_E}{\partial \widehat{\boldsymbol{\beta}}} = \frac{\partial}{\partial \widehat{\boldsymbol{\beta}}} \left(\boldsymbol{y} - \boldsymbol{X}\widehat{\boldsymbol{\beta}}\right)^{\top} \left(\boldsymbol{y} - \boldsymbol{X}\widehat{\boldsymbol{\beta}}\right) = \mathbf{0}_4$$

において，次式が成立する．

$$\frac{\partial \boldsymbol{y}^{\top}\boldsymbol{y}}{\partial \widehat{\boldsymbol{\beta}}} = \mathbf{0}_4, \quad \frac{\partial \boldsymbol{y}^{\top}\boldsymbol{X}\widehat{\boldsymbol{\beta}}}{\partial \widehat{\boldsymbol{\beta}}} = \boldsymbol{X}^{\top}\boldsymbol{y}, \quad \frac{\partial \widehat{\boldsymbol{\beta}}^{\top}\boldsymbol{X}^{\top}\boldsymbol{X}\widehat{\boldsymbol{\beta}}}{\partial \widehat{\boldsymbol{\beta}}} = 2\boldsymbol{X}^{\top}\boldsymbol{X}\widehat{\boldsymbol{\beta}}$$

これらを用いると，次の正規方程式が求められる．

$$\boldsymbol{X}^{\top}\boldsymbol{X}\widehat{\boldsymbol{\beta}} = \boldsymbol{X}^{\top}\boldsymbol{y} \tag{11.29}$$

最小 2 乗推定量 $\widehat{\boldsymbol{\beta}}$ は，$\left(\boldsymbol{X}^{\top}\boldsymbol{X}\right)$ に逆行列が存在するなら次のとおりとなる．

$$\widehat{\boldsymbol{\beta}} = \left(\boldsymbol{X}^{\top}\boldsymbol{X}\right)^{-1}\boldsymbol{X}^{\top}\boldsymbol{y} \tag{11.30}$$

これを第 3 章の **図 3.5** と同様な n 次元空間で考えると，**図 11.8** となる．説明変数ベクトルで張られる空間に対し，y ベクトルを射影している．

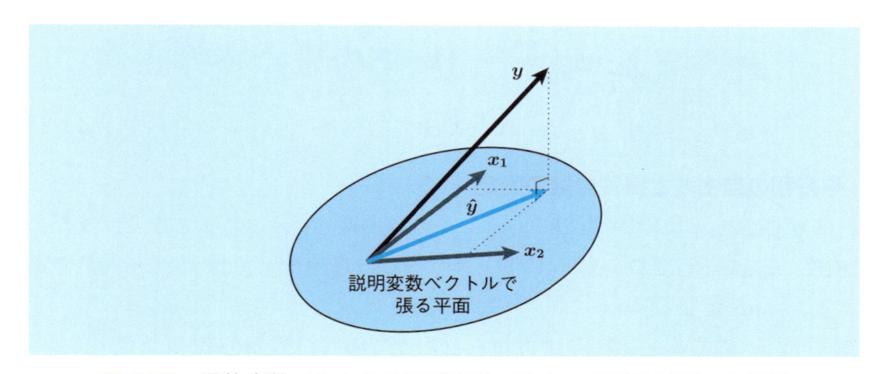

図 11.8 目的変数ベクトルの説明変数ベクトルで張る平面への射影

(4) 回帰式のあてはまりを表す寄与率 R^2

重回帰分析においても，y の総平方和 $S_T = \sum_{i=1}^{n}(y_i - \overline{y})^2$ は，回帰による平方和 $S_R = \sum_{i=1}^{n}(\widehat{y}_i - \overline{y})^2$ と残差平方和 $S_E = \sum_{i=1}^{n}(y_i - \widehat{y}_i)^2$ に分解できるので，R^2 を $\frac{S_R}{S_T}$ で定義する．

すべての要素が $\frac{1}{n}$ の $(n \times n)$ 行列を $\boldsymbol{J}_n$ すると，$\boldsymbol{J}_n\boldsymbol{y}$ はすべての要素が $\overline{y}$ の $(n \times 1)$ ベクトルとなり，$(\boldsymbol{I}_n - \boldsymbol{J}_n)\boldsymbol{y}$ は偏差 $y_i - \overline{y}$ からなる $(n \times 1)$ ベクトルになる．したがって，S_T は，$(\boldsymbol{I}_n - \boldsymbol{J}_n)\boldsymbol{y}$ の要素の2乗和なので次式となる．

$$\begin{aligned} S_T &= \sum_{i=1}^{n}(y_i - \overline{y})^2 = ((\boldsymbol{I}_n - \boldsymbol{J}_n)\boldsymbol{y})^\top(\boldsymbol{I}_n - \boldsymbol{J}_n)\boldsymbol{y} \\ &= \boldsymbol{y}^\top\boldsymbol{y} - \boldsymbol{y}^\top\boldsymbol{J}_n\boldsymbol{y} \end{aligned} \tag{11.31}$$

この式は，$\boldsymbol{J}_n$，$\boldsymbol{I}_n - \boldsymbol{J}_n$ が対称，かつ $\boldsymbol{J}_n\boldsymbol{J}_n = \boldsymbol{J}_n$，$(\boldsymbol{I}_n - \boldsymbol{J}_n)(\boldsymbol{I}_n - \boldsymbol{J}_n) = \boldsymbol{I}_n - \boldsymbol{J}_n$ なるべき等行列であることから導かれる．また，S_R は次式となる．

$$\begin{aligned} S_R &= \sum_{i=1}^{n}(\widehat{y}_i - \overline{y})^2 = \left(\boldsymbol{X}\widehat{\boldsymbol{\beta}} - \boldsymbol{J}_n\boldsymbol{y}\right)^\top\left(\boldsymbol{X}\widehat{\boldsymbol{\beta}} - \boldsymbol{J}_n\boldsymbol{y}\right) \\ &= \widehat{\boldsymbol{\beta}}^\top\boldsymbol{X}^\top\boldsymbol{X}\widehat{\boldsymbol{\beta}} - \boldsymbol{y}^\top\boldsymbol{J}_n\boldsymbol{y} \end{aligned} \tag{11.32}$$

ここに，$\boldsymbol{J}_n\boldsymbol{X}\widehat{\boldsymbol{\beta}}$ は要素がすべて $\widehat{\beta}_0 + \widehat{\beta}_1\overline{x}_1 + \widehat{\beta}_2\overline{x}_2 + \widehat{\beta}_3\overline{x}_3$ の $(n \times 1)$ ベクトルである．式 (11.27) の最初の式より $\widehat{\beta}_0 + \widehat{\beta}_1\overline{x}_1 + \widehat{\beta}_2\overline{x}_2 + \widehat{\beta}_3\overline{x}_3 = \overline{y}$ なので，$\boldsymbol{J}_n\boldsymbol{X}\widehat{\boldsymbol{\beta}} = \boldsymbol{J}_n\boldsymbol{y}$ となる．したがって，$\boldsymbol{y}^\top\boldsymbol{J}_n\boldsymbol{X}\widehat{\boldsymbol{\beta}} = \boldsymbol{y}^\top\boldsymbol{J}_n\boldsymbol{J}_n\boldsymbol{y} = \boldsymbol{y}^\top\boldsymbol{J}_n\boldsymbol{y}$ より式 (11.32) を得る．

さらに S_E は，$\widehat{\boldsymbol{\beta}}^\top\boldsymbol{X}^\top\boldsymbol{y} = \widehat{\boldsymbol{\beta}}^\top\boldsymbol{X}^\top\boldsymbol{X}\widehat{\boldsymbol{\beta}}$ から次式となるので，式 (11.31)，式 (11.32)，式 (11.33) から $S_T = S_R + S_E$ が確認できる．

$$\begin{aligned} S_E &= \sum_{i=1}^{n}(y_i - \widehat{y}_i)^2 = \left(\boldsymbol{y} - \boldsymbol{X}\widehat{\boldsymbol{\beta}}\right)^\top\left(\boldsymbol{y} - \boldsymbol{X}\widehat{\boldsymbol{\beta}}\right) \\ &= \boldsymbol{y}^\top\boldsymbol{y} - \widehat{\boldsymbol{\beta}}^\top\boldsymbol{X}^\top\boldsymbol{X}\widehat{\boldsymbol{\beta}} \end{aligned} \tag{11.33}$$

(5) 平方和の自由度と誤差分散の推定

S_T は n 個の y_i の偏差平方和であり，その自由度 ϕ_T は $n-1$ となる．また，S_R の自由度 ϕ_R は説明変数の数 p に等しく，S_E の自由度 ϕ_E は $n-p-1$ であり，$\phi_T = \phi_R + \phi_E$ となる．

誤差分散 σ^2 の推定には残差平方和を自由度で除した残差分散

$$\widehat{\sigma}^2 = \frac{S_E}{\phi_E} \tag{11.34}$$

を用いる．これについて不偏性，すなわち，$E\left(\widehat{\sigma}^2\right)=\sigma^2$ が成り立つ．

11.2.3 重回帰モデルに基づく統計的推測

(1) 回帰係数に関する推測

重回帰分析における推定，検定の根幹は，$\widehat{\boldsymbol{\beta}}$ が母平均ベクトル $\boldsymbol{\beta}$，母分散共分散行列 $\left(\boldsymbol{X}^\top\boldsymbol{X}\right)^{-1}\sigma^2$ の $p+1$ 次元正規分布に従うことである．これは，単回帰分析の式 (11.18) を，$p+1$ 次元に拡張している．また，$H_0:\beta_j=0$ とする x_j の説明力の検定では，次式と $t\,(n-p-1,\alpha)$ とを比較する．

$$t=\frac{\widehat{\beta}_j}{\widehat{\sigma}\sqrt{S^{jj}}} \tag{11.35}$$

なお S^{jj} は，x_j に対応する $\left(\boldsymbol{X}^\top\boldsymbol{X}\right)^{-1}$ の対角要素である．統計ソフトウエアでは，式 (11.35) の値とその p 値を出力するものが多い．

(2) 説明変数の水準を与えたもとでの目的変数の期待値に関する推測

説明変数 $\boldsymbol{x}=(1,x_1,x_2,x_3)$ について，$\boldsymbol{x}^*=(1,x_1^*,x_2^*,x_3^*)$ を与えたもとで，y の推定量は $\boldsymbol{x}^*\widehat{\boldsymbol{\beta}}$ となる．その分布は

$$\boldsymbol{x}^*\widehat{\boldsymbol{\beta}}\sim N\left(\boldsymbol{x}^*\boldsymbol{\beta},\,\boldsymbol{x}^*\left(\boldsymbol{X}^\top\boldsymbol{X}\right)^{-1}\boldsymbol{x}^{*\top}\sigma^2\right) \tag{11.36}$$

となり，単回帰分析における式 (11.21) を拡張したものになる．これから $\boldsymbol{x}=\boldsymbol{x}^*$ のもとでの y の母平均 $\boldsymbol{x}^*\boldsymbol{\beta}$ の 95 %信頼区間は，

$$\boldsymbol{x}^*\widehat{\boldsymbol{\beta}}\pm t\,(n-p-1,0.05)\,\widehat{\sigma}\sqrt{\boldsymbol{x}^*\left(\boldsymbol{X}^\top\boldsymbol{X}\right)^{-1}\boldsymbol{x}^{*\top}} \tag{11.37}$$

で与えられる．これは，単回帰分析の式 (11.22) を拡張したものとなる．

11.2.4 重回帰分析の適用例

表 11.2 のデータから推定した回帰係数を，式 (11.35) の t 値とその p 値と共に表 11.3 に示す．この表から，回帰式は次のとおりとなる．

表 11.3 亜鉛メッキ工程データの回帰係数の詳細

要因	回帰係数	t	p 値
切片	64.916	11.797	< 0.001
x_1	3.252	9.048	< 0.001
x_2	0.192	3.904	0.003
x_3	−0.866	−11.868	< 0.001

$$y = 64.916 + 3.252x_1 + 0.192x_2 - 0.866x_3$$

変数 x_1，x_2，x_3 の p 値は1％よりも小さく，目的変数の説明力がある．また誤差分散 σ^2 の推定値 $\widehat{\sigma}^2$ は $5.84 = 2.41^2$ であり，説明変数の水準を固定しても，y は標準偏差で2.4程度のばらつきとなる．さらに，R^2 は0.97でありほぼ1に近い．これは，意図的に説明変数の水準を大きく変更しているからである．工程の観察データの場合には，結果 y の安定化のため要因 $x_1, \ldots, x_p$ の値が一定になるようにするので，一般には寄与率は下がる．このように寄与率は，どのような説明変数の水準でデータを収集しているのかに依存する．

11.3 回帰分析をめぐる諸問題

11.3.1 予測と制御：実験データと観察データ

一般に，回帰分析を適用するデータは，対象とする系に介入せず観察して収集する観察データの場合と，対象とする系に介入して要因の水準を変更し，その他の要因が一定になるようにして収集する実験データの場合がある．目的変数と説明変数の関係の推定においては，観察データ，実験データによらず，同一の最小2乗法の適用手順となる．しかし，観察データ，実験データにより計算結果の活用の限界が全く異なる．

回帰分析結果の活用の典型は，予測と制御である．予測とは，説明変数 x の値が与えられたときの目的変数 y の値を調べる問題である．例えば，雲の位置，大きさなどの説明変数から降水確率を予測する問題が挙げられる．一方制御とは，目的変数 y が好ましい値になるような x の値を求める問題である．例えば，純度 y が目標値になる x の水準を求める問題である．

観察データの場合には，目的変数と説明変数間の因果関係が保証できないので，解析結果を予測に活用するのはよいが，制御に活用してはならない．確度の高い先見的な知識がある，正当な因果分析を実施する以外は，活用は予測にとどめるべきである．

一方，適切に管理された実験データの場合には，説明変数の影響という因果が把握できるので，予測のみならず制御にも積極的に活用してよい．表11.2の例では試行錯誤的に水準を決めているが，応答曲面法（例えば山田（2004））のように，連続的な説明変数の水準を計画的に定めてデータを収集するのがよい．

11.3.2 多項式モデルなどの取扱い

説明変数 x の 2 次項，3 次項を追加する回帰モデル

$$y = \beta_0 + \beta_1 x + \beta_2 x^2 + \beta_3 x^3 + \varepsilon \tag{11.38}$$

のように，多項式による回帰モデルを**多項式モデル**（polynomial model）と呼ぶ．このモデルにより推定するには，変換したものを新たな変数としてデータ行列を作成し，最小 2 乗法を適用すればよい．説明変数 x のデータが $(-2,-1,0,1,2)$ のときには，x，x^2，x^3 を含むデータ行列 $\boldsymbol{X}$ は次のとおりとなり，これを用いて $\widehat{\boldsymbol{\beta}} = \left(\boldsymbol{X}^\top \boldsymbol{X}\right)^{-1} \boldsymbol{X}^\top \boldsymbol{y}$ を求めればよい．

$$\boldsymbol{X} = \begin{pmatrix} 1 & -2 & 4 & -8 \\ 1 & -1 & 1 & -1 \\ 1 & 0 & 0 & 0 \\ 1 & 1 & 1 & 1 \\ 1 & 2 & 4 & 8 \end{pmatrix}$$

11.3.3 説明変数のダミー変数による表示

機械 A_1，A_2 のような数値として意味を持たない識別用データにより回帰分析を行うには，**ダミー変数**（dummy variable）により説明変数を構成すればよい．機械 A_1，A_2 という 2 水準の説明変数の場合には，ダミー変数 x を次のとおり定義する．

$$x = \begin{cases} 0 & (\text{機械 } A_1) \\ 1 & (\text{機械 } A_2) \end{cases}$$

下記の回帰モデルは，機械 A_1 で期待値 $E(y) = \beta_0$，機械 A_2 で期待値 $E(y) = \beta_0 + \beta_1$ のように期待値が異なるモデルとなる．

$$y_i = \beta_0 + \beta_1 x + \varepsilon, \qquad \varepsilon_i \sim N\left(0, \sigma^2\right)$$

ダミー変数による $\boldsymbol{X}$ の例として次があり，第 1，2 行は機械 A_1，第 3，4 行は機械 A_2 での処理を表す．

$$\boldsymbol{X} = \begin{pmatrix} 1 & 0 \\ 1 & 0 \\ 1 & 1 \\ 1 & 1 \end{pmatrix} \tag{11.39}$$

より一般に a 水準の場合は，$a-1$ 個のダミー変数により同様に取り扱える．例えば4台の機械があった場合には，x_2，x_3，x_4 を次のとおり，機械2，3，4を用いたときに1となりその他の場合に0となる変数とする．

$$x_2 = \begin{cases} 1 & (A_2) \\ 0 & (A_2 \text{ 以外}) \end{cases}, \quad x_3 = \begin{cases} 1 & (A_3) \\ 0 & (A_3 \text{ 以外}) \end{cases}, \quad x_4 = \begin{cases} 1 & (A_4) \\ 0 & (A_4 \text{ 以外}) \end{cases}$$

このデータ行列 $\boldsymbol{X}$ は次のようになり，機械 A_1 で y の期待値が β_0，機械 A_2，A_3，A_4 では，回帰係数の分だけ期待値が異なる．

$$\boldsymbol{X} = \begin{pmatrix} 1 & 0 & 0 & 0 \\ 1 & 0 & 0 & 0 \\ 1 & 1 & 0 & 0 \\ 1 & 1 & 0 & 0 \\ 1 & 0 & 1 & 0 \\ 1 & 0 & 1 & 0 \\ 1 & 0 & 0 & 1 \\ 1 & 0 & 0 & 1 \end{pmatrix}$$

11.3.4 目的変数のロジット変換による解析

目的変数が，不良率や回答率のように比率 $\frac{x}{n}$ で表現される場合に，$\frac{x}{n}$ をそのまま目的変数として回帰分析を行うと，予測値が0を下回ったり，1を超えたりするという奇妙な結果が生じる場合がある．この問題を避けるために，比率にロジット変換

$$\ln \frac{x/n}{1-x/n} \tag{11.40}$$

を施し，これを説明変数の線形結合で説明する

$$\ln \frac{x/n}{1-x/n} = \beta_0 + \beta_1 x_1 + \cdots + \beta_p x_p \tag{11.41}$$

というモデルが候補となる．ロジット変換の $\frac{x/n}{1-x/n}$ はオッズを表しており，ロジット変換はオッズの対数と表すこともできる．式(11.41)に基づく解析を，**ロジスティック回帰**（logistic regression）と呼ぶ．連続的な目的変数 y の場合においた誤差の仮定が，比率 $\frac{x}{n}$ で観測する場合には満たされないことなどから，母数 β_j の推定には最小2乗法よりも最尤（さいゆう）推定法がよく用いられる．

演習問題

1 下記の y を目的変数，x_1 を説明変数として，回帰式を求めなさい．

No.	x_1	x_2	x_3	y
1	−1	−1	−1	2
2	1	−1	−1	20
3	−1	1	−1	17
4	1	1	−1	98
5	−1	−1	1	3
6	1	−1	1	32
7	−1	1	1	32
8	1	1	1	39

2 最小 2 乗推定量 $\widehat{\beta}_1$ の不偏性 $E\left(\widehat{\beta}_1\right)=\beta$ を導きなさい．

3 最小 2 乗推定量 $\widehat{\beta}_1$ について，$V\left(\widehat{\beta}_1\right)=\frac{\sigma^2}{S_{xx}}$ を導きなさい．

4 y と x の回帰式の寄与率 R^2 と，x と y の相関係数 r について $R^2=r^2$ となることを導きなさい．

5 平日 5 日間における日ごとの最高気温 x と，ある商品の売上個数 y を次に示す．

(a) 最小 2 乗推定値 $\widehat{\beta}_0$，$\widehat{\beta}_1$ を求めなさい．

(b) 散布図を作成し，(a) を散布図上に記述しなさい．

(c) $\widehat{y}_i$ と残差 $y_i-\widehat{y}_i$ を $i=1,\ldots,5$ について求めなさい．

(d) 総平方和 S_T，回帰による平方和 S_R，残差平方和 S_E，寄与率 R^2 を求めなさい．

No.	x_i	y_i
1	26	80
2	24	70
3	30	95
4	22	60
5	28	70

6 問 1 のデータを用いて，目的変数 y と説明変数 x_1，x_2，x_3 の重回帰モデルについて，最小 2 乗推定値ベクトル $\widehat{\boldsymbol{\beta}}$ と，それぞれの要素の p 値を求めなさい．また，y と x_1，y と x_2，y と x_3 の回帰式をそれぞれ求め，これらの傾き $\widehat{\beta}_j$ が，y と x_1，x_2，x_3 の回帰式における $\widehat{\beta}_j$ と一致することを確認しなさい．さらに，表 11.2 のデータではこれが成り立たないことを確認し，理由を考察しなさい．

12 推測理論に関する数理統計学の話題

本書において，統計的推定，検定の基本的な知識を紹介してきたが，その理論的背景には多くを触れてこなかった．例えば，単に不偏推定量といっても，それ自体は無数に構成することができる場合があるが，一つ一つの不偏推定量を比較して，どちらの方が精度が良いといった議論をしたとしても，あらゆる不偏推定量の中で最も精度が良い不偏推定量はどれか，といったことはわからない．また，仮説検定においても，具体的な棄却域の構成例は色々示してきたものの，棄却域をどう決めるのが最も良いのか，といったことは定かではない．本章では，推定，検定にまつわる数理統計学の理論面の話題の一端を提供する．必ずしも網羅的な説明をするわけではないので，興味を持った読者は，例えば巻末の文献リストに載せた数理統計学の書籍をご参照いただきたい．

12.1 最小分散不偏推定量

まずは，あらゆる不偏推定量の中で最も精度が良い不偏推定量はどれか，という疑問に答えるための理論について紹介する．

$x_1, x_2, \ldots, x_n$ をある母数 θ を持つ確率密度関数 $f(x\,|\,\theta)$ で表される母集団分布からの大きさ n の無作為標本とする（以下，確率関数 $p(x\,|\,\theta)$ の場合も同様に議論することができる）．この母数 θ の不偏推定量を $\widehat{\theta}$ とおく．$\widehat{\theta}$ は $x_1, x_2, \ldots, x_n$ の関数であるから，そのことを意識して $\widehat{\theta}(x_1, x_2, \ldots, x_n)$ とおく．

まず，$\widehat{\theta}(x_1, x_2, \ldots, x_n)$ は θ の不偏推定量であるから，

$$E(\widehat{\theta}(x_1, x_2, \ldots, x_n)) = \theta$$

より，

$$\int_{-\infty}^{\infty}\int_{-\infty}^{\infty}\cdots\int_{-\infty}^{\infty}\widehat{\theta}(x_1, x_2, \ldots, x_n)f(x_1\,|\,\theta)f(x_2\,|\,\theta)\cdots f(x_n\,|\,\theta)dx_1dx_2\cdots dx_n = \theta$$

となる．この両辺を θ で偏微分して，微積の順序交換が可能であると仮定すると（後に補足として述べる正則条件を参照），

$$\begin{aligned}
&\int_{-\infty}^{\infty}\int_{-\infty}^{\infty}\cdots\int_{-\infty}^{\infty}\widehat{\theta}(x_1,x_2,\ldots,x_n)\tfrac{\partial f(x_1\,|\,\theta)}{\partial\theta}f(x_2\,|\,\theta)\cdots f(x_n\,|\,\theta)dx_1dx_2\cdots dx_n\\
&+\int_{-\infty}^{\infty}\int_{-\infty}^{\infty}\cdots\int_{-\infty}^{\infty}\widehat{\theta}(x_1,x_2,\ldots,x_n)f(x_1\,|\,\theta)\tfrac{\partial f(x_2\,|\,\theta)}{\partial\theta}\cdots f(x_n\,|\,\theta)dx_1dx_2\cdots dx_n\\
&+\cdots+\int_{-\infty}^{\infty}\int_{-\infty}^{\infty}\cdots\int_{-\infty}^{\infty}\widehat{\theta}(x_1,x_2,\ldots,x_n)f(x_1\,|\,\theta)f(x_2\,|\,\theta)\cdots\tfrac{\partial f(x_n\,|\,\theta)}{\partial\theta}dx_1dx_2\cdots dx_n\\
&=1
\end{aligned}$$

となり，さらに

$$\frac{\partial f(x_i\,|\,\theta)}{\partial\theta}=\frac{\partial\ln f(x_i\,|\,\theta)}{\partial\theta}f(x_i\,|\,\theta)$$

に注意すると，

$$\begin{aligned}
&\int_{-\infty}^{\infty}\int_{-\infty}^{\infty}\cdots\int_{-\infty}^{\infty}\widehat{\theta}(x_1,x_2,\ldots,x_n)\tfrac{\partial\ln f(x_1\,|\,\theta)}{\partial\theta}f(x_1\,|\,\theta)f(x_2\,|\,\theta)\cdots f(x_n\,|\,\theta)dx_1dx_2\cdots dx_n\\
&+\int_{-\infty}^{\infty}\int_{-\infty}^{\infty}\cdots\int_{-\infty}^{\infty}\widehat{\theta}(x_1,x_2,\ldots,x_n)f(x_1\,|\,\theta)\tfrac{\partial\ln f(x_2\,|\,\theta)}{\partial\theta}f(x_2\,|\,\theta)\cdots f(x_n\,|\,\theta)dx_1dx_2\cdots dx_n\\
&+\cdots\\
&+\int_{-\infty}^{\infty}\int_{-\infty}^{\infty}\cdots\int_{-\infty}^{\infty}\widehat{\theta}(x_1,x_2,\ldots,x_n)f(x_1\,|\,\theta)f(x_2\,|\,\theta)\cdots\tfrac{\partial\ln f(x_n\,|\,\theta)}{\partial\theta}f(x_n\,|\,\theta)dx_1dx_2\cdots dx_n\\
&=1
\end{aligned}$$

となる．したがって，

$$\begin{aligned}
&\sum_{i=1}^{n}\int_{-\infty}^{\infty}\int_{-\infty}^{\infty}\cdots\int_{-\infty}^{\infty}\widehat{\theta}(x_1,x_2,\ldots,x_n)\tfrac{\partial\ln f(x_i\,|\,\theta)}{\partial\theta}f(x_1\,|\,\theta)f(x_2\,|\,\theta)\cdots f(x_n\,|\,\theta)dx_1dx_2\cdots dx_n\\
&=\sum_{i=1}^{n}E\left(\widehat{\theta}(x_1,x_2,\ldots,x_n)\tfrac{\partial\ln f(x_i\,|\,\theta)}{\partial\theta}\right)\\
&=E\left(\widehat{\theta}(x_1,x_2,\ldots,x_n)\left(\sum_{i=1}^{n}\tfrac{\partial\ln f(x_i\,|\,\theta)}{\partial\theta}\right)\right)\\
&=1
\end{aligned}$$

が得られる．

ここで，以下の準備を行う．$f(x\,|\,\theta)$ は確率密度関数であるから，

$$\int_{-\infty}^{\infty}f(x\,|\,\theta)dx=1$$

であり，この両辺を θ で偏微分すると，次式が得られる．

$$\int_{-\infty}^{\infty}\frac{\partial f(x\,|\,\theta)}{\partial\theta}dx=\int_{-\infty}^{\infty}\frac{\partial\ln f(x\,|\,\theta)}{\partial\theta}f(x\,|\,\theta)dx=0$$

ここで，$\frac{\partial \ln f(x\,|\,\theta)}{\partial \theta}$ はしばしば**スコア関数**（score function）と呼ばれ，上式より

$$E\left(\frac{\partial \ln f(x\,|\,\theta)}{\partial \theta}\right)=0$$

である（スコア関数の期待値は0となる）．さらに両辺を θ で偏微分すると，

$$\begin{aligned}
&\int_{-\infty}^{\infty}\frac{\partial^2 \ln f(x\,|\,\theta)}{\partial \theta^2}f(x\,|\,\theta)dx+\int_{-\infty}^{\infty}\frac{\partial \ln f(x\,|\,\theta)}{\partial \theta}\frac{\partial f(x\,|\,\theta)}{\partial \theta}dx\\
&\quad=\int_{-\infty}^{\infty}\frac{\partial^2 \ln f(x\,|\,\theta)}{\partial \theta^2}f(x\,|\,\theta)dx+\int_{-\infty}^{\infty}\frac{\partial \ln f(x\,|\,\theta)}{\partial \theta}\frac{\partial \ln f(x\,|\,\theta)}{\partial \theta}f(x\,|\,\theta)dx\\
&\quad=E\left(\frac{\partial^2 \ln f(x\,|\,\theta)}{\partial \theta^2}\right)+E\left(\left(\frac{\partial \ln f(x\,|\,\theta)}{\partial \theta}\right)^2\right)=0
\end{aligned}$$

となり，$E\left(\frac{\partial \ln f(x\,|\,\theta)}{\partial \theta}\right)=0$ に注意すると，

$$E\left(\frac{\partial^2 \ln f(x\,|\,\theta)}{\partial \theta^2}\right)+V\left(\frac{\partial \ln f(x\,|\,\theta)}{\partial \theta}\right)=0$$

すなわち，次式が成立する．

$$V\left(\frac{\partial \ln f(x\,|\,\theta)}{\partial \theta}\right)=-E\left(\frac{\partial^2 \ln f(x\,|\,\theta)}{\partial \theta^2}\right)$$

このスコア関数の分散 $V\left(\frac{\partial \ln f(x\,|\,\theta)}{\partial \theta}\right)$，あるいは同じことであるが，$-E\left(\frac{\partial^2 \ln f(x\,|\,\theta)}{\partial \theta^2}\right)$ を**フィッシャー情報量**（Fisher information）と呼び，以降，次のようにおく．

$$I(\theta)=V\left(\frac{\partial \ln f(x\,|\,\theta)}{\partial \theta}\right) \tag{12.1}$$

このフィッシャー情報量 $I(\theta)$ を用いることで，θ の不偏推定量 $\widehat{\theta}(x_1,x_2,\ldots,x_n)$ の精度の下限を以下で示すように評価することができる．まず，

$$E\left(\widehat{\theta}(x_1,x_2,\ldots,x_n)\left(\sum_{i=1}^{n}\frac{\partial \ln f(x_i\,|\,\theta)}{\partial \theta}\right)\right)=1$$

であったことを思い出そう．ここで，スコア関数の期待値は0であることから，

$$E\left(\frac{\partial \ln f(x_i\,|\,\theta)}{\partial \theta}\right)=0\quad (i=1,2,\ldots,n)$$

であり，したがって，

$$\theta\times E\left(\frac{\partial \ln f(x_i\,|\,\theta)}{\partial \theta}\right)=E\left(\theta\frac{\partial \ln f(x_i\,|\,\theta)}{\partial \theta}\right)=0\quad (i=1,2,\ldots,n)$$

である（θ は確率変数ではないことに注意する）．これより，

$$E\left(\widehat{\theta}(x_1,x_2,\ldots,x_n)\left(\sum_{i=1}^{n}\frac{\partial\ln f(x_i\,|\,\theta)}{\partial\theta}\right)\right)$$
$$=E\left(\widehat{\theta}(x_1,x_2,\ldots,x_n)\left(\sum_{i=1}^{n}\frac{\ln f(x_i\,|\,\theta)}{\partial\theta}\right)\right)-E\left(\theta\left(\sum_{i=1}^{n}\frac{\partial\ln f(x_i\,|\,\theta)}{\partial\theta}\right)\right)$$
$$=E\left((\widehat{\theta}(x_1,x_2,\ldots,x_n)-\theta)\left(\sum_{i=1}^{n}\frac{\partial\ln f(x_i\,|\,\theta)}{\partial\theta}\right)\right)$$
$$=E\left((\widehat{\theta}(x_1,x_2,\ldots,x_n)-\theta)\left(\sum_{i=1}^{n}\frac{\partial\ln f(x_i\,|\,\theta)}{\partial\theta}-0\right)\right)$$
$$=Cov\left(\widehat{\theta}(x_1,x_2,\ldots,x_n),\sum_{i=1}^{n}\frac{\partial\ln f(x_i\,|\,\theta)}{\partial\theta}\right)=1$$

が成立する．一般に，相関係数は 1 以下であることから，

$$Cov\left(\widehat{\theta}(x_1,x_2,\ldots,x_n),\sum_{i=1}^{n}\frac{\partial\ln f(x_i\,|\,\theta)}{\partial\theta}\right)$$
$$\leq\sqrt{V(\widehat{\theta}(x_1,x_2,\ldots,x_n))V\left(\sum_{i=1}^{n}\frac{\partial\ln f(x_i\,|\,\theta)}{\partial\theta}\right)}$$

となり，さらに $x_1,x_2,\ldots,x_n$ は独立同一分布に従うことから（分散の加法性が成り立つことに注意する），

$$V\left(\sum_{i=1}^{n}\frac{\partial\ln f(x_i\,|\,\theta)}{\partial\theta}\right)=\sum_{i=1}^{n}V\left(\frac{\partial\ln f(x_i\,|\,\theta)}{\partial\theta}\right)=\sum_{i=1}^{n}I(\theta)=nI(\theta)$$

となる．したがって，

$$\sqrt{V(\widehat{\theta}(x_1,x_2,\ldots,x_n))nI(\theta)}\geq Cov\left(\widehat{\theta}(x_1,x_2,\ldots,x_n),\sum_{i=1}^{n}\frac{\partial\ln f(x_i\,|\,\theta)}{\partial\theta}\right)=1$$

となり，以下が成り立つことがわかる．

$$V(\widehat{\theta}(x_1,x_2,\ldots,x_n))\geq\frac{1}{nI(\theta)}\tag{12.2}$$

この式は，**クラメール–ラオの不等式**（Cramér–Rao inequality）と呼ばれ，不偏推定量の分散の下限がフィッシャー情報量のデータ数倍の逆数で与えられることを表す式になっている．この式から，フィッシャー情報量 $I(\theta)$ は，データ 1 つあた

りが持つ母数 θ に関する情報量であると考えることができる．データ数が多いと，その分，情報量が増え，合計の情報量が多いほど不偏推定量の分散の下限は小さくなっている．

さて，クラメール–ラオの不等式は，不偏推定量の分散の下限を表すものであり，必ずしも任意の不偏推定量がこの下限を達成するわけではない．一方で，もしある不偏推定量の分散がこの下限に一致することがわかったら，その不偏推定量は，**最小分散不偏推定量**（minimum-variance unbiased estimator）であることがわかる．これを**一様最小分散不偏推定量**（uniformly minimum-variance unbiased estimator, UMVUE）と呼ぶこともある．

このクラメール–ラオの不等式の下限を達成する例を以下にいくつか挙げよう．なお，クラメール–ラオの不等式の下限を達成する不偏推定量はしばしば**有効推定量**（efficient estimator）と呼ばれる．

例 12.1（正規分布においては標本平均 $\overline{x}$ が最小分散不偏推定量） 正規母集団 $N(\mu, \sigma^2)$ からの大きさ n の無作為標本 $x_1, x_2, \ldots, x_n$ が得られており，母分散 σ^2 は既知で母平均 μ の推定を行うとする．μ の不偏推定量として $\widehat{\mu} = \overline{x} = \frac{1}{n}\sum_{i=1}^{n} x_i$ とおくと，その分散は $V(\widehat{\mu}) = V(\overline{x}) = \frac{\sigma^2}{n}$ である．さて，$N(\mu, \sigma^2)$ の確率密度関数は

$$f(x\,|\,\mu) = \frac{1}{\sqrt{2\pi}\sigma} e^{-\frac{1}{2\sigma^2}(x-\mu)^2} \quad (-\infty < x < \infty)$$

であり（ここでは，μ のみが未知母数であることを意識して確率密度関数を $f(x\,|\,\mu)$ と表記している），

$$\ln f(x\,|\,\mu) = -\frac{1}{2}\ln 2\pi - \ln\sigma - \frac{1}{2\sigma^2}(x-\mu)^2$$
$$\frac{\partial \ln f(x\,|\,\mu)}{\partial \mu} = \frac{1}{\sigma^2}(x-\mu)$$

となるから，μ に関するフィッシャー情報量は，

$$\begin{aligned} I(\mu) &= V\left(\frac{\partial \ln f(x\,|\,\mu)}{\partial \mu}\right) = V\left(\frac{1}{\sigma^2}(x-\mu)\right) \\ &= V\left(\frac{1}{\sigma^2}x\right) = \frac{1}{\sigma^4}V(x) = \frac{1}{\sigma^4} \times \sigma^2 = \frac{1}{\sigma^2} \end{aligned}$$

と表される（あるいは，$\frac{\partial^2 \ln f(x\,|\,\mu)}{\partial \mu^2} = -\frac{1}{\sigma^2}$ となるから，

$$I(\mu) = V\left(\frac{\partial \ln f(x\,|\,\mu)}{\partial \mu}\right) = -E\left(\frac{\partial^2 \ln f(x\,|\,\mu)}{\partial \mu^2}\right) = -E\left(-\frac{1}{\sigma^2}\right) = \frac{1}{\sigma^2}$$

と求めてもよい)．これより，クラメール–ラオの不等式による不偏推定量の分散下限は

$$V(\widehat{\mu}) \geq \frac{1}{nI(\mu)} = \frac{\sigma^2}{n}$$

となり，$\widehat{\mu} = \overline{x}$ の分散はこの下限を達成していることがわかる．したがって，標本平均 $\overline{x}$ は母平均 μ の最小分散不偏推定量である．さらに，標本平均 $\overline{x}$ を求める式に母分散 σ^2 は含まれていないことから，σ^2 が未知な場合でも $\overline{x}$ は μ の最小分散不偏推定量であることがわかる．σ^2 が未知な場合には，σ^2 の推定に関する議論も出てくるが，これについては，第 12.3 節の例 12.10 で取り上げる．□

例 12.2（2 項分布における母比率の最小分散不偏推定量） 2 項分布 $B(n,p)$ からの標本 x が得られており，n は既知で母比率 p の推定を行うとする．第 4.3 節で示したように，$B(n,p)$ の平均と分散はそれぞれ np および $np(1-p)$ であり，$\widehat{p} = \frac{x}{n}$ とおくと，$E(\widehat{p}) = p$ であるから，$\widehat{p}$ は p の不偏推定量である．その分散は $V(\widehat{p}) = \frac{p(1-p)}{n}$ となる．$B(n,p)$ の確率関数は

$$p(x\,|\,p) = \frac{n!}{x!(n-x)!}p^x(1-p)^{n-x} \quad (x = 0, 1, 2, \ldots, n)$$

であり，

$$\ln p(x\,|\,p) = \ln n! - \ln x! - \ln(n-x)! + x\ln p + (n-x)\ln(1-p)$$
$$\frac{\partial \ln p(x\,|\,p)}{\partial p} = \frac{x}{p} - \frac{n-x}{1-p} = \frac{x-np}{p(1-p)}$$

となるから，p に関するフィッシャー情報量は，

$$I(p) = V\left(\frac{\partial \ln p(x\,|\,p)}{\partial p}\right) = V\left(\frac{x-np}{p(1-p)}\right) = V\left(\frac{x}{p(1-p)}\right) = \frac{1}{p^2(1-p)^2}V(x)$$
$$= \frac{1}{p^2(1-p)^2} \times np(1-p) = \frac{n}{p(1-p)}$$

と表される．これより，クラメール–ラオの不等式による不偏推定量の分散の下限は，ここでは標本の大きさは 1（記号 n が出てきていて紛らわしいが，2 項分布 $B(n,p)$ に従う確率変数 x が 1 つだけ観測されている）であることに注意すると，

$$V(\widehat{p}) \geq \frac{1}{I(p)} = \frac{p(1-p)}{n}$$

となり，$\widehat{p} = \frac{x}{n}$ の分散はこの下限を達成していることがわかる．したがって，$\widehat{p} = \frac{x}{n}$ は母比率 p の最小分散不偏推定量であることがわかる．

例 12.3（幾何分布における最小分散不偏推定量） 幾何分布 $Ge(p)$ からの大きさ n の無作為標本 $x_1, x_2, \ldots, x_n$ が得られているとする．第4.3節で紹介したように，$Ge(p)$ の確率関数は

$$p(x) = p(1-p)^{x-1} \quad (x = 1, 2, 3, \ldots)$$

で与えられ，その平均と分散はそれぞれ $\frac{1}{p}$ および $\frac{1-p}{p^2}$ である．ここでは，母数を $\theta = \frac{1}{p}$ と変換して，θ を推定することにしよう．すると，確率関数は

$$p(x\,|\,\theta) = \frac{1}{\theta}\left(1 - \frac{1}{\theta}\right)^{x-1} \quad (x = 1, 2, 3, \ldots)$$

となり，また，平均と分散はそれぞれ

$$E(x) = \frac{1}{p} = \theta, \qquad V(x) = \frac{1-p}{p^2} = \theta^2\left(1 - \frac{1}{\theta}\right) = \theta(\theta - 1)$$

と表される．θ の推定量として $\widehat{\theta} = \overline{x} = \frac{1}{n}\sum_{i=1}^{n} x_i$ とおくと，

$$E(\widehat{\theta}\,) = E\left(\frac{1}{n}\sum_{i=1}^{n} x_i\right) = \frac{1}{n}\sum_{i=1}^{n} E(x_i) = \frac{1}{n} \times n\theta = \theta$$

であるから，$\widehat{\theta}$ は θ の不偏推定量であり，その分散は

$$V(\widehat{\theta}\,) = V\left(\frac{1}{n}\sum_{i=1}^{n} x_i\right) = \frac{1}{n^2}\sum_{i=1}^{n} V(x_i) = \frac{1}{n^2} \times n\theta(\theta - 1) = \frac{\theta(\theta - 1)}{n}$$

となる．一方，

$$\ln p(x\,|\,\theta) = -\ln\theta + (x-1)\ln\left(1 - \frac{1}{\theta}\right)$$

$$\frac{\partial \ln p(x\,|\,\theta)}{\partial\theta} = -\frac{1}{\theta} + (x-1)\frac{1}{1-(1/\theta)}\frac{1}{\theta^2} = \frac{x-\theta}{\theta(\theta-1)}$$

となるから，θ に関するフィッシャー情報量は，

$$I(\theta) = V\left(\frac{\partial \ln p(x\,|\,\theta)}{\partial\theta}\right) = V\left(\frac{x-\theta}{\theta(\theta-1)}\right) = V\left(\frac{x}{\theta(\theta-1)}\right) = \frac{1}{\theta^2(\theta-1)^2}V(x)$$
$$= \frac{1}{\theta^2(\theta-1)^2} \times \theta(\theta-1) = \frac{1}{\theta(\theta-1)}$$

と表される．これより，クラメール–ラオの不等式による不偏推定量の分散下限は，

$$V(\widehat{\theta}\,) \geq \frac{1}{nI(\theta)} = \frac{\theta(\theta-1)}{n}$$

となり，$\widehat{\theta} = \overline{x}$ の分散はこの下限を達成していることがわかる．したがって，$\widehat{\theta} = \overline{x}$ は θ の最小分散不偏推定量であることがわかる．□

1つの重要な注意として，例12.3において，$\widehat{\theta} = \overline{x}$ は θ の最小分散不偏推定量であるが，だからといって，$\widehat{p} = \frac{1}{\overline{x}}$ は p の最小分散不偏推定量ということにはならない．実際，$\widehat{p} = \frac{1}{\overline{x}}$ は p の不偏推定量ですらない．第6章でも述べたが，一般に，推定量の不偏性は母数の非線形変換に対して維持されない．すなわち，ある母数 θ の不偏推定量として $\widehat{\theta}$ があったとしても，何らかの関数 $g(\cdot)$ に対して，$g(\widehat{\theta})$ は $g(\theta)$ の不偏推定量であるとは限らない．

そのようなとき，修正を施すことで，$g(\theta)$ の不偏推定量や最小分散不偏推定量が得られることもある．実は，詳細な計算は省略するが，例12.3において，$n \geq 2$ のとき，$\widehat{p} = \frac{n-1}{n\overline{x}-1}$ とおくと，これは p の不偏推定量になることが知られている．また，第6章の例題6.1でも扱ったが，例12.1において，μ^2 の不偏推定量は $\overline{x}^2$ ではなく，別の式で与えられる．これらについては，次節の議論の中で再度，取り上げる．一方，$g(\theta)$ の不偏推定量が存在しない場合もある．実際，一般に何らかの母数 θ に対してその不偏推定量が存在する保証はない．実は，例12.1において，母平均の絶対値 $|\mu|$ の不偏推定量は存在しないことが知られている．

なお，必ずしも不偏推定量あるいは最小分散不偏推定量であることが推定量の良さの絶対的な基準というわけではない．推定量は様々な観点で構築されたり，評価されたりするが，第12.4節では有名な推定量の構築方法として最尤(ゆう)推定法を紹介する．

補足（正則条件） 本節の議論では，x_1，x_2，…，x_n の同時確率密度関数 $f(x_1, x_2, \ldots, x_n \,|\, \theta) = \prod_{i=1}^{n} f(x_i \,|\, \theta)$（あるいは同時確率関数 $p(x_1, x_2, \ldots, x_n \,|\, \theta) = \prod_{i=1}^{n} p(x_i \,|\, \theta)$）に関して，いくつかの条件が暗に仮定されている．これらの条件はしばしば正則条件などと呼ばれる．

- $f(x_1, x_2, \ldots, x_n \,|\, \theta)$ は θ で偏微分可能であり，かつ，$f(x_1, x_2, \ldots, x_n \,|\, \theta) > 0$ となる $x_1, x_2, \ldots, x_n$ の範囲が θ に依存しない．
- 以下の微積の順序交換が成り立つ．

$$\frac{\partial}{\partial \theta} \int_{-\infty}^{\infty} \int_{-\infty}^{\infty} \cdots \int_{-\infty}^{\infty} f(x_1, x_2, \ldots, x_n \,|\, \theta) dx_1 dx_2 \cdots dx_n$$
$$= \int_{-\infty}^{\infty} \int_{-\infty}^{\infty} \cdots \int_{-\infty}^{\infty} \frac{\partial f(x_1, x_2, \ldots, x_n \,|\, \theta)}{\partial \theta} dx_1 dx_2 \cdots dx_n$$

$$\frac{\partial}{\partial\theta}\int_{-\infty}^{\infty}\int_{-\infty}^{\infty}\cdots\int_{-\infty}^{\infty}\widehat{\theta}(x_1,x_2,\ldots,x_n)f(x_1,x_2,\ldots,x_n\,|\,\theta)dx_1dx_2\cdots dx_n$$
$$=\int_{-\infty}^{\infty}\int_{-\infty}^{\infty}\cdots\int_{-\infty}^{\infty}\widehat{\theta}(x_1,x_2,\ldots,x_n)\frac{\partial f(x_1,x_2,\ldots,x_n\,|\,\theta)}{\partial\theta}dx_1dx_2\cdots dx_n$$

ただし，$\widehat{\theta}(x_1,x_2,\ldots,x_n)$ は θ の任意の不偏推定量である．

- フィッシャー情報量 $I(\theta)$ において，$0 < I(\theta) < \infty$ が成り立つ．□

12.2 十分統計量

前節でいくつかの最小分散不偏推定量の例を挙げていったが，不偏推定量は複数あるいは無数に構成できることがある（例 12.1 において，例えば，$\widehat{\mu}=\sum_{i=1}^{n}a_ix_i$ とおくと，$\sum_{i=1}^{n}a_i=1$ を満たす任意の $a_1,a_2,\ldots,a_n$ に対して $\widehat{\mu}$ は母平均 μ の不偏推定量になる）．前節で，（正則条件が成り立つとき）クラメール–ラオの不等式による分散下限に達する不偏推定量が見つかれば，それが最小分散不偏推定量であることは示されたが，不偏推定量の候補が複数（あるいは無数に）あるとき，どのように最小分散不偏推定量を見つければよいかの指針は示されていない．また，実は，最小分散不偏推定量が存在しても，それがクラメール–ラオの不等式による分散下限に達するとは限らない（すなわち，クラメール–ラオの不等式による分散下限に達するような不偏推定量が存在しない場合もある）．

上記のことに関する重要な概念として，**十分統計量**（sufficient statistic）と呼ばれるものがある．十分統計量について，以下で説明していこう．

$x_1,x_2,\ldots,x_n$ をある母数 θ を持つ確率密度関数 $f(x\,|\,\theta)$ で表される母集団分布からの大きさ n の無作為標本とする（確率関数 $p(x\,|\,\theta)$ の場合も同様に議論することができる）．このとき，$x_1,x_2,\ldots,x_n$ の同時確率密度関数は

$$f(x_1,x_2,\ldots,x_n\,|\,\theta)=\prod_{i=1}^{n}f(x_i\,|\,\theta)$$

と表すことができる．この同時確率密度関数が，何らかの $x_1,x_2,\ldots,x_n$ の関数 $T(x_1,x_2,\ldots,x_n)$ を用いて，

$$f(x_1,x_2,\ldots,x_n\,|\,\theta)=g(T(x_1,x_2,\ldots,x_n),\theta)\times h(x_1,x_2,\ldots,x_n) \qquad (12.3)$$

のように分解できるとき，$T(x_1,x_2,\ldots,x_n)$ を θ の十分統計量と呼ぶ．ここで，$g(T(x_1,x_2,\ldots,x_n),\theta)$ は $T(x_1,x_2,\ldots,x_n)$ と θ のみに依存する関数であり，$h(x_1,x_2,\ldots,x_n)$ は $x_1,x_2,\ldots,x_n$ に依存して θ には依存しない関数である．$T(x_1,x_2,\ldots,x_n)$ は $T_1(x_1,x_2,\ldots,x_n),T_2(x_1,x_2,\ldots,x_n),\ldots$ のように複数個必要

になることもある．

十分統計量を考えることの価値は，以下の事実によっている．

- ある母数 θ の十分統計量を $T(x_1, x_2, \ldots, x_n)$ とおき，θ の何らかの不偏推定量 $\widetilde{\theta}(x_1, x_2, \ldots, x_n)$ が得られているとする．このとき，十分統計量 T のみに依存し，

$$V(\widehat{\theta}(T)) \leq V(\widetilde{\theta}(x_1, x_2, \ldots, x_n))$$

が成り立つような θ の不偏推定量 $\widehat{\theta}(T)$ が存在する．

これは，母数 θ の不偏推定量を構築する上で，十分統計量 T だけをもとにした推定量のみを考えれば十分であり，その他の $x_1, x_2, \ldots, x_n$ に関する情報は必要がないということを示している．もう少し具体的には，以下のように $V(\widehat{\theta}(T)) \leq V(\widetilde{\theta}(x_1, x_2, \ldots, x_n))$ となるような不偏推定量 $\widehat{\theta}(T)$ を得ることができる．

- ある母数 θ の十分統計量を $T(x_1, x_2, \ldots, x_n)$ とおき，θ の何らかの不偏推定量 $\widetilde{\theta}(x_1, x_2, \ldots, x_n)$ が得られているとする．このとき，

$$\widehat{\theta}(T) = E(\widetilde{\theta}(x_1, x_2, \ldots, x_n) \,|\, T)$$

とおくと，この $\widehat{\theta}(T)$ は θ の不偏推定量であり，かつ，

$$V(\widehat{\theta}(T)) \leq V(\widetilde{\theta}(x_1, x_2, \ldots, x_n))$$

が成り立つ．

ここで，$E(\widehat{\theta}(x_1, x_2, \ldots, x_n) \,|\, T)$ は，$T(x_1, x_2, \ldots, x_n)$ の値が与えられたときの $\widehat{\theta}(x_1, x_2, \ldots, x_n)$ の条件付分布の期待値を表している（条件付分布については，第 4.3 節と第 5.2 節で少し紹介したが，本書ではこれ以上扱わない）．これは，**ラオ–ブラックウェルの定理**（Rao-Blackwell theorem）と呼ばれ，クラメール–ラオの不等式と並んで，最小分散不偏推定量に関する議論における最重要定理と見なされている．

以下に十分統計量の例を挙げてみよう．

例 12.4（母分散が既知の正規分布における十分統計量は標本平均 $\overline{x}$ となる） 正規母集団 $N(\mu, \sigma^2)$ からの大きさ n の無作為標本 $x_1, x_2, \ldots, x_n$ が得られており，母分散 σ^2 は既知で母平均 μ は未知であるとする．$x_1, x_2, \ldots, x_n$ の同時確率密度関数は，

$$\begin{aligned} f(x_1, x_2, \ldots, x_n \,|\, \mu) &= \prod_{i=1}^{n} \frac{1}{\sqrt{2\pi}\sigma} e^{-\frac{1}{2\sigma^2}(x_i - \mu)^2} \\ &= (2\pi)^{-\frac{n}{2}} \sigma^{-n} e^{-\frac{1}{2\sigma^2}\sum_{i=1}^{n}(x_i - \mu)^2} \end{aligned}$$

と表される．

$$\begin{aligned}\sum_{i=1}^{n}(x_i-\mu)^2 &= \sum_{i=1}^{n}(x_i-\overline{x}+\overline{x}-\mu)^2\\ &= \sum_{i=1}^{n}(x_i-\overline{x})^2+2\sum_{i=1}^{n}(x_i-\overline{x})(\overline{x}-\mu)+\sum_{i=1}^{n}(\overline{x}-\mu)^2\\ &= \sum_{i=1}^{n}(x_i-\overline{x})^2+2(\overline{x}-\mu)\sum_{i=1}^{n}(x_i-\overline{x})+n(\overline{x}-\mu)^2\\ &= \sum_{i=1}^{n}(x_i-\overline{x})^2+n(\overline{x}-\mu)^2\end{aligned}$$

に注意して，$f(x_1,x_2,\ldots,x_n\,|\,\mu)$ を展開すると，

$$f(x_1,x_2,\ldots,x_n\,|\,\mu)=(2\pi)^{-\frac{n}{2}}\sigma^{-n}e^{-\frac{1}{2\sigma^2}\sum_{i=1}^{n}(x_i-\overline{x})^2}e^{-\frac{1}{2\sigma^2}n(\overline{x}-\mu)^2}$$

となるから，

$$\begin{aligned}T(x_1,x_2,\ldots,x_n) &= \frac{1}{n}\sum_{i=1}^{n}x_i=\overline{x}\\ g(T(x_1,x_2,\ldots,x_n),\mu) &= e^{-\frac{1}{2\sigma^2}n(T-\mu)^2}\\ h(x_1,x_2,\ldots,x_n) &= (2\pi)^{-\frac{n}{2}}\sigma^{-n}e^{-\frac{1}{2\sigma^2}\sum_{i=1}^{n}(x_i-\overline{x})^2}\end{aligned}$$

とおけば（σ は既知なので，関数 g と h のどちらに含まれてもよい），$T(x_1,x_2,\ldots,x_n)=\overline{x}$ が μ の十分統計量であることがわかる．□

例 12.5（幾何分布における十分統計量） 幾何分布 $Ge(p)$ からの大きさ n の無作為標本 $x_1,x_2,\ldots,x_n$ が得られているとする．$x_1,x_2,\ldots,x_n$ の同時確率関数は，

$$p(x_1,x_2,\ldots,x_n\,|\,p)=\prod_{i=1}^{n}p(1-p)^{x_i-1}=p^n(1-p)^{\sum_{i=1}^{n}x_i-n}$$

と表される．したがって，

$$\begin{aligned}T(x_1,x_2,\ldots,x_n) &= \sum_{i=1}^{n}x_i\\ g(T(x_1,x_2,\ldots,x_n),p) &= p^n(1-p)^{T-n}\\ h(x_1,x_2,\ldots,x_n) &= 1\end{aligned}$$

とおけば（h は母数 p に依存していなければよい），$T(x_1,x_2,\ldots,x_n)=\sum_{i=1}^{n}x_i$ が p の十分統計量であることがわかる．□

なお，例 12.5 において，別のおき方として，

$$T(x_1, x_2, \ldots, x_n) = \frac{1}{n}\sum_{i=1}^{n} x_i = \overline{x}$$
$$g\left(T(x_1, x_2, \ldots, x_n), p\right) = p^n (1-p)^{nT-n}$$
$$h(x_1, x_2, \ldots, x_n) = 1$$

とすることもできるから，$\overline{x}$ が p の十分統計量であると見ることもできる．実際，ある母数に対する十分統計量 $T(x_1, x_2, \ldots, x_n)$ が得られたとき，その 1 対 1 変換も同様に十分統計量である（したがって，例 12.4 において，$\sum_{i=1}^{n} x_i$ が μ の十分統計量と見ることもできる）．また，母数を 1 対 1 変換しても十分統計量は変わらない．例えば，例 12.3 のときのように，母数を $\theta = \frac{1}{p}$ と変換したとしよう．すると，$x_1, x_2, \ldots, x_n$ の同時確率密度関数は，

$$p(x_1, x_2, \ldots, x_n \,|\, \theta) = \prod_{i=1}^{n} \frac{1}{\theta}\left(1 - \frac{1}{\theta}\right)^{x_i - 1} = \frac{1}{\theta^n}\left(1 - \frac{1}{\theta}\right)^{\sum_{i=1}^{n} x_i - n}$$

と表されるから，

$$T(x_1, x_2, \ldots, x_n) = \sum_{i=1}^{n} x_i$$
$$g(T(x_1, x_2, \ldots, x_n), \theta) = \frac{1}{\theta^n}\left(1 - \frac{1}{\theta}\right)^{T-n}$$
$$h(x_1, x_2, \ldots, x_n) = 1$$

とおけば，やはり $T(x_1, x_2, \ldots, x_n) = \sum_{i=1}^{n} x_i$ が θ の十分統計量になっている．

さて，ある母数 θ の不偏推定量を構築する際は，その十分統計量 T だけを用いた推定量を考えれば十分であるが，さらに推し進めると，もし十分統計量 T を用いた θ の不偏推定量がただ 1 つしか存在しないときは，明らかにその推定量は θ の最小分散不偏推定量であることが保証されることになる．そこで，出てくるのが，完備性，指数型分布族という概念である．

母数 θ の十分統計量 T が以下の性質を持つとき，T は**完備十分統計量**であると呼ばれる．

- 任意の θ の値に対して $E(g(T)) = 0$ となるような関数 g が恒等的に 0 に等しい関数，すなわち，$g(T) \equiv 0$ に限られる．

実際，この条件が成り立つとき，T を用いた θ の不偏推定量が高々1つしか存在しないことは以下のように考えればすぐにわかる．

T が母数 θ の完備十分統計量であるとする．T を用いた θ の不偏推定量を2つ考え，それらを $\widehat{\theta}_1(T)$，$\widehat{\theta}_2(T)$ とおく．両者とも θ の不偏推定量であるから，任意の θ の値に対して

$$E(\widehat{\theta}_1(T)) = \theta, \qquad E(\widehat{\theta}_2(T)) = \theta$$

が成立し，したがって，

$$E(\widehat{\theta}_1(T) - \widehat{\theta}_2(T)) = 0$$

となる．ここで，T が母数 θ の完備十分統計量であるから，

$$\widehat{\theta}_1(T) - \widehat{\theta}_2(T) \equiv 0$$

であり，$\widehat{\theta}_1(T)$ と $\widehat{\theta}_2(T)$ は恒等的に等しい関数であることがわかる．したがって，T を用いた θ の不偏推定量は高々1つしか存在しないことがわかる．

以上より，T が母数 θ の完備十分統計量であるとき，T を用いた θ の不偏推定量が見つかれば，それは T を用いた唯一の不偏推定量であり，したがって，その推定量は θ の最小分散不偏推定量であることが保証されるわけである．しかし，T が完備十分統計量になっているかどうかをその定義（任意の θ の値に対して $E(g(T)) = 0 \Rightarrow g(T) \equiv 0$）に戻って確認するのは煩雑であるし，場合によっては簡単ではない．

ただし，母集団分布が**指数型分布族**（exponential family）と呼ばれる分布になっているとき，（以下の式 (12.4) の $\alpha(\theta)$ のとり得る値の集合の内部が空であるなどの例外を除いて）母数の完備十分統計量が得られることが知られている．指数型分布族という言葉は，第4章で学んだ指数分布と混同しやすいが，正規分布，指数分布，2項分布，ポアソン分布，幾何分布を含む幅広い分布族である．

- 確率密度関数 $f(x\,|\,\theta)$（あるいは確率関数 $p(x\,|\,\theta)$）が何らかの関数 $\alpha(\theta)$，$\beta(x)$，$\gamma(\theta)$，$\eta(x)$ を用いて以下のように表されるとき，その分布は指数型分布族に属すると呼ばれる．

$$f(x\,|\,\theta) = \exp\{\alpha(\theta)\beta(x) + \gamma(\theta) + \eta(x)\} \tag{12.4}$$

一見すると，指数 $\exp\{\cdot\}$ が含まれていないような分布は対象外に見えるかもしれないが，変換して上記の表現に持っていければよい．以下，いくつか例を見てみよう．

例 12.6（正規分布は指数型分布族に属する）　正規分布 $N(\mu, \sigma^2)$ の確率密度関数は，

$$\begin{aligned} f(x\,|\,\mu) &= \frac{1}{\sqrt{2\pi}\sigma} e^{-\frac{1}{2\sigma^2}(x-\mu)^2} \\ &= e^{\ln\frac{1}{\sqrt{2\pi}\sigma}} e^{-\frac{1}{2\sigma^2}\left(x^2-2\mu x+\mu^2\right)} \\ &= \exp\left\{\mu\frac{x}{\sigma^2} - \frac{1}{2\sigma^2}\mu^2 - \frac{1}{2\sigma^2}x^2 - \ln\sqrt{2\pi}\sigma\right\} \end{aligned}$$

と表されるから，

$$\alpha(\mu) = \mu, \quad \beta(x) = \frac{x}{\sigma^2}, \quad \gamma(\mu) = -\frac{1}{2\sigma^2}\mu^2, \quad \eta(x) = -\frac{1}{2\sigma^2}x^2 - \ln\sqrt{2\pi}\sigma$$

とおけば，σ が既知のとき，正規分布 $N(\mu, \sigma^2)$ は指数型分布族に属することがわかる（σ が未知の場合も指数型分布族であるが，これは次節に説明する）．□

例 12.7（指数分布も指数型分布族に属する分布の 1 つ）　指数分布 $Ex(\lambda)$ の確率密度関数は，

$$f(x\,|\,\lambda) = \lambda e^{-\lambda x} \quad (x \geq 0)$$

より，

$$f(x\,|\,\lambda) = \lambda e^{-\lambda x} = e^{\ln\lambda} e^{-\lambda x} = e^{-\lambda x+\ln\lambda}$$

と表されるから，

$$\alpha(\lambda) = \lambda, \quad \beta(x) = -x, \quad \gamma(\lambda) = \ln\lambda, \quad \eta(x) = 0$$

とおけば，指数分布 $Ex(\lambda)$ は指数型分布族に属することがわかる．□

例 12.8（2 項分布も指数型分布族に属する）　2 項分布 $B(n, p)$ の確率関数は，

$$\begin{aligned} p(x\,|\,p) &= \frac{n!}{x!(n-x)!} p^x (1-p)^{n-x} \\ &= e^{\ln\frac{n!}{x!(n-x)!}} e^{\ln p^x} e^{\ln(1-p)^{n-x}} \\ &= \exp\{x\ln p + (n-x)\ln(1-p) + \ln n! - \ln x! - \ln(n-x)!\} \\ &= \exp\{(\ln p - \log(1-p))\,x + n\ln(1-p) + \ln n! - \ln x! - \ln(n-x)!\} \end{aligned}$$

と表されるから，

$$\begin{aligned} &\alpha(p) = \ln p - \ln(1-p), \quad \beta(x) = x, \quad \gamma(p) = n\ln(1-p), \\ &\eta(x) = \ln n! - \ln x! - \ln(n-x)! \end{aligned}$$

とおけば，2 項分布 $B(n, p)$ は指数型分布族に属することがわかる．□

この十分統計量に関する知識により，例えば，第 6.1.1 項で議論したように，正規分布 $N(\mu, \sigma^2)$ からの大きさ n の無作為標本 $x_1, x_2, \ldots, x_n$（$n \geq 3$ とする）における μ の不偏推定量の候補として，以下の 3 つの不偏推定量

$$\widehat{\mu} = \frac{x_1 + x_2}{2}, \quad \widehat{\mu} = x_1 + x_2 - x_3, \quad \widehat{\mu} = \overline{x} = \frac{1}{n}\sum_{i=1}^{n} x_i$$

を考えたとき，μ の十分統計量（正規分布は指数型分布族であるから，ここでは特に完備十分統計量）である $\overline{x}$ を用いた不偏推定量 $\widehat{\mu} = \overline{x}$ が最も精度が良く，μ の最小分散不偏推定量であることがわかる．さらに，十分統計量 $\overline{x}$ の完備性より，$\overline{x}$ を用いた μ の不偏推定量は他には存在しないことがわかる．

また，例 12.5 において，幾何分布 $Ge(p)$ の母数 p の十分統計量が $\overline{x}$ であることを示したが，幾何分布は指数型分布族（章末の演習問題 2）に属するから，$\overline{x}$ は特に p の完備十分統計量である．したがって，もし，$\overline{x}$ を用いた p の不偏推定量が見つかれば，それは $\overline{x}$ を用いた唯一の p の不偏推定量であり，最小分散不偏推定量であることがわかる．前節で述べたが，$n \geq 2$ のとき，$\widehat{p} = \frac{n-1}{n\overline{x}-1}$ は p の不偏推定量であることが知られており，したがって，これは p の最小分散不偏推定量である．

本節の最後に，クラメール–ラオの不等式による分散下限には達しないが，十分統計量の完備性により，最小分散不偏推定量であることがわかる例を 1 つ挙げておく．

例 12.9（正規分布における母平均の 2 乗 μ^2 の最小分散不偏推定量） 正規母集団 $N(\mu, \sigma^2)$ からの大きさ n の無作為標本 $x_1, x_2, \ldots, x_n$ が得られているとする．ここでは，母分散 σ^2 は既知であるとし，$\theta = \mu^2$ とおいて，θ の推定を行うとしよう．ただし，$\mu \geq 0$ であるとする．μ と θ は（$\mu \geq 0$ より）1 対 1 対応であるから，θ の十分統計量は（μ と同じく）$\overline{x} = \frac{1}{n}\sum_{i=1}^{n} x_i$ になり，さらに $N(\sqrt{\theta}, \sigma^2)$ は例 12.6 において μ を $\sqrt{\theta}$ に置き換えれば指数型分布族であることがわかるから，$\overline{x}$ は θ の完備十分統計量である．したがって，$\overline{x}$ を用いた θ の不偏推定量を見つければ，それは θ の最小分散不偏推定量であることがわかる．さて，第 6 章の例題 6.1 でも出てきたが，$E(\overline{x}) = \mu = \sqrt{\theta}$ および $V(\overline{x}) = \frac{\sigma^2}{n}$ より，

$$E(\overline{x}^2) = (E(\overline{x}))^2 + V(\overline{x}) = \theta + \frac{\sigma^2}{n}$$

となるから，$\overline{x}^2$ は θ の不偏推定量ではない．そこで，

$$\widehat{\theta} = \overline{x}^2 - \frac{\sigma^2}{n}$$

とおけば，$\widehat{\theta}$ は θ の不偏推定量となる．したがって，θ の最小分散不偏推定量として，$\widehat{\theta}=\overline{x}^2-\frac{\sigma^2}{n}$ が得られた．

この $\widehat{\theta}=\overline{x}^2-\frac{\sigma^2}{n}$ は θ の最小分散不偏推定量ではあるが，実はクラメール–ラオの不等式による分散下限には達していない．以下でそのことを確かめてみよう．

$$\overline{x}\sim N\left(\sqrt{\theta},\frac{\sigma^2}{n}\right)\quad \text{より}\quad \frac{\sqrt{n}\overline{x}}{\sigma}\sim N\left(\frac{\sqrt{n\theta}}{\sigma},1^2\right)$$

である．ここで，一般に $z\sim N(a,1^2)$ の 2 乗 z^2 の平均と分散はそれぞれ $1+a^2$ および $2+4a^2$ で与えられるから（本節の最後の補足を参照），

$$V\left(\frac{n\overline{x}^2}{\sigma^2}\right)=2+4\frac{n\theta}{\sigma^2}$$

となる．これを用いれば，$\widehat{\theta}$ の分散は

$$V(\widehat{\theta})=V\left(\overline{x}^2-\frac{\sigma^2}{n}\right)=V(\overline{x}^2)=\frac{\sigma^4}{n^2}V\left(\frac{n\overline{x}^2}{\sigma^2}\right)=\frac{2\sigma^4}{n^2}+\frac{4\sigma^2}{n}\theta$$

となる．一方，$N(\sqrt{\theta},\sigma^2)$ の確率密度関数は

$$f(x\,|\,\theta)=\frac{1}{\sqrt{2\pi}\sigma}e^{-\frac{1}{2\sigma^2}(x-\sqrt{\theta})^2}\quad(-\infty<x<\infty)$$

であり，

$$\ln f(x\,|\,\theta)=-\frac{1}{2}\ln 2\pi-\ln\sigma-\frac{1}{2\sigma^2}(x^2-2x\sqrt{\theta}+\theta)$$
$$\frac{\partial \ln f(x\,|\,\theta)}{\partial\theta}=-\frac{1}{2\sigma^2}\left(-x\frac{1}{\sqrt{\theta}}+1\right)=\frac{1}{2\sigma^2\sqrt{\theta}}x-\frac{1}{2\sigma^2}$$

となるから，θ に関するフィッシャー情報量は，

$$I(\theta)=V\left(\frac{\partial \ln f(x\,|\,\theta)}{\partial\theta}\right)=V\left(\frac{1}{2\sigma^2\sqrt{\theta}}x-\frac{1}{2\sigma^2}\right)=V\left(\frac{1}{2\sigma^2\sqrt{\theta}}x\right)=\frac{1}{4\sigma^4\theta}V(x)$$
$$=\frac{1}{4\sigma^4\theta}\times\sigma^2=\frac{1}{4\sigma^2\theta}$$

と表される．これより，クラメール–ラオの不等式による不偏推定量の分散下限は

$$V(\widehat{\theta})\geq\frac{1}{nI(\theta)}=\frac{4\sigma^2\theta}{n}$$

となり，$\widehat{\theta}=\overline{x}^2-\frac{\sigma^2}{n}$ の分散はこの下限を達成していないことがわかる．

なお，$\widehat{\theta} = \overline{x}^2 - \frac{\sigma^2}{n}$ は確かに θ（$= \mu^2$）の最小分散不偏推定量ではあるが，$\overline{x}$ の値によっては推定量が負になり得るという不合理性を持っている．例えば，別の推定量として，$\widetilde{\theta} = \max\left(\overline{x}^2 - \frac{\sigma^2}{n}, 0\right)$ とおけば，$\widetilde{\theta}$ は既に不偏推定量ではない（したがってもちろん最小分散不偏推定量ではない）が，θ との推定の誤差が改善されるのは明らかであり，必ずしも最小分散不偏推定量であれば絶対的に良いというわけではないことがわかる．□

もう1つ例を挙げると，$x_1, x_2, \ldots, x_n \sim Ge(p)$ において，$n \geq 2$ のとき，p の最小分散不偏推定量が $\widehat{p} = \frac{n-1}{n\overline{x}-1}$ であると先に述べたが，$n = 1$ の場合にも，

$$\widehat{p} = \begin{cases} 1 & （x_1 = 1 \text{ のとき}） \\ 0 & （x_1 \geq 2 \text{ のとき}） \end{cases}$$

とおけば，これは p の最小分散不偏推定量となる．しかし，$x_1 \geq 2$ のときに $\widehat{p} = 0$ と推定するのは，仮に $p = 0$ だったら $x_1 = \infty$ となるはずであることを考えると，理に合わない推定量である．

補足　$z \sim N(a, 1^2)$ の2乗 z^2 の平均と分散がそれぞれ $1 + a^2$ および $2 + 4a^2$ で与えられることを以下で確認しておく．まず，$u = z - a \sim N\left(0, 1^2\right)$ とおくと，第6.3.2項(3)の中で示したように，

$$E(u^2) = 1$$
$$E(u^4) = 3$$

である．また，

$$E(u^3) = 0$$

が成り立つ（u の奇数乗の期待値は常に0である）．これらを用いると，

$$\begin{aligned} E(z^2) &= E((u+a)^2) = E(u^2) + 2aE(u) + a^2 = 1 + a^2 \\ E(z^4) &= E((u+a)^4) = E(u^4) + 4aE(u^3) + 6a^2E(u^2) + 4a^3E(u) + a^4 \\ &= 3 + 6a^2 + a^4 \\ V(z^2) &= E(z^4) - (E(z^2))^2 = 3 + 6a^2 + a^4 - (1+a^2)^2 = 2 + 4a^2 \end{aligned}$$

となることが示される．

なお，$x_1, x_2, \ldots, x_k$ が互いに独立で，$x_i \sim N\left(\mu_i, 1^2\right)$（$i = 1, 2, \ldots, k$）であ

るとき，それらの 2 乗和 $\sum_{i=1}^{k} x_i^2$ は，自由度 k，非心度 $\lambda = \sum_{i=1}^{k} \mu_i^2$ の非心 χ^2 分布（$\chi^2(k, \lambda)$ と表記する）と呼ばれる分布に従い（非心度 λ が 0 のとき，通常の χ^2 分布 $\chi^2(k)$ になる），これは第 7 章で触れた非心 t 分布と同じく非心度という母数を持つ．非心度 λ の非心 χ^2 分布の平均と分散はそれぞれ $k+\lambda$，$2k+4\lambda$ で与えられることが知られている．ここでは，$z \sim N(a, 1^2)$ であれば，

$$z^2 \sim \chi^2(1, a^2)$$

であるから，確かに平均と分散はそれぞれ $k+\lambda = 1+a^2$ および $2k+4\lambda = 2+4a^2$ である．□

12.3 母数が複数の場合

正規母集団 $N(\mu, \sigma^2)$ で μ と σ が両方とも未知の場合は典型的であるが，未知母数が複数存在する母集団分布を考えたい場合も多い．実際，複数の変数を同時に分析する多変量解析において，多母数の確率分布を想定するのは普通のことである．第 12.1 節および第 12.2 節は母数が 1 つの場合で議論を進めてきたが，本節ではこれを母数が複数の場合に拡張したものを紹介する．一般には，母数をベクトルと見て議論することになるが，本書では多変量解析の範囲には入らず，ベクトル・行列を用いた議論は極力避けているため，抽象的になりすぎないよう，母数が 2 つの場合を取り上げて，詳細な議論は避けて大まかに説明する（それでも議論の一部に 2×2 行列が入ってくるのは避けられない）．ただし，本節での議論はそのまま多母数に拡張することが可能である．

2 つの母数 θ_1，θ_2 を持つ確率密度関数 $f(x \,|\, \theta_1, \theta_2)$ で表される母集団分布からの大きさ n の無作為標本を $x_1, x_2, \ldots, x_n$ とおく（確率関数 $p(x \,|\, \theta_1, \theta_2)$ の場合も同様に議論することができる）．母数 θ_1，θ_2 それぞれの不偏推定量を $\widehat{\theta}_1$，$\widehat{\theta}_2$ とおき，推定量は $x_1, x_2, \ldots, x_n$ の関数であることを意識して $\widehat{\theta}_1(x_1, x_2, \ldots, x_n)$，$\widehat{\theta}_2(x_1, x_2, \ldots, x_n)$ とおく．このとき，正則条件の下，**フィッシャー情報量行列**（Fisher information matrix）

$$I(\theta_1, \theta_2) = \begin{pmatrix} V\left(\frac{\partial \ln f(x \,|\, \theta_1, \theta_2)}{\partial \theta_1}\right) & Cov\left(\frac{\partial \ln f(x \,|\, \theta_1, \theta_2)}{\partial \theta_1}, \frac{\partial \ln f(x \,|\, \theta_1, \theta_2)}{\partial \theta_2}\right) \\ Cov\left(\frac{\partial \ln f(x \,|\, \theta_1, \theta_2)}{\partial \theta_1}, \frac{\partial \ln f(x \,|\, \theta_1, \theta_2)}{\partial \theta_2}\right) & V\left(\frac{\partial \ln f(x \,|\, \theta_1, \theta_2)}{\partial \theta_2}\right) \end{pmatrix} \tag{12.5}$$

の逆行列

$$I^{-1}(\theta_1,\theta_2)$$
$$=\frac{1}{V\left(\frac{\partial \ln f(x\,|\,\theta_1,\theta_2)}{\partial\theta_1}\right)V\left(\frac{\partial \ln f(x\,|\,\theta_1,\theta_2)}{\partial\theta_2}\right)-\left(Cov\left(\frac{\partial \ln f(x\,|\,\theta_1,\theta_2)}{\partial\theta_1},\frac{\partial \ln f(x\,|\,\theta_1,\theta_2)}{\partial\theta_2}\right)\right)^2}$$
$$\times\begin{pmatrix} V\left(\frac{\partial \ln f(x\,|\,\theta_1,\theta_2)}{\partial\theta_2}\right) & -Cov\left(\frac{\partial \ln f(x\,|\,\theta_1,\theta_2)}{\partial\theta_1},\frac{\partial \ln f(x\,|\,\theta_1,\theta_2)}{\partial\theta_2}\right) \\ -Cov\left(\frac{\partial \ln f(x\,|\,\theta_1,\theta_2)}{\partial\theta_1},\frac{\partial \ln f(x\,|\,\theta_1,\theta_2)}{\partial\theta_2}\right) & V\left(\frac{\partial \ln f(x\,|\,\theta_1,\theta_2)}{\partial\theta_1}\right)\end{pmatrix}$$

の対角成分（$I_{11}^{-1}(\theta_1,\theta_2)$, $I_{22}^{-1}(\theta_1,\theta_2)$ と表記する）を用いて，

$$V(\widehat{\theta}_1(x_1,x_2,\ldots,x_n))\geq\frac{1}{n}I_{11}^{-1}(\theta_1,\theta_2),\quad V(\widehat{\theta}_2(x_1,x_2,\ldots,x_n))\geq\frac{1}{n}I_{22}^{-1}(\theta_1,\theta_2)$$

が成り立つことが知られている．これは母数が2つの場合のクラメール–ラオの不等式である．より正確には，

$$\begin{pmatrix} V(\widehat{\theta}_1(x_1,x_2,\ldots,x_n)) & Cov(\widehat{\theta}_1(x_1,x_2,\ldots,x_n),\widehat{\theta}_2(x_1,x_2,\ldots,x_n)) \\ Cov(\widehat{\theta}_1(x_1,x_2,\ldots,x_n),\widehat{\theta}_2(x_1,x_2,\ldots,x_n)) & V(\widehat{\theta}_2(x_1,x_2,\ldots,x_n))\end{pmatrix}$$
$$\geq\frac{1}{n}I^{-1}(\theta_1,\theta_2) \tag{12.6}$$

が成り立つのであるが，ここでの両辺を行列に挟まれた不等号 $\geq$ は，左辺 − 右辺が非負定符号行列（非負定符号行列は，すべての固有値が非負の対称行列のことである）になることを意味しており，必ずしも，非対角要素について，

$$Cov(\widehat{\theta}_1(x_1,x_2,\ldots,x_n),\widehat{\theta}_2(x_1,x_2,\ldots,x_n))\geq\frac{1}{n}I_{12}^{-1}(\theta_1,\theta_2)$$

が成り立つとは限らないことに注意する（ここで，$I_{12}^{-1}(\theta_1,\theta_2)$ は $I^{-1}(\theta_1,\theta_2)$ の非対角要素の成分である）．また，式 (12.6) の左辺の行列は，分散共分散行列と呼ばれるものであり，多変量解析の議論を行う際には重要な概念である．なお，フィッシャー情報量行列 $I(\theta_1,\theta_2)$ は，

$$I(\theta_1,\theta_2)=-\begin{pmatrix} E\left(\frac{\partial^2 \ln f(x\,|\,\theta_1,\theta_2)}{\partial\theta_1^2}\right) & E\left(\frac{\partial^2 \ln f(x\,|\,\theta_1,\theta_2)}{\partial\theta_1\partial\theta_2}\right) \\ E\left(\frac{\partial^2 \ln f(x\,|\,\theta_1,\theta_2)}{\partial\theta_1\partial\theta_2}\right) & E\left(\frac{\partial^2 \ln f(x\,|\,\theta_1,\theta_2)}{\partial\theta_2^2}\right)\end{pmatrix}$$

で求めることもできる．

また，十分統計量，完備十分統計量，指数型分布族の概念もそれぞれ多母数の場合に拡張することができる．以下，2母数の場合について簡単に紹介していこう．

$x_1,x_2,\ldots,x_n$ の同時確率密度関数

$$f(x_1,x_2,\ldots,x_n\,|\,\theta_1,\theta_2)=\prod_{i=1}^{n}f(x_i\,|\,\theta_1,\theta_2)$$

が，何らかの $x_1, x_2, \ldots, x_n$ の関数 $T_1(x_1, x_2, \ldots, x_n)$，$T_2(x_1, x_2, \ldots, x_n)$ を用いて，

$$f(x_1, x_2, \ldots, x_n \,|\, \theta_1, \theta_2) \\ = g(T_1(x_1, x_2, \ldots, x_n), T_2(x_1, x_2, \ldots, x_n), \theta_1, \theta_2) \times h(x_1, x_2, \ldots, x_n) \tag{12.7}$$

のように分解できるとき，$T_1(x_1, x_2, \ldots, x_n)$，$T_2(x_1, x_2, \ldots, x_n)$ は θ_1，θ_2 の十分統計量である．母数が 2 つの場合，特殊なケースを除いて，十分統計量は 2 つ以上必要になる（2 つより多いことはよくある）．母数 θ_1，θ_2 の十分統計量を $T_1(x_1, x_2, \ldots, x_n)$，$T_2(x_1, x_2, \ldots, x_n)$ とおき，θ_1，θ_2 の何らかの不偏推定量 $\widetilde{\theta}_1(x_1, x_2, \ldots, x_n)$，$\widetilde{\theta}_2(x_1, x_2, \ldots, x_n)$ が得られているとする．このとき，十分統計量 T_1，T_2 のみに依存し，

$$V(\widehat{\theta}_1\,(T_1, T_2)) \leq V(\widetilde{\theta}_1(x_1, x_2, \ldots, x_n))$$
$$V(\widehat{\theta}_2\,(T_1, T_2)) \leq V(\widetilde{\theta}_2(x_1, x_2, \ldots, x_n))$$

が成り立つような θ の不偏推定量 $\widehat{\theta}(T)$ が存在する．条件付分布の期待値を用いて，ラオ–ブラックウェルの定理の 2 母数の場合を述べれば，

$$\widehat{\theta}_1\,(T_1, T_2) = E(\widetilde{\theta}_1(x_1, x_2, \ldots, x_n) \,|\, T_1, T_2)$$
$$\widehat{\theta}_2\,(T_1, T_2) = E(\widetilde{\theta}_2(x_1, x_2, \ldots, x_n) \,|\, T_1, T_2)$$

とおくと，$\widehat{\theta}_1\,(T_1, T_2)$，$\widehat{\theta}_2\,(T_1, T_2)$ はそれぞれ θ_1，θ_2 の不偏推定量であり，かつ，

$$V(\widehat{\theta}_1\,(T_1, T_2)) \leq V(\widetilde{\theta}_1(x_1, x_2, \ldots, x_n))$$
$$V(\widehat{\theta}_2\,(T_1, T_2)) \leq V(\widetilde{\theta}_2\,(x_1, x_2, \ldots, x_n))$$

が成り立つということになる．

母数 θ_1，θ_2 の十分統計量 T_1，T_2 において，特に，任意の θ_1，θ_2 の値に対して $E(g_1\,(T_1, T_2)) = 0$，$E(g_2\,(T_1, T_2)) = 0$ となるような関数 g_1，g_2 が $g_1(T_1, T_2) \equiv 0$，$g_2(T_1, T_2) \equiv 0$ に限られるとき，T_1，T_2 は θ_1，θ_2 の完備十分統計量である．このとき，T_1，T_2 を用いた θ_1，θ_2 の不偏推定量が見つかれば，それは T_1，T_2 を用いた唯一の不偏推定量であり，それらの推定量はそれぞれ θ_1，θ_2 の最小分散不偏推定量であることが保証される．さらに，母集団分布の確率密度関数 $f(x \,|\, \theta_1, \theta_2)$（あるいは確率関数 $p(x \,|\, \theta_1, \theta_2)$）が

$$f(x \,|\, \theta_1, \theta_2) = \exp\{\alpha_1(\theta_1, \theta_2)\,\beta_1(x) + \alpha_2(\theta_1, \theta_2)\,\beta_2(x) + \gamma(\theta_1, \theta_2) + \eta(x)\} \tag{12.8}$$

のように表されるとき，その分布は指数型分布族に属することがわかり，このとき，($(\alpha_1(\theta_1,\theta_2),\alpha_2(\theta_1,\theta_2))$ のとり得る値の集合の内部が空であるなどの例外を除いて）母数 θ_1，θ_2 の完備十分統計量が得られることが知られている．

例 12.10（正規分布において母平均，母分散が両方とも未知の場合の最小分散不偏推定量）

① 完備十分統計量　正規母集団 $N(\mu,\sigma^2)$ からの大きさ n の無作為標本 $x_1,x_2,\ldots,x_n$ が得られており，母平均 μ，母分散 σ^2 は共に未知で，両者の推定を行うとする．正規分布 $N(\mu,\sigma^2)$ の確率密度関数は，

$$f(x\,|\,\mu,\sigma^2)=\frac{1}{\sqrt{2\pi}\sigma}e^{-\frac{1}{2\sigma^2}(x-\mu)^2}\quad(-\infty<x<\infty)$$

より，

$$\begin{aligned}f(x\,|\,\mu,\sigma^2)&=\frac{1}{\sqrt{2\pi}\sigma}e^{-\frac{1}{2\sigma^2}(x-\mu)^2}=e^{\ln\frac{1}{\sqrt{2\pi}\sigma}}e^{-\frac{1}{2\sigma^2}\left(x^2-2\mu x+\mu^2\right)}\\&=\exp\left\{\frac{\mu}{\sigma^2}x-\frac{1}{2\sigma^2}x^2-\frac{\mu^2}{2\sigma^2}-\ln\sqrt{2\pi}\sigma\right\}\end{aligned}$$

と表されるから，

$$\alpha_1(\mu,\sigma^2)=\frac{\mu}{\sigma^2},\quad\beta_1(x)=x,\quad\alpha_2(\mu,\sigma^2)=\frac{1}{\sigma^2},\quad\beta_2(x)=-\frac{1}{2}x^2$$

$$\gamma(\mu,\sigma^2)=-\frac{\mu^2}{2\sigma^2}-\ln\sqrt{2\pi}\sigma,\quad\eta(x)=0$$

とおけば，正規分布 $N(\mu,\sigma^2)$ は指数型分布族に属することがわかる．

$x_1,x_2,\ldots,x_n$ の同時確率密度関数は，

$$\begin{aligned}f(x_1,x_2,\ldots,x_n\,|\,\mu,\sigma^2)&=\prod_{i=1}^{n}\frac{1}{\sqrt{2\pi}\sigma}e^{-\frac{1}{2\sigma^2}(x_i-\mu)^2}\\&=(2\pi)^{-\frac{n}{2}}\sigma^{-n}e^{-\frac{1}{2\sigma^2}\sum_{i=1}^{n}(x_i-\mu)^2}\\&=(2\pi)^{-\frac{n}{2}}\sigma^{-n}\exp\left\{\frac{\mu}{\sigma^2}\sum_{i=1}^{n}x_i-\frac{1}{2\sigma^2}\sum_{i=1}^{n}x_i^2-\frac{n\mu^2}{2\sigma^2}\right\}\end{aligned}$$

となるから，

$$T_1(x_1,x_2,\ldots,x_n)=\sum_{i=1}^{n}x_i,\quad T_2(x_1,x_2,\ldots,x_n)=\sum_{i=1}^{n}x_i^2$$

$$g(T_1(x_1,x_2,\ldots,x_n),T_2(x_1,x_2,\ldots,x_n),\mu,\sigma^2)$$

$$= \sigma^{-n} \exp\left\{ \frac{\mu}{\sigma^2}T_1 - \frac{1}{2\sigma^2}T_2 - \frac{n\mu^2}{2\sigma^2} \right\}$$

$$h(x_1, x_2, \ldots, x_n) = (2\pi)^{-\frac{n}{2}}$$

とおけば,

$$\begin{aligned} &f(x_1, x_2, \ldots, x_n \,|\, \mu, \sigma^2) \\ &\quad = g(T_1(x_1, x_2, \ldots, x_n), T_2(x_1, x_2, \ldots, x_n), \mu, \sigma^2) \times h(x_1, x_2, \ldots, x_n) \end{aligned}$$

となり, したがって,

$$T_1(x_1, x_2, \ldots, x_n) = \sum_{i=1}^{n} x_i, \quad T_2(x_1, x_2, \ldots, x_n) = \sum_{i=1}^{n} x_i^2$$

が μ, σ^2 の十分統計量であることがわかる. さらに, 正規分布 $N(\mu, \sigma^2)$ は指数型分布族であることから, 完備十分統計量であることもわかる.

なお,

$$\begin{aligned} &f(x_1, x_2, \ldots, x_n \,|\, \mu, \sigma^2) \\ &\quad = (2\pi)^{-\frac{n}{2}} \sigma^{-n} \exp\left\{ -\frac{1}{2\sigma^2} n\,(\overline{x} - \mu)^2 - \frac{1}{2\sigma^2} \sum_{i=1}^{n} (x_i - \overline{x})^2 \right\} \end{aligned}$$

と表すこともできるから,

$$T_1(x_1, x_2, \ldots, x_n) = \frac{1}{n}\sum_{i=1}^{n} x_i = \overline{x}, \quad T_2(x_1, x_2, \ldots, x_n) = \sum_{i=1}^{n} (x_i - \overline{x})^2$$

を完備十分統計量とすることもできる (こちらの方が不偏推定量を考える上でわかりやすい面もある). いずれにせよ,

$$\sum_{i=1}^{n} (x_i - \overline{x})^2 = \sum_{i=1}^{n} x_i^2 - \frac{\left(\sum_{i=1}^{n} x_i\right)^2}{n}$$

の関係に注意すれば,

$$\left(\sum_{i=1}^{n} x_i, \sum_{i=1}^{n} x_i^2 \right) \quad と \quad \left(\overline{x}, \sum_{i=1}^{n} (x_i - \overline{x})^2 \right)$$

は 1 対 1 対応であるから, どちらを完備十分統計量としてもよい (どちらも完備十分統計量である). 他にも 1 対 1 対応となるような $T_1(x_1, x_2, \ldots, x_n)$, $T_2(x_1, x_2, \ldots, x_n)$ のおき方は色々あるが, 以下では

$$T_1(x_1, x_2, \ldots, x_n) = \sum_{i=1}^{n} x_i, \quad T_2(x_1, x_2, \ldots, x_n) = \sum_{i=1}^{n} x_i^2$$

とおいて進める．

② μ，σ^2 の最小分散不偏推定量の導出　$T_1(x_1, x_2, \ldots, x_n), T_2(x_1, x_2, \ldots, x_n)$ は μ，σ^2 の完備十分統計量であることから，これらを用いて μ，σ^2 の不偏推定量を構成できれば，それらは μ，σ^2 の最小分散不偏推定量であることが保証されることになる．ここでは，

$$\widehat{\mu}(T_1, T_2) = \frac{T_1}{n} = \frac{\sum_{i=1}^{n} x_i}{n} = \overline{x}$$

$$\widehat{\sigma}^2(T_1, T_2) = \frac{T_2 - \frac{T_1^2}{n}}{n-1} = \frac{\sum_{i=1}^{n} x_i^2 - \frac{\left(\sum_{i=1}^{n} x_i\right)^2}{n}}{n-1} = \frac{\sum_{i=1}^{n}(x_i - \overline{x})^2}{n-1}$$

とおけば，$\widehat{\mu}(T_1, T_2)$，$\widehat{\sigma}^2(T_1, T_2)$ はそれぞれ μ，σ^2 の不偏推定量になることから，これらは μ，σ^2 の最小分散不偏推定量であることがわかる．

したがって，正規母集団 $N(\mu, \sigma^2)$ を想定するとき，標本平均 $\overline{x}$ と標本分散 $s^2 = \frac{\sum_{i=1}^{n}(x_i - \overline{x})^2}{n-1}$ は μ，σ^2 の最小分散不偏推定量であることが示されたことになる．事実のみは第6.1節で述べておいたが，証明するとなると色々な知識が必要になる．

③ クラメール–ラオの不等式との比較　本例の最後に，最小分散不偏推定量がクラメール–ラオの不等式の下限を満たすかどうかを見ておこう．既に前節でも述べたとおり，クラメール–ラオの不等式の下限に一致する不偏推定量は最小分散不偏推定量であるが，逆は必ずしも成り立たない．実際，この場合も先に結果を述べると，$\widehat{\mu}(T_1, T_2)$ はクラメール–ラオの不等式の下限に一致するが，$\widehat{\sigma}^2(T_1, T_2)$ は一致しない．具体的には，以下で計算していくが，母分散を σ^2 の記号のままにしておくと，微分を行うときに表記が紛らわしくなるので，ここでは $\tau = \sigma^2$ と置き換えて議論する．

まず，$\widehat{\mu} = \overline{x}$ の分散は

$$V(\widehat{\mu}) = V(\overline{x}) = \frac{\sigma^2}{n} = \frac{\tau}{n}$$

であり，

$$\widehat{\tau} = \frac{\sum_{i=1}^{n}(x_i - \overline{x})^2}{n-1}$$

の分散は，第6.2.4項で示したように

$$V(\widehat{\tau}) = \frac{2\sigma^4}{n-1} = \frac{2\tau^2}{n-1}$$

となる．一方，$N(\mu, \sigma^2)$ の確率密度関数は，σ^2 を τ に置き換えると，

$$f(x\,|\,\mu,\tau) = \frac{1}{\sqrt{2\pi\tau}} e^{-\frac{1}{2\tau}(x-\mu)^2} \quad (-\infty < x < \infty)$$

であり，したがって，

$$\ln f(x\,|\,\mu,\tau) = -\frac{1}{2}\ln 2\pi - \frac{1}{2}\ln\tau - \frac{1}{2\tau}(x-\mu)^2$$

$$\frac{\partial \ln f(x\,|\,\mu,\tau)}{\partial\mu} = \frac{1}{\tau}(x-\mu), \quad \frac{\partial \ln f(x\,|\,\mu,\tau)}{\partial\tau} = -\frac{1}{2\tau} + \frac{1}{2\tau^2}(x-\mu)^2$$

$$\frac{\partial^2 \ln f(x\,|\,\mu,\tau)}{\partial\mu^2} = -\frac{1}{\tau}, \quad \frac{\partial^2 \ln f(x\,|\,\mu,\tau)}{\partial\tau^2} = \frac{1}{2\tau^2} - \frac{1}{\tau^3}(x-\mu)^2$$

$$\frac{\partial^2 \ln f(x\,|\,\mu,\tau)}{\partial\mu\partial\tau} = -\frac{1}{\tau^2}(x-\mu)$$

$$E\left(\frac{\partial^2 \ln f(x\,|\,\mu,\tau)}{\partial\mu^2}\right) = E\left(-\frac{1}{\tau}\right) = -\frac{1}{\tau}$$

$$E\left(\frac{\partial^2 \ln f(x\,|\,\mu,\tau)}{\partial\tau^2}\right) = E\left(\frac{1}{2\tau^2} - \frac{1}{\tau^3}(x-\mu)^2\right) = \frac{1}{2\tau^2} - \frac{1}{\tau^2} = -\frac{1}{2\tau^2}$$

$$E\left(\frac{\partial^2 \ln f(x\,|\,\mu,\tau)}{\partial\mu\partial\tau}\right) = E\left(-\frac{1}{\tau^2}(x-\mu)\right) = -\frac{1}{\tau^2}E(x-\mu) = 0$$

となるから，μ，τ に関するフィッシャー情報量行列は，

$$I(\mu,\tau) = -\begin{pmatrix} E\left(\frac{\partial^2 \ln f(x\,|\,\mu,\tau)}{\partial\mu^2}\right) & E\left(\frac{\partial^2 \ln f(x\,|\,\mu,\tau)}{\partial\mu\partial\tau}\right) \\ E\left(\frac{\partial^2 \ln f(x\,|\,\mu,\tau)}{\partial\mu\partial\tau}\right) & E\left(\frac{\partial^2 \ln f(x\,|\,\mu,\tau)}{\partial\tau^2}\right) \end{pmatrix} = \begin{pmatrix} \frac{1}{\tau} & 0 \\ 0 & \frac{1}{2\tau^2} \end{pmatrix}$$

と表される．$I(\mu,\tau)$ の逆行列は，

$$I^{-1}(\mu,\tau) = \begin{pmatrix} \tau & 0 \\ 0 & 2\tau^2 \end{pmatrix}$$

であるから，クラメール–ラオの不等式による μ，τ それぞれの不偏推定量の分散下限は

$$V(\widehat{\mu}) \geq \frac{\tau}{n}, \quad V(\widehat{\tau}) \geq \frac{2\tau^2}{n}$$

となる．これらを見ると，$\widehat{\mu} = \overline{x}$ の分散は下限を達成しているが，$\widehat{\tau} = \frac{\sum_{i=1}^{n}(x_i-\overline{x})^2}{n-1}$ の分散は，

$$V(\widehat{\tau}) = \frac{2\tau^2}{n-1} > \frac{2\tau^2}{n}$$

であり，下限を達成していないことがわかる．したがって，クラメール–ラオの

不等式では，$\widehat{\tau} = \frac{\sum_{i=1}^{n}(x_i - \overline{x})^2}{n-1}$ が τ（$= \sigma^2$）の最小分散不偏推定量であるかどうかわからないが，完備十分統計量を用いた議論によって最小分散不偏推定量であることが確認できることがわかる．□

本節の最後に，不偏推定量以外も含めて，推定量の良さを議論する際の1つの基準として，**平均2乗誤差**（mean squared error，MSE）について触れておく．平均2乗誤差とは，ある母数 θ に対するある推定量 $\widehat{\theta}$ の精度を，θ の値からのずれの2乗の期待値，すなわち

$$MSE = E((\widehat{\theta} - \theta)^2)$$

で測るものである．この平均2乗誤差は以下のように展開することができる．

$$\begin{aligned}
MSE = E((\widehat{\theta} - \theta)^2) &= E((\widehat{\theta} - E(\widehat{\theta}) + E(\widehat{\theta}) - \theta)^2) \\
&= E((\widehat{\theta} - E(\widehat{\theta}))^2) + 2E((\widehat{\theta} - E(\widehat{\theta}))(E(\widehat{\theta}) - \theta)) + E((E(\widehat{\theta}) - \theta)^2) \\
&= V(\widehat{\theta}) + 2(E(\widehat{\theta}) - \theta)E(\widehat{\theta} - E(\widehat{\theta})) + (E(\widehat{\theta}) - \theta)^2 \\
&= V(\widehat{\theta}) + (E(\widehat{\theta}) - \theta)^2
\end{aligned}$$

3行目の第2項は，$E(\widehat{\theta} - E(\widehat{\theta})) = 0$ より0になることに注意しよう．したがって，平均2乗誤差は，推定量 $\widehat{\theta}$ の分散 $V(\widehat{\theta})$ と母数 θ に対する期待値 $E(\widehat{\theta})$ のバイアス $E(\widehat{\theta}) - \theta$ の2乗の和で表されることがわかる．

最小分散不偏推定量は，バイアス $E(\widehat{\theta}) - \theta$ を0にした上で，残った分散 $V(\widehat{\theta})$ の項を最小にする推定量であるから，2段階での最適化を行った推定量と見ることができ，直感的には良い推定量と考えることができる．

ただし，実はしばしば最小分散不偏推定量よりも平均2乗誤差が小さくなるような推定量が存在することがある．バイアスが生じる代わりに，それ以上に分散を小さくできるような推定量が存在する場合があるためである．その有名な例は多次元正規分布における平均ベクトルのスタイン推定量と呼ばれるものであるが，本書で扱う範囲ではないため，ここではより簡単な例として，例12.10における母分散 τ（$= \sigma^2$）の推定を取り上げよう．例12.10において，$\widehat{\tau} = \frac{\sum_{i=1}^{n}(x_i - \overline{x})^2}{n-1}$ が τ の最小分散不偏推定量であることを示したが，実は，別の推定量として $\widetilde{\tau} = \frac{\sum_{i=1}^{n}(x_i - \overline{x})^2}{n+1}$ とおくと，この $\widetilde{\tau}$ は $\widehat{\tau}$ よりも平均2乗誤差が小さくなる．すなわち，$E((\widetilde{\tau} - \tau)^2) < E((\widehat{\tau} - \tau)^2)$ が成立する．これを示すのはそれほど難しくないので，興味ある読者はぜひ自身で確かめてみていただきたい．

12.4 最尤推定量

前節までは主に不偏推定量に関する数理的議論を行ったが，そこで挙げたいくつかの例では，母数の不偏推定量や特に最小分散不偏推定量を構成することができた．一方，第 12.1 節で述べた正規分布における母平均の絶対値 $|\mu|$ の推定のように，いつも不偏推定量や最小分散不偏推定量が構成できるとは限らない．また，そもそも最小分散不偏推定量という概念自体も，1 つの合理性を示すものであるが，決して絶対的な基準というわけではない．第 12.1 節で述べたように，ある推定量 $\widehat{\theta}$ がある母数 θ の最小分散不偏推定量であるとき，母数をある関数 $g(\cdot)$ で変換した $g(\theta)$ の推定を $g(\widehat{\theta})$ で行うとすると，これは一般には最小分散不偏推定量ではない（通常は不偏推定量ですらない）．また，例 12.9 などで記しているように，最小分散不偏推定量が不合理に見える推定量になることもある．

本節では，幅広い母集団分布において用いることができる点推定の方法として**最尤推定法**（さいゆう）を紹介する．確率変数 $x_1, x_2, \ldots, x_n$ の同時確率密度関数を $f(x_1, x_2, \ldots, x_n \,|\, \theta)$ とおく（同時確率関数 $p(x_1, x_2, \ldots, x_n \,|\, \theta)$ の場合も同様に議論することができる）．θ は母数であり，もし $\theta_1, \theta_2, \ldots$ のように母数が 2 つ以上あっても同様に扱うことができる．

最尤推定法では，今までと少し視点を変えて，同時確率密度関数 $f(x_1, x_2, \ldots, x_n \,|\, \theta)$ を θ の関数として見てみる．すなわち，

$$L(\theta) = f(x_1, x_2, \ldots, x_n \,|\, \theta) \tag{12.9}$$

とおく．これは，確率変数 $x_1, x_2, \ldots, x_n$ の値が観測されたとき，各 θ の値によって同時確率密度の値がどのように変化するかを表す関数と見ることができ，この $L(\theta)$ を母数 θ の**尤度関数**（ゆうど）（likelihood function）と呼ぶ．そして，この尤度関数 $L(\theta)$ を最大にする θ の値を $\widehat{\theta}$ とおく．すなわち，

$$L(\widehat{\theta}) = \max L(\theta) \tag{12.10}$$

であるような $\widehat{\theta}$ を考える．この $\widehat{\theta}$ を θ の**最尤推定量**（maximum likelihood estimator）と呼ぶ（しばしば MLE と略記される）．また，この推定方法を最尤推定法（しばしば最尤法）と呼ぶ．言い換えると，観測値 $x_1, x_2, \ldots, x_n$ が得られたとき，それらの観測値が出る確率が最も高くなる（確率密度 $f(x_1, x_2, \ldots, x_n \,|\, \theta)$ の値が最も大きくなる）ような θ の値を推定値 $\widehat{\theta}$ としよう，というのが最尤推定法の考え方である（母数 θ は確率変数ではないから，あくまで観測値 $x_1, x_2, \ldots, x_n$ が結果的に出る確率（密度）が高かったことになるように母数 θ の値を決めよう，ということ

である).

なお，しばしば母数 θ のとり得る値には制約が存在する．母平均 μ の推定などでは母数のとり得る範囲に制約がない場合もあるが，例えば，母分散 σ^2 の推定など，場合によっては正の値でなければならないなどの制約が存在する．そこで，より一般的には θ のとり得る値の集合を Θ とおいて，

$$L(\widehat{\theta}\,) = \max_{\theta \in \Theta} L(\theta)$$

となる $\widehat{\theta}$ が最尤推定量となる．

尤度関数 $L(\theta)$ を最大化する θ を求めるためには，通常は $L(\theta)$ を θ で微分し，それが0に等しくなるような θ を求める，といった手順になる（その解が本当に $L(\theta)$ を最大化しているかどうかを調べるために2階微分した関数を確認する場合もある)．ただし，$L(\theta)$ に何らかの単調変換を施してから最大化する方が簡単な計算になることも多い（単調変換をしても，最大化する解は変化しないことに注意する)．よく用いられるのが対数（自然対数）をとることであり，実際，本節でこの後に挙げている例でも対数をとってから最大化している．尤度関数の対数 $\ln L(\theta)$ は，しばしば**対数尤度関数**（log-likelihood function）と呼ばれる．

最尤推定量は，不偏推定量や最小分散不偏推定量が簡単には構成できない場合（あるいはそもそも存在しない場合）も含めて幅広い母集団分布で利用することができるという利点があるだけでなく，理論的な面からも以下のような性質を（いくつかの条件の下で）持つことが知られている．

- 一致性：任意の $\varepsilon > 0$ に対して

  $$\lim_{n \to \infty} P(|\widehat{\theta} - \theta| < \varepsilon) = 1$$

  および漸近有効性：

  $$\lim_{n \to \infty} nV(\widehat{\theta}\,) = \frac{1}{I(\theta)}$$

  を持つ（粗く言えば，標本の大きさ n が大きくなると，最小分散不偏推定量とほぼ同等の最適性を持つことが保証される)．
- $\widehat{\theta}$ が θ の最尤推定量であるとき，θ を何らかの関数 g で変換した $g(\theta)$ の最尤推定量は $g(\widehat{\theta}\,)$ で与えられる．

例 12.11（正規分布における母平均の最尤推定量は標本平均 $\bar{x}$ になり，最小分散不偏推定量と一致する） 正規母集団 $N(\mu, \sigma^2)$ からの大きさ n の無作為標本 $x_1, x_2, \ldots, x_n$ が得られているとする．母分散 σ^2 は既知であるとし，母平均 μ を最

尤推定法によって推定することを考えよう．$x_1, x_2, \ldots, x_n$ の同時確率密度関数は，

$$f(x_1, x_2, \ldots, x_n \,|\, \mu) = \prod_{i=1}^{n} \frac{1}{\sqrt{2\pi}\sigma} e^{-\frac{1}{2\sigma^2}(x_i-\mu)^2}$$
$$= (2\pi)^{-\frac{n}{2}} \sigma^{-n} e^{-\frac{1}{2\sigma^2}\sum_{i=1}^{n}(x_i-\mu)^2}$$

となる．この同時確率密度関数を μ の尤度関数として捉える，すなわち，

$$L(\mu) = (2\pi)^{-\frac{n}{2}} \sigma^{-n} e^{-\frac{1}{2\sigma^2}\sum_{i=1}^{n}(x_i-\mu)^2}$$

とおく．$L(\mu)$ が最大になる μ を求めれば，それが μ の最尤推定量となる．尤度関数 $L(\mu)$ を最大化することと対数尤度関数 $\ln L(\mu)$ を最大化することは同等であるから，

$$\ln L(\mu) = -\frac{n}{2}\ln 2\pi - n\ln\sigma - \frac{1}{2\sigma^2}\sum_{i=1}^{n}(x_i-\mu)^2$$

より，これを μ で微分すると，

$$\frac{d\ln L(\mu)}{d\mu} = \frac{1}{\sigma^2}\sum_{i=1}^{n}(x_i-\mu)$$

となる．したがって，これを 0 に等しいと置いた方程式

$$\frac{1}{\sigma^2}\sum_{i=1}^{n}(x_i-\mu) = 0$$

を解くと，

$$\frac{1}{\sigma^2}\sum_{i=1}^{n}(x_i-\mu) = \frac{1}{\sigma^2}(n\overline{x} - n\mu) = 0$$

より，$\mu = \overline{x}$ のとき，$L(\mu)$ が最大になることがわかる．したがって，$\widehat{\mu} = \overline{x}$ が μ の最尤推定量となる．この場合は μ の最小分散不偏推定量と結果的に一致している．□

例 12.12（正規分布における母平均の 2 乗 μ^2 の最尤推定量） 例 12.11 と同じ状況で，今度は $\theta = \mu^2$ の最尤推定量を求めてみよう（ただし，$\mu \geq 0$ であるとする）．$\mu = \sqrt{\theta}$ であるから，$x_1, x_2, \ldots, x_n$ の同時確率密度関数は，

$$f(x_1, x_2, \ldots, x_n \,|\, \theta) = \prod_{i=1}^{n} \frac{1}{\sqrt{2\pi}\sigma} e^{-\frac{1}{2\sigma^2}\left(x_i-\sqrt{\theta}\right)^2}$$
$$= (2\pi)^{-\frac{n}{2}} \sigma^{-n} e^{-\frac{1}{2\sigma^2}\sum_{i=1}^{n}\left(x_i-\sqrt{\theta}\right)^2}$$

となる．この同時確率密度関数を θ の尤度関数として，

$$L(\theta) = (2\pi)^{-\frac{n}{2}}\sigma^{-n}e^{-\frac{1}{2\sigma^2}\sum_{i=1}^{n}\left(x_i-\sqrt{\theta}\right)^2}$$

とおく．対数尤度関数 $\ln L(\theta)$ は，

$$\begin{aligned}\ln L(\theta) &= -\frac{n}{2}\ln 2\pi - n\ln\sigma - \frac{1}{2\sigma^2}\sum_{i=1}^{n}(x_i-\sqrt{\theta})^2\\ &= -\frac{n}{2}\ln 2\pi - n\ln\sigma - \frac{1}{2\sigma^2}\sum_{i=1}^{n}x_i^2 + \frac{1}{\sigma^2}\sqrt{\theta}\sum_{i=1}^{n}x_i - \frac{1}{2\sigma^2}n\theta\end{aligned}$$

であるから，これを θ で微分すると，

$$\frac{d\ln L(\theta)}{d\theta} = \frac{1}{2\sigma^2\sqrt{\theta}}\sum_{i=1}^{n}x_i - \frac{1}{2\sigma^2}n$$

となる．したがって，

$$\frac{1}{2\sigma^2\sqrt{\theta}}\sum_{i=1}^{n}x_i - \frac{1}{2\sigma^2}n = 0$$

を解くと，

$$\frac{1}{2\sigma^2\sqrt{\theta}}\sum_{i=1}^{n}x_i - \frac{1}{2\sigma^2}n = \frac{n}{2\sigma^2}\left(\frac{1}{\sqrt{\theta}}\overline{x} - 1\right) = 0$$

より，$\theta = \overline{x}^2$ のとき，$L(\theta)$ が最大になることがわかる．したがって，$\widehat{\theta} = \overline{x}^2$ が θ（$= \mu^2$）の最尤推定量となる．これは例 12.11 で得られた μ の最尤推定量 $\widehat{\mu} = \overline{x}$ のちょうど 2 乗になっており，先に述べた最尤推定量の性質「$\widehat{\theta}$ が θ の最尤推定量であるとき，θ を何らかの関数 g で変換した $g(\theta)$ の最尤推定量は $g(\widehat{\theta})$ で与えられる」が確かに成り立っている．なお，この場合は θ（$= \mu^2$）の最尤推定量 $\widehat{\theta} = \overline{x}^2$ は，θ の最小分散不偏推定量 $\widehat{\theta} = \overline{x}^2 - \frac{\sigma^2}{n}$ とは一致していない．□

例 12.13（正規分布において母平均，母分散が両方とも未知の場合の最尤推定量）
正規母集団 $N(\mu, \sigma^2)$ からの大きさ n の無作為標本 $x_1, x_2, \ldots, x_n$ が得られているとする．母平均 μ と母分散 σ^2 は両方とも未知であるとする．このとき，μ と σ^2 の最尤推定量を求めよう．ただし，ひとまず $\tau = \sigma^2$ とおいて，σ^2 を τ に置き換えて議論する．$x_1, x_2, \ldots, x_n$ の同時確率密度関数は

$$f(x_1, x_2, \ldots, x_n \,|\, \mu, \tau) = \left(\frac{1}{\sqrt{2\pi\tau}}\right)^n e^{-\frac{1}{2\tau}\sum_{i=1}^{n}(x_i-\mu)^2}$$

であるから，尤度関数 $L(\mu, \tau)$（ここでは母数は 2 つであるから，尤度関数は引数が

2 つの関数になる）は

$$L(\mu, \tau) = \left(\frac{1}{\sqrt{2\pi\tau}}\right)^n e^{-\frac{1}{2\tau}\sum_{i=1}^n (x_i-\mu)^2}$$

となる．対数をとれば，

$$\ln L(\mu, \tau) = -\frac{n}{2}(\ln 2\pi + \ln \tau) - \frac{1}{2\tau}\sum_{i=1}^n (x_i - \mu)^2$$

となる．これを μ，τ のそれぞれについて偏微分すると，

$$\frac{\partial \ln L(\mu, \tau)}{\partial \mu} = \frac{1}{\tau}\sum_{i=1}^n (x_i - \mu)$$
$$\frac{\partial \ln L(\mu, \tau)}{\partial \tau} = -\frac{n}{2\tau} + \frac{1}{2\tau^2}\sum_{i=1}^n (x_i - \mu)^2$$

となる．したがって，以下の連立方程式

$$\begin{cases} \dfrac{1}{\tau}\displaystyle\sum_{i=1}^n (x_i - \mu) = 0 \\ -\dfrac{n}{2\tau} + \dfrac{1}{2\tau^2}\displaystyle\sum_{i=1}^n (x_i - \mu)^2 = 0 \end{cases}$$

を解けばよい．まず，

$$\frac{1}{\tau}\sum_{i=1}^n (x_i - \mu) = \frac{1}{\tau}(n\overline{x} - n\mu) = 0$$

より，

$$\mu = \overline{x}$$

となり，これをもう 1 つの方程式に代入すると，

$$-\frac{n}{2\tau} + \frac{1}{2\tau^2}\sum_{i=1}^n (x_i - \overline{x})^2 = \frac{1}{2\tau^2}\left(-n\tau + \sum_{i=1}^n (x_i - \overline{x})^2\right) = 0$$

より，

$$\tau = \frac{\sum_{i=1}^n (x_i - \overline{x})^2}{n}$$

となる．したがって，μ，σ^2 の最尤推定量は $\widehat{\mu} = \overline{x}$，$\widehat{\sigma}^2 = \frac{\sum_{i=1}^n (x_i - \overline{x})^2}{n}$ となる．μ の最尤推定量は最小分散不偏推定量と一致するが，σ^2 の最尤推定量は，最小分散不偏推定量 $\frac{1}{n-1}\sum_{i=1}^n (x_i - \overline{x})^2$ とは一致しないことがわかる．□

例 12.14（ポアソン分布におけるパラメータ λ の最尤推定量）　ポアソン分布 $Po(\lambda)$ からの大きさ n の無作為標本 $x_1, x_2, \ldots, x_n$ が得られているとする．$x_1, x_2, \ldots, x_n$ の同時確率関数は，

$$p\left(x_1, x_2, \ldots, x_n \,|\, \lambda\right) = \prod_{i=1}^{n} \frac{\lambda^{x_i}}{x_i!} e^{-\lambda}$$

で与えられる（ポアソン分布 $Po(\lambda)$ の確率関数は第 4.3 節を参照）．このとき，λ の最尤推定量を求めることを考える．

$$p(x_1, x_2, \ldots, x_n \,|\, \lambda) = \prod_{i=1}^{n} \frac{\lambda^{x_i}}{x_i!} e^{-\lambda} = \frac{\lambda^{\sum_{i=1}^{n} x_i}}{\prod_{i=1}^{n} x_i!} e^{-n\lambda}$$

であるから，尤度関数は

$$L(\lambda) = \frac{\lambda^{\sum_{i=1}^{n} x_i}}{\prod_{i=1}^{n} x_i!} e^{-n\lambda}$$

となる．

$$\ln L(\lambda) = \sum_{i=1}^{n} x_i \ln \lambda - \sum_{i=1}^{n} \ln(x_i!) - n\lambda$$

より，これを λ で微分して 0 に等しくおくと，

$$\frac{d \ln L(\lambda)}{d\lambda} = \frac{\sum_{i=1}^{n} x_i}{\lambda} - n = 0$$

となる．これを解くことで，λ の最尤推定量として

$$\widehat{\lambda} = \overline{x}$$

が得られる．$E(\overline{x}) = \lambda$ が成立するから，これは結果的に不偏推定量になっており，実は最小分散不偏推定量にもなっている．□

例 12.15（異なる分布から標本が得られている場合の最尤推定量）　ここまでは 1 つの確率分布からの大きさ n の無作為標本が観測される（すなわち，独立同一分布に従う n 個の確率変数の実現値が得られる）状況を考えてきたが，そうではない場合を取り上げてみよう．

x_j（$j = 1, 2, \ldots, n$）はそれぞれパラメータの異なる指数分布 $Ex(j\lambda)$（$j = 1, 2, \ldots, n$）に互いに独立に従う確率変数であるとする．このとき，λ の最尤推定量を求めることを考える．まず，$x_1, x_2, \ldots, x_n$ の同時確率密度関数は

$$f\left(x_1, x_2, \ldots, x_n \,|\, \lambda\right) = \prod_{j=1}^{n} j\lambda e^{-j\lambda x_j} = n!\, \lambda^n e^{-\lambda \sum_{j=1}^{n} j x_j}$$

であるから，尤度関数は

$$L(\lambda) = n!\,\lambda^n e^{-\lambda \sum_{j=1}^{n} jx_j}$$

となる．

$$\ln L(\lambda) = \ln n! + n \ln \lambda - \lambda \sum_{j=1}^{n} jx_j$$

より，λ で微分すると，

$$\frac{d \ln L(\lambda)}{d\lambda} = \frac{n}{\lambda} - \sum_{j=1}^{n} jx_j$$

となる．したがって，

$$\frac{n}{\lambda} - \sum_{j=1}^{n} jx_j = 0$$

を解くと，λ の最尤推定量は

$$\widehat{\lambda} = \frac{n}{\sum_{j=1}^{n} jx_j} = \frac{n}{x_1 + 2x_2 + \cdots + nx_n}$$

で与えられる．□

12.5 尤度比検定

ここまで，統計的推定にまつわる理論的な話題を述べてきたが，仮説検定についても，分量は少ないが，理論的な話題の一部を触れておく．

$x_1, x_2, \ldots, x_n$ をある母数 θ を持つ確率密度関数 $f(x\,|\,\theta)$ で表される母集団分布からの大きさ n の無作為標本とする（確率関数 $p(x\,|\,\theta)$ の場合も同様に議論することができる）．$x_1, x_2, \ldots, x_n$ の同時確率密度関数は，

$$f(x_1, x_2, \ldots, x_n\,|\,\theta) = \prod_{i=1}^{n} f(x_i\,|\,\theta)$$

と表される．このとき，母数 θ について以下のような帰無仮説と対立仮説を立てるとしよう．

$$H_0 : \theta = \theta_0 \ (\text{帰無仮説}), \qquad H_1 : \theta = \theta_1 \ (\text{対立仮説})$$

第 7 章では，対立仮説が $H_1 : \theta > \theta_0$ や $H_1 : \theta \neq \theta_0$ のようなとり得る範囲が広い場合を扱ったが，理論的な議論をする上で，まずは対立仮説が 1 点のみの場合から考えよう（このような仮説をしばしば**単純仮説**（simple hypothesis）と呼び，単純仮説ではない場合をしばしば**複合仮説**（composite hypothesis）と呼ぶ）．この帰無仮説，対立仮説に対する有意水準 α の仮説検定を考えるとき，棄却域をどのように

決めたら良いだろうか．

これに関して，以下の**ネイマン–ピアソンの補題**（Neyman–Pearson lemma）という有名な補題が知られている．

- ある定数 k を用いて，

$$\frac{f(x_1, x_2, \ldots, x_n \,|\, \theta_0)}{f(x_1, x_2, \ldots, x_n \,|\, \theta_1)} \geq k \quad \Rightarrow \quad H_0(\theta = \theta_0) \text{ を棄却しない}$$
$$\frac{f(x_1, x_2, \ldots, x_n \,|\, \theta_0)}{f(x_1, x_2, \ldots, x_n \,|\, \theta_1)} < k \quad \Rightarrow \quad H_0(\theta = \theta_0) \text{ を棄却する}$$

　とすることで，ある有意水準の下，検出力を最大にすることができる．

ここで，上記の式の左辺は**尤度比**（likelihood ratio）と呼ばれているもので，帰無仮説 $H_0 : \theta = \theta_0$ の下での確率密度（尤度）の値と対立仮説 $H_1 : \theta = \theta_1$ の下での確率密度（尤度）の値の比になっている．この比が大きいときは帰無仮説 $H_0 : \theta = \theta_0$ の方が尤（もっと）もらしく，この比が小さいときは対立仮説 $H_1 : \theta = \theta_1$ の方が尤もらしいと考えれば，この尤度比の値を基準に帰無仮説 H_0 を棄却するかどうかを決めるのは，理が通っているように思える．しかし，本当にこの尤度比に基づく棄却域が検出力を最大にするのかどうかを以下で確認しておこう．

まず，尤度比に基づく棄却域を R_1 とおく．すなわち，R_1 は，以下のような集合として表すことができるとする．

$$R_1 = \left\{ (x_1, x_2, \ldots, x_n) \,\middle|\, \frac{f(x_1, x_2, \ldots, x_n \,|\, \theta_0)}{f(x_1, x_2, \ldots, x_n \,|\, \theta_1)} < k \right\}$$

第1種の誤りの確率（有意水準）は

$$\alpha = \iint \cdots \int_{(x_1, x_2, \ldots, x_n) \in R_1} f(x_1, x_2, \ldots, x_n \,|\, \theta_0) dx_1 dx_2 \cdots dx_n$$

と表すことができる（第1種の誤りの確率は，帰無仮説 H_0 が真という仮定の下で棄却域に入る確率であるから，$\theta = \theta_0$ が代入されていることに注意しよう）．ここで，必ずしも尤度比には基づかない別の棄却域 R_2 を考えたとしよう．ただし，有意水準は同じ値 α であるものを考える．すなわち，

$$\iint \cdots \int_{(x_1, x_2, \ldots, x_n) \in R_2} f(x_1, x_2, \ldots, x_n \,|\, \theta_0) dx_1 dx_2 \cdots dx_n = \alpha$$

とする．R_1 と R_2 の共有部分を $R_{1,2}$，R_1 に含まれて R_2 に含まれない部分を $R_{1,\overline{2}}$，R_2 に含まれて R_1 に含まれない部分を $R_{\overline{1},2}$，R_1 と R_2 の両方に含まれない部分を

$R_{\overline{1},\overline{2}}$，すなわち，

$$R_{1,2} = \{(x_1, x_2, \ldots, x_n) \,|\, (x_1, x_2, \ldots, x_n) \in R_1, R_2\}$$
$$R_{1,\overline{2}} = \{(x_1, x_2, \ldots, x_n) \,|\, (x_1, x_2, \ldots, x_n) \in R_1, (x_1, x_2, \ldots, x_n) \notin R_2\}$$
$$R_{\overline{1},2} = \{(x_1, x_2, \ldots, x_n) \,|\, (x_1, x_2, \ldots, x_n) \notin R_1, (x_1, x_2, \ldots, x_n) \in R_2\}$$
$$R_{\overline{1},\overline{2}} = \{(x_1, x_2, \ldots, x_n) \,|\, (x_1, x_2, \ldots, x_n) \notin R_1, R_2\}$$

とおくと，有意水準が等しいことから，

$$\begin{aligned}&\iint\cdots\int_{(x_1,x_2,\ldots,x_n)\in R_{1,\overline{2}}} f(x_1, x_2, \ldots, x_n \,|\, \theta_0) dx_1 dx_2 \cdots dx_n \\ &\quad = \iint\cdots\int_{(x_1,x_2,\ldots,x_n)\in R_{\overline{1},2}} f(x_1, x_2, \ldots, x_n \,|\, \theta_0) dx_1 dx_2 \cdots dx_n \qquad (12.11)\end{aligned}$$

となる．ここで，棄却域が R_1 のときの検出力は $\theta = \theta_1$ を代入して，

$$\begin{aligned}&\iint\cdots\int_{(x_1,x_2,\ldots,x_n)\in R_1} f(x_1, x_2, \ldots, x_n \,|\, \theta_1) dx_1 dx_2 \cdots dx_n \\ &\quad = \iint\cdots\int_{(x_1,x_2,\ldots,x_n)\in R_{1,2}} f(x_1, x_2, \ldots, x_n \,|\, \theta_1) dx_1 dx_2 \cdots dx_n \\ &\qquad + \iint\cdots\int_{(x_1,x_2,\ldots,x_n)\in R_{1,\overline{2}}} f(x_1, x_2, \ldots, x_n \,|\, \theta_1) dx_1 dx_2 \cdots dx_n\end{aligned}$$

と表すことができ，同様に棄却域が R_2 のときの検出力は，

$$\begin{aligned}&\iint\cdots\int_{(x_1,x_2,\ldots,x_n)\in R_2} f(x_1, x_2, \ldots, x_n \,|\, \theta_1) dx_1 dx_2 \cdots dx_n \\ &\quad = \iint\cdots\int_{(x_1,x_2,\ldots,x_n)\in R_{1,2}} f(x_1, x_2, \ldots, x_n \,|\, \theta_1) dx_1 dx_2 \cdots dx_n \\ &\qquad + \iint\cdots\int_{(x_1,x_2,\ldots,x_n)\in R_{\overline{1},2}} f(x_1, x_2, \ldots, x_n \,|\, \theta_1) dx_1 dx_2 \cdots dx_n\end{aligned}$$

と表すことができるから，前者から後者を引き算すると，

$$\begin{aligned}&\iint\cdots\int_{(x_1,x_2,\ldots,x_n)\in R_{1,\overline{2}}} f(x_1, x_2, \ldots, x_n \,|\, \theta_1) dx_1 dx_2 \cdots dx_n \\ &\quad - \iint\cdots\int_{(x_1,x_2,\ldots,x_n)\in R_{\overline{1},2}} f(x_1, x_2, \ldots, x_n \,|\, \theta_1) dx_1 dx_2 \cdots dx_n\end{aligned}$$

となる．これが必ず 0 以上であることを示せば，尤度比に基づく棄却域 R_1 は検出力を最大にする棄却域であることがわかる．式 (12.11) より，

$$\iint\cdots\int_{(x_1,x_2,\ldots,x_n)\in R_{1,\overline{2}}} f(x_1,x_2,\ldots,x_n\,|\,\theta_0)dx_1dx_2\cdots dx_n$$
$$-\iint\cdots\int_{(x_1,x_2,\ldots,x_n)\in R_{\overline{1},2}} f(x_1,x_2,\ldots,x_n\,|\,\theta_0)dx_1dx_2\cdots dx_n=0$$

であるから，

$$\begin{aligned}
&\iint\cdots\int_{(x_1,x_2,\ldots,x_n)\in R_{1,\overline{2}}} f(x_1,x_2,\ldots,x_n\,|\,\theta_1)dx_1dx_2\cdots dx_n\\
&\quad-\iint\cdots\int_{(x_1,x_2,\ldots,x_n)\in R_{\overline{1},2}} f(x_1,x_2,\ldots,x_n\,|\,\theta_1)dx_1dx_2\cdots dx_n\\
&=\iint\cdots\int_{(x_1,x_2,\ldots,x_n)\in R_{1,\overline{2}}} f(x_1,x_2,\ldots,x_n\,|\,\theta_1)dx_1dx_2\cdots dx_n\\
&\quad-\iint\cdots\int_{(x_1,x_2,\ldots,x_n)\in R_{\overline{1},2}} f(x_1,x_2,\ldots,x_n\,|\,\theta_1)dx_1dx_2\cdots dx_n\\
&\quad-\frac{1}{k}\left(\iint\cdots\int_{(x_1,x_2,\ldots,x_n)\in R_{1,\overline{2}}} f(x_1,x_2,\ldots,x_n\,|\,\theta_0)dx_1dx_2\cdots dx_n\right.\\
&\qquad\left.-\iint\cdots\int_{(x_1,x_2,\ldots,x_n)\in R_{\overline{1},2}} f(x_1,x_2,\ldots,x_n\,|\,\theta_0)dx_1dx_2\cdots dx_n\right)\\
&=\iint\cdots\int_{(x_1,x_2,\ldots,x_n)\in R_{1,\overline{2}}}\left(f(x_1,x_2,\ldots,x_n\,|\,\theta_1)-\frac{1}{k}f(x_1,x_2,\ldots,x_n\,|\,\theta_0)\right)dx_1dx_2\cdots dx_n\\
&\quad-\iint\cdots\int_{(x_1,x_2,\ldots,x_n)\in R_{\overline{1},2}}\left(f(x_1,x_2,\ldots,x_n\,|\,\theta_1)-\frac{1}{k}f(x_1,x_2,\ldots,x_n\,|\,\theta_0)\right)dx_1dx_2\cdots dx_n
\end{aligned}$$

ここで，最後の2行にわたる式における第1項は $(x_1,x_2,\ldots,x_n)\in R_{1,\overline{2}}$ の範囲での積分であり，$R_{1,\overline{2}}$ は R_1 の部分集合であるから，

$$\frac{f(x_1,x_2,\ldots,x_n\,|\,\theta_0)}{f(x_1,x_2,\ldots,x_n\,|\,\theta_1)}<k \quad\Leftrightarrow\quad f(x_1,x_2,\ldots,x_n\,|\,\theta_1)>\frac{1}{k}f(x_1,x_2,\ldots,x_n\,|\,\theta_0)$$

となることに注意すれば，この積分は0以上の値になる．また，第2項（積分記号の前のマイナスは含めない）は $(x_1,x_2,\ldots,x_n)\in R_{\overline{1},2}$ の範囲での積分であり，$R_{\overline{1},2}$ は R_1 には含まれないことから，

$$\frac{f(x_1,x_2,\ldots,x_n\,|\,\theta_0)}{f(x_1,x_2,\ldots,x_n\,|\,\theta_1)}\geq k \quad\Leftrightarrow\quad f(x_1,x_2,\ldots,x_n\,|\,\theta_1)\leq\frac{1}{k}f(x_1,x_2,\ldots,x_n\,|\,\theta_0)$$

となることに注意すれば，この積分は0以下の値になる．これより，尤度比に基づく棄却域 R_1 と別の棄却域 R_2 の検出力を比較すると，前者の方が必ず大きい（あるいは同じ）ことがわかる．

したがって，尤度比に基づく棄却域は同じ有意水準の下で最も大きい検出力を与える検定になる．上記の議論では，先に定数 k の値が決まっているかのように議論してきたが，実際には，まず有意水準 α の値を先に決めるのが通常であるから，棄

却域

$$R = \left\{ (x_1, x_2, \ldots, x_n) \,\middle|\, \frac{f(x_1, x_2, \ldots, x_n \,|\, \theta_0)}{f(x_1, x_2, \ldots, x_n \,|\, \theta_1)} < k \right\}$$

における k の値については，

$$\iint \cdots \int_{(x_1, x_2, \ldots, x_n) \in R} f(x_1, x_2, \ldots, x_n \,|\, \theta_0) dx_1 dx_2 \cdots dx_n = \alpha$$

が成り立つような k の値を見つけて設定することになる．これによって，有意水準 α で検出力を最大にする棄却域が得られることになり，この検定を**最強力検定**（most powerful test）と呼ぶ．また，尤度比に基づく検定を**尤度比検定**（likelihood ratio test）と呼ぶ．

なお，k の値を大きくすると棄却域 R の範囲が広がり第 1 種の誤りの確率は 1 に近づき，k の値を小さくすると棄却域 R の範囲が狭くなり第 1 種の誤りの確率は 0 に近づくから，ちょうど α の値になるような k を見つければよい．ただし，離散分布の場合など，ピッタリ α の値に一致するような k が存在しないこともある．その際は，通常，第 1 種の誤りの確率が α 以下で，かつ α に最も近くなるような k を選択することになる．

また，尤度比検定での棄却域は

$$\frac{f(x_1, x_2, \ldots, x_n \,|\, \theta_0)}{f(x_1, x_2, \ldots, x_n \,|\, \theta_1)} < k$$

のように表されるが，分母と分子をひっくり返して，

$$\frac{f(x_1, x_2, \ldots, x_n \,|\, \theta_1)}{f(x_1, x_2, \ldots, x_n \,|\, \theta_0)} > k'$$

のように構成しても同じことであるし，または対数をとって（これをしばしば**対数尤度比**（log-likelihood ratio）と呼ぶ），

$$\begin{aligned} &\ln \frac{f(x_1, x_2, \ldots, x_n \,|\, \theta_0)}{f(x_1, x_2, \ldots, x_n \,|\, \theta_1)} \\ &\quad = \ln f(x_1, x_2, \ldots, x_n \,|\, \theta_0) - \ln f(x_1, x_2, \ldots, x_n \,|\, \theta_1) < k'' \end{aligned}$$

あるいは

$$\begin{aligned} &\ln \frac{f(x_1, x_2, \ldots, x_n \,|\, \theta_1)}{f(x_1, x_2, \ldots, x_n \,|\, \theta_0)} \\ &\quad = \ln f(x_1, x_2, \ldots, x_n \,|\, \theta_1) - \ln f(x_1, x_2, \ldots, x_n \,|\, \theta_0) > k''' \end{aligned}$$

としてもよい．さらに，尤度比あるいは対数尤度比を何らかの単調増加関数 g で単

調変換して（例えば，線形変換や平方根をとるなど），

$$g\left(\ln\frac{f(x_1,x_2,\ldots,x_n\,|\,\theta_0)}{f(x_1,x_2,\ldots,x_n\,|\,\theta_1)}\right)<k''''$$

のように棄却域を構成しても同じことである．実際，この後で出てくる正規母集団の例では，尤度比や対数尤度比そのものより，それを単調変換した方が検定統計量がわかりやすくなる．

さて，ここまでは対立仮説として，単純仮説を考えてきたため，ネイマン–ピアソンの補題に基づき，尤度比検定が最強力検定になった．一方，対立仮説が複合仮説になっている場合は，話はそれほど簡単ではない．ただし，特殊なケースでは，最強力検定が得られることがある．以下に一例を挙げよう．

例 12.16（正規分布における母平均の片側対立仮説に対する最強力検定）　正規母集団 $N(\mu,\sigma^2)$ からの大きさ n の無作為標本 $x_1,x_2,\ldots,x_n$ が得られており，母分散 σ^2 は既知で母平均 μ に関して以下の検定（片側検定）を有意水準 $\alpha=0.05$ で行うとする．

$$H_0:\mu=\mu_0\ （帰無仮説）,\qquad H_1:\mu>\mu_0\ （対立仮説）$$

まずは，対立仮説における μ の値を1つ固定して，以下の単純仮説を考えることにしよう．

$$H_0:\mu=\mu_0\ （帰無仮説）,\qquad H_1:\mu=\mu_1>\mu_0\ （対立仮説）$$

この場合，単純仮説であるから，ネイマン–ピアソンの補題より，尤度比検定が最強力検定になる．$x_1,x_2,\ldots,x_n$ の同時確率密度関数は，

$$\begin{aligned}
f\left(x_1,x_2,\ldots,x_n\,|\,\mu\right)&=\prod_{i=1}^{n}\frac{1}{\sqrt{2\pi}\sigma}e^{-\frac{1}{2\sigma^2}(x_i-\mu)^2}\\
&=(2\pi)^{-\frac{n}{2}}\sigma^{-n}e^{-\frac{1}{2\sigma^2}\sum_{i=1}^{n}(x_i-\overline{x})^2}e^{-\frac{1}{2\sigma^2}n(\overline{x}-\mu)^2}
\end{aligned}$$

と表される．したがって，対数尤度比に基づく棄却域は，

$$\begin{aligned}
&\ln\frac{f\left(x_1,x_2,\ldots,x_n\,|\,\mu_0\right)}{f\left(x_1,x_2,\ldots,x_n\,|\,\mu_1\right)}\\
&=\ln\frac{(2\pi)^{-\frac{n}{2}}\sigma^{-n}\exp\left\{-\frac{1}{2\sigma^2}\sum_{i=1}^{n}(x_i-\overline{x})^2\right\}\exp\left\{-\frac{1}{2\sigma^2}n\left(\overline{x}-\mu_0\right)^2\right\}}{(2\pi)^{-\frac{n}{2}}\sigma^{-n}\exp\left\{-\frac{1}{2\sigma^2}\sum_{i=1}^{n}(x_i-\overline{x})^2\right\}\exp\left\{-\frac{1}{2\sigma^2}n\left(\overline{x}-\mu_1\right)^2\right\}}\\
&=\ln\frac{\exp\left\{-\frac{1}{2\sigma^2}n\left(\overline{x}-\mu_0\right)^2\right\}}{\exp\left\{-\frac{1}{2\sigma^2}n\left(\overline{x}-\mu_1\right)^2\right\}}
\end{aligned}$$

$$= -\frac{1}{2\sigma^2}n\left(\overline{x}-\mu_0\right)^2 + \frac{1}{2\sigma^2}n\left(\overline{x}-\mu_1\right)^2$$
$$= \frac{1}{\sigma^2}n\left(\mu_0-\mu_1\right)\overline{x} + \frac{1}{2\sigma^2}n\left(\mu_1^2-\mu_0^2\right) < k$$

で表され，さらに，$\mu_0 - \mu_1 < 0$ に注意すれば，

$$\overline{x} > k'$$

で表されることがわかる．ここで，k' は第 1 種の誤りの確率が $\alpha = 0.05$ になるように決めればよいから，帰無仮説の下，$\overline{x} \sim N\left(\mu_0, \frac{\sigma^2}{n}\right)$ であることに注意すれば，正規分布表の $K_{0.05} = 1.645$ より，

$$\frac{\overline{x}-\mu_0}{\sigma/\sqrt{n}} > 1.645 \tag{12.12}$$

が棄却域になる．これが，単純仮説

$$H_0 : \mu = \mu_0 \text{（帰無仮説）}, \qquad H_1 : \mu = \mu_1 > \mu_0 \text{（対立仮説）}$$

の下での最強力検定になる．ここで，結果的に上記の棄却域が μ_1 の値に依存していないことに注意すると，$\mu_1 > \mu_0$ の範囲であれば，任意の μ_1 の値に対して，棄却域 (12.12) が最強力検定になっていることがわかる．したがって，複合仮説

$$H_0 : \mu = \mu_0 \text{（帰無仮説）}, \qquad H_1 : \mu > \mu_0 \text{（対立仮説）}$$

においても，棄却域 (12.12) が最強力検定として得られることがわかる．□

このような複合仮説における最強力検定を，特に**一様最強力検定**（uniformly most powerful test, UMP test）と呼ぶ．また，上の例から，第 7 章で説明した正規母集団における母分散が既知のときの母平均の片側検定の棄却域は，一様最強力検定になっていたことがわかる．なお，母分散が未知のときの片側仮説では，t 分布を用いた片側検定が一様最強力検定になるが，詳細は省略する．

さて，一方で，上の例のようにうまく一様最強力検定が存在するとは限らない．実際，第 7 章で扱った正規母集団における母平均の両側検定

$$H_0 : \mu = \mu_0 \text{（帰無仮説）}, \qquad H_1 : \mu \neq \mu_0 \text{（対立仮説）}$$

を考えると（有意水準を α とおく），このときは一様最強力検定が存在しない．実際，単純仮説

$$H_0 : \mu = \mu_0 \text{（帰無仮説）}, \qquad H_1 : \mu = \mu_1 > \mu_0 \text{（対立仮説）}$$

の下での最強力検定は前述のとおりの議論より

$$\frac{\overline{x}-\mu_0}{\sigma/\sqrt{n}} > K_\alpha$$

となり，一方，単純仮説

$$H_0: \mu = \mu_0 \text{（帰無仮説）}, \qquad H_1: \mu = \mu_1 < \mu_0 \text{（対立仮説）}$$

の下での最強力検定は前述と同様の議論を $\mu_0 - \mu_1 > 0$ となることに注意して進めると

$$\frac{\overline{x}-\mu_0}{\sigma/\sqrt{n}} < -K_\alpha$$

となる．これが意味することは，両側検定では，対立仮説 $H_1: \mu \neq \mu_0$ において $\mu > \mu_0$ あるいは $\mu < \mu_0$ のどちらであるかによって尤度比に基づく検定が変わってくるということであり，したがって対立仮説 $H_1: \mu \neq \mu_0$ の母数 μ の動く範囲において一様に検出力を最大にする検定は存在しないことがわかる．

さて，このように，対立仮説の母数の範囲において，尤度比検定が変わってくるとき，1 つの検定の方法として，以下の**一般化尤度比検定**（generalized likelihood ratio test）がある．

- $x_1, x_2, \ldots, x_n$ の同時確率密度関数を $f(x_1, x_2, \ldots, x_n \,|\, \theta)$ とおき，母数 θ について以下のような帰無仮説と対立仮説を立てるとする．

$$H_0: \theta = \theta_0 \text{（帰無仮説）}, \qquad H_1: \theta \in \Theta_1 \text{（対立仮説）}$$

Θ_1 は対立仮説における θ のとり得る値の集合を表す．このとき，以下のように棄却域を決めることを一般化尤度比検定（しばしば単に尤度比検定）と呼ぶ．また，この式の左辺をしばしば一般化尤度比（あるいは単に尤度比）と呼ぶ．

$$\frac{f(x_1, x_2, \ldots, x_n \,|\, \theta_0)}{\sup_{\theta \in \Theta_1} f(x_1, x_2, \ldots, x_n \,|\, \theta)} \geq k \quad \Rightarrow \quad H_0(\theta = \theta_0) \text{ を棄却しない}$$

$$\frac{f(x_1, x_2, \ldots, x_n \,|\, \theta_0)}{\sup_{\theta \in \Theta_1} f(x_1, x_2, \ldots, x_n \,|\, \theta)} < k \quad \Rightarrow \quad H_0(\theta = \theta_0) \text{ を棄却する}$$

なお，単純仮説のときの尤度比と同様に，分母と分子を逆にして考えてもよいし（その場合は符号の向きも逆になる），対数をとって

$$\ln \frac{f(x_1, x_2, \ldots, x_n \,|\, \theta_0)}{\sup_{\theta \in \Theta_1} f(x_1, x_2, \ldots, x_n \,|\, \theta)} \geq k' \quad \Rightarrow \quad H_0(\theta = \theta_0) \text{ を棄却しない}$$

$$\ln \frac{f(x_1, x_2, \ldots, x_n \,|\, \theta_0)}{\sup_{\theta \in \Theta_1} f(x_1, x_2, \ldots, x_n \,|\, \theta)} < k' \quad \Rightarrow \quad H_0(\theta = \theta_0) \text{ を棄却する}$$

のようにしてもよい（これを一般化対数尤度比と呼ぶことがある）．また，これらを単調変換したものをもとに棄却域を構成してもよい．

この一般化尤度比検定の考え方は，対立仮説が単純仮説ではなく，複合仮説であるのであれば，母数が 1 点に決まっていないため，代わりに対立仮説の範囲での母数の最尤推定量を使おうという考えである．ただし，1 つの注意として，単純仮説の場合においては尤度比検定は最強力検定になるという優れた性質が保証されていたが，複合仮説における一般化尤度比検定についてはそのような最適性は必ずしも保証されない．

この考えに基づいた場合，先の正規母集団における両側検定における棄却域がどのようになるか計算してみよう．

例 12.17（正規分布における母平均の両側対立仮説に対する一般化尤度比検定）
正規母集団 $N(\mu, \sigma^2)$ からの大きさ n の無作為標本 $x_1, x_2, \ldots, x_n$ が得られており，母分散 σ^2 は既知で母平均 μ に関して以下の検定（両側検定）を有意水準 $\alpha = 0.05$ で行うとする．

$$H_0 : \mu = \mu_0 \text{（帰無仮説）}, \qquad H_1 : \mu \neq \mu_0 \text{（対立仮説）}$$

$x_1, x_2, \ldots, x_n$ の同時確率密度関数は，

$$\begin{aligned} f(x_1, x_2, \ldots, x_n \,|\, \mu) &= \prod_{i=1}^{n} \frac{1}{\sqrt{2\pi}\sigma} e^{-\frac{1}{2\sigma^2}(x_i-\mu)^2} \\ &= (2\pi)^{-\frac{n}{2}} \sigma^{-n} e^{-\frac{1}{2\sigma^2}\sum_{i=1}^{n}(x_i-\overline{x})^2} e^{-\frac{1}{2\sigma^2}n(\overline{x}-\mu)^2} \end{aligned}$$

と表される．したがって，一般化対数尤度比は，

$$\begin{aligned} &\ln \frac{f(x_1, x_2, \ldots, x_n \,|\, \mu_0)}{\sup_{\mu\neq\mu_0} f(x_1, x_2, \ldots, x_n \,|\, \mu)} \\ &= \ln \frac{(2\pi)^{-\frac{n}{2}} \sigma^{-n} \exp\left\{-\frac{1}{2\sigma^2}\sum_{i=1}^{n}(x_i-\overline{x})^2\right\} \exp\left\{-\frac{1}{2\sigma^2}n(\overline{x}-\mu_0)^2\right\}}{\sup_{\mu\neq\mu_0}(2\pi)^{-\frac{n}{2}} \sigma^{-n} \exp\left\{-\frac{1}{2\sigma^2}\sum_{i=1}^{n}(x_i-\overline{x})^2\right\} \exp\left\{-\frac{1}{2\sigma^2}n(\overline{x}-\mu)^2\right\}} \end{aligned}$$

となり，ここで分母について，$\mu = \overline{x}$ のときが明らかに最大になることから（sup であるから，$\overline{x} = \mu_0$ になるかどうかによる場合分けは必要ない），一般化対数尤度比を用いた棄却域は

$$\begin{aligned} &\ln \frac{(2\pi)^{-\frac{n}{2}} \sigma^{-n} \exp\left\{-\frac{1}{2\sigma^2}\sum_{i=1}^{n}(x_i-\overline{x})^2\right\} \exp\left\{-\frac{1}{2\sigma^2}n(\overline{x}-\mu_0)^2\right\}}{(2\pi)^{-\frac{n}{2}} \sigma^{-n} \exp\left\{-\frac{1}{2\sigma^2}\sum_{i=1}^{n}(x_i-\overline{x})^2\right\}} \\ &= \ln e^{-\frac{1}{2\sigma^2}n(\overline{x}-\mu_0)^2} = -\frac{1}{2\sigma^2}n(\overline{x}-\mu_0)^2 < k' \end{aligned}$$

となる．したがって，これを単調変換することにより，棄却域は

$$|\overline{x} - \mu_0| > k''$$

と表される．k'' は第 1 種の誤りの確率が $\alpha = 0.05$ になるように決めればよいから，帰無仮説の下，$\overline{x} \sim N\left(\mu_0, \frac{\sigma^2}{n}\right)$ であることから，$K_{0.025} = 1.96$ より，

$$\left|\frac{\overline{x} - \mu_0}{\sigma/\sqrt{n}}\right| > 1.96$$

が一般化尤度比検定による棄却域となる．これは，第 7 章で学んだ正規母集団における母分散 σ^2 が既知のときの母平均の両側検定に結果的に一致していることがわかる．□

上の例における一般化尤度比検定による棄却域は，先に述べたとおり，一様最強力検定ではない（そもそも一様最強力検定はこのケースでは存在しない）．しかし，一方で，この両側検定は実は以下に述べる**不偏検定**（unbiased test）の枠組みでは一様最強力であることが知られている．最後に，不偏検定について少しだけ説明することにする．

- ある検定が，対立仮説における任意の母数で，常に検出力が有意水準 α 以上になるとき，その検定は不偏検定であると呼ばれる．

例 12.17 では，両側検定にすることで不偏検定になっており，さらに実はその検出力が考えられ得るすべての不偏検定において一様に検出力が最も大きい一様最強力不偏検定と呼ばれるものになっている．

両側仮説の検定を考えるとき，不偏検定にしておくのは 1 つの自然な考えであるが，必ずしも不偏検定しか用いられないということではない．実際，第 7 章で扱った正規母集団 $N(\mu, \sigma^2)$ からの大きさ n の無作為標本 $x_1, x_2, \ldots, x_n$ が得られている場合に，

$$H_0 : \sigma^2 = \sigma_0^2 \text{（帰無仮説）}, \qquad H_1 : \sigma^2 \neq \sigma_0^2 \text{（対立仮説）}$$

の両側検定を行うことを思い出してみよう．有意水準を $\alpha = 0.05$ とおくと，帰無仮説の棄却域は，

$$\frac{S}{\sigma_0^2} < \chi^2(n-1, 0.975), \qquad \frac{S}{\sigma_0^2} > \chi^2(n-1, 0.025) \tag{12.13}$$

であった（ここで，S は偏差平方和 $S = \sum_{i=1}^{n}(x_i - \overline{x})^2$）．この棄却域による対立仮説 $H_1 : \sigma^2 \neq \sigma_0^2$ における検出力は，

$$\begin{aligned}
&P\left(\frac{S}{\sigma_0^2} < \chi^2(n-1, 0.975)\right) + P\left(\frac{S}{\sigma_0^2} > \chi^2(n-1, 0.025)\right) \\
&\quad = P\left(\frac{S}{\sigma^2} < \frac{\sigma_0^2}{\sigma^2}\chi^2(n-1, 0.975)\right) + P\left(\frac{S}{\sigma^2} > \frac{\sigma_0^2}{\sigma^2}\chi^2(n-1, 0.025)\right)
\end{aligned}$$

である．対立仮説の下では，$\frac{S}{\sigma^2}$ が $\chi^2(n-1)$ に従うことに注意すると，検出力は，

$$P\left(\chi^2(n-1) < \frac{\sigma_0^2}{\sigma^2}\chi^2(n-1, 0.975)\right) + P\left(\chi^2(n-1) > \frac{\sigma_0^2}{\sigma^2}\chi^2(n-1, 0.025)\right)$$

と表される（この検出力曲線は第 7 章の**図 7.15** に示されている）．例えば，$n=5$ のときは，

$$\begin{aligned} &P\left(\chi^2(4) < \frac{\sigma_0^2}{\sigma^2}\chi^2(4,\ 0.975)\right) + P\left(\chi^2(4) > \frac{\sigma_0^2}{\sigma^2}\chi^2(4,\ 0.025)\right) \\ &= P\left(\chi^2(4) < 0.484\frac{\sigma_0^2}{\sigma^2}\right) + P\left(\chi^2(4) > 11.14\frac{\sigma_0^2}{\sigma^2}\right) \end{aligned}$$

となる．これを $x = \frac{\sigma^2}{\sigma_0^2}$ の関数と捉え，すなわち，

$$h(x) = P\left(\chi^2(4) < \frac{1}{x}\chi^2(4,\ 0.975)\right) + P\left(\chi^2(4) > \frac{1}{x}\chi^2(4,\ 0.025)\right)$$

とおいて，検出力曲線を描くと，**図 12.1** のようになる．

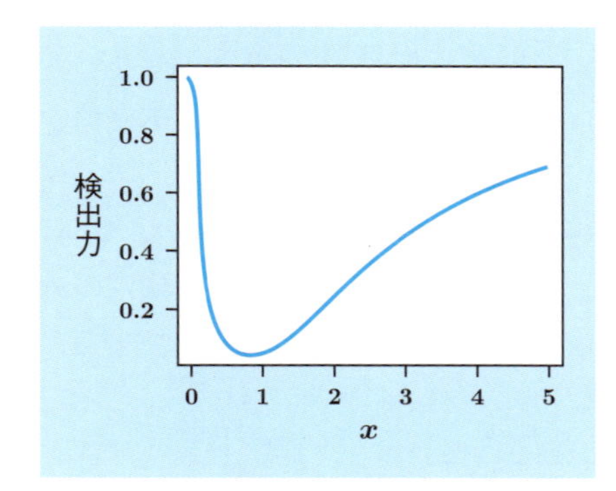

図 12.1　$n=5$ のときの母分散の両側検定の検出力

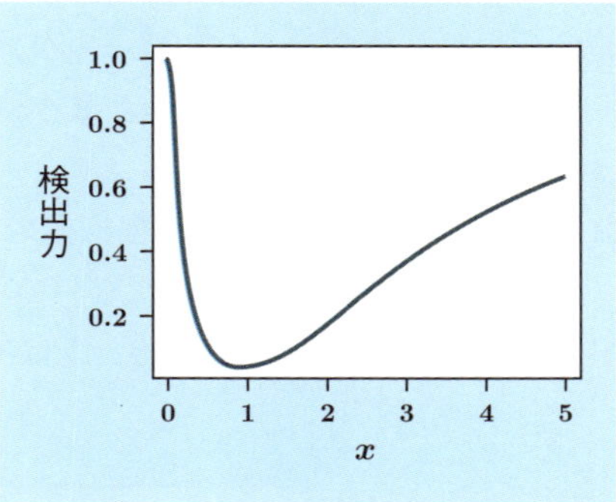

図 12.2　$n=5$ のときの母分散の両側仮説に対する不偏検定の検出力

この図を見ると，$x = \frac{\sigma^2}{\sigma_0^2}$ が 1 より少し小さいときには検出力が $\alpha = 0.05$ より小さくなっているように見える．実際，$x = \frac{\sigma^2}{\sigma_0^2} \cong 0.85$ あたりで検出力は最小になり，そのときの検出力は約 0.044403 になる．したがって，この棄却域は不偏検定にはならない．

そこで，不偏検定になるように棄却域を調整することを考えてみよう．棄却域は，$-0.025 \leq \gamma \leq 0.025$ の範囲で

$$\frac{S}{\sigma_0^2} < \chi^2(4,\ 0.975+\gamma), \qquad \frac{S}{\sigma_0^2} > \chi^2(4,\ 0.025+\gamma)$$

としても有意水準は $\alpha = 0.05$ のまま変わらないことに注意しよう．詳細は省くが，$\gamma \cong -0.01272$，すなわち，棄却域を

$$\frac{S}{\sigma_0^2} < \chi^2(4,\ 0.96228), \qquad \frac{S}{\sigma_0^2} > \chi^2(4,\ 0.01228)$$

とすることで不偏検定にすることができる．このとき，検出力は

$$P\left(\chi^2(4) < \frac{\sigma_0^2}{\sigma^2}\chi^2(4,\ 0.96228)\right) + P\left(\chi^2(4) > \frac{\sigma_0^2}{\sigma^2}\chi^2(4,\ 0.01228)\right)$$
$$= P\left(\chi^2(4) < 0.6070\frac{\sigma_0^2}{\sigma^2}\right) + P\left(\chi^2(4) > 12.8029\frac{\sigma_0^2}{\sigma^2}\right)$$

となり（$\chi^2(4,\ 0.96228) = 0.6070$，$\chi^2(4,\ 0.01228) = 12.8029$ については，ソフトウエアを用いて求めた），$x = \frac{\sigma^2}{\sigma_0^2}$ の関数として，

$$h(x) = P\left(\chi^2(4) < \frac{1}{x}\chi^2(4,\ 0.96228)\right) + P\left(\chi^2(4) > \frac{1}{x}\chi^2(4,\ 0.01228)\right)$$

とおくと，検出力曲線は図 12.2 のようになる．図 12.2 を見ると，（図 12.1 との違いは微少なため少しわかりづらいが）ちょうど $x = \frac{\sigma^2}{\sigma_0^2} = 1$ のとき（すなわち帰無仮説が正しいとき）に検出力が最小値（0.05）になっており，確かに不偏検定になっている．

なお，1 つの注意として，不偏検定の方が必ず良いというわけではない．図 12.3 は，図 12.1 と図 12.2 を重ねたものである．$x = \frac{\sigma^2}{\sigma_0^2} < 1$ のときは不偏検定の方が検出力は高いが，$x = \frac{\sigma^2}{\sigma_0^2} > 1$ のときは不偏検定の方が検出力は低くなっている．不

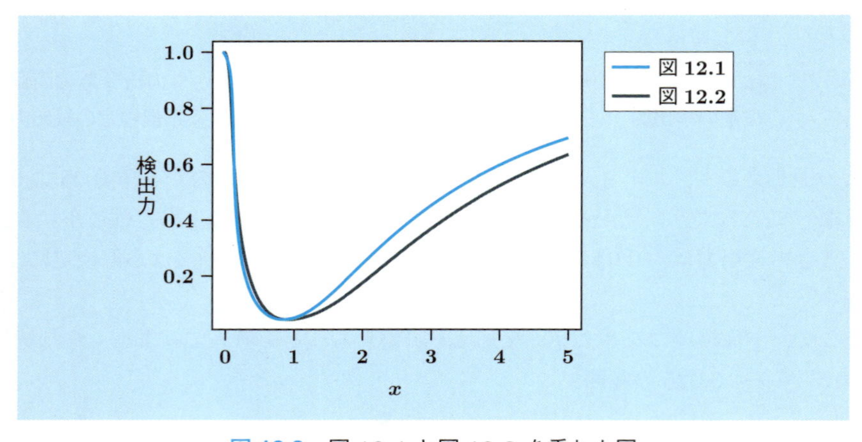

図 12.3　図 12.1 と図 12.2 を重ねた図

偏検定であることにどこまでこだわるかは解析者次第であるが，棄却域

$$\frac{S}{\sigma_0^2} < \chi^2(n-1,\ 0.975+\gamma), \qquad \frac{S}{\sigma_0^2} > \chi^2(n-1,\ 0.025+\gamma)$$

において，$\gamma \cong -0.01272$ とすることで不偏検定になるのは $n=5$ の場合のみであり，データ数 n が変われば異なる γ の値で不偏検定になる．n の値ごとに不偏検定になる γ の値を調べるのは手間であるため，不偏検定にこだわらず，第 7 章で扱ったとおりに，棄却域を (12.13) とするのが通常である．

演 習 問 題

1 例 12.2 の別の見方として，以下のような 1 が出る確率が p で，0 が出る確率が $1-p$ の確率関数

$$p(x\,|\,p) = p^x(1-p)^{1-x} \quad (x=0,1)$$

の分布からの大きさ n の無作為標本 $x_1, x_2, \ldots, x_n$ が得られているとする．この確率関数はコイン投げ 1 回の表裏の結果を記述する分布になっており，これを**ベルヌーイ分布**（Bernoulli distribution）と呼び，しばしば $Ber(p)$ のように表す．2 項分布 $B(1,p)$ と見なすこともでき，平均，分散はそれぞれ p および $p(1-p)$ で与えられる．

(a) $\widehat{p} = \overline{x} = \frac{1}{n}\sum_{i=1}^{n} x_i$ とおく．$\widehat{p}$ の平均と分散を求めなさい．

(b) $Ber(p)$ の確率関数に基づき，p のフィッシャー情報量を求めなさい．

(c) クラメール–ラオの不等式による不偏推定量の分散下限を求め，$\widehat{p} = \overline{x}$ が p の最小分散不偏推定量であることを示しなさい．

2 幾何分布 $Ge(p)$ が指数型分布族に属することを確認しなさい．

3 問 1 と同様に，ベルヌーイ分布 $Ber(p)$ からの大きさ n の無作為標本 $x_1, x_2, \ldots, x_n$ が得られているとする．

(a) ベルヌーイ分布 $Ber(p)$ が指数型分布族に属することを確認しなさい．

(b) p の完備十分統計量を示し，p の最小分散不偏推定量を求めなさい．

4 幾何分布 $Ge(p)$ からの大きさ n の無作為標本 $x_1, x_2, \ldots, x_n$ が得られているとする．このとき，p の最尤推定量を求めなさい．

5 x_1 は $Po(\lambda)$，x_2 は $Po(2\lambda)$，x_3 は $Po(3\lambda)$ に互いに独立に従う確率変数であるとする．このとき，λ の最尤推定量を求めなさい．

付表 1　正規分布表

$$P = Pr\{u \geq K_P\} = \int_{K_P}^{\infty} \frac{1}{\sqrt{2\pi}} e^{-\frac{1}{2}x^2} dx$$

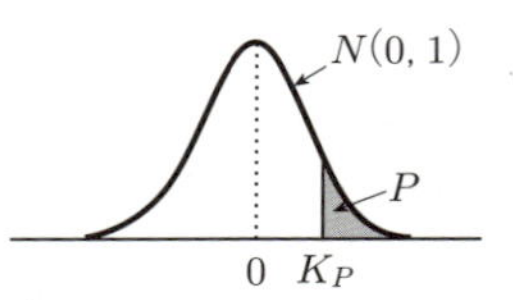

K_P から P を求める表（$K_P \to P$）

K_P	* = 0	1	2	3	4	5	6	7	8	9
0.0*	.5000	.4960	.4920	.4880	.4840	.4801	.4761	.4721	.4681	.4641
0.1*	.4602	.4562	.4522	.4483	.4443	.4404	.4364	.4325	.4286	.4247
0.2*	.4207	.4168	.4129	.4090	.4052	.4013	.3974	.3936	.3897	.3859
0.3*	.3821	.3783	.3745	.3707	.3669	.3632	.3594	.3557	.3520	.3483
0.4*	.3446	.3409	.3372	.3336	.3300	.3264	.3228	.3192	.3156	.3121
0.5*	.3085	.3050	.3015	.2981	.2946	.2912	.2877	.2843	.2810	.2776
0.6*	.2743	.2709	.2676	.2643	.2611	.2578	.2546	.2514	.2483	.2451
0.7*	.2420	.2389	.2358	.2327	.2296	.2266	.2236	.2206	.2177	.2148
0.8*	.2119	.2090	.2061	.2033	.2005	.1977	.1949	.1922	.1894	.1867
0.9*	.1841	.1814	.1788	.1762	.1736	.1711	.1685	.1660	.1635	.1611
1.0*	.1587	.1562	.1539	.1515	.1492	.1469	.1446	.1423	.1401	.1379
1.1*	.1357	.1335	.1314	.1292	.1271	.1251	.1230	.1210	.1190	.1170
1.2*	.1151	.1131	.1112	.1093	.1075	.1056	.1038	.1020	.1003	.0985
1.3*	.0968	.0951	.0934	.0918	.0901	.0885	.0869	.0853	.0838	.0823
1.4*	.0808	.0793	.0778	.0764	.0749	.0735	.0721	.0708	.0694	.0681
1.5*	.0668	.0655	.0643	.0630	.0618	.0606	.0594	.0582	.0571	.0559
1.6*	.0548	.0537	.0526	.0516	.0505	.0495	.0485	.0475	.0465	.0455
1.7*	.0446	.0436	.0427	.0418	.0409	.0401	.0392	.0384	.0375	.0367
1.8*	.0359	.0351	.0344	.0336	.0329	.0322	.0314	.0307	.0301	.0294
1.9*	.0287	.0281	.0274	.0268	.0262	.0256	.0250	.0244	.0239	.0233
2.0*	.0228	.0222	.0217	.0212	.0207	.0202	.0197	.0192	.0188	.0183
2.1*	.0179	.0174	.0170	.0166	.0162	.0158	.0154	.0150	.0146	.0143
2.2*	.0139	.0136	.0132	.0129	.0125	.0122	.0119	.0116	.0113	.0110
2.3*	.0107	.0104	.0102	.0099	.0096	.0094	.0091	.0089	.0087	.0084
2.4*	.0082	.0080	.0078	.0075	.0073	.0071	.0069	.0068	.0066	.0064
2.5*	.0062	.0060	.0059	.0057	.0055	.0054	.0052	.0051	.0049	.0048
2.6*	.0047	.0045	.0044	.0043	.0041	.0040	.0039	.0038	.0037	.0036
2.7*	.0035	.0034	.0033	.0032	.0031	.0030	.0029	.0028	.0027	.0026
2.8*	.0026	.0025	.0024	.0023	.0023	.0022	.0021	.0021	.0020	.0019
2.9*	.0019	.0018	.0018	.0017	.0016	.0016	.0015	.0015	.0014	.0014
3.0*	.0013	.0013	.0013	.0012	.0012	.0011	.0011	.0011	.0010	.0010
3.5	.2326E-3									
4.0	.3167E-4									
4.5	.3398E-5									
5.0	.2867E-6									
5.5	.1899E-7									
6.0	.9866E-9									

例　$K_P = 1.96$ に対する P は，左の見出しの 1.9* から右へ行き，上の見出しの 6 から下がってきたところの値を読み，.0250 となる．

注　正規分布 $N(0,1)$ の累積分布関数 $\Phi(u) = \int_{-\infty}^{u} \frac{1}{\sqrt{2\pi}} e^{-\frac{1}{2}x^2} dx$ の求めかた：

$u < 0$ ならば，$|u| = K_P$ として P を読み，$\Phi(u) = P$ とする．　例：$\Phi(-1.96) = .0250$

$u > 0$ ならば，$u = K_P$ として P を読み，$\Phi(u) = 1 - P$ とする．　例：$\Phi(1.96) = .9750$

出典：森口繁一，日科技連数値表委員会 編『新編 日科技連数値表 第 2 版』日科技連出版社，2009, p.4

$$\int_{K_P}^{\infty} \frac{1}{\sqrt{2\pi}} e^{-\frac{1}{2}x^2} dx = P$$

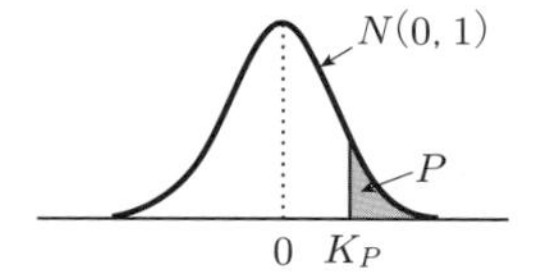

P から K_P を求める表（$P \to K_P$）

P	$*=0$	1	2	3	4	5	6	7	8	9
0.00*	∞	3.090	2.878	2.748	2.652	2.576	2.512	2.457	2.409	2.366
0.0*	∞	2.326	2.054	1.881	1.751	1.645	1.555	1.476	1.405	1.341
0.1*	1.282	1.227	1.175	1.126	1.080	1.036	.994	.954	.915	.878
0.2*	.842	.806	.772	.739	.706	.674	.643	.613	.583	.553
0.3*	.524	.496	.468	.440	.412	.385	.358	.332	.305	.279
0.4*	.253	.228	.202	.176	.151	.126	.100	.075	.050	.025

注　この表は片側確率を指定するとき使う．両側確率 α を指定するときは $P = \frac{\alpha}{2}$ としてこの表を使うか．または t 表の $\phi = \infty$ の行による．

例 1　$P = 0.005$ に対しては，0.00* の行，5 の列を読み，$K_{.005} = 2.576$

例 2　$P = 0.05$ に対しては，0.0* の行，5 の列を読み，$K_{.05} = 1.645$

例 3　$P = 0.25$ に対しては，0.2* の行，5 の列を読み，$K_{.25} = .674$

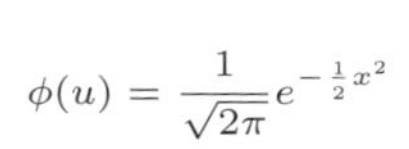

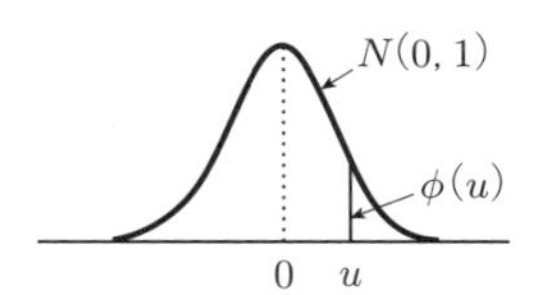

u から $\phi(u)$ を求める表

u	$*=0$	1	2	3	4	5	6	7	8	9
0.*	.399	.397	.391	.381	.368	.352	.333	.312	.290	.266
1.*	.2420	.2179	.1942	.1713	.1497	.1295	.1109	.0940	.0790	.0656
2.*	.0540	.0440	.0355	.0283	.0224	.0175	.0136	.0104	.0079	.0060
3.*	.0044	.0033	.0024	.0017	.0012	.0009	.0006	.0004	.0003	.0002

例　$u = 1.7$ に対しては，1.* の行，7 の列を読み，$\phi(1.7) = .0940$

出典：森口繁一，日科技連数値表委員会 編『新編 日科技連数値表 第 2 版』日科技連出版社，2009, p.5

付表 2　t 分布表

$$P = 2\int_t^{\infty} \frac{1}{\sqrt{\phi\pi}} \frac{\Gamma\left(\frac{\phi+1}{2}\right)}{\Gamma\left(\frac{\phi}{2}\right)} \left(1+\frac{x^2}{\phi}\right)^{-\frac{\phi+1}{2}} dx$$

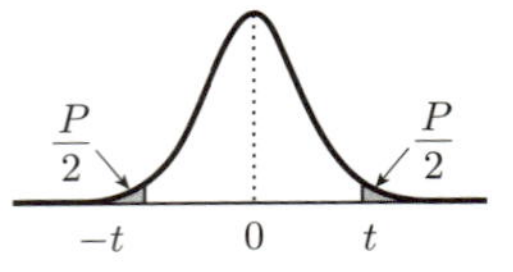

自由度 ϕ と両側確率 P とから $t(\phi, P)$ を求める表

ϕ \ P	0.50	0.40	0.30	0.20	0.10	0.05	0.02	0.01	0.001
1	1.000	1.376	1.963	3.078	6.314	12.706	31.821	63.657	636.619
2	0.816	1.061	1.386	1.886	2.920	4.303	6.965	9.925	31.599
3	0.765	0.978	1.250	1.638	2.353	3.182	4.541	5.841	12.924
4	0.741	0.941	1.190	1.533	2.132	2.776	3.747	4.604	8.610
5	0.727	0.920	1.156	1.476	2.015	2.571	3.365	4.032	6.869
6	0.718	0.906	1.134	1.440	1.943	2.447	3.143	3.707	5.959
7	0.711	0.896	1.119	1.415	1.895	2.365	2.998	3.499	5.405
8	0.706	0.889	1.108	1.397	1.860	2.306	2.896	3.355	5.041
9	0.703	0.883	1.100	1.383	1.833	2.262	2.821	3.250	4.781
10	0.700	0.879	1.093	1.372	1.812	2.228	2.764	3.169	4.587
11	0.697	0.876	1.088	1.363	1.796	2.201	2.718	3.106	4.437
12	0.695	0.873	1.083	1.356	1.782	2.179	2.681	3.055	4.318
13	0.694	0.870	1.079	1.350	1.771	2.160	2.650	3.012	4.221
14	0.692	0.868	1.076	1.345	1.761	2.145	2.624	2.977	4.140
15	0.691	0.866	1.074	1.341	1.753	2.131	2.602	2.947	4.073
16	0.690	0.865	1.071	1.337	1.746	2.120	2.583	2.921	4.015
17	0.689	0.863	1.069	1.333	1.740	2.110	2.567	2.898	3.965
18	0.688	0.862	1.067	1.330	1.734	2.101	2.552	2.878	3.922
19	0.688	0.861	1.066	1.328	1.729	2.093	2.539	2.861	3.883
20	0.687	0.860	1.064	1.325	1.725	2.086	2.528	2.845	3.850
21	0.686	0.859	1.063	1.323	1.721	2.080	2.518	2.831	3.819
22	0.686	0.858	1.061	1.321	1.717	2.074	2.508	2.819	3.792
23	0.685	0.858	1.060	1.319	1.714	2.069	2.500	2.807	3.768
24	0.685	0.857	1.059	1.318	1.711	2.064	2.492	2.797	3.745
25	0.684	0.856	1.058	1.316	1.708	2.060	2.485	2.787	3.725
26	0.684	0.856	1.058	1.315	1.706	2.056	2.479	2.779	3.707
27	0.684	0.855	1.057	1.314	1.703	2.052	2.473	2.771	3.690
28	0.683	0.855	1.056	1.313	1.701	2.048	2.467	2.763	3.674
29	0.683	0.854	1.055	1.311	1.699	2.045	2.462	2.756	3.659
30	0.683	0.854	1.055	1.310	1.697	2.042	2.457	2.750	3.646
40	0.681	0.851	1.050	1.303	1.684	2.021	2.423	2.704	3.551
60	0.679	0.848	1.046	1.296	1.671	2.000	2.390	2.660	3.460
120	0.677	0.845	1.041	1.289	1.658	1.980	2.358	2.617	3.373
∞	0.674	0.842	1.036	1.282	1.645	1.960	2.326	2.576	3.291

例　$\phi = 10$, $P = 0.05$ に対する t の値は，2.228 である．これは自由度 10 の t 分布に従う確率変数が 2.228 以上の絶対値をもって出現する確率が 5%であることを示す．

出典：森口繁一，日科技連数値表委員会 編『新編 日科技連数値表 第 2 版』日科技連出版社，2009，p.6

付表 3　χ^2 分布表

$$P = \int_{\chi^2}^{\infty} \frac{1}{2\Gamma\left(\frac{\phi}{2}\right)} \left(\frac{x}{2}\right)^{\frac{\phi}{2}-1} e^{-\frac{x}{2}} dx$$

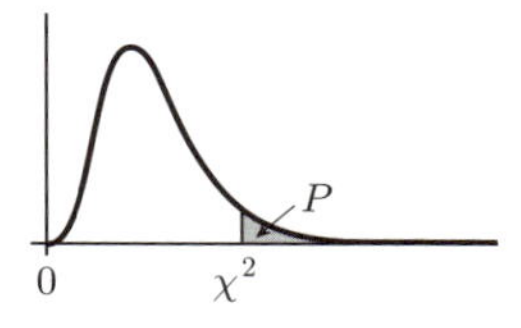

自由度 ϕ と上側確率 P とから $\chi^2(\phi, P)$ を求める表

ϕ \ P	.995	.99	.975	.95	.90	.10	.05	.025	.01	.005
1	0.0^4393	0.0^3157	0.0^3982	0.0^2393	0.0158	2.71	3.84	5.02	6.63	7.88
2	0.0100	0.0201	0.0506	0.103	0.211	4.61	5.99	7.38	9.21	10.60
3	0.0717	0.115	0.216	0.352	0.584	6.25	7.81	9.35	11.34	12.84
4	0.207	0.297	0.484	0.711	1.064	7.78	9.49	11.14	13.28	14.86
5	0.412	0.554	0.831	1.145	1.610	9.24	11.07	12.83	15.09	16.75
6	0.676	0.872	1.237	1.635	2.20	10.64	12.59	14.45	16.81	18.55
7	0.989	1.239	1.690	2.17	2.83	12.02	14.07	16.01	18.48	20.3
8	1.344	1.646	2.18	2.73	3.49	13.36	15.51	17.53	20.1	22.0
9	1.735	2.09	2.70	3.33	4.17	14.68	16.92	19.02	21.7	23.6
10	2.16	2.56	3.25	3.94	4.87	15.99	18.31	20.5	23.2	25.2
11	2.60	3.05	3.82	4.57	5.58	17.28	19.68	21.9	24.7	26.8
12	3.07	3.57	4.40	5.23	6.30	18.55	21.0	23.3	26.2	28.3
13	3.57	4.11	5.01	5.89	7.04	19.81	22.4	24.7	27.7	29.8
14	4.07	4.66	5.63	6.57	7.79	21.1	23.7	26.1	29.1	31.3
15	4.60	5.23	6.26	7.26	8.55	22.3	25.0	27.5	30.6	32.8
16	5.14	5.81	6.91	7.96	9.31	23.5	26.3	28.8	32.0	34.3
17	5.70	6.41	7.56	8.67	10.09	24.8	27.6	30.2	33.4	35.7
18	6.26	7.01	8.23	9.39	10.86	26.0	28.9	31.5	34.8	37.2
19	6.84	7.63	8.91	10.12	11.65	27.2	30.1	32.9	36.2	38.6
20	7.43	8.26	9.59	10.85	12.44	28.4	31.4	34.2	37.6	40.0
21	8.03	8.90	10.28	11.59	13.24	29.6	32.7	35.5	38.9	41.4
22	8.64	9.54	10.98	12.34	14.04	30.8	33.9	36.8	40.3	42.8
23	9.26	10.20	11.69	13.09	14.85	32.0	35.2	38.1	41.6	44.2
24	9.89	10.86	12.40	13.85	15.66	33.2	36.4	39.4	43.0	45.6
25	10.52	11.52	13.12	14.61	16.47	34.4	37.7	40.6	44.3	46.9
26	11.16	12.20	13.84	15.38	17.29	35.6	38.9	41.9	45.6	48.3
27	11.81	12.88	14.57	16.15	18.11	36.7	40.1	43.2	47.0	49.6
28	12.46	13.56	15.31	16.93	18.94	37.9	41.3	44.5	48.3	51.0
29	13.12	14.26	16.05	17.71	19.77	39.1	42.6	45.7	49.6	52.3
30	13.79	14.95	16.79	18.49	20.6	40.3	43.8	47.0	50.9	53.7
40	20.7	22.2	24.4	26.5	29.1	51.8	55.8	59.3	63.7	66.8
50	28.0	29.7	32.4	34.8	37.7	63.2	67.5	71.4	76.2	79.5
60	35.5	37.5	40.5	43.2	46.5	74.4	79.1	83.3	88.4	92.0
70	43.3	45.4	48.8	51.7	55.3	85.5	90.5	95.0	100.4	104.2
80	51.2	53.5	57.2	60.4	64.3	96.6	101.9	106.6	112.3	116.3
90	59.2	61.8	65.6	69.1	73.3	107.6	113.1	118.1	124.1	128.3
100	67.3	70.1	74.2	77.9	82.4	118.5	124.3	129.6	135.8	140.2

例　$\phi = 10$, $P = 0.05$ に対する χ^2 の値は 18.31 である．これは自由度 10 の χ^2 分布に従う確率変数が 18.31 以上の値をとる確率が 5%であることを示す．

出典：森口繁一，日科技連数値表委員会 編『新編 日科技連数値表 第 2 版』日科技連出版社，2009, p.8

付表 4　F 分布表

分子の自由度 ϕ_1，分母の自由度 ϕ_2 から，上側確率 5%および 1%に対する $F(\phi_1, \phi_2, P)$ の値を求める表（細字は 5%，**太字は 1%**）

ϕ_2 \ ϕ_1	1	2	3	4	5	6	7	8	9	10	12	15	20
1	161.	200.	216.	225.	230.	234.	237.	239.	241.	242.	244.	246.	248.
	4052.	**5000.**	**5403.**	**5625.**	**5764.**	**5859.**	**5928.**	**5981.**	**6022.**	**6056.**	**6106.**	**6157.**	**6209.**
2	18.5	19.0	19.2	19.2	19.3	19.3	19.4	19.4	19.4	19.4	19.4	19.4	19.4
	98.5	**99.0**	**99.2**	**99.2**	**99.3**	**99.3**	**99.4**	**99.4**	**99.4**	**99.4**	**99.4**	**99.4**	**99.4**
3	10.1	9.55	9.28	9.12	9.01	8.94	8.89	8.85	8.81	8.79	8.74	8.70	8.66
	34.1	**30.8**	**29.5**	**28.7**	**28.2**	**27.9**	**27.7**	**27.5**	**27.3**	**27.2**	**27.1**	**26.9**	**26.7**
4	7.71	6.94	6.59	6.39	6.26	6.16	6.09	6.04	6.00	5.96	5.91	5.86	5.80
	21.2	**18.0**	**16.7**	**16.0**	**15.5**	**15.2**	**15.0**	**14.8**	**14.7**	**14.5**	**14.4**	**14.2**	**14.0**
5	6.61	5.79	5.41	5.19	5.05	4.95	4.88	4.82	4.77	4.74	4.68	4.62	4.56
	16.3	**13.3**	**12.1**	**11.4**	**11.0**	**10.7**	**10.5**	**10.3**	**10.2**	**10.1**	**9.89**	**9.72**	**9.55**
6	5.99	5.14	4.76	4.53	4.39	4.28	4.21	4.15	4.10	4.06	4.00	3.94	3.87
	13.7	**10.9**	**9.78**	**9.15**	**8.75**	**8.47**	**8.26**	**8.10**	**7.98**	**7.87**	**7.72**	**7.56**	**7.40**
7	5.59	4.74	4.35	4.12	3.97	3.87	3.79	3.73	3.68	3.64	3.57	3.51	3.44
	12.2	**9.55**	**8.45**	**7.85**	**7.46**	**7.19**	**6.99**	**6.84**	**6.72**	**6.62**	**6.47**	**6.31**	**6.16**
8	5.32	4.46	4.07	3.84	3.69	3.58	3.50	3.44	3.39	3.35	3.28	3.22	3.15
	11.3	**8.65**	**7.59**	**7.01**	**6.63**	**6.37**	**6.18**	**6.03**	**5.91**	**5.81**	**5.67**	**5.52**	**5.36**
9	5.12	4.26	3.86	6.63	3.48	3.37	3.29	3.23	3.18	3.14	3.07	3.01	2.94
	10.6	**8.02**	**6.99**	**6.42**	**6.06**	**5.80**	**5.61**	**5.47**	**5.35**	**5.26**	**5.11**	**4.96**	**4.81**
10	4.96	4.10	3.71	3.48	3.33	3.22	3.14	3.07	3.02	2.98	2.91	2.85	2.77
	10.0	**7.56**	**6.55**	**5.99**	**5.64**	**5.39**	**5.20**	**5.06**	**4.94**	**4.85**	**4.71**	**4.56**	**4.41**
11	4.84	3.98	3.59	3.36	3.20	3.09	3.01	2.95	2.90	2.85	2.79	2.72	2.65
	9.65	**7.21**	**6.22**	**5.67**	**5.32**	**5.07**	**4.89**	**4.74**	**4.63**	**4.54**	**4.40**	**4.25**	**4.10**
12	4.75	3.89	3.49	3.26	3.11	3.00	2.91	2.85	2.80	2.75	2.69	2.62	2.54
	9.33	**6.93**	**5.95**	**5.41**	**5.06**	**4.82**	**4.64**	**4.50**	**4.39**	**4.30**	**4.16**	**4.01**	**3.86**
13	4.67	3.81	3.41	3.18	3.03	2.92	2.83	2.77	2.71	2.67	2.60	2.53	2.46
	9.07	**6.70**	**5.74**	**5.21**	**4.86**	**4.62**	**4.44**	**4.30**	**4.19**	**4.10**	**3.96**	**3.82**	**3.66**
14	4.60	3.74	3.34	3.11	2.96	2.85	2.76	2.70	2.65	2.60	2.53	2.46	2.39
	8.86	**6.51**	**5.56**	**5.04**	**4.69**	**4.46**	**4.28**	**4.14**	**4.03**	**3.94**	**3.80**	**3.66**	**3.51**
15	4.54	3.86	3.29	3.06	2.90	2.79	2.71	2.64	2.59	2.54	2.48	2.40	2.33
	8.68	**6.36**	**5.42**	**4.89**	**4.56**	**4.32**	**4.14**	**4.00**	**3.89**	**3.80**	**3.67**	**3.52**	**3.37**
16	4.49	3.63	3.24	3.01	2.85	2.74	2.66	2.59	2.54	2.49	2.42	2.35	2.28
	8.53	**6.23**	**5.29**	**4.77**	**4.44**	**4.20**	**4.03**	**3.89**	**3.78**	**3.69**	**3.55**	**3.41**	**3.26**
17	4.45	3.59	3.20	2.96	2.81	2.70	2.61	2.55	2.49	2.45	2.38	2.31	2.23
	8.40	**6.11**	**5.18**	**4.67**	**4.34**	**4.10**	**3.93**	**3.79**	**3.68**	**3.59**	**3.46**	**3.31**	**3.16**
18	4.41	3.55	3.16	2.93	2.77	2.66	2.58	2.51	2.46	2.41	2.34	2.27	2.19
	8.29	**6.01**	**5.09**	**4.58**	**4.25**	**4.01**	**3.84**	**3.71**	**3.60**	**3.51**	**3.37**	**3.23**	**3.08**
19	4.38	3.52	3.13	2.90	2.74	2.63	2.54	2.48	2.42	2.38	2.31	2.23	2.16
	8.18	**5.93**	**5.01**	**4.50**	**4.17**	**3.94**	**3.77**	**3.63**	**3.52**	**3.43**	**3.30**	**3.15**	**3.00**
20	4.35	3.49	3.10	2.87	2.71	2.60	2.51	2.45	2.39	2.35	2.28	2.20	2.12
	8.10	**5.85**	**4.94**	**4.43**	**4.10**	**3.87**	**3.70**	**3.56**	**3.46**	**3.37**	**3.23**	**3.09**	**2.94**
21	4.32	3.47	3.07	2.84	2.68	2.57	2.49	2.42	2.37	2.32	2.25	2.18	2.10
	8.02	**5.78**	**4.87**	**4.37**	**4.04**	**3.81**	**3.64**	**3.51**	**3.40**	**3.31**	**3.17**	**3.03**	**2.88**
22	4.30	3.44	3.05	2.82	2.66	2.55	2.46	2.40	2.34	2.30	2.23	2.15	2.07
	7.95	**5.72**	**4.82**	**4.31**	**3.99**	**3.76**	**3.59**	**3.45**	**3.35**	**3.26**	**3.12**	**2.98**	**2.83**
23	4.28	3.42	3.03	2.80	2.64	2.53	2.44	2.37	2.32	2.27	2.20	2.13	2.05
	7.88	**5.66**	**4.76**	**4.26**	**3.94**	**3.71**	**3.54**	**3.41**	**3.30**	**3.21**	**3.07**	**2.93**	**2.78**
24	4.26	3.40	3.01	2.78	2.62	2.51	2.42	2.36	2.30	2.25	2.18	2.11	2.03
	7.82	**5.61**	**4.72**	**4.22**	**3.90**	**3.67**	**3.50**	**3.36**	**3.26**	**3.17**	**3.03**	**2.89**	**2.74**
25	4.24	3.39	2.99	2.76	2.60	2.49	2.40	2.34	2.28	2.24	2.16	2.09	2.01
	7.77	**5.57**	**4.68**	**4.18**	**3.85**	**3.63**	**3.46**	**3.32**	**3.22**	**3.13**	**2.99**	**2.85**	**2.70**
26	4.23	3.37	2.98	2.74	2.59	2.47	2.39	2.32	2.27	2.22	2.15	2.07	1.99
	7.72	**5.53**	**4.65**	**4.14**	**3.82**	**3.59**	**3.42**	**3.29**	**3.18**	**3.09**	**2.96**	**2.81**	**2.66**
27	4.21	3.35	2.96	2.73	2.57	2.46	2.37	2.31	2.25	2.20	2.13	2.06	1.97
	7.68	**5.49**	**4.60**	**4.11**	**3.78**	**3.56**	**3.39**	**3.26**	**3.15**	**3.06**	**2.93**	**2.78**	**2.63**
28	4.20	3.34	2.95	2.71	2.56	2.45	2.36	2.29	2.24	2.19	2.12	2.04	1.96
	7.64	**5.45**	**4.57**	**4.07**	**3.75**	**3.53**	**3.36**	**3.23**	**3.12**	**3.03**	**2.90**	**2.75**	**2.60**
29	4.18	3.33	2.93	2.70	2.55	2.43	2.35	2.28	2.22	2.18	2.10	2.03	1.94
	7.60	**5.42**	**4.54**	**4.04**	**3.73**	**3.50**	**3.33**	**3.20**	**3.09**	**3.00**	**2.87**	**2.73**	**2.57**
30	4.17	3.32	2.92	2.69	2.53	2.42	2.33	2.27	2.21	2.16	2.09	2.01	1.93
	7.56	**5.39**	**4.51**	**4.02**	**3.70**	**3.47**	**3.30**	**3.17**	**3.07**	**2.98**	**2.84**	**2.70**	**2.55**
40	4.08	3.23	2.84	2.61	2.45	2.34	2.25	2.18	2.12	2.08	2.00	1.92	1.84
	7.31	**5.18**	**4.31**	**3.83**	**3.51**	**3.29**	**3.12**	**2.99**	**2.89**	**2.80**	**2.66**	**2.52**	**2.37**
60	4.00	3.15	2.76	2.53	2.37	2.25	2.17	2.10	2.04	1.99	1.92	1.84	1.75
	7.08	**4.98**	**1.13**	**3.65**	**3.34**	**3.12**	**2.95**	**2.82**	**2.72**	**2.63**	**2.50**	**2.35**	**2.20**
120	3.92	3.07	2.68	2.45	2.29	2.18	2.09	2.02	1.96	1.91	1.83	1.75	1.66
	6.85	**4.79**	**3.95**	**3.48**	**3.17**	**2.96**	**2.79**	**2.66**	**2.56**	**2.47**	**2.34**	**2.19**	**2.03**
∞	3.84	3.00	2.60	2.37	2.21	2.10	2.01	1.94	1.88	1.83	1.75	1.67	1.57
	6.63	**4.61**	**3.78**	**3.32**	**3.02**	**2.80**	**2.64**	**2.51**	**2.41**	**2.32**	**2.18**	**2.04**	**1.88**

24	30	40	60	120	∞	ϕ_1 / ϕ_2
249.	250.	251.	252.	253.	254.	1
6235.	**6261.**	**6287.**	**6313.**	**6339.**	**6366.**	
19.4	19.5	19.5	19.5	19.5	19.5	2
99.5	**99.5**	**99.5**	**99.5**	**99.5**	**99.5**	
8.64	8.62	8.59	8.57	8.55	8.53	3
26.6	**26.5**	**26.4**	**26.3**	**26.2**	**26.1**	
5.77	5.75	5.72	5.69	5.66	5.63	4
13.9	**13.8**	**13.7**	**13.7**	**13.6**	**13.5**	
4.53	4.50	4.46	4.43	4.40	4.36	5
9.47	**9.38**	**9.29**	**9.20**	**9.11**	**9.02**	
3.84	3.81	3.77	3.74	3.70	3.67	6
7.31	**7.23**	**7.14**	**7.06**	**6.97**	**6.88**	
3.41	3.38	3.34	3.30	3.27	3.23	7
6.07	**5.99**	**5.91**	**5.82**	**5.74**	**5.65**	
3.12	3.08	3.04	3.01	2.97	2.93	8
5.28	**5.20**	**5.12**	**5.03**	**4.95**	**4.86**	
2.90	2.86	2.83	2.79	2.75	2.71	9
4.73	**4.65**	**4.57**	**4.48**	**4.40**	**4.31**	
2.74	2.70	2.66	2.62	2.58	2.54	10
4.33	**4.25**	**4.17**	**4.08**	**4.00**	**3.91**	
2.61	2.57	2.53	2.49	2.45	2.40	11
4.02	**3.94**	**3.86**	**3.78**	**3.69**	**3.60**	
2.51	2.47	2.43	2.38	2.34	2.30	12
3.78	**3.70**	**3.62**	**3.54**	**3.45**	**3.36**	
2.42	2.38	2.34	2.30	2.25	2.21	13
3.59	**3.51**	**3.43**	**3.34**	**3.25**	**3.17**	
2.35	2.31	2.27	2.22	2.18	2.13	14
3.43	**3.35**	**3.27**	**3.18**	**3.09**	**3.00**	
2.29	2.25	2.20	2.16	2.11	2.07	15
3.29	**3.21**	**3.13**	**3.05**	**2.96**	**2.78**	
2.24	2.19	2.15	2.11	2.06	2.01	16
3.18	**3.10**	**3.02**	**2.93**	**2.84**	**2.75**	
2.19	2.15	2.10	2.06	2.01	1.96	17
3.08	**3.00**	**2.92**	**2.83**	**2.75**	**2.65**	
2.15	2.11	2.06	2.02	1.97	1.92	18
3.00	**2.92**	**2.84**	**2.75**	**2.66**	**2.57**	
2.11	2.07	2.03	1.98	1.93	1.88	19
2.92	**2.84**	**2.76**	**2.67**	**2.58**	**2.49**	
2.08	2.04	1.99	1.95	1.90	1.84	20
2.86	**2.78**	**2.69**	**2.61**	**2.52**	**2.42**	
2.05	2.01	1.96	1.92	1.87	1.81	21
2.80	**2.72**	**2.64**	**2.55**	**2.46**	**2.36**	
2.03	1.98	1.94	1.89	1.84	1.78	22
2.75	**2.67**	**2.58**	**2.50**	**2.40**	**2.31**	
2.01	1.96	1.91	1.86	1.81	1.76	23
2.70	**2.62**	**2.54**	**2.45**	**2.35**	**2.26**	
1.98	1.94	1.89	1.84	1.79	1.73	24
2.66	**2.58**	**2.49**	**2.40**	**2.31**	**2.21**	
1.96	1.92	1.87	1.82	1.77	1.71	25
2.62	**2.54**	**2.45**	**2.36**	**2.27**	**2.17**	
1.95	1.90	1.85	1.80	1.75	1.69	26
2.58	**2.50**	**2.42**	**2.33**	**2.23**	**2.13**	
1.93	1.88	1.84	1.79	1.73	1.67	27
2.55	**2.47**	**2.38**	**2.29**	**2.20**	**2.10**	
1.91	1.87	1.82	1.77	1.71	1.65	28
2.52	**2.44**	**2.53**	**2.26**	**2.17**	**2.06**	
1.90	1.85	1.81	1.75	1.70	1.64	29
2.49	**2.41**	**2.33**	**2.23**	**2.14**	**2.03**	
1.89	1.84	1.79	1.74	1.68	1.62	30
2.47	**2.39**	**2.30**	**2.21**	**2.11**	**2.01**	
1.79	1.74	1.69	1.64	1.58	1.51	40
2.29	**2.20**	**2.11**	**2.02**	**1.92**	**1.80**	
1.70	1.65	1.59	1.53	1.47	1.39	60
2.12	**2.03**	**1.94**	**1.84**	**1.73**	**1.60**	
1.61	1.55	1.50	1.43	1.35	1.25	120
1.95	**1.86**	**1.76**	**1.66**	**1.53**	**1.38**	
1.52	1.46	1.39	1.32	1.22	1.00	∞
1.79	**1.70**	**1.59**	**1.47**	**1.32**	**1.00**	

$$P = \int_F^\infty \frac{\phi_1^{\frac{\phi_1}{2}} \phi_2^{\frac{\phi_2}{2}} x^{\frac{\phi_1}{2}-1}}{B\left(\frac{\phi_1}{2},\ \frac{\phi_2}{2}\right)(\phi_1 x + \phi_2)^{\frac{\phi_1+\phi_2}{2}}} dx$$

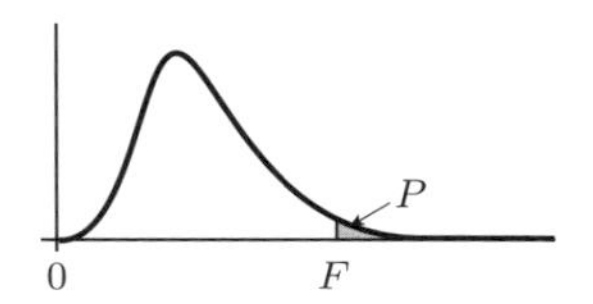

例 1　自由度 $\phi_1 = 5$，$\phi_2 = 10$ の F 分布の（上側）5%の点は 3.33，1%の点は 5.64 である．

例 2　自由度 (5，10) の F 分布の下側 5%の点を求めるには，$\phi_1 = 10$，$\phi_2 = 5$ に対して表を読んで 4.74 を得，その逆数をとって $\frac{1}{4.74}$ とする．

出典：森口繁一，日科技連数値表委員会 編『新編 日科技連数値表 第 2 版』日科技連出版社，2009, pp.10-11

付表 5　F 分布表

分子の自由度 ϕ_1，分母の自由度 ϕ_2 の F 分布の上側 0.5%の点を求める表

ϕ_2 \ ϕ_1	1	2	3	4	5	6	7	8	9	10	12	15	20	24
1														
2	199.	199.	199.	199.	199.	199.	199.	199.	199.	199.	199.	199.	199.	199.
3	55.6	49.8	47.5	46.2	45.4	44.8	44.4	44.1	43.9	43.7	43.4	43.1	42.8	42.6
4	31.3	26.3	24.3	23.2	22.5	22.0	21.6	21.4	21.1	21.0	20.7	20.4	20.2	20.0
5	22.8	18.3	16.5	15.6	14.9	14.5	14.2	14.0	13.8	13.6	13.4	13.1	12.9	12.8
6	18.6	14.5	12.9	12.0	11.5	11.1	10.8	10.6	10.4	10.3	10.0	9.81	9.59	9.47
7	16.2	12.4	10.9	10.1	9.52	9.16	8.89	8.68	8.51	8.38	8.18	7.97	7.75	7.64
8	14.7	11.0	9.60	8.81	8.30	7.95	7.69	7.50	7.34	7.21	7.01	6.81	6.61	6.50
9	13.6	10.1	8.72	7.96	7.47	7.13	6.88	6.69	6.54	6.42	6.23	6.03	5.83	5.73
10	12.8	9.43	8.08	7.34	6.87	6.54	6.30	6.12	5.97	5.85	5.66	5.47	5.27	5.17
11	12.2	8.91	7.60	6.88	6.42	6.10	5.86	5.68	5.54	5.42	5.24	5.05	4.86	4.76
12	11.8	8.51	7.23	6.52	6.07	5.76	5.52	5.35	5.20	5.09	4.91	4.72	4.53	4.43
13	11.4	8.19	6.93	6.23	5.79	5.48	5.25	5.08	4.94	4.82	4.64	4.46	4.27	4.17
14	11.1	7.92	6.68	6.00	5.56	5.26	5.03	4.86	4.72	4.60	4.43	4.25	4.06	3.96
15	10.8	7.70	6.48	5.80	5.37	5.07	4.85	4.67	4.54	4.42	4.25	4.07	3.88	3.79
16	10.6	7.51	6.30	5.64	5.21	4.91	4.69	4.52	4.38	4.27	4.10	3.92	3.73	3.64
17	10.4	7.35	6.16	5.50	5.07	4.78	4.56	4.39	4.25	4.14	3.97	3.79	3.61	3.51
18	10.2	7.21	6.03	5.37	4.96	4.66	4.44	4.28	4.14	4.03	3.86	3.68	3.50	3.40
19	10.1	7.09	5.92	5.27	4.85	4.56	4.34	4.18	4.04	3.93	3.76	3.59	3.40	3.31
20	9.94	6.99	5.82	5.17	4.76	4.47	4.26	4.09	3.96	3.85	3.68	3.50	3.32	3.22
21	9.83	6.89	5.73	5.09	4.68	4.39	4.18	4.01	3.88	3.77	3.60	3.43	3.24	3.15
22	9.73	6.81	5.65	5.02	4.61	4.32	4.11	3.94	3.81	3.70	3.54	3.36	3.18	3.08
23	9.63	6.73	5.58	4.95	4.54	4.26	4.05	3.88	3.75	3.64	3.47	3.30	3.12	3.02
24	9.55	6.66	5.52	4.89	4.49	4.20	3.99	3.83	3.69	3.59	3.42	3.25	3.06	2.97
25	9.48	6.60	5.46	4.84	4.43	4.15	3.94	3.78	3.64	3.54	3.37	3.20	3.01	2.92
26	9.41	6.54	5.41	4.79	4.38	4.10	3.89	3.73	3.60	3.49	3.33	3.15	2.97	2.87
27	9.34	6.49	5.36	4.74	4.34	4.06	3.85	3.69	3.56	3.45	3.28	3.11	2.93	2.83
28	9.28	6.44	5.32	4.70	4.30	4.02	3.81	3.65	3.52	3.41	3.25	3.07	2.89	2.79
29	9.23	6.40	5.28	4.66	4.26	3.98	3.77	3.61	3.48	3.38	3.21	3.04	2.86	2.76
30	9.18	6.35	5.24	4.62	4.23	3.95	3.74	3.58	3.45	3.34	3.18	3.01	2.82	2.73
40	8.83	6.07	4.98	4.37	3.99	3.71	3.51	3.35	3.22	3.12	2.95	2.78	2.60	2.50
60	8.49	5.79	4.73	4.14	3.76	3.49	3.29	3.13	3.01	2.90	2.74	2.57	2.39	2.29
120	8.18	5.54	4.50	3.92	3.55	3.28	3.09	2.93	2.81	2.71	2.54	2.37	2.19	2.09
∞	7.88	5.30	4.28	3.72	3.35	3.09	2.90	2.74	2.62	2.52	2.36	2.19	2.00	1.90

分子の自由度 ϕ_1，分母の自由度 ϕ_2 の F 分布の上側 2.5%の点を求める表

ϕ_2 \ ϕ_1	1	2	3	4	5	6	7	8	9	10	12	15	20	24
1	648.	800.	864.	900.	922.	937.	948.	957.	963.	969.	977.	985.	993.	997.
2	38.5	39.0	39.2	39.2	39.3	39.3	39.4	39.4	39.4	39.4	39.4	39.4	39.4	39.5
3	17.4	16.0	15.4	15.1	14.9	14.7	14.6	14.5	14.5	14.4	14.3	14.3	14.2	14.1
4	12.2	10.6	9.98	9.60	9.36	9.20	9.07	8.98	8.90	8.84	8.75	8.66	8.56	8.51
5	10.0	8.43	7.76	7.39	7.15	6.98	6.85	6.76	6.68	6.62	6.52	6.43	6.33	6.28
6	8.81	7.26	6.60	6.23	5.99	5.82	5.70	5.60	5.52	5.46	5.37	5.27	5.17	5.12
7	8.07	6.54	5.89	5.52	5.29	5.12	4.99	4.90	4.82	4.76	4.67	4.57	4.47	4.42
8	7.57	6.06	5.42	5.05	4.82	4.65	4.53	4.43	4.36	4.30	4.20	4.10	4.00	3.95
9	7.21	5.71	5.08	4.72	4.48	4.32	4.20	4.10	4.03	3.96	3.87	3.77	3.67	3.61
10	6.94	5.46	4.83	4.47	4.24	4.07	3.95	3.85	3.78	3.72	3.62	3.52	3.42	3.37
11	6.72	5.26	4.63	4.28	4.04	3.88	3.76	3.66	3.59	3.53	3.43	3.33	3.23	3.17
12	6.55	5.10	4.47	4.12	3.89	3.73	3.61	3.51	3.44	3.37	3.28	3.18	3.07	3.02
13	6.41	4.97	4.35	4.00	3.77	3.60	3.48	3.39	3.31	3.25	3.15	3.05	2.95	2.89
14	6.30	4.86	4.24	3.89	3.66	3.50	3.38	3.29	3.21	3.15	3.05	2.95	2.84	2.79
15	6.20	4.77	4.15	3.80	3.58	3.41	3.29	3.20	3.12	3.06	2.96	2.86	2.76	2.70
16	6.12	4.69	4.08	3.73	3.50	3.34	3.22	3.12	3.05	2.99	2.89	2.79	2.68	2.63
17	6.04	4.62	4.01	3.66	3.44	3.28	3.16	3.06	2.98	2.92	2.82	2.72	2.62	2.56
18	5.98	4.56	3.95	3.61	3.38	3.22	3.10	3.01	2.93	2.87	2.77	2.67	2.56	2.50
19	5.92	4.51	3.90	3.56	3.33	3.17	3.05	2.96	2.88	2.82	2.72	2.62	2.51	2.45
20	5.87	4.46	3.86	3.51	3.29	3.13	3.01	2.91	2.84	2.77	2.68	2.57	2.46	2.41
21	5.83	4.42	3.82	3.48	3.25	3.09	2.97	2.87	2.80	2.73	2.64	2.53	2.42	2.37
22	5.79	4.38	3.78	3.44	3.22	3.05	2.93	2.84	2.76	2.70	2.60	2.50	2.39	2.33
23	5.75	4.35	3.75	3.41	3.18	3.02	2.90	2.81	2.73	2.67	2.57	2.47	2.36	2.30
24	5.72	4.32	3.72	3.38	3.15	2.99	2.87	2.78	2.70	2.64	2.54	2.44	2.33	2.27
25	5.69	4.29	3.69	3.35	3.13	2.97	2.85	2.75	2.68	2.61	2.51	2.41	2.30	2.24
26	5.66	4.27	3.67	3.33	3.10	2.94	2.82	2.73	2.65	2.59	2.49	2.39	2.28	2.22
27	5.63	4.24	3.65	3.31	3.08	2.92	2.80	2.71	2.63	2.57	2.47	2.36	2.25	2.19
28	5.61	4.22	3.63	3.29	3.06	2.90	2.78	2.69	2.61	2.55	2.45	2.34	2.23	2.17
29	5.59	4.20	3.61	3.27	3.04	2.88	2.76	2.67	2.59	2.53	2.43	2.32	2.21	2.15
30	5.57	4.18	3.59	3.25	3.03	2.87	2.75	2.65	2.57	2.51	2.41	2.31	2.20	2.14
40	5.42	4.05	3.46	3.13	2.90	2.74	2.62	2.53	2.45	2.39	2.29	2.18	2.07	2.01
60	5.29	3.93	3.34	3.01	2.79	2.63	2.51	2.41	2.33	2.27	2.17	2.06	1.94	1.88
120	5.15	3.80	3.23	2.89	2.67	2.52	2.39	2.30	2.22	2.16	2.05	1.94	1.82	1.76
∞	5.02	3.69	3.12	2.79	2.57	2.41	2.29	2.19	2.11	2.05	1.94	1.83	1.71	1.64

30	40	60	120	∞	ϕ_1 / ϕ_2
					1
199.	199.	199.	199.	200.	2
42.5	42.3	42.1	42.0	41.8	3
19.9	19.8	19.6	19.5	16.3	4
12.7	12.5	12.4	12.3	12.1	5
9.36	9.24	9.12	9.00	8.88	6
7.53	7.42	7.31	7.19	7.08	7
6.40	6.29	6.18	6.06	5.95	8
5.62	5.52	5.41	5.30	5.19	9
5.07	4.97	4.86	4.75	4.64	10
4.65	4.55	4.44	4.34	4.23	11
4.33	4.23	4.12	4.01	3.90	12
4.07	3.97	3.87	3.76	3.65	13
3.86	3.76	3.66	3.55	3.44	14
3.69	3.58	3.48	3.37	3.26	15
3.54	3.44	3.33	3.22	3.11	16
3.41	3.31	3.21	3.10	2.98	17
3.30	3.20	3.10	2.99	2.87	18
3.21	3.11	3.00	2.89	2.78	19
3.12	3.02	2.92	2.81	2.69	20
3.05	2.95	2.84	2.73	2.61	21
2.98	2.88	2.77	2.66	2.55	22
2.92	2.82	2.71	2.60	2.48	23
2.87	2.77	2.66	2.55	2.43	24
2.82	2.72	2.61	2.50	2.38	25
2.77	2.67	2.56	2.45	2.33	26
2.73	2.63	2.52	2.41	2.29	27
2.69	2.59	2.48	2.37	2.25	28
2.66	2.56	2.45	2.33	2.21	29
2.63	2.52	2.42	2.30	2.18	30
2.40	2.30	2.18	2.06	1.93	40
2.19	2.08	1.96	1.83	1.69	60
1.98	1.87	1.75	1.61	1.43	120
1.79	1.67	1.53	1.36	1.00	∞

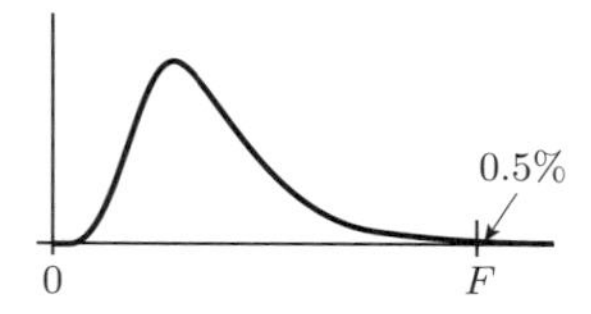

例 1　自由度 (5, 10) の F 分布の上側 0.5%の点は 6.87 である.

例 2　自由度 (5, 10) の F 分布の下側 0.5%の点は $\frac{1}{13.6}$ である.

30	40	60	120	∞	ϕ_1 / ϕ_2
1001.	1006.	1010.	1014.	1018.	1
39.5	39.5	39.5	39.5	39.5	2
14.1	14.0	14.0	13.9	13.9	3
8.46	8.41	8.36	8.31	8.26	4
6.23	6.18	6.12	6.07	6.02	5
5.07	5.01	4.96	4.90	4.85	6
4.36	4.31	4.25	4.20	4.14	7
3.89	3.84	3.78	3.73	3.67	8
3.56	3.51	3.45	3.39	3.33	9
3.31	3.26	3.20	3.14	3.08	10
3.12	3.06	3.00	2.94	2.88	11
2.96	2.91	2.85	2.79	2.72	12
2.84	2.78	2.72	2.66	2.60	13
2.73	2.67	2.61	2.55	2.49	14
2.64	2.59	2.52	2.46	2.40	15
2.57	2.51	2.45	2.38	2.32	16
2.50	2.44	2.38	2.32	2.25	17
2.44	2.38	2.32	2.26	2.19	18
2.39	2.33	2.27	2.20	2.13	19
2.35	2.29	2.22	2.16	2.09	20
2.31	2.25	2.18	2.11	2.04	21
2.27	2.21	2.14	2.08	2.00	22
2.24	2.18	2.11	2.04	1.97	23
2.21	2.15	2.08	2.01	1.94	24
2.18	2.12	2.05	1.98	1.91	25
2.16	2.09	2.03	1.95	1.88	26
2.13	2.07	2.00	1.93	1.85	27
2.11	2.05	1.98	1.91	1.83	28
2.09	2.03	1.96	1.89	1.81	29
2.07	2.01	1.94	1.87	1.79	30
1.94	1.88	1.80	1.72	1.64	40
1.82	1.74	1.67	1.58	1.48	60
1.69	1.61	1.53	1.43	1.31	120
1.57	1.48	1.39	1.27	1.00	∞

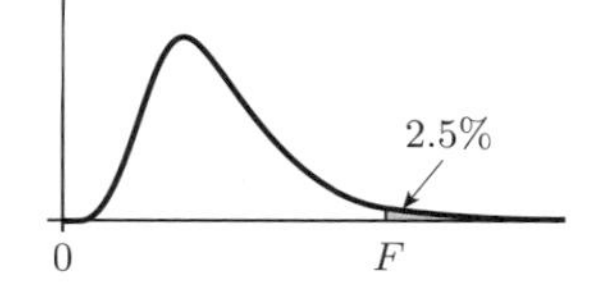

例 1　自由度 (5, 10) の F 分布の上側 2.5%の点は 4.24 である.

例 2　自由度 (5, 10) の F 分布の下側 2.5%の点は $\frac{1}{6.62}$ である.

出典：森口繁一, 日科技連数値表委員会 編『新編 日科技連数値表 第 2 版』日科技連出版社, 2009, pp.12-13

参考文献

[1] Anscombe, F. J., (1973), Graphs in Statistical AnalysisAmerican Statistician, **27**, 17–21.

[2] Derringer, G. and Suich, R., (1980), Simultaneous optimization of several response variables, *Journal of Quality Technology*, **12**, 214–219.

[3] Galton, F., (1886), Regression towards mediocrity in hereditary stature, *The Journal of the Anthropological Institute of Great Britain and Ireland*, Vol. 15, 246-263.

[4] 篠崎信雄，竹内秀一，(2009)，統計解析入門 [第 2 版]，サイエンス社.

[5] 竹内 啓，(2018)，歴史と統計学，日本経済新聞社，1-11.

[6] 永田 靖，(1992)，入門統計解析，日科技連出版社.

[7] 永田 靖，(2000)，入門実験計画法，日科技連出版社，353.

[8] 永田 靖，(2003)，サンプルサイズの決め方，朝倉書店，66-85.

[9] 芳賀敏郎，橋本茂司，(1980)，回帰分析と主成分分析，日科技連出版社.

[10] 宮川雅巳，青木 敏，(2018)，分割表の統計解析，朝倉書店，7-21.

[11] Satterthwaite, F. E., (1946), An approximate distribution of estimates of variance components, Biometrics Bulletin, **2**, No. 6, 110-114.

[12] 山田 秀，(2004)，実験計画法—方法編—，日科技連出版社，185-230.

さらに学習を深めたい読者へ

統計学の入門書

[13] 倉田博史，星野崇宏，(2009)，入門統計解析，新世社.

[14] 篠崎信雄，竹内秀一，(2009)，統計解析入門 [第 2 版]，サイエンス社.

[15] 永田 靖，(1992)，入門統計解析法，日科技連出版社.

[16] 和達三樹，十河 清，(1993)，キーポイント確率統計，岩波書店.

数理統計学

[17] 赤平昌文，(2003)，統計解析入門，森北出版.

[18] 黒木 学，(2019)，数理統計学，共立出版（2019 年 12 月発行予定）.

[19] 竹内 啓，(1963)，数理統計学，東洋経済新報社.

[20] 竹村彰通，(1991)，現代数理統計学，創文社.

[21] 竹村彰通，(1991)，多変量推測統計の基礎，共立出版.

[22] 東京大学教養学部統計学教室 編，(1992)，自然科学の統計学.

[23] C. R. ラオ（翻訳：奥野忠一，長田 洋，篠崎信雄，広崎昭太，古河陽子，矢島敬二，鷲尾泰俊），(1986)，統計的推測とその応用，東京図書.

多変量解析法

[24] 奥野忠一，片山善三郎，上郡長昭，伊東哲二，入倉則夫，藤原信夫，(1986)，工業における多変量データの解析，日科技連出版社.

[25] 奥野忠一，久米 均，芳賀敏郎，吉澤 正，(1971)，多変量解析法，日科技連出版社.

[26] 田中 豊，脇本和昌，(1983)，多変量統計解析法，現代数学社.

[27] 永田 靖，棟近雅彦，(2001)，多変量解析法入門，サイエンス社.

[28] 柳井晴夫，高根芳雄，(1985)，多変量解析法，朝倉書店.

確率論

[29] 伊藤 清，(1991)，確率論，岩波書店.

[30] 逆瀬川浩孝，(2004)，理工基礎 確率とその応用，サイエンス社.

[31] 清水泰隆，(2019)，統計学への確率論，その先へ，内田老鶴圃.

索　引

あ 行

か 行

さ 行

た 行

な 行

は 行

ま 行

や　行

ら　行

わ　行

欧　字

著者略歴

山田　秀（やまだ　しゅう）

1993年　東京理科大学大学院工学研究科博士課程修了（博士（工学））
現　在　慶應義塾大学理工学部管理工学科教授

主要著書

実験計画法—方法編—（日科技連出版社，2004年）
TQM品質管理入門（日本経済新聞社，2006年）
The grammar of technology development（編著，Springer，2008年），他

松浦　峻（まつうら　しゅん）

2009年　慶應義塾大学大学院理工学研究科博士課程修了（博士（工学））
現　在　慶應義塾大学理工学部管理工学科准教授

ライブラリ　データの収集と解析への招待＝1
統計的データ解析の基本

2019年9月25日©　　初　版　発　行
2021年4月10日　　初版第3刷発行

著　者　山田　秀　　　発行者　森平敏孝
　　　　松浦　峻　　　印刷者　小宮山恒敏

発行所　　**株式会社　サ イ エ ン ス 社**

〒151–0051　東京都渋谷区千駄ヶ谷1丁目3番25号
営業 ☎（03）5474–8500（代）振替 00170–7–2387
編集 ☎（03）5474–8600（代）FAX ☎（03）5474–8900

印刷・製本　小宮山印刷工業（株）

《検印省略》

ISBN 978-4-7819-1455-8

PRINTED IN JAPAN

サイエンス社のホームページのご案内
https://www.saiensu.co.jp
ご意見・ご要望は
rikei@saiensu.co.jp　まで．